颗粒流（PFC5.0）数值模拟技术及应用

石崇 张强 王盛年 编著

中国建筑工业出版社

图书在版编目（CIP）数据

颗粒流（PFC5.0）数值模拟技术及应用/石崇，张强，王盛年编著. —北京：中国建筑工业出版社，2018.7（2024.6重印）

ISBN 978-7-112-22320-6

Ⅰ. ①颗… Ⅱ. ①石… ②张… ③王… Ⅲ. ①颗粒分析-数值模拟-研究 Ⅳ. ①TQ172.6

中国版本图书馆CIP数据核字（2018）第123626号

本书是作者总结多年对颗粒流数值模拟技术的研究，著写完成的。本书具备专业性、实用性、可读性强的特点。

全书主要内容包括：PFC5.0的基本特点与界面操作，PFC5.0基本命令与模型构建技术，奔向颗粒流高级应用的桥梁：FISH语言，伺服机制及数值试验实现技术，接触模型与参数标定方法研究，复杂岩土细观特征识别与随机重构技术，岩体爆破破坏效应颗粒流数值模拟，FLAC3D6.0-PFC3D5.0耦合滑坡数值模拟研究，离散元—流体耦合计算与应用等章节。

本书适合广大水利水电、建筑土木、矿山交通等相关专业的读者使用。

* * *

责任编辑：张伯熙
责任校对：张　颖

颗粒流（PFC5.0）数值模拟技术及应用

石　崇　张　强　王盛年　编著

*

中国建筑工业出版社出版、发行（北京海淀三里河路9号）
各地新华书店、建筑书店经销
霸州市顺浩图文科技发展有限公司制版
建工社（河北）印刷有限公司印刷

*

开本：787×1092毫米　1/16　印张：28¾　字数：716千字
2018年8月第一版　2024年6月第十二次印刷
定价：78.00元
ISBN 978-7-112-22320-6
(32194)

版权所有　翻印必究
如有印装质量问题，可寄本社退换
（邮政编码100037）

著者简介：

石崇，1978年生于山东沂水，教授，博士生导师。河海大学土木与交通学院岩土所，岩石研究室主任，岩土数值计算研究中心主任，江苏省重大基础设施安全保障协同创新中心成员。2008年6月获河海大学岩土工程专业工学博士学位，2008年10月进入河海大学岩土所工作，从事岩石力学与工程安全、岩土工程中的解析与数值方法、岩石动力学等方面的教学与研究工作，主持国家重点基础研究发展计划（973计划）子题1项，国家自然科学基金面上项目1项，国家自然科学基金青年项目1项，江苏省青年基金1项，教育部博士点基金1项，同时主持和参与了多项重大工程科研课题。发表EI、SCI、CSCD、ISTP等检索论文100余篇，获授权发明专利9项，登记软件著作权21项，出版专著3部，获2017年岩石力学与工程学会自然成果奖一等奖（排名2），2013年水力发电科学技术奖特等奖（排名2）、2010年大禹水利科学技术进步奖一等奖（排名2）。

张强，1986年生于山西怀仁，博士后。2016年12月获河海大学岩土工程专业工学博士学位，2017年2月至今为中国水利水电科学研究院岩土工程研究所在站博士后，主要从事复杂岩土介质多尺度灾变机理与数值模拟等方面的研究工作，主持国家重点研发计划专题1项，中国博士后科学基金面上项目1项，同时负责和参与多项横向课题。发表SCI检索论文8篇，获授权发明专利5项，登记软件著作权10余项，获2013年水力发电科学技术奖特等奖（排名13）。

王盛年，1987年生于甘肃武威。2016年获河海大学岩土工程专业工学博士学位，博士期间赴加拿大访学18个月。现为南京工业大学交通运输工程学院助理研究员。在Landslide、Granular Matter等国际著名期刊发表SCI、EI检索论文十余篇。目前主要从事岩土力学计算理论与数值模拟方法相关研究工作。

前　言

　　没有任何事物是永恒不变的，"万物皆流，无物常驻"，赫拉克利特（Heraclitus）的名言特别适合岩土材料。砂土、土石混合体、堆石坝、铁路路基，甚至岩石、混凝土等等，本质上均是由散体介质胶结或者架空而成，通过颗粒介质材料承受并传递荷载，即使是岩石、混凝土等强度很高的介质，内部也存在大量的微观裂隙、骨料等细观特征。这些细观特征的存在，加上外部物理环境的变化，导致宏观介质力学特性不变演化变形直至破坏，引起广大学者普遍关注。复杂的问题多种多样，如果只采用固化思维，很容易违背了数值模拟的某些原则，造成计算结果的失真。只有跳出思维的定式，才能洞窥世界的奥妙。做什么事情，都是如此。

　　离散元颗粒流方法，能实现数值模型逼近真实材料的力学响应特征，在各种数值模拟方法中显示出巨大的优势，因而广受关注。PFC5.0软件，充分利用了复杂颗粒、空间裂隙网络几何图形构造方法，是对原有版本软件的巨大提高，优化了计算速度，改进了算法，大大拓展了颗粒流方法在科学研究中的应用。在笔者看来，其可应用范围，小到微观尺度，大可到星系空间，无所不能。

　　然而学而不思则罔，思而不学则殆，任何软件都只是一个工具，其原理方法规则远比会用重要，运用之妙，存乎于心。学习颗粒流方法的人不外乎分三个层次：初学者重在熟悉命令，了解计算的规则，此为第一个层次，解决"会"的问题；然后能自编程序，拓展功能，解决"精"的问题；最后跳出软件，仰首思索，任何数据、几何图形、问题、方案皆了然于胸，俯首可拾，各种数值方法均可相通，此为数值模拟之第三个境界。

　　本书的撰写，寄希望用简单的实例教授最基本的原则，因此剔除了颗粒流理论方法方面的介绍。在了解命令的基础上重在明白各种数值模拟技术措施的原理与实现方法，与浩如烟海的工程问题相比，本书所列方法只是冰山一角，如果你希望本书能够完全解决你的问题，却是万万不可能的，求全责备往往希望越大，失望越大，还不如放弃此书。如果能通过本书，了解数值模拟的本质，再嵌入自己的思维，简化问题、解决问题，达到手中无书，心中有术，这才是本书的目的，也是笔者撰写本书最大的期望。

　　为了令读者快速熟悉颗粒流PFC5.0并掌握用其进行数值模拟的技术，本书共分为9章：第1章 PFC5.0的基本特点与界面操作，第2章 PFC5.0基本命令与模型构建技术，第3章 奔向颗粒流高级应用的桥梁：FISH语言，第4章 伺服机制及数值试验实现技术，第5章 接触模型与参数标定方法研究，第6章 复杂岩土细观特征识别与随机重构技术，第7章 岩体爆破破坏效应颗粒流数值模拟，第8章 FLAC3D6.0-PFC3D5.0耦合滑坡数值模拟研究，第9章 离散元—流体耦合计算与应用。读者可根据自己的情况参考各章节内容，如果是初学者则建议按顺序学习，如果已有较好的基础，则可跳过前三章基础环节。

　　本书由河海大学岩土工程科学研究所石崇统稿撰写、校核，北京水科院张强博士、南京工业大学王盛年博士参与编写。另外课题组研究颗粒离散元理论与应用的研究生李德杰博士、孔洋博士、张玉龙博士、白金州博士、刘苏乐、金成、杨文坤、张成辉、杨俊雄、张一平、陈晓、郭勇、卢显、王建龙、戴薇、肖锦文、李荣浩等硕士，参与了不同章节的撰写与整理工作，潘亚洲、李佳鸣、苏畅等本科生参加了命令与帮助的翻译工作，谨此致以衷心的感谢！

本书受以下基金课题联合资助：

国家重点基础研究发展计划（973 计划）（2015CB057903）、国家自然科学基金（51679071，51309089）、中国博士后科学基金（2017M620838）、中央高校基本科研业务费专项资金（2017B20614）、江苏省科技计划面上项目（BK20171434）、江苏省重大基础设施安全保障协同创新中心专项资金联合资助。

另外需要说明的是：本书中代码多数是由课题组人员联合编制而成，部分是参考多个"PFC 颗粒流交流 QQ 群"中公开的代码，并在此基础上进行修改、完善、标注而成。限于内容无法一一具名，深感不安，在此对无偿提供基础代码的诸位同仁表示诚挚感谢！即使如此，本书只是笔者对颗粒流方法与数值模拟技术的浅陋之见，由于知识结构、认识水平与工程实践条件的限制，难免出现谬误之处，恳请有关同行及读者批评指正，提出宝贵意见，以便笔者及时修订、更正和完善。联系邮箱：303813500@qq.com。

目 录

第1章 PFC5.0的基本特点与界面操作 ················· 1
1.1 岩土工程颗粒流方法应用背景 ················· 1
1.2 PFC方法简介 ················· 2
1.3 PFC5.0软件的新特点 ················· 4
1.3.1 PFC5.0新增选项 ················· 5
1.3.2 停止使用的选项 ················· 5
1.3.3 PFC4.0与5.0对比 ················· 5
1.4 PFC软件运行界面操作 ················· 8
1.4.1 安装与卸载 ················· 8
1.4.2 PFC安装文件夹内容 ················· 9
1.4.3 PFC5.0软件图形界面 ················· 10
1.5 PFC5.0图形属性界面操作 ················· 20
1.5.1 绘图选项控制集 ················· 20
1.5.2 绘图条目控制集 ················· 23
1.6 本章总结 ················· 27

第2章 PFC5.0基本命令与模型构建技术 ················· 28
2.1 常用的通用命令 ················· 28
2.1.1 PFC命令流编制顺序 ················· 28
2.1.2 几个通用命令 ················· 29
2.2 PFC5.0中与几何图形有关的命令 ················· 30
2.2.1 Range定义范围与使用 ················· 30
2.2.2 Geometry（几何图形）的使用 ················· 32
2.2.3 离散裂隙网络DFN与使用 ················· 38
2.3 PFC5.0颗粒生成方法 ················· 51
2.3.1 规则排列颗粒生成方法 ················· 51
2.3.2 随机分布颗粒生成方法 ················· 53
2.3.3 外部颗粒导入生成法 ················· 61
2.3.4 块体颗粒组装模型方法 ················· 63
2.4 PFC5.0中刚性簇（clump）生成方法 ················· 64
2.4.1 常见刚性簇生成原理 ················· 64
2.4.2 刚性簇逐个生成方法 ················· 65
2.4.3 基于簇模板随机生成方法 ················· 69
2.4.4 柔性簇cluster的生成 ················· 71
2.4.5 刚性簇（clump）与柔性簇（cluster）转化方法 ················· 74

2.5 PFC5.0的墙（wall）生成方法 ·· 79
  2.5.1 命令生成方法 ·· 79
  2.5.2 几何图形导入法 ·· 84
2.6 PFC5.0接触的定义方法 ··· 86
  2.6.1 PFC中的接触模型 ·· 86
  2.6.2 接触模型分配表（cmat）法 ······································· 88
  2.6.3 当前接触定义（contact）法 ······································· 89
  2.6.4 接触施加实例验证 ·· 90
2.7 PFC5.0信息记录与后处理 ··· 101
  2.7.1 hist 记录方法 ··· 101
  2.7.2 result 记录方法 ·· 104
  2.7.3 measure 记录方法 ··· 106
  2.7.4 目标轨迹追踪（trace）方法 ···································· 106
2.8 本章小结 ··· 107

第3章 奔向颗粒流高级应用的桥梁：FISH 语言 ······················ 108
3.1 FISH 语言基本规则 ·· 108
  3.1.1 指令行 ·· 108
  3.1.2 数据类型 ··· 109
  3.1.3 函数或变量命名 ··· 110
  3.1.4 函数：结构、评价和援引 ······································· 111
  3.1.5 算术：表示及类型转化 ·· 114
  3.1.6 重新定义 FISH 函数 ·· 114
  3.1.7 函数执行 ··· 114
  3.1.8 内联 FISH 和 FISH 片段 ··· 117
  3.1.9 FISH 回调事件 ··· 117
  3.1.10 FISH 错误处理 ··· 123
3.2 FISH 声明语句 ·· 124
  3.2.1 变量声明语句 ·· 124
  3.2.2 条件控制语句 ·· 125
  3.2.3 循环控制语句 ·· 127
  3.2.4 其他语句 ·· 130
3.3 FISH 内嵌函数 ·· 131
  3.3.1 常用命令特性函数 ·· 131
  3.3.2 离散裂隙网络控制函数 ·· 136
  3.3.3 片段与几何图形控制函数 ······································· 140
  3.3.4 实体内变量函数 ··· 147
3.4 FISH 编程实例 ·· 157
  3.4.1 利用 FISH 函数实现实体信息的输出 ························ 157
  3.4.2 利用 FISH 函数生成各种分布随机数 ························ 165

3.4.3 利用FISH函数将分组颗粒构造为柔性簇 ················ 166
  3.4.4 FISH随机生成颗粒簇 ································· 168
  3.4.5 利用FISH计算边坡的动力响应 ······················· 171
 3.5 本章小结 ·· 175
第4章 伺服机制及数值试验实现技术 ································ 176
 4.1 颗粒流中的边界伺服机制 ····································· 176
  4.1.1 伺服原理 ··· 176
  4.1.2 伺服方法 ··· 178
 4.2 二维与三维压缩试验实现 ····································· 179
  4.2.1 二维压缩试验命令流编制 ······························ 179
  4.2.2 三维真三轴压缩试验命令流编制 ························ 186
  4.2.3 三维圆柱形假三轴压缩试验命令流编制 ·················· 194
 4.3 二维与三维剪切试验实现 ····································· 201
  4.3.1 二维剪切试验实现 ···································· 201
  4.3.2 三维剪切试验实现 ···································· 209
 4.4 任意几何模型的伺服实现 ····································· 223
  4.4.1 劈裂试验模型与实现 ·································· 223
  4.4.2 任意形状模型的伺服与实现 ···························· 225
 4.5 柔性颗粒膜伺服实现 ··· 230
 4.6 伺服过程中的几个问题分析 ··································· 240
  4.6.1 时间步选择 ·· 240
  4.6.2 阻尼设置 ·· 241
  4.6.3 如何令模型快速满足要求 ······························ 241
 4.7 数值模型状态的检测 ··· 243
  4.7.1 应变检测 ·· 243
  4.7.2 应力检测 ·· 244
  4.7.3 配位数检测 ·· 246
  4.7.4 颗粒体系压密状态对应力—应变曲线的影响 ·············· 247
 4.8 本章总结 ·· 248
第5章 接触模型与参数标定方法研究 ································ 249
 5.1 FishTANK的使用方法 ······································· 249
  5.1.1 FishTANK的构成与使用 ······························ 249
  5.1.2 二维平行黏结双轴试验实现实例 ························ 251
  5.1.3 FishTANK的用途探讨 ································ 255
 5.2 FishTANK标定参数需要设置的变量 ·························· 255
  5.2.1 PFC材料及共有属性设置 ····························· 255
  5.2.2 线性模型需要设置的参数 ······························ 257
  5.2.3 接触黏结模型需要设置的参数 ·························· 258
  5.2.4 平行黏结模型需要设置的参数 ·························· 259

| 5.2.5 节理模型需要设置的参数 ······ 260
| 5.3 接触黏结与平行黏结模型参数标定规律 ······ 262
| 5.3.1 标定参数基本条件 ······ 262
| 5.3.2 平行黏结线性对应快速标定法 ······ 263
| 5.3.3 接触黏结线性对应快速标定法 ······ 268
| 5.3.4 混合模型参数标定法 ······ 272
| 5.4 不同应变率下平行黏结模型参数快速标定 ······ 278
| 5.4.1 试验情况 ······ 278
| 5.4.2 数值模型的构建 ······ 278
| 5.4.3 细观参数对宏观变形与强度的影响 ······ 282
| 5.4.4 应变率随动平行黏结模型 ······ 282
| 5.4.5 数值模拟结果分析 ······ 284
| 5.5 蠕变模型参数标定规律研究 ······ 286
| 5.5.1 基于非连续理论的 Burger's 流变接触模型 ······ 286
| 5.5.2 数值试验若干要点 ······ 289
| 5.5.3 模型数值验证分析 ······ 289
| 5.5.4 模型参数与流变特性关系 ······ 295
| 5.6 本章小结 ······ 299

第6章 复杂岩土细观特征识别与随机重构技术 ······ 301
  6.1 多元混合体介质的数字图像细观特征提取方法 ······ 302
    6.1.1 基于数字图像人工绘制方法 ······ 303
    6.1.2 数字图像分析与识别方法 ······ 303
    6.1.3 基于数字图像颗粒流细观模型构造 ······ 306
  6.2 二维颗粒细观轮廓随机构造方法 ······ 308
    6.2.1 基于数值图像分析的二维多边形颗粒描述方法 ······ 308
    6.2.2 多元混合介质轮廓的随机构成方法 ······ 309
  6.3 细观颗粒二维傅立叶分析与重构方法 ······ 315
    6.3.1 细观颗粒傅立叶分析原理 ······ 315
    6.3.2 颗粒细观特征的傅立叶分析与重构方法 ······ 316
    6.3.3 傅立叶细观特征统计特性 ······ 317
    6.3.4 细观特征的随机重构 ······ 320
    6.3.5 二维傅立叶谱分析与重构结论 ······ 321
  6.4 三维颗粒细观轮廓识别与随机构造方法 ······ 322
    6.4.1 颗粒激光扫描三维细观轮廓获取方法 ······ 322
    6.4.2 基于椭球表面基构造多面体描述三维颗粒 ······ 324
    6.4.3 基于傅立叶分析的三维颗粒随机重构方法与分析 ······ 327
    6.4.4 基于球谐函数的三维细观特征刻画与力学特性分析方法 ······ 337
  6.5 细观特征在PFC5.0中的实现与应用 ······ 342
    6.5.1 用于颗粒分组生成簇 ······ 342

6.5.2 用于clump模板控制随机颗粒生成 ······ 346
6.5.3 用于复杂wall的生成 ······ 348
6.6 本章总结 ······ 352

第7章 岩体爆破破坏效应颗粒流数值模拟 ······ 353
7.1 离散元数值模型的建立 ······ 353
7.1.1 炸点颗粒膨胀加载法 ······ 353
7.1.2 应力波传播的动边界条件 ······ 354
7.1.3 宏观—细观岩体力学参数对应模型 ······ 355
7.2 岩体爆炸破岩过程机理分析 ······ 357
7.3 爆破破岩效应验证探讨 ······ 358
7.3.1 药包埋深对爆破效果的影响 ······ 359
7.3.2 炮孔压力对爆破效果的影响 ······ 359
7.3.3 炸点膨胀比对爆破效果的影响 ······ 360
7.4 微差爆破效应验证 ······ 361
7.5 问题讨论 ······ 372
7.5.1 柱状波的施加方法讨论 ······ 372
7.5.2 动力边界条件施加讨论 ······ 374
7.6 结论 ······ 379

第8章 FLAC3D6.0-PFC3D5.0耦合滑坡数值模拟研究 ······ 380
8.1 连续—非连续耦合原理 ······ 380
8.2 FLAC3D6.0-PFC5.0耦合建模计算实例 ······ 383
8.2.1 计算条件 ······ 383
8.2.2 命令流编制 ······ 384
8.3 计算结果分析 ······ 397
8.4 经验总结 ······ 402

第9章 离散元—流体耦合计算与应用 ······ 404
9.1 流体与颗粒的相互作用方式 ······ 404
9.2 PFC5.0中的流固耦合功能 ······ 405
9.2.1 采用FISH语言添加额外作用力方法 ······ 405
9.2.2 利用PFC内置CFD模块与外部流体求解器耦合模拟复杂流场 ······ 409
9.3 二维水力劈裂FISH语言模拟实例 ······ 415
9.4 流固耦合算例 ······ 432
9.4.1 利用PFC自带CFD模块实现单向耦合 ······ 432
9.4.2 利用达西定律模拟多孔介质流动 ······ 435
9.4.3 与其他流体软件耦合 ······ 441
9.5 PFC与流体耦合分析应用探讨 ······ 444

参考文献 ······ 445
后记 ······ 449

第1章 PFC5.0的基本特点与界面操作

1.1 岩土工程颗粒流方法应用背景

我国持续发展的基础建设使得工程条件越来越复杂,尤其岩土工程领域内许多研究对象,如堆积体边坡、堆石坝、碎石垫层、砂垫层、抛石路基等,本质上是由散体介质胶结或者架空而成,通过颗粒介质材料承受并传递上部荷载。多数工程涉及的材料种类多样,几何形态多样,力学环境复杂,使得工程上应用材料力学、结构力学、弹性力学、土力学、岩石力学等传统方法难以在数学上获得解析解,而对于大多数问题,由于材料和几何图形的非线性,无法对工程做出系统、全面的理解。在这种背景下,伴随着计算机技术的飞速发展,数值分析方法已经成为大型土木工程求解科学问题不可或缺的分析手段。

目前的数值模拟方法中,主要包括确定性分析和非确定性分析方法两类,而确定性分析又可分为连续介质分析与非连续介质分析方法。其中连续数值分析方法有有限单元法、边界元法、有限差分法等,非连续介质分析方法有块体离散元法、颗粒离散元法、关键块体理论、不连续变形分析(DDA法)等。

由于岩土工程的复杂性,常规的数值模拟方法如有限单元法、有限差分法、块体离散单元法等在分析大变形及岩土破坏问题时均带有局限性,使得近年来颗粒离散元方法(又称颗粒流方法)在各类工程中获得了大量的尝试与应用。研究者期望利用该方法解决传统的岩土力学理论无法解释的典型力学现象,揭示复杂条件下微、细观介质的累积损伤与破坏机理,形成了当前该方法被高度重视与关注的局面。

几种常见数值模拟方法的优缺点对比见表1-1。

几种常用的数值模拟方法对比 表1-1

方法名称	优点	缺点
有限元法	适用于变形介质的分析。①能够对具有复杂地貌、地质的边坡进行计算;②考虑了土体的非线性弹塑性本构关系,以及变形对应力的影响,可与多种方法相结合,发挥出更大的优势,如刚体极限平衡有限元法	不能体现颗粒间的复杂相互作用及高度非线性行为;不能真实刻画散体材料的流动变形特征。有限元对于大变形求解、岩体中不连续面、无限域和应力集中等问题的求解还不理想
块体离散单元法	用于节理岩石的稳定分析,便于处理以所有非线性变形和破坏都集中在节理面上为特征的岩体破坏问题	对连续介质有一定的局限性,对节理面上的法向及切向弹簧刚度参数的确定问题有待解决
快速拉格朗日元法(常用软件FLAC3D)	能处理大变形问题,模拟岩体沿某一弱面产生的滑动变形,可比较真实地反映实际材料的动态行为。能有效模拟随时间演化的非线性系统的大变形力学过程	采用屈服准则,但求得的是局部单元的屈服破坏情况,而对整体的稳定情况评价力度不足

续表

方法名称	优点	缺点
非连续变形分析法(DDA)	主要适用于不连续块体系统,可模拟出岩石块体的移动、转动、张开、闭合等全部过程,并据此判断岩体的破坏程度、破坏范围	参数直接影响到计算结果,一般假定岩体为弹性的,塑性、黏性不适用。对软岩、软硬相间的情况处理困难。另外,对静态问题处理过于简单
颗粒流方法(颗粒离散元法)软件(PFC2D/3D)	不受变形量限制,可方便地处理非连续介质力学问题,体现多相介质的不同物理关系,可有效地模拟介质的开裂、分离等非连续现象,可以反映机理、过程、结果	参数标定困难,复杂模型建立困难,力学机理复杂,缺少工程应用验证

1.2 PFC方法简介

PFC程序(Particle Flow Code),又称为颗粒流方法,集成了二维(PFC2D)和三维(PFC3D),是基于通用离散单元模型(DEM)框架,由计算引擎和图形用户界面构成的细观分析软件。

基于Cundall(1979)的定义,PFC是基于离散单元代码的软件,它允许离散颗粒产生位移和旋转,随着计算过程可以自动识别新的接触。颗粒球可以组合在一起,用于处理变形多面体(多边形)颗粒的模拟。

PFC主要用于模拟有限尺寸颗粒的运动和相互作用,而颗粒是带质量的刚性体,可以平移和转动。颗粒通过内部惯性力、力矩,以成对接触力方式产生相互作用,接触力通过更新内力、力矩产生相互作用。

PFC模型中每个颗粒可以被表示为一个实体,它不是一个点质量,而是一个带有限质量和定义表面的刚性体。PFC模型由实体(body)、片(piece)和接触(contact)组成。实体主要有三种类型:球、簇和墙。每个实体由一到多个片组成,如一个球就只有一个片组成,即其本身。簇和墙的片(piece)分别被叫作pebble和facet。接触在片之间是成对出现的,可以动态地产生和消失。

球在二维里面表现为单位厚度的圆盘,在三维里表现为球体。簇是pebble的集合体,在二维里是许多单位厚度的圆盘,在三维里是许多球体。簇模型形成的是刚性体。组成簇的pebble可以相互重叠,簇实体内部没有接触产生,但可以在不同实体间的片之间形成。

墙(wall)是面(facets)的集合,facets在二维里表现为线段,三维里表现为三角形。由facet可以构成任意复杂的空间多边形。

注意:所有的实体都只能出现在domain区域里,不能超出这个区域。

球和簇的运动遵守牛顿运动定律,但是墙的运动是用户指定的。因此只有球和簇有质量特性(质量、中心位置和惯性张量)和加载条件(在每个接触上的力和力矩,源于重力的体积力,以及外部作用力和力矩)。

颗粒的相互接触是借助相互作用定律,通过软接触方法实现的。所有变形都只能产生于刚性实体接触,在两个实体的表面这种力学相互作用表现为一对或者多对接触。接触通过片邻近的接触识别逻辑创建和删除，因此一个接触相当于在两个片之间提供了一个界面（接口），通过颗粒相互作用定律内力和位移不断更新。这种颗粒相互作用定律就是一个接触模型。

熟悉并区分如下几个术语，有助于快速了解 PFC 方法：

1. domain

domain 表示一个区域，用来进行接触检测判断。在 PFC5.0 中，所有对象都是在给定的 domain 区域内进行。domain 提供了 4 种边界条件类型：stop、destroy、reflect、periodic。

2. bodies 和 pieces

PFC5.0 中存在 3 种 body（ball、wall、clump），每个 body 由一个或若干个 piece 构成。其中，piece 用来进行接触检测与判断，每个 body 所有 piece 的计算数据都存储于该 body 上，用来进行系统运动方程积分求解计算。

ball 是一个 body 和一个 piece；clump 是许多 pebble 的组合体，一个 pebble 即为 clump 的一个 piece；wall 由一系列 facet 构成，每个 facet 均为 wall 中的一个 piece。

body surface 是由这些 piece 构成，property 就是针对 body surface 而言的。

pieces 接触类型有：ball-ball、ball-facet、ball-pebble、pebble-pebble、pebble-facet。接触类型顺序依次是 ball、pebble、facet。

对于不同接触类型，contact.end1（）和 contact.end2（）分别对应于什么，这是研究者必须区分清楚的，对于 end1 的实体必然是 ball 或 pebble，而 end2 则可能是 ball、pebble、wall。

3. wall 和 facet

wall 是由一系列 facet 构成，在 2D 情形下，facet 为线段；在 3D 情形下，facet 为三角形面。每个 facet 具有 2 个或 3 个端点，这些端点统称为 wall 的顶点（vertex），可以利用 wall.vertex.list 进行遍历查询。最新 FLAC3D6.0 与 PFC3D5.0 间的耦合也是基于这个进行的。

4. clump 和 pebble

PFC5.0 中把 ball 和 clump 进行了区分，将构成刚性簇的球称为 pebble，因此接触类型中 pebble-pebble 指的是不同刚性簇间的接触，而不包括同一簇内部球体之间的接触。

5. cluster 与 clump

cluster 是指一组 ball 通过特定的设置利用接触相互黏结、密实，表现出簇的特性，但是之间的接触有限，在外力足够条件下颗粒可以破碎，又称为柔性簇。

clump 是指一系列球叠加在一起，无论什么条件，各球（pebble）之间无相对变形，从而呈现出刚性颗粒运动的簇，又称为刚性簇。

6. DFN 和 fractures

DFN（Discrete Fracture Network），称为离散裂隙网络，fracture（裂隙）是指单一裂隙，一个 DFN 是一系列 fractures 的集合。

7. damping

阻尼（damping）是用来耗散系统内部的能量。可以通过三种方式来消耗系统内部能量：①摩擦；②接触中的黏壶（dashpot）部分；③在运动方程中设置局部阻尼（local damping），静态求解时，设置较大局部阻尼，加快计算平衡，在动力求解时，需要设置合理的局部阻尼。

在 PFC4.0 以前版本，局部阻尼被默认设置为 0.7，在 PFC5.0 中，其被默认设置为 0，可以通过 ball attribute 和 clump attribute 加关键字 damp 来设置局部阻尼大小。

1.3 PFC5.0 软件的新特点

PFC5.0 是基于颗粒流原理进行的代码重新设计，增加了代码库内容，并对计算带来巨大优势：

1）自动多线程设计有效提高了采用多核处理器时的性能。在不改变数据文件的前提下，模型运行的更快。

2）杠杆算法设计提供了更精确、快速和可靠的结果，其主要优势如下：

（1）多线程空间搜索和接触判断提高了复杂粒径分布和快速流动问题的执行速度。

（2）改进了墙构成逻辑，支持几何图形表面数据的导入（3D 的三角形面，文件格式包括 stl 和 dxf 等）。与 PFC4.0 版本相比，墙构成逻辑支持快速运行，精确地解决了凸面和凹面边缘之间的接触问题，计算效率更高。

（3）加强的簇处理能力容易并有效地生成各种球和簇，因此可以减少创建规模较大模型的时间。

（4）改进的周期性空间逻辑（periodic 边界）支持球，簇和所有的接触模型。

（5）改进的簇逻辑使复杂形状简单化。簇是一个刚性球组合体，用户可以指定内部特性。通过簇模板可以自动从表面描述生成，而其内部特性可由计算指定，借助簇模板可以大量随机生成并可视化。

（6）扩展的球/簇生成程序，可以快速生成考虑级配等球和簇复杂装配的模型。

3）支持远程交流。使用者能指定接触的相互作用距离以便于力和力矩在颗粒间以一定距离发展（例如地磁力、毛细血管作用等）。

4）扩展了 FISH 语言和函数库，包括函数自变量、局部变量、内联的 FISH、矩阵、张量、编译等，可以快速提供各种综合性的接触模型变量，减轻了编写数据文件的繁重工作。

5）使用 OpenGL 编制了新的用户界面，提高了图形可视化的速度，更新了大量绘图条目和范围过滤器；内嵌编辑器，可以高亮显示文本；增加了文件搜索和 FISH 变量探索，处理数据和保存文件的项目管理等功能。

6）将软件说明综合到一个文件（PFChelp.chm）中，可以快速浏览与查询相关说明。

7）引入了接触模型分配表，使接触设置具有很大的灵活性；使用 range 逻辑选择，不需要复杂的 FISH 函数即可分配接触模型，当接触创建的时候，CMAT 即提供接触模型和它的属性（来源于两个接触面的特性），解决非均质材料特性的复杂模型能就可以快速合成。

8）引入了离散裂隙网络功能，可以实现裂隙网络生成、导入、导出、过滤，可视化等功能。如果与 PFC5.0 嵌入的平行黏结模型相结合，很容易模拟工程中的节理裂隙岩体。

1.3.1 PFC5.0 新增选项

以下的特性和附件是 PFC5.0 里新提供的：

(1) 热选项。热选项模拟热在材料中的瞬态流动、诱发位移，以及力的后期发展。热模型可以独立运行或者与力学模型耦合计算。产生热应变用来解释颗粒与黏结材料的热量。另外，墙可以设置温度来施加热边界条件。

(2) C++插件选项。C++插件选项主要用于：①C++用户自定义接触模型；②C++用户自定义 FISH。

C++用户自定义接触模型组件可以将新的接触模型添加到 PFC 程序中。一个接触模型必须能描述接触中力—位移间的响应，在每一个循环中，PFC 程序将调用接触模型，在两个接触实体大小相等，方向相反的方向更新力和力矩。这个用户自定义接触模型需要 Visual Studio 2010 C++来编写，同时编译成 dll（动态链接库）文件，然后在一个 PFC 模拟中加载。

C++用户自定义 FISH 可以令使用者在模拟期间执行 C++代码。这些 FISH 也通过 C++来编写，同时被编译成 dll（动态链接库）文件供 PFC 数值模拟随时加载。这个组件可以代替 FISH 函数，当一个循环中存在大量的模型实体时，可以大大加快执行速度。

(3) 流体力学耦合计算控件（PFC3D）。PFC3D5.0 中 CFD（CCFD）控件将 PFC3D 的离散元计算与 CCFD 的计算流体力学代码耦合起来。CCFD 提供一个粗糙的网格流体框架，用来模拟颗粒与流体之间相互作用的问题。粗糙的网格意味着流体网格的每个单元需要包含较大数量的 PFC3D 球，相关问题可以应用到大量的工程问题，如沙沉降、泥石流、流化床以及气体输送中。

1.3.2 停止使用的选项

(1) 基本流体分析选项。4.0 及以前版本中固定粗糙的网格流体流动方案太过于局限，在 PFC5.0 中基本流体分析选项已经停用，通过 CCFD 附件代之以一个更灵活的粗糙网格方案。同时，C++粗糙网格流体界面覆盖了 PFC5.0 的计算，这个界面可以耦合 PFC5.0 和任何流体动力学代码使用。

(2) 并行处理选项。PFC4.0 并行处理选项所提供的分布式并行不方便使用，并行处理选项在 PFC5.0 中已经停止使用。因此 PFC5.0 采用多线程自动并行处理，自动根据计算机的能力进行配置，大大提高了计算效率。

(3) 用户编写 C++代码选项是 C++/UDM 选项中之一，在 PFC5.0 中停止使用。这个功能在 PFC5.0 被 C++插件选项与 C++用户自定义 FISH 组件所取代。

(4) Itasca 查看器选项。在 PFC5.0 里 Itasca 查看器选项停止使用。这个功能被 PFC5.0 用户界面所取代。

1.3.3 PFC4.0 与 5.0 对比

注意：PFC5.0 的代码与 4.0 的代码互不兼容。

1) PFC5.0 命令显著不同于 PFC4.0。虽然有些基本概念与命令仍然保持完整和一致性（例如 ball generate 命令创建不重叠球），但语法结构已经进行了大量改进。引入了许多新的概念，如 ball distribute 命令创建重叠的球来匹配目标孔隙率。

2) 在 PFC5.0 里，在所有的 FISH 变量声明中采用了点号（.），从而可以更好地识别变量的逻辑类型，如 math 变量类型可以很容易区分（比如 math.pi，math.sin，math.abs 等）。另外，FISH 声明可以采用更加冗长的方式进行命名。例如在 PFC4.0 里一个球的 x 方向位置可以通过 b_x 来声明，在 PFC5.0 里则是通过 ball.pos.x 来声明，虽然名称更长，但使得数据文件修改后可读性更好。这个变化对新使用者来说，将会减少大量的时间来熟悉 FISH 规则，有利于更有效地使用 FISH。

3）在 PFC5.0 里，FISH 设计功能显著扩展。链表概念不再存在，而是引入了带着 list 后缀的对象容器（例如 ball.list）。一个列表通过 loop foreach 就可以实现一个循环。另一个需要强调的 FISH 功能是 map 数据结构的添加。由（key，value）集合组成的关联数组。可以通过特殊键来查阅值。键可以是一个整型数、浮点数或者字符串。这个数据结构比起数组数据结构更加有效。

4）加强文档和帮助工具。整个 PFC 文档都在帮助文件（PFChelp.chm）里，文档可以按照索引或搜索获得相关内容的帮助。这个改变允许创建链接，以便于导航到相关的目录。用户在编辑区或者命令行可以通过按 F1 键快速地跳到指定命令或 FISH 函数的文档。Help 将会寻找当下光标位置对应的整行，也可以为一个指定命令或 FISH 声明高亮文本来查阅文档。

5）大、小写敏感的去除。

在 PFC5.0 中去除了大、小写敏感检查，fred 和 FRED 两个 FISH 变量是完全等同的。因此命令或 FISH 声明可以随意地采用大写、小写或混写模式。

6）安全转换没有被废除。

PFC5.0 中，FISH 函数、变量在命令行中的调用，为了减少混淆和歧义，必须加@符号，这一点与 4.0 及以前版本不同。

7）宏定义（Macros）的移除。

在 PFC5.0 里 Macros 命令被弃用了。

8）二维和三维代码。

当安装 PFC 的时候，2D 和 3D 版本的代码同时安装，并被放到一个文件夹下。这是因为 PFC2D 和 PFC3D 的代码库几乎完全相同，命令和 FISH 函数几乎也是完全相同的。但必须执行 PFC2D 代码来生成一个 2D 模型，PFC3D 代码来生成一个 3D 模型。

9）多线程和确定性分析。

PFC 通过多核架构上循环中的计算加载分开形成多线程计算。默认情况下，PFC 在主机系统上使用可提供的最佳线程，也可以通过 set processors 命令调整线程数量。

在多线程过程中，特殊计算发生的顺序将会改变。这将导致舍入误差不同程度地增加。例如如果要以特定顺序处理一长列的浮点数（从前到后，从后向前，或者其他方式）多次累加起来，得到的总和不完全一致。

如果应用到 PFC 模型，在不同的 PFC 模型副本中，相同的时间模拟接触的顺序是不同的。那么接触力将会以不同的顺序累加到球（balls）上，每个 ball 上的力都会有轻微不同，这会导致完全相同的模型在连续计算过程中结果缺少重复性。为了解决这个问题，PFC 在牺牲效率前提下，强行将计算顺序约定以确定性的方式操作，以确保结果的重复性。如果重复性不重要，可以通过 set deterministic 命令关闭该模式，来充分利用多线程性能。

在使用 PFC 时，为了调试代码，必须不断地、重复地观察准确模型状态。如果代码是在非确定性模式下运行，将看不到问题的重现。此时就应该所有的模型都在确定性模式下运行。

10）模型区域。

为了有效地接触识别，PFC 要求使用者指定一个域（domain）来定义接触范围。任何模型组件（ball、wall、clump、geometry 等）均不能出现在域之外，组件碰到域边界时的处理条件（删除、停止、反射、周期出现）可通过 domain condition 命令来指定，因此一个新的求解文件通常以 domain 命令的定义开始。

11）接触模型分配表（CMAT）。

PFC 先前版本仅能采用有限的接触模型，并且假定接触中的默认力学行为服从线性接触法则。

PFC5.0 不假定接触服从线性接触行为，而是默认插入一个 null 接触模型，直到指定其接触模型。这里最重要的概念就是接触模型分配表（CMAT）。与 domain 命令一样，每个数据文件将会以 cmat default 命令开始来指定默认的力学行为。CMAT 则基于复杂规则用来分配接触模型。在不使用 FISH 的情况下，大大地提高了复杂模型创建。

12）Damping（阻尼）。

三个不同的机制：在接触中的摩擦力，在接触中的耗散（例如黏滞阻尼，非弹性接触定律），或者在球、簇运动方程中的耗散。后者被称为局部阻尼，通常设置一个较大的值来加快收敛到一个稳定的配置来达到准静态模拟。动力学分析时，这个值应当取小值，甚至设置为 0。

PFC4.0 默认假定一个较大的局部阻尼值 0.7。在 PFC5.0 里局部阻尼默认设置为 0。局部阻尼可以通过 ball attribute 和 clump attribute 来设置，同时使用 damp 关键词。

13）属性（attributes）和接触特性（properties）。

balls、clumps、walls 和 contacts，在绘图、命令编制时一个重要的区别是 Attributes and Properties 区分。

Attributes 是模型实体的内在特性，例如位置、速度、大小等。实体（balls、clumps、walls）、片（balls、clump pebbles、wall facets）包括接触可以有 attributes。body/piece attributes 的一个例子就是簇与球位置，即使 pebble 是 clump 的一部分，它的位置也是一个明显的属性（attribute）。因此 Attributes 列表是不变化的。

另一方面，properties 仅仅应用到 pieces 上，它们是用户指定的字符串和值的列表（包括 ball property、clump property 和 wall property 命令）。这些字符串和值代表了 pieces 的表面条件。Properties 可以被用来决定 pieces 之间如何相互作用。接触模型可以使用 piece properties 来决定结果的相互作用。因此通常用于属性继承，作为接触参数设置的方法之一。

14）时间步计算（timestep computation）。

如在 PFC4.0 中一样，PFC5.0 采用自动时间步测定算法来评估时间步，确保运动方程的稳定求解。在 PFC5.0 里，时间步评估是基于片（piece）速度进行。

PFC5.0 可以固定时间步（使用 set timestep fix 命令），或根据固定时间步与指定最大时间步值（使用 set timestep maximum 命令）等进行，同时时间步缩放（set timestep scale)仍然可用。

在一个模拟中随着时间步的增加,使用者任意增加时间步可能会导致不稳定。set timestep increment 命令可以允许使用者在一个已知的循环中修改时间步增加的数量。

15)命令续行符(Line Continuations)。

命令和 FISH 函数都支持使用续行符…或者@约定,并且对于命令和 FISH 声明没有行长度的限制。

16)主要 FISH 函数变化。

(1)点号(.)约定。

PFC5.0 中 FISH 函数使用点号(.),以增加冗长的方式进行重新命名。

(2)内联函数。

通过命令行或者在命令中作为一个参数来执行 FISH 函数。

(3)局部变量与全局变量。

使用者可以用一个函数来定义局部变量。这些变量只能在函数执行过程中使用,然后被抛弃。对于执行和改进代码的清晰程度,局部变量是比较好的,如果相同名字的时候局部变量优先于全局变量。

(4)函数参数。

函数可以获得任意数目的参数,参数可以是任意类型的。

(5)FISH 函数回调 FISH Callbacks。

在循环中使用回调函数来执行定制的 FISH 函数,用法更加灵活。

(6)循环和容器使用。

FISH 中的 loop-endloop 声明可以提供简化的模型数据进入接口。由于 loop foreach 设计,可以直接进入模型对象容器调用。表 1-2 对比了在 PFC5.0 和 PFC4.0 中计算球总数量需要的 FISH 片段。

PFC5.0 与 PFC4.0 代码对比　　　　　　　　　　　　表 1-2

PFC5.0 代码	等效的 PFC4.0 代码
global nballs=0 loop foreach local b ball.list 　　nballs=nballs+1 endloop	nballs=0 bp=ball_head loop while bp≠null 　　nballs=nballs+1 　　bp=b_next(bp) endloop

1.4　PFC 软件运行界面操作

1.4.1　安装与卸载

1. 运行安装

PFC 通常通过 U 盘安装,也可通过 DVD 盘安装。首先插入安装盘,一旦插入后,会首先跳出一个"autoplay"对话框。如果使用 U 盘安装,选择"open folder to view files",双击文件"start.exe"。如果使用 DVD 安装盘,选择"run start.exe"。此时不会出现"autoplay"对话框,因此需要到运行根目录下的"start.exe"。

从提供的选项点击"PFC"按钮开始安装 PFC。按安装向导顺序安装,该向导包括四个屏幕("welcome","end user license agreement","destination folder"和"ready to install")。多数情况下接受默认选项即可,点击"next"直到安装完毕。

安装软件完成之后,移除安装盘。在 USB 接口插入秘钥,即可使用 PFC5.0 软件。

2. 卸载

卸载软件最好在 Windows 控制面板"programs and features"中卸载。具体步骤:在 Windows7 和较早的版本中依次选择"开始"→"控制面板"→"卸载一个程序"。在 Windows 8 和之后的版本中,在 PFC 程序上右击并且点击菜单上的卸载按钮。

1.4.2 PFC 安装文件夹内容

在程序安装中,默认的安装地址是:c:\program files\Itasca\PFC500,在运行某个程序时,如果发现产生的图像、生成的文件不在正常运行文件夹下,通常是因为没有设置文件目录,此时最大的可能性就在这个默认文件夹下。

图 1-1　PFC 可执行程序

在 PFC500 目录文件夹 exe64 中可看到 4 个可执行程序(图 1-1),其中 PFC2d500_console_64.exe 与 PFC3d500_console_64.exe 是 DOS 版本,只运行编辑好的批命令文件,无法进行界面操作。由于不需要进行图形显示,如果命令编辑无误,运行速度会更快(图 1-2)。

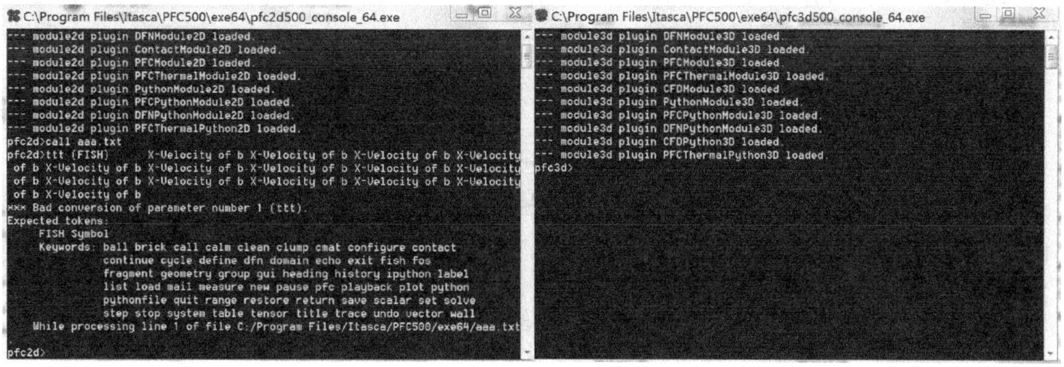

图 1-2　PFC5.0 的 DOS 运行系统

而 PFC2d500_gui_64.exe 和 PFC3d500_gui_64.exe 是图形界面操作系统(图 1-3),是当前应用最广泛的颗粒流程序。相同文件夹下还包含程序的可执行文件和动态链接库,以及程序文件。

由于涉及大量数据的更新、显示,运行速度要比批处理界面慢一些,但界面友好,容易理解,用户可以动态观察模型的状态变化。

另外安装文件夹 PFC500 下,有一个 datafiles2d 目录和 datafiles3d 目录,分别存放着帮助里面的实例代码,这也是学习 PFC 软件中 FISH 语言、命令、变成技巧时必不可少

图 1-3 PFC5.0 的图形界面运行系统

的资料。

在 PFC500 文件夹下，还包括学习 PFC5.0 软件最有效的资料——帮助文件（PFChelp.chm），所有二维、三维说明都被整合在该文件中，用户可以方便地从中查询相关说明与案例代码。

1.4.3 PFC5.0 软件图形界面

PFC 安装程序在电脑 C 盘 Program Files 文件夹内会创建一个 Itasca 文件夹，用于存放 Itasca 公司的默认的几个软件，在开始菜单中（Windows7 和先前的版本）会创建一个 Itasca 组，Windows8 和之后版本则会直接出现在开始屏幕上。在开始运行时，秘钥应当插在 USB 接口上。

1. 运行对话框

运行 PFC，简单地点击信息上的每个按钮，修改开始属性去设置程序的工作目录，右击图标并且选择属性，点击"打开文件位置"，复制快捷方式并且按照上述方式指定自己个人的工作目录。

当 PFC 第一次运行的时候，有可能出现三个对话框。

第一个是 copy Application Data dialog，建议使用者接受推荐的位置或者提供一个新位置。一旦被完成后，这个对话框以后不再出现。

第二个对话框是 update alert dialog，当存在 PFC 版本更新时将会出现这个对话框。除非用户碰巧在 PFC5.0 最近版本更新前安装了程序，否则这个对话框非常有可能在第一次运行程序的时候出现。

第三个对话框是 startup options dialog，当第一次运行程序时，最明智的选项是"create new project…"或者"cancel"。

2. 界面窗格

图 1-4 为刚打开 PFC5.0 界面，中间为弹出的对话框，分别为：打开上一次运行项目、打开已建项目、建立新的项目、取消，可以根据需要选择相应的项目（project）。最下面有一个"以后不再提示"选项，如果勾选则该对话框不再出现。

通过该界面可以看出，PFC5.0 软件操作界面主要由各种窗格构成。窗格作为主程序窗口的子窗口显示。每个窗格的上方有一个标题栏，控制该窗口的显示状态（隐藏、关闭、恢复等）。相同矩形区域内可以包含一个或多个窗格，当窗格堆放在一起时（只有一个激活的），需要设置多个窗格选项卡。这些选项卡中，活跃的标题/内容选项卡会显示在

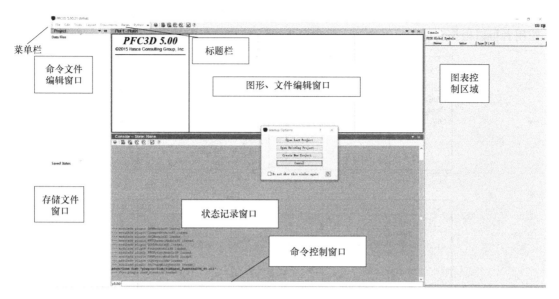

图1-4　打开PFC运行界面（wide布局）

标题栏中，选项卡集通常位于矩形区域的左下角，可以用鼠标选择来激活。

每个窗格类型执行不同的功能，组合起来完成程序运行所有需求。PFC5.0共有六种窗格类型（图1-4）：①控制台窗格（console）；②项目窗格（project）；③状态记录窗格（state record）；④编辑器窗格（editor）；⑤视图窗格（view）；⑥清单窗格（listing）。

有些窗格是唯一的，有些则不是。可以通过主菜单上的窗格菜单看到这些窗格的显示状态。控制台、项目和状态记录窗格属于前者，只有一个，这些窗格可认为是内置或"程序创建"的窗格，是PFC5.0用户界面必有的特性。

相比之下，编辑器、视图、清单窗格属于"用户创建"内容窗格，它们是为了设计和控制模型输入或可视化访问模型状态与结果而设置的。这些窗格的显示状态可以通过主菜单的文档菜单进行访问。窗格可采用多种方式处理：最小化、最大化、隐藏、调整或关闭，也可能浮动或停靠。它们可预先安排成特定的样式，称为布局，每个布局都由一系列窗格组成。

控制视窗是用户界面中一个矩形区域，该区域可以隐藏在视图中，但不能从程序中删除。然而，控制视窗并不仅仅是一个视窗，由于有些工具和功能太复杂，无法直接跟工具栏中的选项匹配，此时控制视窗可看作一个空间，与窗格一起，能动态地响应指令。因此它更接近于工具栏，而不是一个窗格。而且它也可以像工具栏那样，将控制视窗中的功能划分为多个控制集，在PFC中，控制视窗为每个窗格类型提供至少一个控制集。

编辑器视窗类型包含数据文件（可以是任何文本文件，如 *.dat、*.txt、*.fis 等）；视图窗则是一个绘图区。这里"编辑器"和"视图"指视窗的类型，"数据文件"和"绘图"指的是视窗的内容。

3. 窗口布局

PFC5.0用户界面大致分为如下几个区块：标题栏、菜单栏、命令按钮、项目文件窗口、保存文件窗口、命令控制窗口、图表区域、图表控制选项、图像转动控制等窗格。

菜单栏分为文件、编辑、工具、布局、文档、窗格、Python等。其中在布局菜单栏下已经定义了水平式布局、垂直式布局、单布局、宽布局、项目布局5种形式（图1-5），使用者可以根据自己的喜好选择。通常设置布局为Wide。

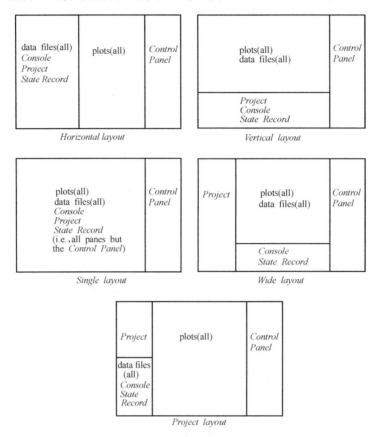

图1-5 常用的5种窗口布局

1）标题栏窗格

PFC的每一个窗格，包括主程序窗格，都有一个标题栏，标题栏的左边包含一个标签/标题来显示窗口内容。而主窗口中，最小化、最大化和关闭按钮则出现在右边。窗格上，隐藏（—）和最大化/恢复（□/□）按钮出现在右边。关闭按钮（×）则取决于选项对话框中设置的用户首选项，可能在左边，也可能在右边。如果一个窗格包含了存储内容（比如命令文件或者存储文件），窗格内就会显示文件的名称。

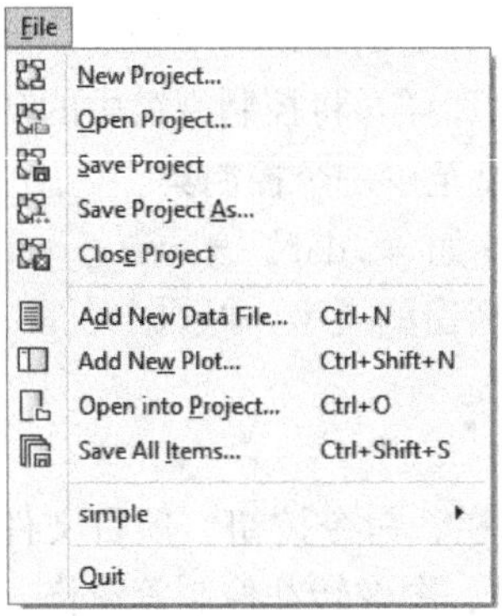

注意：当星号（*）出现在一个窗格的标题栏中，表明该窗格的内容已经被更改而尚未保存，保存后星号会消失。

2）文件菜单栏

文件菜单栏包括三种不同类型的操作，各组之间用线分隔符隔开（图1-6）。

第一组命令是针对新项目的操作，包括新建项目（New Project...），打开一个项目（Open Project...），存储项目（Save Project...），另存项目（Save Project As...），关闭

图1-6 文件菜单栏

项目（Close Project）。采用该组命令存储文件时，处于该项目中的条目文件（包括命令文本文件、存储文件、绘图文件）也会同时关联到该项目，当该项目重新打开时也同时出现在项目中。

第二组命令为项目的应用条目，包括添加新数据文件（Add New Data File...），添加新绘图文件（Add New Plot...），在项目文件中打开（Open into Project...），存储所有文件（Save all Items...）。这组条目允许用户自己定义、打开、关闭文件、视图。如果采用存储所有条目，则将保存当前在程序中打开的任何条目，如果该条目没有命名保存过，它将会出现在需要一个新文件名的每个条目中。

第三组由一条直线组成。这条线表示活动窗格内容的名称或者标签，当适用时（窗格是活动窗格），则该行提供一个空白的"–"。这一行的"弹出"菜单提供了一组可以在活动窗格的内容上执行的操作，这些将随着活动的窗格的类型而变化。

注意：如果在运行某个项目时，只是存储条目文件，而不存储项目，则条目项目决定的绘图文件、命令文件在下次重新打开项目时，不会出现在项目列表中。反之，在项目关闭前存储了项目文件，则下次项目打开时，所有条目都会重现。

项目文件和项目条目可以保存在任何位置。项目文件跟踪所有项目条目的位置。当使用 File→New Item→Data File... 创建一个新的数据文件时，首先会跳出一个对话框，提示命名和存储的文件，此对话框将在项目文件所处的同一文件夹中打开，也可以使用对话框控件指定为一个不同的文件夹。

一个项目条目可以通过"开放条目"（一些共有的文件）放入到项目中，但是来自文件菜单的命令不会被移动、复制到包含条目文件的文件夹中。如果想使用"开放条目"文件，应该将用到的那些"开放条目"一起复制到项目中。

如果提供了路径，那么在数据文件命令行中出现的 save 命令，或者使用文件菜单（file），将会创建一个存储文件，并存到指定位置。如果没有指定路径，那么将会保存到项目文件夹下。

如果脱离 PFC 管理环境移动、重命名、删除数据文件，将会破坏该条目文件与项目的连接，而如果对 PFC 数据文件进行了编辑，在用 PFC 打开时，当回到包含该文件的编辑器窗口时，如果编辑器在编辑时处于保存状态，则不需要保存。如果文件没有保存（例如：在 PFC 中已经对其进行了更改，但还没有保存），将出现一个警告对话框，请求用户决定如何处理该文件。

注意：项目文件是一个二进制文件，它跟踪（但不嵌入）在建模序列中使用的资源。在这个文档中，这些资源通常被称为"项"，包括：data（.dat）文件、保存（.sav）文件、FISH（.fis）文件和驱动（.dvr）文件等。

PFC 自动使项目文件的位置成为当前工作目录。这使得保存项目更容易，并将项目条目保持在一起，而不需要使用显式路径或发出指令来设置当前文件夹。

该文件（*.prj）跟踪建模中使用的所有条目，一个条目文件可以通过用户手动加载、直接在 PFC 中创建、命令处理过程中（一个文件调用另外一个文件）添加到项目中。另外，项目可以使用 project 窗格从项目中删除某个条目。

注意：关闭项目项（仅从 PFC 接口中删除）和删除条目（不仅会从项目中删除，还会导致与其相关联的文件被删除）。

3）项目窗口工具栏（图1-7）

图1-7　项目窗口工具栏

● 为执行/停止开关，当系统正处于运算过程中时，该按钮显示为灰色。在命令文本处于编辑状态时，该按钮显示为绿色，表明可以执行。

▣ 为打开当前选择的输入文件（命令文本、FISH文件等）。

▣ 为关闭当前选择的输入文件（命令文本、FISH文件等）。

▣ 在编辑窗格中打开当前选择的输入文件，并执行其中的命令。

▣ 激活当前选择的结果文件。

▣ 将选择的文件从项目中移除。

▣ 在控制窗中，以文件浏览模式显示选择的文件。

▣ 以网页形式选择需要显示的文件。

▣ 显示/隐藏控制窗格开关。

▣ 显示/隐藏控制组下拉式开关，选择需要显示的条目。

4）控制台窗格

控制台窗格底部可以输入命令提示符（PFC），上面显示的则是命令处理而从程序输出的文本（图1-8）。窗格的输出部分是对输入命令的响应，提供命令运行的状态信息，显示命令处理结果的警告、错误或输出。

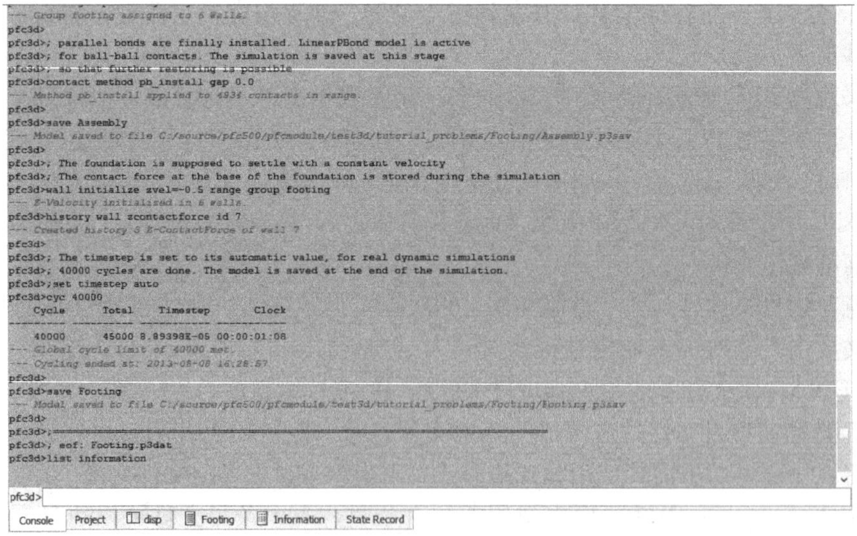

图1-8　控制台窗格

无论是命令提示符还是通过数据文件，任何命令都可能影响程序状态、项目状态或模型状态。如设置日志，程序会将执行状态信息保存到一个日志文件下，调用、保存、恢复和新命令都对项目状态和模型状态有影响,绘图命令(plot)则只对项目状态文件有影响。一般而言,其他命令都是针对模型状态的,不会影响项目或程序状态。

5)状态记录窗格

状态记录窗格是跟踪、查看和监控已创建模型状态的方法(图1-9)。这个窗格包括状态记录和输入文件两部分。状态记录列出了所有创建模型状态的命令,输入文件则显示了存储模型状态的输入文件。

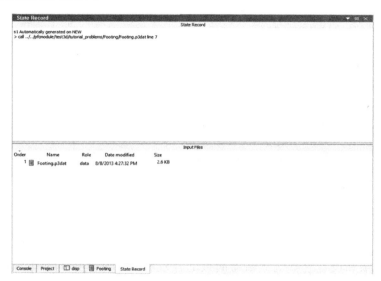

图1-9 状态记录窗格

与状态记录窗格相关联的工具栏如图1-10所示。

图1-10 状态记录窗格工具栏

以记录格式复制当前的选择。

在数据文件格式中复制当前的选择。

在窗格中选择所有文本。

选择自上次复制命令以来创建的输入记录行。

将窗格内容保存为记录格式的文件,创建的文件将在PFC的编辑器窗格中打开。

将窗格的内容保存为数据文件格式的文件(只包含显示的输入行)。创建的文件将在PFC的编辑器窗格中打开。

控制窗格切换显示开关。

这个按钮是一个下拉列表,它列出了这个窗格类型的可用控件集。

6)编辑器窗格

编辑器窗格(图1-11)是为使用PFC数据文件而设计的。它仅限于文本文件,可用于任何文本编辑器操作。文本编辑的主要工具出现在编辑菜单、工具栏和窗格的右击菜单上。

图 1-11 编辑器窗格

用户首选项和设置会影响编辑器面板的外观和显示在其中的文本,包括用于指示 PFC 命令语法的样式,也可以在选项对话框中设置。

另外 PFC 还规定了一系列与编辑器窗格相关的快捷键(表 1-3),以实现快速编辑的目的。如果熟悉这些快捷键,有助于大量命令流的快速编制(图 1-12)。

PFC 编辑器窗格相关的快捷键　　　　　　　　　　　　表 1-3

快捷键	对应的命令	功能解释
Ctrl+Z	undo	撤销前面的操作
Ctrl+Y	redo	重新执行前面的操作
Ctrl+X	cut	删除选择的文本,放置于粘贴板
Ctrl+C	copy	复制选择的文本到粘贴板
Ctrl+V	paste	将剪切板上文本插入到鼠标当前位置
Ctrl+A	select aLL	选择所有文本
Ctrl+F	find …	打开一个对话框,在当前文件中检索文本
Ctrl+shift+F	find selection	搜索下一个满足所选文本条件的位置
Ctrl+L	find Next	find 对话框中搜索下一个位置
Ctrl+H	replace …	替换文本
Ctrl+E	execute	执行或停止循环

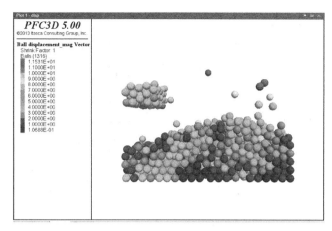

图 1-12　绘图窗格

7）绘图窗格

在绘图窗格（图 1-12）中，所有的视图操作（旋转、缩放、平移等）都可以通过鼠标右键。默认情况下，"Select"模式（操作）在新视图中是活动的。在这种模式下，鼠标左键用于选择项目，并在视图中选择、移动和放大缩小可操作的对象。常见的工具栏命令也可以从鼠标右键菜单中获得。

当一个绘图窗格被激活时，图 1-13 所示工具栏是可用的。

图 1-13　绘图窗格激活后的工具栏

🔴 运行/停止计算开关。

▥ 在当前激活窗口，创建并打开一个新的绘图窗格。

▥ 不管当前绘图是否有更新，都重新生成绘图。

▥ 存储绘图。

▥ 在新窗口中创建当前图形的副本。

🖨 打开打印对话框，将当前的图像发送给打印机。

▥ 打开输出菜单，选择文件类型来导出当前的图像（位图、数据文件、DXF、VMRL、PostScript、SVG 和 Excel）。如果在历程、表或配置文件中使用，将导出一个 Excel 表。

☑ 在选项对话框中显示全局视图设置。

▥ 在"选择"模式中放置鼠标左键，在视图中选择一个绘图项。选择一个条目使之成为绘图活动项。

▥ 在此模式中放置鼠标左键，用于在单击时查询模型对象（ball、contact 等）信息。

✚ 在此模式中放置鼠标左键，用于将当前图的中心点设置为鼠标点击的位置。

⌁ 在这个模式中放置鼠标左键，使用双点方法来测量当前绘图中的距离。

△ 在这个模式中放置鼠标左键，在屏幕上选择三点来定义一个平面。

▢控制窗格的切换显示。

▢这个按钮是一个下拉列表，它列出了这个窗格类型的可用控件集。

例如：视图在观察对象随计算过程的变形破坏过程是非常有用的，但如果每一迭代步结果都显示，这会浪费大量的内存空间，导致计算速度很慢。此时就可以利用▢按钮打开该图（条目）的全局设置，如图1-14所示。该图可以设置图像更新设置（Update Inter...，默认为每100个迭代步更新一次图像显示），视图尺寸像素（默认1650×1238），最大标签数量（默认1024），动画图像输出（Movie，包括输出间隔、文件类型、视图尺寸、文件名前缀）等功能。一旦点击Apply按钮，则图像全局设置生效。

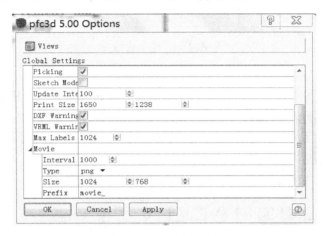

图1-14　视图全局选项

再如：PFC中有关视图设置的命令较为烦琐，但如果已经通过界面调试出良好的图形显示，此时可以通过▢将该图像的有关操作输出为命令文件（*.p3dat），图1-15为调试好的图形，通过图1-16所示的右键Export输出的文件，可参见例1-1。

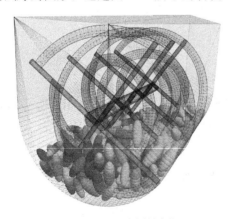

图1-15　已调试的图形

图1-16　右键打开的绘图工具栏

例1-1　右键输出的出图命令流

plot create
plot clear

plot add wall …

shape facet fill on wireframe on width 1 color black offset 0.5 2 backface off wiretrans 75 lighting on line width 1 shrinkfac 1 scalecaption size 44 family Arial style normal color black text "" on …

colorby default …

coloropt named maxnames 30 namecontrols true …

clear addlabel "facets" white on alias "facets" …

listcaption size 44 family Arial style normal color black on …

countcaption size 44 family Arial style normal color black on …

map axis xyz translate (0,0,0) scale (1,1,1) mapcaption size 44 family Arial style normal color black on …

active on …

caption false …

title size 55 family Times_New_Roman style bold color black text "" on …

cuttool onplane off frontplane off behindplane off caption size 44 family Arial style normal color black on …

clipbox active off cbcaption size 44 family Arial style normal color black on …

transparency 70 …

range …

display "rotor1" true display "rotor2" true display "rotor3" true display "rotor4" true display "rotor5" true display "rotor6" true display "rotor7" true display "rotor8" true display "blade1" true display "blade2" true display "blade3" true display "blade4" true display "blade5" true display "blade6" true display "blade7" true display "blade8" true display "bin" true

plot add ball …

shape ball point size 2 captionsphere size 44 family Arial style normal color black on sketchmode 1 sketchabove 200000 sides 8 shrinkfac 1 scalecaption size 44 family Arial style normal color black text "" on …

colorby vectorattribute "velocity" …

coloropt scaled ramp rainbow minimum automatic maximum automatic interval automatic log off reversed off above automatic below automatic maxlabels 20 contourcaption size 44 family Arial style normal color black on …

qty mag …

countcaption size 44 family Arial style normal color black on …

map axis xyz translate (0,0,0) scale (1,1,1) mapcaption size 44 family Arial style normal color black on …

ghost off …

active on …

caption true …

title size 55 family Times_New_Roman style bold color black text "" on …
cuttool onplane off frontplane off behindplane off caption size 44 family Arial style normal color black on …
clipbox active off cbcaption size 44 family Arial style normal color black on …
transparency 0 …
range
plot set projection perspective …
magnification 1 …
center (－0.00029944,0.00028078,0.0053336) …
eye (0.54788,－1.2325,0.25971) …
vertical (－0.11164,0.15297,0.9819) …
frontclip －1e＋10 …
backclip 1e＋10 …
update on …
background white …
outline on width 2 color black …
legend on placement left size 25 50 position 66 40 outline on width 2 color black heading color black copyright color black step size 44 family Arial style normal color black off time size 44 family Arial style normal color black off modeltime size 44 family Arial style normal color black off custit size 44 family Arial style normal color black off viewinfo off viewcenter size 44 family Arial style normal color black on vieweye size 44 family Arial style normal color black off viewdip size 44 family Arial style normal color black on viewnormal size 44 family Arial style normal color black off viewradius size 44 family Arial style normal color black on viewprojection size 44 family Arial style normal color black on …
movieactive off index 1 …
jobtitle size 12 family Arial style normal color black off …
viewtitle size 12 family Arial style normal color black text "View Title" off active on

如果将该段复杂的命令嵌入到正式运行的命令文件中，则会得到同样的图像显示效果，在大量出图情况下，可以保证图像显示的一致性。

1.5 PFC5.0图形属性界面操作

1.5.1 绘图选项控制集

绘图选项控制集包含两个部分，如图1-17所示，其中左侧为常用的颗粒信息（颗粒、簇、接触、范围、墙）。右侧上面的部分列出了当前图中出现的条目。下面部分则用于显示所选择的所有条目的属性。

工具栏上也设有访问此控件集的工具，可以用来添加或删除绘图条目、过滤显示信息、复制粘贴、设置视图选项等。通过工具栏上的选项按钮，可为所有视图设置全局选项。

第 1 章　PFC5.0 的基本特点与界面操作

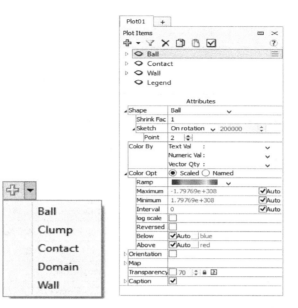

图 1-17　绘图选项控制集

第一个工具栏项是复合构建绘图按钮✚，点击按钮的"加号"图标将打开创建绘图对话框，单击图标旁边的箭头将打开用户定义绘图条目菜单。选择其中一项将立即添加到当前图中。这个列表内容可以由用户自主设置。

▽按钮在选定绘图项上构造一个筛选器。

✕按钮从列表中删除选定的绘图项。

▯和▯在控制集的上部，用于复制或剪切一个项目。

☑按钮用于为当前视图打开视图选项对话框。

在控制集上部，包含子项的可以展开或关闭，有些条目不包含子项。绘图项和子项的可见性可以通过 ▷ 　 or　 ◢ 上下左右打开。当可见性关闭时，条目或子项仍然是绘图的一部分。过滤器默认情况无效，切片工具和剪辑盒是关闭的。图中的绘图条目名称以黑色表示，子项显示为绿色。

PFC 提供了一些描述文件菜单的键盘命令，这些命令为绘图提供文件管理。命令中的省略号（…）表示在使用命令时将出现一个对话框。

用于图像编辑的关键命令见表 1-4、表 1-5。

与编辑关联的快捷键　　　　　　　　　　　　　　　　　　　　　　　　　表 1-4

快捷键	对应的命令	功能解释
Ctrl+O	Open item…	打开条目，并将之加入项目组
Ctrl+Shift+S	Save All Items…	存储项目中的所有条目，并出现对话框提示输入存储位置
Ctrl+Alt+S	Save ［plot name］ as…	存储当前激活的界面为绘图文件
Ctrl+W	Close ［plot name］	在激活窗格中关闭绘图

21

续表

快捷键	对应的命令	功能解释
Ctrl+P	Print [plot name]	在激活窗格中打印绘图
右击鼠标(鼠标激活)	View shift	激活鼠标模式下,无论选择何种对象,都是采用左击鼠标。而右击鼠标,不论鼠标模式,都可以进行视角变换(平移、旋转等)

可绘图的条目   表 1-5

名称	描述	名称	条目
axes	当前绘图的坐标轴	ball	采用属性或特性显示的颗粒
ball CFD	采用属性或特性显示 CFD 球	ball thermal	属性或特性显示的 thermal 球
clump	属性或特性彩色显示的刚性簇	clump CFD	属性或特性彩色显示的 CFD 刚性簇
clump template	簇模板	clump thermal	属性或特性彩色显示的 thermal 簇
contact	属性或者特性显示接触	contact thermal	Thermal 接触
DFN	采用属性或特性显示离散裂隙网络	DFN fracture contour	裂隙网络中的力学接触云图
DFN intersections	离散裂隙网络的交集	DFN rosette	裂隙玫瑰图
dxf	导入 dxf 文件,单元采用图层名分组及显示	domain condition	图形范围与条件
element CFD	CFD 单元信息	geometry	几何图形信息
history chart	一个或多个历程记录表	history locations	当前采用的历程位置
labels	标签	measure	测量圆
particle trace	颗粒轨迹记录	scalars	用户定义的标量
scale box	模型范围与比例显示的辅助盒	table chart	表格
tensors	用户定义的张量	vectors	用户定义的矢量
wall	墙	Wall thermal	Thermal 墙

构建绘图对话框如图 1-18 所示。

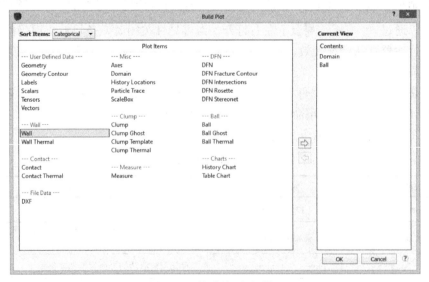

图 1-18 构建绘图对话框

1. 添加绘图

构建绘图对话框提供了从活动视图窗格中添加或删除绘图项的功能。它可以从绘图控制集合中获取。任何在 PFC 中可以绘制的对象都可以在其中找到。对话框的左侧显示了可用的绘图选项列表。可采用以下四种方法添加需要绘制的条目：

（1）双击需要绘制的条目。

（2）单击所需的项并按右侧按钮（⇨）。

（3）按住 Ctrl 键，选择多个条目添加，然后点击右边的按钮。

（4）右键单击想要的项目，选择"添加到当前绘图区"。

添加的条目会显示在当前视图框的项目列表中，并按照添加到图中的顺序放置。

注意：同一条目可以多次添加到当前视图中，分别显示不同的属性。

执行"运行"按钮，运行按钮在菜单栏的右侧和命令控制区域的上侧，可执行时为绿色，执行中为红色，不可执行时为灰色。

2. 移除绘图

对话框右边显示了当前项目中条目列表（或者按下 OK 按钮，就会出现在图中）。可采用以下四种方法删除条目：

（1）双击需移除的条目。

（2）点击想要移除的条目，按下左边的按钮（⇦）。

（3）按住 Ctrl 键，点击选择多个条目，然后点击⇦按钮。

（4）右键单击所需要移除的项目，并选择"从当前绘图区中删除"。

这些方法可以删除已经被添加到项目中的条目。

3. 取消（Cancel）

如果按下取消按钮，任何添加或删除都不会发生。这样做将关闭对话框，激活的条目将保持不变。然而，取消按钮不会撤销对用户定义的绘图项列表添加。

1.5.2 绘图条目控制集

1. 切片工具

在每一个绘图条目下，打开◉，可激活一个绘图工具的切片功能（图 1-19）。一个切割工具可以被粘贴到另一个绘图项目上。

要使用绘图工具的切片工具，在控制集中的上部选择它，令其显示为深色。然后在控制集的属性部分将显示切割工具的属性，可以通过手动或交互式进行调整。

激活（Activate）：这等同于可见开关按钮（◉）。选择"Yes"可切割绘图，选择"No"则不切割绘图。在任何一种情况下，切割工具都是可见的，当控制集上部 Cutting tool 被选中时，意味着当激活项选"No"时，切片工具可以操作，但切割效果不会在图片中显示。

类型（Type）：指定三种形状（"平面"、"楔形"

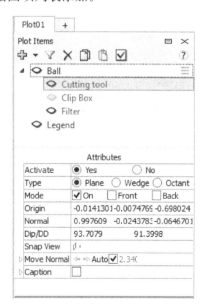

图 1-19　切片工具栏

或"八分之一坐标系")的切片。当选择"平面"时,将会有一组定位属性("原点"、"法向"和"倾角/倾向")。如果选中"楔形"或"八分之一",则会有两到三个(分别为每个平面)平面定位属性。

模式(Mode):指定工具的切割方式。如果选择了"On",则只显示与该平面相吻合的绘图项的一部分。如果选择了"Front",则会显示切割平面的位置上的前面模型,并且在平面上的任何部分都是完全呈现的。如果选择了"Back",那么在切割平面的位置上就会切割出背面模型,并且在切割平面的"后面"的任何部分都将被完全渲染。这些开关可以组合在一起。

原点(Origin):设置平面上的一个点坐标。

法向(Normal):设置与点相对应的平面法向量。

倾角/倾向(Dip/dd):平面的倾角和倾向。该选项可以代替用点+法向量决定一个切片平面。

Snap 视图:按下按钮,视图将"吸附"到垂直于平面的方向上(垂直向下),屏幕代表屏幕的表面。再次按下按钮则从相反方向。

法向移动(Moving normal):允许切片工具逐步移动,垂直于法向的一个方向(左箭头)或另一个方向(右箭头)。如果"自动"框不受约束,那么它被移动的增量可以认为给定。

2. 剪辑盒

一个剪辑盒由三个共用中心的平面范围组成(图1-20)。可以单独设置每个平面范围的大小和可见性。当这三个平面范围同时使用时,就组成了一个长方体盒子,称为"剪辑盒"。当剪辑盒激活时,位于盒子内的绘图条目会被切片。

激活一个绘图项的剪辑盒可以通过点击 ◯ Clip Box。

同时,一个剪辑盒可以被粘贴到另一个绘图项目或它的剪辑盒中。

使用一个绘图的剪辑盒时,首先在控制集的上部选择它,然后在控制集下部属性部分显示剪辑盒的属性,手动调整(控制集)或交互式调整剪切盒的属性。

如果对剪辑盒操作,而不想显示对绘图项的影响效果,则将三个剪切轴(Clip axis)选项上的√取消,关闭可见性,但保留控制集上部的剪切框选择。

剪辑盒属性包括:

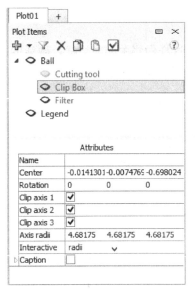

图 1-20 剪辑盒设置工具

名称(Name):设置剪辑盒的名称。

中心(Center):设置剪辑盒中心的位置。

旋转(Rotation):设置剪辑盒的旋转。

剪辑轴 1（Clip axis 1）：打开（检查）或关闭显示第一个剪辑框轴。
剪辑轴 2（Clip axis 2）：打开（检查）或关闭显示第二个剪辑框轴。
剪辑轴 3（Clip axis 3）：打开（检查）或关闭显示第三个剪辑框轴。
轴半径（Axis radius）：指定第一个、第二个和第三个（分别）剪辑框轴的长度。
交互（Interactive）：在视图中指定当前的交互模式，可以是"偏移量""半径"和"方位"。
标题（Caption）：在视图图例中包含（检查）项目标题。子属性则提供了对标题及其外观元素的控制。

3. 视图过滤器（ Filter ）

过滤器是用来限制绘图项显示的工具。当绘图项下的过滤器选项被激活并在绘图项控制集中显示时，过滤器就建立了。应用绘图过滤器时，将显示位于过滤器定义范围内的绘图，而剔除外部的视图（图 1-21、图 1-22）。

图 1-21　视图过滤器设置

图 1-22　绘图显示设置工具栏

过滤器（ ）按钮用于将范围元素添加到过滤器中，这些都可视作过滤器的分支。每个范围和过滤器本身都具有自己的属性。这些过滤元素可以由一个或多个范围构成，可用于过滤的范围元素有：Rectangle｜Polygon｜Ellipse｜X Position｜Y Position｜Z Position Sphere｜Annulus｜Cylinder｜Plane｜Geometry Distance｜Geometry Int Count DFN Distance｜Remove｜Model Ranges｜Saved Plot Filters｜ID｜ID List｜Fish｜Group｜Contact｜FID｜FIDList｜Extra｜Extra List｜Set｜Radius。

一个过滤器可以被复制/粘贴到另一个绘图项或它的过滤器上。

要为一个绘图项定义一个过滤器，按下 ▽ 这个按钮，将打开构建过滤器对话框，此时可以将一个或多个过滤器添加到过滤器中。添加后，这些元素将显示在项目控制集上部的"过滤器"标签下方。

当控制集上部的"Filter"标签被选中，过滤器的属性就显示在属性部分中。这些属性包括：

激活（Activate）：等同于可见开关按钮（◇）。选择"Yes"将过滤绘图项，选择"No"则绘图项不受影响。

类型（Type）：采用元素的"交集（intersection）"或者它的"并集（union）"定义范围。

渲染模式（Render Mode）：选择"Normal"，则当过滤器激活情况下正常渲染绘图项。该状态下绘图项是根据其属性渲染显示的。选择"Specific"则以特定范围呈现图形，该状态中可以使用各种渲染属性来修改绘图项的显示方式。当设置"Specific"模式时，过滤器外部对象（因被过滤而删除）会透明显示；当设置"正常"时，外部对象会立即删除。

范围（Extent）：确定过滤器元素是根据"模型（Model）"大小计算默认范围，或者根据"屏幕（Screen）"利用当前视图大小来计算默认范围。

Load（加载）：调出一个对话框，将存储的项目过滤器加载为当前过滤器。加载过滤器将替换当前定义。

储存（Store）：调出一个对话框，将当前过滤器定义保存为项目过滤器。保存后可被用作过滤器元素，或者被"加载"。

4. 绘图选项属性设置

不管是绘图项，还是切片工具、剪辑盒、过滤器，相应控制集的属性部分总会列出选择目标的属性。

对于许多绘图项（球、墙、簇、接触等），主要有三种相互依赖的选择来影响选项的渲染方式。大多数情况下，它们顺序呈现，首先是符合属性说明的逻辑序列：指定"形状（Shape）"，以确定绘图项采用的表示方式；指定"颜色（Color By）"来决定选项对象的颜色；然后选择"颜色选项（Color Opt）"，以设计/定制该对象的颜色处理。通常没有必要严格按照这个顺序来处理这些属性，然而，将绘图控制利用这三个属性进行配制，对于绘制 PFC 的主要对象很常见，因此熟悉它们可以大大提高相应的绘图效率。

注意：当改变相应的属性时，绘图通常会对属性变化做出响应。然而有些情况下，可以"离开"控制（通过激活不同的控制或绘图本身），使特定的更改生效。

1）视图状态控件集

视图状态（View Stats）控件集为当前绘图的视图状态提供读/写控制（放大、旋转、等）功能，以及将视图快速转换为预定义或自定义设置模式（图 1-23）。

观察点（Eye）：在模型坐标中显示观察点的 x、y 和 z。在矩形框中输入一个值，并按回车键来确认。

中心（Center）：在模型坐标中显示视图中心的 x、y 和 z。在框中输入值，并按回车键确认。

旋转（Rotate）：在模型坐标中显示/设置当前观察平面的倾角、倾向和滚动。在框中输入值，并按回车键确认。

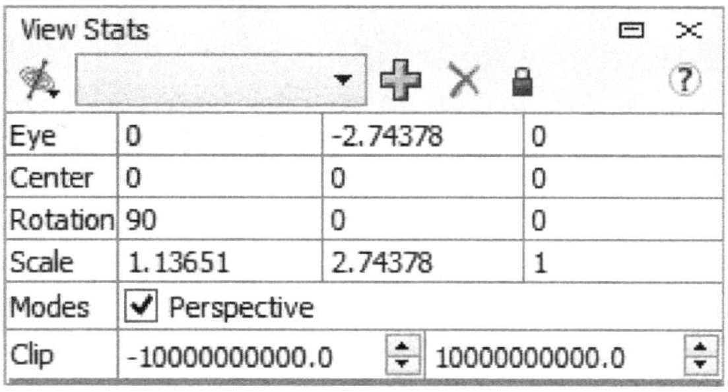

比例（Scale）：显示/设置半径（从视图中心到视图边缘的范围）、观察点距离和视图的放大率（从左到右）。半径和放大都会令视图明显放大，然而半径在模型中表现为固定角度，因此降低数值会使模型看起来更接近；增加它会使模型看起来更遥远。在这两种情况下，为了满足模型视角的固定角度，观察点位置也应随之移动。

模式（Mode）：选中时，使用透视图模式。未选中则使用平行模式。在平行模式下，深度是线性扩展的，无限延伸。在透视图模式下，深度收敛于一个消逝点。

剪切（Clip）：显示/设置模型的剪切值。

图 1-23 视图状态控件

2) 视图转换控件集

该控件集提供了一组交互控件，用以操纵视图窗格中的视图（图 1-24）。视图转换控制集提供的大部分视图操作功能也可以从鼠标右键获得。其主要功能包括：

重置（ ）：视图重置为缺省显示，删除之前的任何修改。

三维旋转：旋转球进行选择。

旋转（ ）：将平面上模型旋转到当前角度。使用滑块进行平稳旋转或使用＋/－按钮递增旋转。

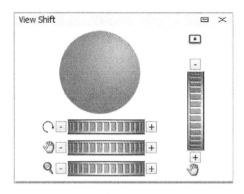

图 1-24 视图转换控件

平移（ ）：使用滑块平滑地在垂直或水平方向平移视图，或使用＋/－按钮来递增平移。

缩放（ ）：使用滑块平滑改变放大率，或使用＋/－按钮来改变放大率。

1.6 本章总结

PFC5.0 相对以前版本，优化了代码结构，计算速度提高很多，因此在处理复杂的微细观介质问题具有很强的应用优势。

人性化的工作界面，与其他软件友善的接口，极大地方便了用户操作。

在学习 PFC5.0 时，快速地熟悉其术语、了解软件的界面与结构，有助于快速、熟练地应用程序。

第 2 章　PFC5.0 基本命令与模型构建技术

PFC5.0 是一个命令驱动式软件，要想精通与掌握解决问题的技能，必须熟练掌握基本的命令和 FISH 语言的相关功能。本章基于 PFC5.0 的最新功能，对各个命令分门别类进行了介绍，并详细探讨了其使用方法。

2.1　常用的通用命令

2.1.1　PFC 命令流编制顺序

在编制 PFC 命令流时，必须按照一定的顺序，分别实现不同的功能，才能进行最终分析。比如接触的定义必须在球、墙生成之后，domain 必须在球、墙生成之前。下面以简单的实例说明 PFC5.0 命令流编制的过程。

第一步：释放当前内存，开始新的任务分析。
new　　　　　　　；（必要条件）
第二步：设置日志文件，该选项可设置，也可不设置。
set logfile filename.log
set log on append　　　；两种形式，一种是在已有文件中续写（关键字 append）命令日志，一种是覆盖已有日志记录（关键字 truncate）
第三步：设置模型名称，这是用于图像显示等用途，可有可无。
title 'a example edited by sc'
第四步：设定计算区域（必要条件，必须在 ball、wall 等实体部分建立前设置）。
domain extent －100.0 100.0 condition periodic ；设置 domain 为周期性边界
　；当颗粒、wall、clump 等碰到 domain 边界时，处理方式分别为 destroy（删除）、stop（停止运动）、reflect（速度反向，弹回）、periodic（从 domain 相对面重新出现，常用于均匀化方法），按照维数可以设置 x、y、z 三个方向的范围，如果只设置一个，则其他两个方向均默认与该方向相同

第五步：指定随机种子（若不指定，种子随机，则每次生成的模型不一样，试样不可重复）。
set random 10005　；随机数种子相同，计算过程中的随机数相同，可保证结果重复
第六步：生成模型的边界 wall（必要条件），边界除了可以用 wall 来施加，也可用一组 ball 来施加。
wall generate box －50.0 50.0　　　　　；生成一个矩形 wall
第七步：创建颗粒体系（ball、clump、cluster 等），并分组用于后面的属性赋值。
ball generate radius 1.2 1.5 box －5.0 5.0 number 500
ball group small_balls range radius 1.2 1.35
ball group big_balls range radius 1.35 1.4

第八步：设定球的实体属性（必要条件），如密度、速度、阻尼等。

ball attribute density 100.0   ;设置密度

ball fix zvelocity range group big_balls   ;固定某些颗粒的速度

ball attribute radius multiply 1.2   ;对颗粒的属性进行操作

ball attribute damp 0.7   ;设置阻尼

第九步：指定接触模型（必要条件），可以采用contact方式、cmat方式，或者属性继承方式来实现。

cmat default model linear property kn 1.0e8 fric 1.0

第十步：设置球的表面属性（即接触属性）。

ball property kn 2e8 ks 1e8 fric 1.0   ;属性继承

第十一步：添加外力（重力场，外界施加的作用力等）。

set gravity 10.0

第十二步：设定时间步长（若不指定，取默认值）。

Set timestep auto

; set timestep max 5e-3

第十三步：记录数据（针对ball、wall、clump、measure、contact等对象）。

wall history id 1 zcontactforce id 1

第十四步：计算求解（必要条件）。

; step 1000   ;多种求解方式

; cycle 2002

solve time 10.0 ; solve fishhalt @stop_me

第十五步：输出数据，并分析。

history write 1 file wzcforce000   ;默认后缀.csv

第十六步：保存模型及模型调用。

save example1

基础模型必须保证均匀、孔隙率合适，标定的参数符合实际要求。

ball attribute displacement multiply 0.0 ;根据情况将位移、速度、接触力进行归零设置。

接下来可改变荷载、参数、物理力学变化、研究外部环境与物理力学参数变化下系统的力学响应（不细述，详见后面各例）。

set log off   ;关闭日志文件

return   ;返回操作界面

当然，复杂模型在建立模型、定义接触、计算求解过程中要复杂得多，但其编制过程跟上面例子大同小异，只要按照上述顺序进行编制，就可以提交软件进行计算，获得关心问题的求解。

2.1.2 几个通用命令

在命令流运行过程中，Call、Continue、New、Pause、Quit/exit、restore、return、save、<shift+esc>等可用来驱动、暂停、恢复命令流运行。其使用如下：

call aaa.p2dat   ;读取准备好的命令流批处理文件，并用PFC运行

continue	;在利用 pause 命令暂停或出现错误后继续读取批处理文件
new	;清除已有计算,开始一个新的问题求解
pause (key/n)	;暂停读取一个批处理文件
quit/exit	;停止执行,返回操作系统控制
restore aa	;读取已存储好的文件(save 命令存储,后缀默认 p2sav,p3sav)
save aa	;将当前状态存储为一个文件
shift+<esc>	;在任意运行步、停止运行
return	;返回操作界面
calm	;所有速度被清零
clean	;强制生成接触
cycle/solve/step	;计算求解命令 如:cyc 1000 calm 10
fish	;创建 FISH 变量或者函数
list	;列出对象特征
gui project save <s>	;存储整个 project 文件,包括图片设置、命令文件等,下次打开 project 文件时自动将文件导入 project 中
set	;设置全局参数
undo i	;最后 i 行命令不执行
title	;标题

2.2　PFC5.0 中与几何图形有关的命令

2.2.1　Range 定义范围与使用

1. Range 定义

Range 是很多命令的关键字之一,同时也是定义范围名称的命令。一旦范围被指定,可以在任何命令中使用范围逻辑指定代替范围元素

Range name 'sss' range x 0 10 ;把 x 范围为 0~10 区域定义为一个名称为 sss 的区域

Range name 'sss' delete   ;删除名称为 sss 的区域定义

例 2-1　range 定义与使用

new

domain extent 0 1000 0 1000

ball generate number 1000 radius 10 30

;定义一个名称为 name111 的范围,并用 union 取两个 x 范围的并集

range name name111 union x 0 300 x 700 1000

;定义一个名称为 name222 的分组

ball group name222 range x 500 600

;删除不在 name111 范围和分组 middle 中的颗粒

ball delete range nrange name111 not group name222 not

2. 作为其他命令(ball attribute、ball group 等)的关键字

作为关键字使用时在 range 关键字后有如下几种形式(以三维为例,如果是二维需要

将相应指标降低一维）调用。

1）利用球环定义范围

annulus center fx fy fz radius $f1$ $f2$ <extent>　　　;需要球心坐标,内外半径

2）利用接触信息定义范围 range+contact+gap（或者 model,或者 type）

contact gap $f1$ $f2$　　;选择接触重叠量处于 $f1$~$f2$ 之间的量

contact model s　　;选择接触模型名称为 s 的量,s 可以是 linepbond 等

contact type s　　;选择接触类型为 s 的量,s 可以是 ball-ball、ball-facet 等

3）利用圆柱体定义范围

cylinder end1 $fx1$ $fy1$ $fz1$ end2 $fx2$ $fy2$ $fz2$ radius $fr1$ <$fr2$>

其中（$fx1$，$fy1$，$fz1$）为圆柱第一个截面中心，（$fx2$，$fy2$，$fz2$）为第二个截面中心，$fr1$<$fr2$>为圆柱的径向半径,如果 $fr2$ 也给出,则为半径 $fr1$~$fr2$ 间的柱环。

4）利用离散裂隙网络来定义范围

dfn s $keyword$ ... <extent>

dfn s distance f fracnetwork $s1$　　;选择离散裂隙 s 距离为 f 之内的对象,将裂隙网络 s1 也包含在内

5）利用函数来定义

fish fun ;通过用户定义函数来选择范围,该函数需要传递位置/指针信息,并返回逻辑变量（true=1,false=0）,因此当 fun 函数值为 1 时被选择,否则舍弃

利用几何图形集定义范围

range geometry s $keyword$

geometry s count i <direction fx fy fz>　　;利用集合 s,从对象位置向（fx,fy,fz）方向作射线,当射线与几何图形集交点个数 i 时被选择

geometry s count odd <direction fx fy fz>　　;同上,位于几何图形内的对象被选择（交点个数为奇数）

geometry s distance f　　;距离几何图形集 f 之内的对象被选中

geometry s set $s2$ set $s3$　　;额外包含几何图形集,再利用上述方法定义

6）利用已有的对象分组来定义

group $s1$　　;选择分组名称 $s1$ 的对象

group $s1$ or $s2$　　;选择分组 $s1$ 或 $s2$ 的对象,注意:如果缺失 or,则为 $s1$ 与 $s2$ 的交集,实际一个 group 也没有选中

group $s1$ slot i　　;选择分组 $s1$,存储槽 i 的对象

group $s1$ any　　;any 是缺省默认选项,选取所有有效存储槽内的对象

7）利用对象编号来定义

id il <iu> ;选择编号在 il~iu 之间的对象,如果 iu 缺省,则 iu=il

8）通过列举来定义

list i ...　　;列举出一系列编号,加入到范围定义中

9）通过名称来定义

name s ;通过包含对象的范围名称来选择,这个范围的名称可以用 range name 定义

10) 通过多个范围名称来定义

nrange s　　；将范围名称为 s 的对象插入到范围定义语句中

11) 利用空间平面来定义

plane dd $f0$ dip $f1$ origin ix iy iz distance $d0$ above　；选择倾向 $f0$ 倾角 $f1$,过点(ix, iy, iz)定义的平面，距离为 d0,上方（右手定则，法向量正方向）的对象

plane normal ix iy iz origin $x0$ $y0$ $z0$ below　　；选择法向量 ix iy iz,过点($x0$, $y0$, $z0$)平面下方的对象

12) 通过颗粒半径属性来定义

radius fl <fu> <tolerance ft>　　；选择半径在 $fl \sim fu$ 之间，如果 fu 未指定，则选择范围为 fl−ft~fl+ft 之间，如果 ft 未指定则默认 1e-6，如果 fu 指定，不能设置 ft

13) 利用对象集来定义

set <id i> <name $s1$> <typename $s2$>　　；利用对象集的编号/名称/类型来定义

14) 利用球域定义

sphere center ix iy iz radius f　　；选择球心(ix, iy, iz)、半径 f 内的球域

15) 利用对象坐标范围定义

x fl <fu> <tolerance ft>

y fl <fu> <tolerance ft>

z fl <fu> <tolerance ft>

分别选择坐标在 fl~fu 之间的对象，如果 fu 缺省，则可设置容差 ft,选取 fl-ft~fl+fu 之间的对象。

以上范围定义通常是作为属性定义的关键字使用，如下所示：

ball distribute $keyword$ ... range ...

dfn copy idfrom idto　range ...

clump initialize $keyword$ ... range ...

上述范围通常出现于所有参数定义完之后，定义新的 range 单元之时，或者逻辑关键字 not 结束时。

注意：当利用几何图形定义范围时，如果采用了关键字 extent 时，表明对象是采用范围控制，而不是中心控制。

范围选择如果存在多个定义，默认为多个定义的交集，如果采用 union 关键字则表明采用多个定义的并集，如果采用 not（否）关键字，则表明所选择的定义不选择，如果采用关键字 by（对象选择），则利用对象进行选择。如下例所示：

range id 1 by node　　；选择节点编号为 1 的对象

range x 0 100 not y 0 100 not　　；x=(0~100),y=(0~100)的不选

注意：range x 0 100　和 y 0 100 not 与上面语句是不一样的。

2.2.2　Geometry（几何图形）的使用

Geometry 命令是 PFC5.0 的重要功能。它包括复制、删除、创建边、炸开、生成几何图形、分组、导入、列表、创建节点、创建多边形、旋转、几何图形集定义、节点细化、平移、三角划分等几何图形的操作。主要命令及用法介绍如下：

1. 创建几何图形集

1）采用 geometry generate *keyword* ... 命令生成规则形状的几何图形集

其中 *keyword* 有如下几种形式：

（1）box *fxmin fxmax fymin fymax fzmin fzmax*

立方体盒子，二维情况下长方形无 z 方向分量。

（2）circle position *v* radius *frad* resolution *fres*

圆形区域，仅适用于二维情况，需定义圆心（vx0，vy0）、半径（frad），划分边的容差 fres（默认为 0.1）。

（3）cone axis *v* base *v*1 height *fheight* radius *fradbot fradtop* resolution *fres* cap bbtot bbtop

圆台图形集，仅适用三维情况，需要定义圆台轴线矢量、圆台底部中心位置矢量、圆台高，底部与顶部圆半径，边划分容差（默认 0.1），底盖与顶盖是否包含（逻辑变量 true 或者 false）。

（4）cylinder axis *v* base *v*1 fheight radius *frad* resolution *fres* cap bbtot bbtop

圆柱图形集，仅适用三维情况，需要定义圆台轴线矢量、圆台底部中心位置矢量、圆台高，底部与顶部圆半径，边划分容差（默认 0.1），底盖与顶盖是否包含（逻辑变量 true 或者 false）。

（5）disk dip fdip dd fddir position v radius *frad* resolution fres

圆盘图形（常用于裂隙等），需要定义倾角（单位：度）、倾向（单位：度）、中心坐标矢量、半径，边划分容差（默认 0.1）。

（6）sphere position *v* radius *frad* resolution *fres*

生成球面，仅适用三维情况，需要定义球心位置、球半径，边划分容差（默认 0.1）。

（7）group *s* slot *i*

对创建的几何图形赋予组名及存储槽编号 i。

2）采用节点—边—几何图形方式，由下而上创立几何图形

这通常涉及三条命令：

创建节点：geometry node <id *i*>*v keyword*

创建边：geometry edge <id *i*> <node *i*1 or *v*1> <node *i*2 or *v*2> <*keyword*>

创建多边形：geometry polygon <id *i*>*keyword*<extrude *v*><extra *i a*><group *s* <slot *i*>>

例 2-2 geometry 命令创建多边形

new   ;效果图如图 2-1 所示
domain extent －10 10
geometry node id 1（0,0,0）   ;首先建立四个节点
geometry node id 2（5,0,0）
geometry node id 3（0,5,0）
geometry node id 4（0,0,5）
geometry edge id 1 node 2 node 3   ;建立三个边
geometry edge id 2 node 3 node 4
geometry edge id 3 node 4 node 2

图 2-1 例 2-2 效果图

geometry polygon id 1 edge 1 2 3   ;用三个边定义一个多边形
geometry polygon id 2 nodes 1 4 2   ;利用三个节点定义一个多边形
geometry polygon id 3 nodes 1 3 4   ;利用三个节点定义一个多边形
geometry polygon id 4 positions (0,0,0) (5,0,0) (0,5,0) ;利用三个顶点坐标定义一个多边形
geometry set 'aa'   ;定义 set 名称为 aa,也可以不加引号

采用这三个命令，只要有良好的几何空间概念，就可以生成任意形状的空间几何形状。注意：每个多边形上的点应该保持共面，由于计算精度存在误差，有时候会出现警告节点不共面，此时只要把空间多边形都变成三角形网格，就很容易满足要求。

2. 导出导入几何图形集

该功能主要通过 geometry import+*keyword* 与 geometry export +*keyword* 实现。

借助这两个命令可以实现几何图形（复杂 wall、clump 等）的辅助生成，非常方便。目前，PFC5.0 支持 dxf 格式（R12 格式）、stl 格式、geometry 格式（itasca 软件自定义）。

采用如下实例，首先生成一个多边形，然后导出为不同文件格式，可以观察文件的格式：

geometry polygon positions （0 0 0） （1 0 0） （1 1 0） （0 1 0）
geometry export s1 format geometry   ;导出为 geom 格式文件
geometry export s2 format stl   ;导出为 stl 格式文件
geometry export s3 format dxf   ;导出为 dxf 文件格式（出错,暂不支持）

运行结果发现，将 PFC5.0 中的几何图形导出，支持 stl 格式（图 2-2）与 geom 格式（图 2-3），但 dxf 文件不能导出，这需要自编程序才能实现。

打开生成的 s2.stl 文件，可以看到文件如下：

```
solid Default
facet normal  0.000000e+00  0.000000e+00  1.000000e+00
   outer loop
     vertex  0.000000e+00  0.000000e+00  0.000000e+00
     vertex  1.000000e+00  0.000000e+00  0.000000e+00
     vertex  1.000000e+00  1.000000e+00  0.000000e+00
   endloop
endfacet
facet normal  0.000000e+00  0.000000e+00  1.000000e+00
   outer loop
     vertex  0.000000e+00  0.000000e+00  0.000000e+00
     vertex  1.000000e+00  1.000000e+00  0.000000e+00
     vertex  0.000000e+00  1.000000e+00  0.000000e+00
   endloop
endfacet
endsolid Default
```

```
ITASCA GEOMETRY3D
;
NODES
1 (0,0,0)
2 (1,0,0)
3 (1,1,0)
4 (0,1,0)
EDGES
1 1 2
2 2 3
3 3 4
4 4 1
POLYS
1 1 2 3 4
```

图 2-2 stl 格式文件   图 2-3 geom 格式文件

这表明，stl 文件除了第一行与最后一行为固定格式外，其他均为一个个的三角形定义，每个三角形占用 7 行，分别用三角形的单位法向量与三个顶点坐标来构成。

而 geom 格式的文件，分别为节点定义、边定义、多边形定义。

这样，如果能将空间几何图形写成相类似的文件，就可以通过 geom import 将之导入

到 PFC5.0 软件中。

用途一：不规则 wall 的生成（图 2-4）。

wall import filename gear.stl nothrow id 100　；直接从文件读取，并默认 set 名"gear"

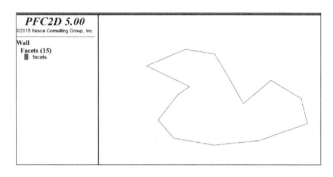

图 2-4　不规则 wall 的生成

wall import geometry boundary clean　；用已有的几何图形集（名称 boundary）生成 wall，然后把几何图形删除

用途二：进行刚性簇模板的生成等功能操作。

clump template create name dolos geometry dolos bubblepack ratio 0.3 distance 120 surfcalculate

该例子利用几何图形集 dolos，创建一个 clump 模板，并利用 bubble 法填充颗粒。

注意：dxf 文件也可以导入到 PFC5.0 中，但要求为多段线格式，存储为 R12 格式（保证不同版本的 AutoCAD 均可读取）。

了解如上三种文件格式后，也可以方便地对三种文件格式进行转换。

3. 几何图形集操作

1) geometry explode ＜name s＞ ＜range＞几何图形打断命令

当几何图形集中存在多个不连续的几何图形时，可以采用该命令将其分开。边相连的几何图形划分为单独的集，每找到一个就生成单独的几何图形集名称。例如：如果一个几何图形中包括两个多边形，两个多边形没有共用边，则该命令会将其分割为两个独立的几何图形集，名称默认为命令给出的字符 s，然后加上整数，如 s1、s2。如果 name 关键字缺省，则采用当前的 set 名称。

2) geometry tessellate *keyword* ＜range＞几何图形节点细化命令

当导入的几何图形尺寸较大，存在大量的凹点时，采用 Qhull（http：//www.qhull.org）填充法细化节点。

geometry polygon positions　（0 0 0）（1 0 0）（1 1 0）（0 1 0）

geometry tessellate convexhull delaunay toset s voronoi

该命令运行时会提示没有 voronoi 产生，这是因为生成的多边形本身已经是凸的。

3) Geometry triangulate 三角化

采用导入或者命令创建的多边形可以是任意凹凸性的，该命令可以对任意形状的平面几何图形进行三角化。

geometry triangulate clean startid 1 toset s

其中 clean 关键字是删除已经三角化的多边形，toset 关键字是将三角化后的多边形放入名称 s 中，startid 1 是指定第一个创建多边形的编号。

4）Geometry copy 复制

geometry copy <source s1> <target s2> keyword <range>

将某一范围内的几何图形集 s1 复制进几何图形集 s2，关键字如果是 nodes 表示只复制节点，如果是 edges 表示复制节点、边，如果是 polygons 表示复制多边形、边、节点。

5）Geometry delete 删除

geometry delete <edges> <noclean> <nodes> <polygons> <set s> <range>

删除一定范围内节点、边或者多边形，与删除对象相关联的所有对象都会被删除。比如要删除某一个节点，那么与这个节点相关联的点、边、多边形都会被删除。如果对象判断发现无对象与之关联，同样会删除，但如果采用了 noclean 关键字，则忽略这一过程。如果采用 set s 关键字，则该集内所有对象都删除，range 定义的范围不起作用。

6）Geometry group 分组

geometry group keyword <range>

Geometry group polygon s add set aa slot 1（运行时出错）

以上命令是将多边形添加到分组 s、几何图形集 aa、存储槽 1 中。同样利用不同的关键字 edge s（边）、node s（节点）、polygon s（多边形）可以对几何图形的边、节点、多边形进行分组。如果采用 projection v 关键字可以用几何图形相交关系进行分组。

7）Geometry set s 指定几何图形集名称

将当前几何图形（节点、边、多边形）设置名为 s，可以是整数或者字符。

8）Geometry translate 平移

Geometry translate v <range>   ；将几何图形的节点平移 v（矢量）

9）Geometry rotate 旋转

Geometry rotate angle f axis v1 point v2 <range>   ；将几何图形集旋转 f 度，绕着 v1 轴（矢量），过 v2 点（矢量）

参见例 2-3。首先在 AutoCAD 中利用多段线绘制如图 2-5（左）所示的结构，每个多段线处于不同的图层中，如图 2-5（右）所示。将文件存储为 R12 格式的 dxf 文件，则可

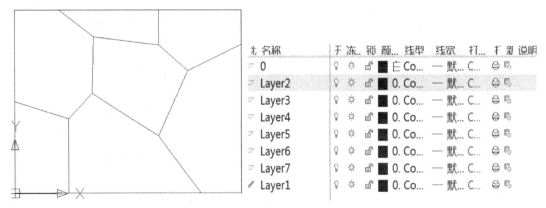

图 2-5　AutoCAD 中用图层控制每个多段线

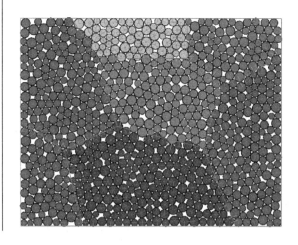

图 2-6 利用 CAD 图层控制颗粒分组后的效果

利用例 2-3 中的命令及 FISH 函数将其导入 PFC2D 中得到图 2-6 所示颗粒体系分组，同时分组边界上的接触赋予节理模型（smoothjoint）。

例 2-3 利用 CAD 图层对颗粒体系分组并安装裂隙

new

set random 10001

set echo off

domain extent －0.1 0.5 condition destroy

cmat default model linear property kn 1e7

wall gen box 0.0 4.0155978e－01 ...　　;注意与 CAD 中模型范围一致
　　　　　0.0 3.1192742e－01

ball distribute resolution 5e－3 ...
　　　　　poros 0.08 radius 1.0 1.66 ...
　　　　　box　0.0 4.0155978e－01 ...　　;注意与 CAD 中模型范围一致
　　　　　0.0 3.1192742e－01

ball attribute density 1000 damp 0.7

cycle 1000 calm 10

solve　;先建立初始平衡模型

geometry import grains.dxf nomerge　　;利用图层控制分组

geometry copy source grains target poly1 range group "layer1"

geometry copy source grains target poly2 range group "layer2"

geometry copy source grains target poly3 range group "layer3"

geometry copy source grains target poly4 range group "layer4"

geometry copy source grains target poly5 range group "layer5"

geometry copy source grains target poly6 range group "layer6"

```
geometry copy source grains target poly7 range group "layer7"
def assignGroups            ;每个图层多边形作为一个几何图形,分别进行判断,因此每个图层只有一个多边形
    loop foreach local gs geom.set.list
        local name=geom.set.name(gs)
            command
                ball group @name range geometry @name count odd
            endcommand
    endloop
end
@assignGroups
dfn gimport geometry grains              ;颗粒边界作为节理
dfn model install name smoothjoint       ;颗粒边界上采用光滑节理模型
save grain_poly_models
return
```

注意:AutoCAD 中对不同 polyline 划分图层后导入到 PFC 中对应着几何图形集的 group 不同,可以充分借助这一点将大量的几何图形从同一文件一次性导入。

2.2.3 离散裂隙网络 DFN 与使用

在复杂的岩石、土等材料中,存在大量不同尺度的裂隙,每一个裂隙都可以用局部的几何形状来表征。因此一个离散裂隙网络可以视作大量的裂隙构成,每一个裂隙都有其产状构成。

为了有助于理解裂隙网络,PFC5.0 中规定:对一个裂隙面而言,二维情况下,倾角是以 x 轴正方向顺时针旋转的角度;三维情况下,倾角是裂隙法向(z 分量为负)量在 xoy 面内的投影向量与 z 负轴的夹角,倾向是从 y 轴正方向顺时针旋转的角度。下面的命令是基于 PFC5.0 方法构造裂隙、分析裂隙、应用裂隙分析问题的关键。

1. 离散裂隙网络的生成

方法(a):利用 dfn addfracture <$keyword$> 命令生成确定性裂隙。

命令 dfn addfracture <$keyword$> 用法:

```
dfn addfracture <keyword>

    Primary keywords:
        ddir | dfndominance | dip | dominance | fracid | id | interset | name | nothrow | position | size
```

(1)如果采用 ddir $fddir$ 关键字,设定裂隙的倾向(单位:度)。注意:倾向是指裂隙面法向量沿着 y 轴顺时针旋转在水平面内的角度,0°~360°之间,该关键字仅适用于三维。

如果采用 dip $fdip$ 关键字,则设定裂隙面的倾角(单位:度),二维情况下倾角 0°~180°之间,三维情况下 0°~90°之间。

(2)采用 dfndominance $idom$ 关键字,如果是新产生的裂隙网络,则设置其支配号为

idom，当接触与不同的裂隙网络相交时，就会用支配号来进行接触分配，如果没有指定，则默认下一个可用支配号。

同 dfndominance *idom* 一样，如果采用 dominance *ifdom* 关键字，则新产生的裂隙设置其支配号为 ifdom。

（3）采用 fracid *idfrac* 关键字，指定产生裂隙的 id 号，除非该 id 号已经占用。默认采用下一可用的 id。

采用 id *id*0 关键字，将裂隙添加到裂隙网络（编号为 id0）中，如果该裂隙网络不存在，则创建一个 id 号为 id0 的裂隙网络，不能与 name 关键字共用。

采用 name *s* 关键字，将裂隙添加到裂隙网络（名称为 s）中，如果该裂隙网络不存在，则创建一个名称为 s 的裂隙网络，不能与 id 关键字共用。

（4）如果采用 interset *iset* 关键字，计算与新裂隙的交线，并添加到交线集 iset 中。

（5）如果采用 nothrow 关键字，则当裂隙生成失败时，返回一个警告，而不是返回一个错误。如果采用了该关键字，则裂隙不用完全位于模型范围（domain）内。

（6）采用 position *vpos* 关键字，指定裂隙的中心位置。如果没有使用 nothrow 关键字，则中心必须位于 domain 范围内。

（7）采用 size *fsize* 关键字，指定裂隙的尺寸（二维为长度，三维为圆盘直径）。

创建确定性裂隙可参考例 2-4，效果如图 2-7 所示。

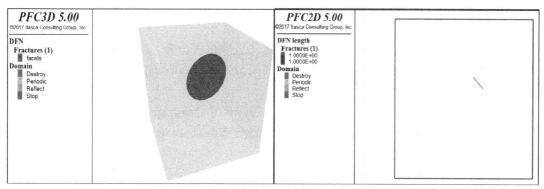

(a) 生成确定性三维圆盘裂隙　　(b) 生成确定性二维裂隙

图 2-7　确定性裂隙生成与显示

例 2-4　生成确定性裂隙网络实例

New　　　;三维裂隙

domain extent －5 5 －5 5 －5 5

dfn addfracture name　　　DFN_3d ...　　　;裂隙名称

　　　　　　　　position (1.0,1.0,1.0) ...　　　;裂隙中心

　　　　　　　　dip　　　45.0　　　...　　　;倾角

　　　　　　　　dipdir　　245.0　　...　　;倾向

　　　　　　　　size　　　5.0　　　...　　;圆盘直径

　　　　　　　　fracid　　5　　　　　　;裂隙 id 号

return

new   ;二维情况

domain extent －5 5 －5 5

dfn addfracture name   DFN_2d   ...

    position (1.0,1.0)   ...   ;裂隙中心

    dip   45.0 ...   ;二维没有倾向,只有倾角

;注意倾角相当于线段与 x 轴负向,顺时针构成的角度

    size   1.0 ...   ;线段长度

    fracid   5   ;裂隙 id 编号

return

方法（b）：dfn template+dfn generate *keyword* 随机裂隙生成方法

命令 dfn template *keyword* 用法：

该命令主要关键字为 create（创建）和 delete（删除）。在创建模板时 create 后的关键字可解释如下：

（1）采用 ddirlimit fddirmin fddirmax 时，指定裂隙的倾向必须落在［fddirmin, fddirmax］角度范围内，默认 fddirmin=0，fddirmax=360。

（2）采用 diplimit fdipmin fdipmax 关键字时，指定裂隙倾角必须落在［fdipmin, fdipmax］角度范围，默认二维情况下 fdipmin=0，fdipmax=180，三维情况下 fdipmin=0，fdipmax=90。

（3）id *id0* 指定模板编号，name s 指定模板名称为 s。

（4）采用 orientation *sotype* $ap_1...ap_n$ 定义裂隙位置分布，参数为 $ap_1...ap_n$，sptype 可以是 uniform（均匀分布）、gauss（高斯分布）、bootstrapped（抽样分布）、fish（fish 自定义分布）四种之一。

（5）采用关键字 size *sstype* $as_1...as_n$ 定义裂隙尺寸分布，sptype 可以是 uniform（均匀分布）、gauss（高斯分布）、powerlaw（幂方分布）、bootstrapped（抽样分布）、fish（fish 自定义分布）四种之一。

（6）采用 slimit *fsmin fsmax* 关键字，设置裂隙尺寸必须处于［*fsmin fsmax*］范围内。默认 fsmin=0.0，fsmax 无穷大。

采用模板定义随机裂隙网络参见例 2-5，效果如图 2-8 所示。

例 2-5 采用模板定义随机裂隙网络实例

new

domain extent －5 5 －5 5 －5 5

dfn template create name example orientation fisher 60 250 100 position uniform size powerlaw 3.5 slimit 0.5 10

dfn generate template name example nfrac 300

dfn generate template name example density 1

return

new

domain extent －5 5 －5 5 －5 5 ;定义裂隙尺寸服从对数正态分布

define lognormallaw(mean,sigma)   ;对数正态分布,参数为均值、方差,函数名就是

返回变量值
    w=2.0
    v1=0.0
    v2=0.0
    z1=1
    loop while w>=1
      v1=2.0 * math.random.uniform-1.0
      v2=2.0 * math.random.uniform-1.0
      w=v1 * v1+v2 * v2
    endloop
    w=math.sqrt((-2.0 * math.log(w))/w)
    z1=v1 * w
    val=mean+z1 * sigma
    lognormallaw=math.exp(val)
end
define d2uniform(maxdip,maxdipd) ;定义倾角、倾向服从二维均匀分布
    local dip=math.random.uniform * maxdip ;倾角
    local dipd=math.random.uniform * maxdipd ;倾向
    d2uniform=vector(dip,dipd) ;返回的二维函数值,第一个用于
end
;定义模板
dfn template create name example orientation fish d2uniform(90,360) size fish @lognormallaw(0,2)
dfn generate template name example density 0.5
return

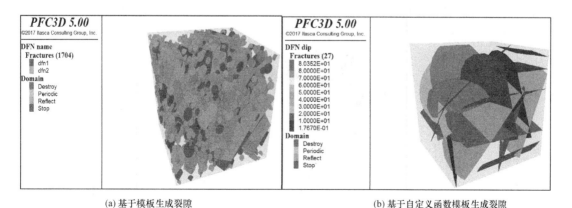

(a) 基于模板生成裂隙   (b) 基于自定义函数模板生成裂隙

图 2-8 基于模板生成随机裂隙网络

命令 dfn generate *keyword* 用法：

dfn generate keyword

Primary keywords:
　　density | dfndominance | genbox | id | modify | name | nfrac | p10 | p10geom | percolation | stopfish | template | threshold | tolbox

采用该命令前必须先设置 domain 区域，dfn generate 命令是根据统计描述生成裂隙，二维情况下裂隙为线段，三维情况下为圆盘。如果没有定义 dfn 模板（dfn template），则采用默认模板。modify 关键字用来修改裂隙，从而使离散裂隙网络与模板相关联，直到某一约束条件满足，否则会一直生成裂隙。

（1）控制裂隙生成的条件有：裂隙数量（nfrac）、裂隙密度（p10）、裂隙密度（p21 或 p32）、目标渗透体积（percolation）、连通性阈值（stopfish），用于定义准则（stopfish）。

（2）如果采用关键字 density fden 指定裂隙密度（二维 p21，三维 p32），当超过设定值时裂隙生成终止。

（3）如果采用关键字 dfndominance idom 指定离散裂隙网络的支配号，当接触与不同的裂隙网络相交时，就会用支配号来进行接触分配。为了分配适当的接触模型属性，支配号最小的裂隙，将进一步受支配值的审查。

（4）关键字 genbox fxgmin fxgmax fygmin fygmax fzgmin fzgmax 用于指定裂隙网络生成的范围。

（5）关键字 id id0 将新生成的裂隙加入到 DFN 编号为 id0 中。

（6）采用关键字 modify sfishmod $a_1…a_n$ 时，每生成一个裂隙就调用 sfishmod 函数，该函数第一个参量是裂隙指针，可以增加参量，用于修改裂隙信息。

（7）关键字 name sdfnname 将新生成的裂隙添加到名称为 sdfnname 的裂隙网络中。

（8）采用关键字 template id itid (name stname)，表明裂隙生成采用编号为 itid（或名称为 stname）的裂隙模板。

可以仿照岩土工程中的现场统计窗信息，控制随机裂隙的生成数量与密度。参见例 2-6，得到裂隙网络如图 2-9 所示。

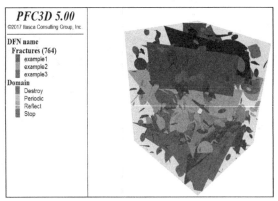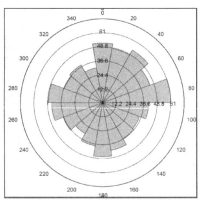

图 2-9　生成的裂隙及玫瑰统计图

例 2-6　利用统计窗信息控制随机裂隙生成

```
new
domain extent -5 5
geometry set outcrop
geometry polygon position (-5,-5,3)(-5,5,3)(5,5,3)(5,-5,3)
define stop
        stop=0
        outcrop=geom.set.find('outcrop')
        if dfn.geomp21(dfn.find('example3'),outcrop)>0.5
            stop=1
        endif
end
dfn template create name ex_temp size powerlaw 3 slimit 0.5 100
dfn generate name example1 template name ex_temp genbox -8 8 -8 8 -8 1 tolbox -5 5 -5 5 -5 -2 density 1
dfn generate name example2 template name ex_temp genbox -8 8 -8 8 -5 5 tolbox -5 5 -5 5 -2 2 p10 0.5 (-5,0,0)(5,0,0)
dfn generate name example3 template name ex_temp genbox -8 8 -8 8 -1 8 tolbox -5 5 -5 5 2 5 stopfish @stop (如图 2-9 所示)
```

方法（c）：dfn gimport 导入方法

命令 dfn gimport keyword <range of edges/polygons in 2d/3d> 用法：

```
dfn gimport keyword <rangeof edges/polygons in 2d/3d>

Primary keywords:
    center | clean | dfndominance | dominance | geometry | id | intersect | model | name | nothrow | truncate
```

通过几何图形导入转化为离散裂隙网络。在使用该命令前必须先设置 domain。

参考张贵科博士论文《节理岩体正交各向异性等效力学参数与屈服准则研究及其工程应用》中介绍的基本原理，根据节理岩体结构面的几何图形和力学参数统计值，建立由平面四边形描述的岩体三维裂隙网络方法，编制程序可以按照自己的需求生成四边形裂隙网络，相应数据写成 AutoCAD 的 dxf 文件或 stl 文件，然后利用 dfn gimport 命令将几何图形导入，可得如图 2-10 所示的随机裂隙网络。导入命令如下：

Geometry import s3.dxf   ；s3 为文件名称，注意每个四边形写成一个空间 polyline

dfn gimport geometry s3 id 1 name random_

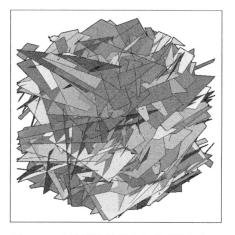

图 2-10 自编裂隙随机生成然后导入法

joint truncate

导入的裂隙网络可以与岩石试样共同构成节理岩体试样，进一步开展岩土力学实验，如图 2-11 所示。

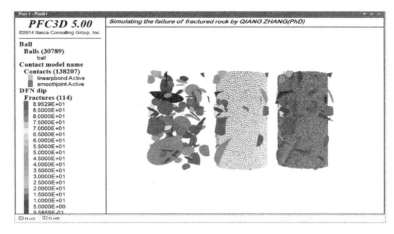

图 2-11　裂隙网络＋试样构成节理岩体

在自然界中，存在大量有规律的裂隙网络，如层状岩体、柱状节理等，这些节理也可以采用绘制几何图形的方式形成 stl、geom 或 dxf 文件，通过几何图形导入，形成裂隙网络。图 2-12 为岩土工程中常用的柱状节理岩体构造示意图。

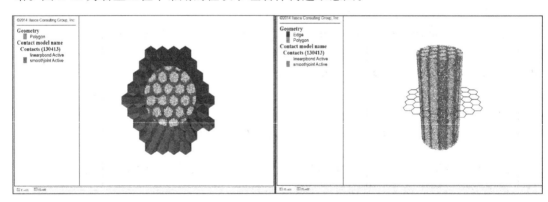

图 2-12　柱状节理模型的构造

采用的命令：

dfn gimport geometry joint _ polygon id 1 name columnar _ joint truncate

2. 离散裂隙网络操作

1) 合并裂隙网络 dfn combine *keyword* ＜range＞

先找出最大尺寸的裂隙（成为参考裂隙），再降低尺寸对裂隙归类。然后基于两个准则确定较小尺寸的裂隙：①参考裂隙与裂隙产状小于设置的角度；②参考裂隙与最小裂隙中心距离小于指定值。

当准则满足时，较小裂隙会被旋转，与参考裂隙产状一致。然后最大尺寸裂隙转为次最大裂隙（未被旋转过，作为参考裂隙），继续合并。如果采用 merge 关键字，则当裂隙共面并重叠，裂隙将转换到参考裂隙平面上。如果小裂隙完全在参考裂隙内，则小裂隙删除，最大裂隙表面增加，增大后的裂隙表面积等于两个裂隙之和。

裂隙合并操作参见例 2-7，效果如图 2-13 所示。

例 2-7 裂隙合并操作

new

domain extent －5 5 －5 5 －5 5

dfn template create name default orientation fisher（50,150,10）   ;产状服从费舍尔分布

dfn generate id 1 nfrac 400   ;产生 400 条裂隙

dfn combine angle 20 distance 0.5 merge   ;距离 0.5m、角度 20°控制，合并裂隙

dfn combine angle 50 distance 0.5 collapse   ;合并裂隙陷到参考裂隙面上，但不合并

return

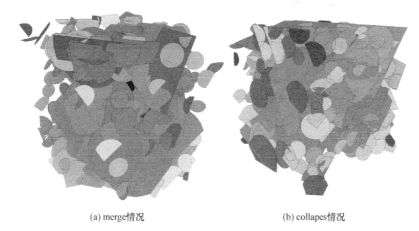

(a) merge情况　　　　　　　　　(b) collapes情况

图 2-13　裂隙合并效果图

2）裂隙交线分析 dfn intersection *keyword* <range>

> **dfn intersection** keyword <range>
>
> Primary keywords:
>   delete | geomname | groupslot | id | name | nothrow

在岩土工程中，有时候需要分析裂隙网络与已知几何形状的几何关系与交线信息，如隧洞开挖时结构面在隧洞表面上的出露，此时可以利用该命令进行分析。例 2-8 的执行效果如图 2-14 所示。

例 2-8 裂隙交线分析实例

new

domain extent －5 5 －5 5 －5 5

;创建一个隧洞形状图形，集合名称为 tunnel

geometry set tunnel

geometry polygon positions （-4,-4,-4）（-4,-4,1）（-4,4,1）（-4,4,-4）
geometry polygon positions （-4,-4,1）（-4,4,1）（4,4,1）（4,-4,1）
geometry polygon positions （4,-4,-4）（4,-4,1）（4,4,1）（4,4,-4）
;产生裂隙
dfn template create name　default
dfn generate nfrac 400 ;裂隙数量 400
;计算裂隙与隧洞的交集,名称为 frac_tunnel,编号 1
dfn intersection name frac_tunnel id 1 geomname tunnel

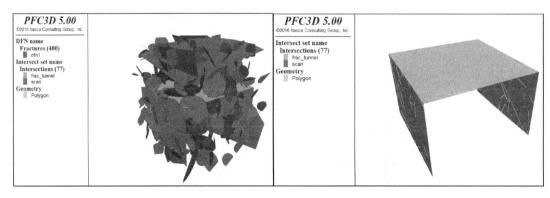

图 2-14　裂隙交线集计算与显示

3）裂隙网络信息检索 dfn information *keyword* <range>

dfn information keyword <range>

Primary keywords:
　　avetrace | dcenter | density | filename | format | p10 | p20 | p21 | percolation | pfilename

通过该命令获取离散裂隙网络的各种信息，进而对不同裂隙密度进行测量，研究节理裂隙岩体的某些特性。当给定一个 dfn 时，就可以用 dfn information 命令及几个关键字来检查该网络中裂隙的有效性和特征，如错误信息、裂隙数量、裂隙范围、裂隙中心、裂隙密度等。在导入裂隙时，这个命令非常有用，不仅可以识别无效裂隙，还可以在导入裂隙中按比例考虑不同的裂隙。

（1）如果采用 avetrace *sgeomname* 关键字，则计算平均迹线长度。迹线为 DFN 与平面几何图形（集名称 sgeomname）的交线。

（2）如果采用 dcenter 关键字，则计算离散裂隙网络的中心密度（二维 P20，三维 P30）。

（3）如果采用 density 关键字，则计算离散裂隙网络的块密度（二维 P21，三维 P32）。

（4）如果采用 filenames *filename* 关键字，则将裂隙信息（裂隙错误、裂隙数量、裂隙长度、裂隙中心等）输出到文件 sfilename 中，然后用 format sformat 关键字指定文件格式。pfilename spropfile 关键字定义输出的信息种类。

(5) 采用关键字 p10 geometry *sgeomname*，则采用名称为 sgeomname 定义的边，如果采用 p10 p10begin vbegin p10end vend 关键字则用两点定义的线来计算裂隙密度。

(6) 采用 p20 *sgeomname* 关键字，则计算迹线中心密度，其中迹线为裂隙网络与平面几何图形集 sgeomname 间的交线。（仅适用于三维）

采用 p21 *sgeomname* 关键字，计算迹线块体密度，其中迹线为裂隙网络与平面几何图形集 sgeomname 间的交线。（仅适用于三维）

(7) 采用 percolation 计算离散裂隙网络的渗透参数。

裂隙信息检索见例 2-9。两组裂隙随机生成并进行裂隙参数检索（图 2-15），其信息往往是进行精细岩土分析的重要基础。

例 2-9 裂隙信息检索实例

new
domain extent －5 5
define mylarge(dummy,frac)   ;范围定义,用于裂隙分组
    mylarge＝0
    if dfn.fracture.area(frac)＞1
        mylarge＝1
    endif
end
;利用裂隙网络模板生成一组裂隙
dfn template create name ex_temp size powerlaw 3 slimit 0.5 100
dfn generate name example template name ex_temp nfrac 500
;指定裂隙参数
dfn property jcohesion 50 jkn 50e9 jks 5e9 range fish @mylarge   ;满足＝1 的裂隙
dfn property jcohesion 20 jkn 10e9 jks 1e9 range fish @mylarge not   ;不满足＝1 的裂隙
geometry set surface
geometry polygon positions （－5,－5,0）（－5,5,0）（5,5,0）（5,－5,0）
dfn information density   ;计算裂隙块体密度
dfn information dcenter   ;计算裂隙中心密度
dfn information P10 P10begin（－5,0,0）P10end（5,0,0）   ;定义线上的裂隙密度
;以下为输出结果到文件
dfn export filename example propertyfile example_prop intersect orientation 90 50 origin（1,0,0）
dfn import filename example.dat format itasca propertyfile example_prop.dat template example_temp name dfn_import truncate   ;注意前面生成的文件必须位于 prj 管理文件夹下

4) 裂隙网络连通分析 dfn connectivity keyword ＜range＞

采用特定结构（钻孔、开窗等）计算裂隙网络的连通性，特定结构可以是几何图形集，也可以是裂隙。默认情况下，会计算每条裂隙的连通水平（n 方法，裂隙通过 n 个断

图 2-15　裂隙参数与基本信息查询

口连接到特定结构上），并根据距离分配特殊属性，这些属性可以用裂隙宽度（aperture）、立方范围（cubic）、距离（distance）关键字来修改。如果没有指定裂隙交线集，或者交线集不存在，就会创建一个交线集，所有裂隙的交线集都会被描述出来，用于裂隙连通性的分析。

（1）采用关键字 aperture，连通性分配到特殊变量 extra 存储槽中。连通性采用"距离/裂隙宽度"定义。

（2）采用关键字 cubic，连通性分配到特殊变量 extra 存储槽中。连通性采用距离/裂隙宽度的立方（类似于传导率定义）。

（3）采用关键字 distance，连通性分配到特殊变量 extra 存储槽中。连通性的定义为参考结构到裂隙的物理距离，通过过交集中心的路径来计算。

（4）采用 extra isslot 关键字，指定特殊变量的索引号，默认为 1。

（5）采用 fracture i 第 i 条裂隙指定为参考结构，不能与 geometry 同用。

（6）采用 geometry set 指定参考结构为几何图形集，名称为 set，不能与 fracture 关键字同用。

（7）采用关键字 interset，指定用于计算连通性的裂隙几何集，可以是 id 或者名称。

该命令的使用可参考例 2-10，结果如图 2-16 所示。

例 2-10　裂缝连通性分析实例

```
new
set random 1001
domain extent －5 5 －5 5 －5 5
geometry set borehole            ;作为参考结构,线状钻孔
geometry edge （－5,0,0）（5,0,0）      ;几何形状,两点决定一条线
dfn template create name default       ;裂隙模板
dfn generate id 1 perc 5            ;裂隙目标渗透体积5
dfn connectivity geometry borehole extra 1     ;指定用几何图形来计算连通性
dfn connectivity fracture 1 extra 2 distance   ;指定用裂隙1,物理距离计算连通性
return
```

5）裂隙迹线分析 dfn traces keyword ＜range＞

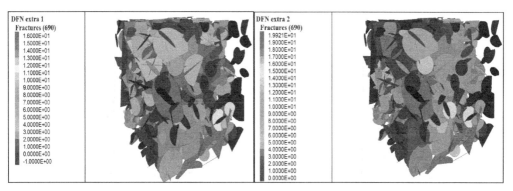

(a) 用几何图形来计算连通性　　　　　　　(b) 用裂隙1计算连通性

图 2-16　连通性计算与显示效果

创建与扫描映射对象相对应的交集。需要指定测量平面（平面、凸多边形）和参考扫描线（线段）。

（1）id *id*0 关键字指定交集 id 号为 id0。name s 关键字指定交集的名称为 s。

（2）scanline scanset 关键字用于指定几何图形集 scanset 的边作为一组映射线，所有与这些映射线相交的迹线都保留到迹线集中。

（3）surface surfset 定义几何图形集 surfset 作为测量平面。

对裂隙进行迹线分析可参考例 2-11，计算结果如图 2-17 所示。

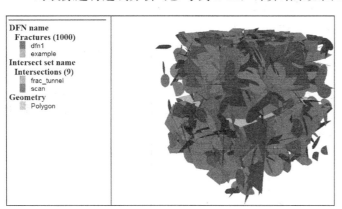

图 2-17　过参考平面内某映射线的迹线

例 2-11　裂隙迹线计算分析

new
domain extent －5 5 －5 5 －5 5
dfn template create name default 　　　　；裂隙模板
dfn generate nfrac 1000 　　　　；裂隙网络生成
geometry set plane 　　　　；几何图形集，名称 plane
geometry polygon positions （－4,－4,0）（－4,4,0）（4,4,0）（4,－4,0） 　　　；四点构成的平面
geometry set line 　　　；几何图形，名称 line

```
geometry edge (-4,0,0)(4,0,0)
dfn traces name scan scanline line surface plane    ;计算迹线
return
```

3. 离散裂隙网络的安装

裂隙网络的重要用途是模拟岩体试样中的各种结构面，这需要在生成完整试样后，生成裂隙网络，然后基于这些裂隙网络定义相应的接触力学参数。这通常用到两个裂隙参数。

命令 dfn model keyword <range of dfns>用法：

(1) 其中关键字 name s 用来指定裂隙采用的接触模型，可以是 linear、linear contact bond、linear parallel bond、hertz、hysteretic、smooth joint 和 flat joint 模型中的任意一种。

(2) 如果采用 activate 关键字，则当新产生的裂隙与 dfn 相交时，激活 dfn 模型分配表。

如果采用 deactivate 关键字，则不管范围，任何新产生的裂隙都不受 dfn 模型分配表支配。

(3) 采用关键字 distance fdist，则一个裂隙距离裂隙参考线（面）最近距离，小于等于 fdist 时被选择。如果用了 useaperture 关键字，则 fdist 取为裂隙宽度。

(4) 采用 install 关键字，在所有已存在的接触点上安装指定的接触模型。除非 activate 关键字也被指定，否则不会自动分配与裂隙接触的新接触模型。

命令 dfn property s a<s1 a1...> <range>用法：

分配裂隙表面的接触性质。值 a 被分配给名称为 s 的属性。此时，可以使用 dfn model 命令来设置模型，从而使属性与模型相关联。

注意：dfn attribute 设置裂隙的尺寸、位置等属性。dfn property 设置表面性质。

相应的属性参数可参考接触模型 property 列表。裂隙参数安装到已有的接触体系中可参考例 2-12。单轴压缩过程中裂隙效果如图 2-18 所示。

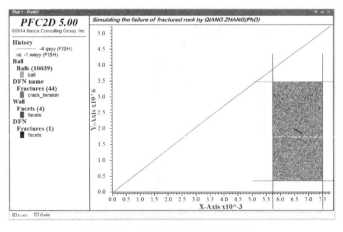

图 2-18 将裂隙安装进岩石试样

例 2-12 裂隙参数安装实例

```
dfn addfracture dip 30 size 0.01 position 0 0    ;产生一个确定性裂隙
```

dfn property sj_kn 2e9 sj_ks 2e9 sj_fric 0.35　sj_coh 0.0 sj_ten 0.0 sj_large 1
;设定裂隙接触参数，并属性继承
dfn model name smoothjoint install dist 0.001　　　;指定裂隙模型为光滑节理
dfn model name smoothjoint activate　　　;激活裂隙更新模型
contact method sj_setforce range contact model smoothjoint　　　;用 contact 命令设置接触力

2.3　PFC5.0 颗粒生成方法

PFC5.0 中，颗粒生成命令主要有 ball create、ball generate、ball distribute 三个命令。

2.3.1　规则排列颗粒生成方法

（1）采用 ball create ＋keyword 命令生成。

对于规则排列的颗粒，最简单的方法是利用 ball create 命令，按照颗粒排列规则，建立出颗粒体系。可参考例 2-13，计算效果如图 2-19 所示。

例 2-13　利用自定义函数建立确定位置的颗粒生成（ball create 方法）

```
new
domain extent －10.0 10.0
def make_assembly_particles
    ball_pos_x=－6.0        ;第一个颗粒的位置
    ball_pos_y=－6.0
    ball_pos_x0=ball_pos_x
    ball_radius=1.0
    loop local i(1,6)        ;行循环
        loop local j(1,6)        ;列循环
            ball_pos_vec=vector(ball_pos_x,ball_pos_y)        ;球心坐标矢量
            ;command        ;命令法生成
            ;ball create position [ball_pos_x] [ball_pos_y] radius [ball_radius]
;非矢量表示位置
            ;ball create position [ball_pos_vec] radius [ball_radius]        ;利用命令生成颗粒
            ;endcommand
            bp=ball.create(ball_radius,vector(ball_pos_x,ball_pos_y))
            ;用 FISH 函数法代替 ball breate 命令生成
            ball_pos_x=ball_pos_x + 2.0 * ball_radius
        endloop
        ball_pos_x=ball_pos_x0
        ball_pos_y=ball_pos_y + 2.0 * ball_radius
    endloop
```

end
@make_assembly_particles

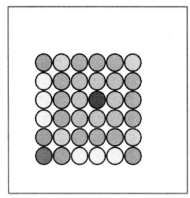
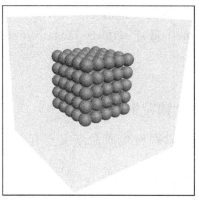

图 2-19 规则颗粒的生成

（2）采用 ball generate ＋keyword 方法生成，该方法生成的颗粒是没有任何叠加的，因此生成的颗粒之间孔隙率大，需要借助外力将之压紧。

例 2-14 为采用 ball_generate 方法生成规则排列的颗粒方法，效果如图 2-20 所示。

例 2-14 利用 ball generate 尝试投放法

```
new
domain extent －10.0 10.0
set random 10005    ;随机数种子固定,可以保证计算结果可重复
ball generate ...
    group ball_group1 ...    ;分组名称
    radius 0.05 0.05 ...     ;半径范围
    box －9.0 －1.0 －9.0 9.0 ... ;生成范围
    cubic ...                ;颗粒成行列排列,如图 2-20(a)所示
    id 1 500 ...             ;500 个
    tries 10000              ;颗粒位置尝试次数
ball generate ...            ;第二个命令
    group ball_group2 ...
    radius  0.1 0.1 ...
    box 1.0  9.0 －9.0 9.0 ...
    hexagonal ...            ;颗粒错动布置,如图 2-20(b)所示
    id 100000 ...
    number 100 ...
    tries 1000
```

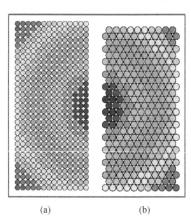

图 2-20 ball generate 生成规则排列颗粒

注意：关键词 cubic 和 hexagonal 均不能与关键词 gauss 共存；采用关键词 cubic 或

hexagonal 后，关键词 id、number 和 tries 均不再起作用，生成颗粒个数自动计算。

针对规则分布的颗粒，颗粒的位置与半径必须精确地计算与设置。在固定的模型范围内，如果颗粒不规则，颗粒往往无法投放进去，因此很难达到设计的孔隙率。另外，该方法生成的颗粒在边界位置不做任何处理，只判断颗粒的圆心是否位于投放区域。

2.3.2 随机分布颗粒生成方法

1. ball distribute ＋keywords 按孔隙比生成方法

例 2-15 可重叠颗粒体系生成实例

new

domain extent －10.0 10.0

set random 10001 ；随机数种子固定,可以保证计算结果可重复

ball distribute porosity 0.1 radius 0.5 0.75 box －5.0 5.0 ；按孔隙率生成颗粒

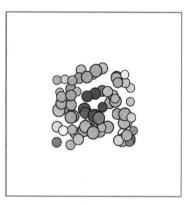

图 2-21 随机颗粒生成法实例

例 2-15 简单地在某范围内生成可重叠颗粒。由图 2-21 可见，ball distribute 命令生成的颗粒是不判断叠加量的，它的孔隙率只是用颗粒面积（或体积）与模型生成域面积（或体积）来计算的，在计算开始颗粒体系需要弹开，并计算至平衡。如果采用两个 ball-distribute 命令生成颗粒体系，两个命令间所生成的颗粒无关，不交叉判断所生成颗粒体系是否满足设计孔隙率。

2. 利用 ball distribute ＋keywords 按颗粒级配生成方法

例 2-16 按级配设计生成颗粒

new

def granulometry   ；通过表,设置颗粒体积累计算线

 global exptab＝table.create(' experimental ')   ；定义一个名称为 experimental 的表

  table(exptab,0.03)＝0.083   ；粒径小于 0.03,体积分数 0.83%

  table(exptab,0.04)＝0.166   ；以下同,注意是累计

  table(exptab,0.05)＝0.26

  table(exptab,0.06)＝0.345

  table(exptab,0.075)＝0.493

  table(exptab,0.1)＝0.693

  table(exptab,0.12)＝0.888

  table(exptab,0.15)＝0.976

  table(exptab,0.18)＝0.997

  table(exptab,0.25)＝1.0   ；最后一个的值必须为 1.0

end

@granulometry   ；运行函数

```
def RosinRammler(Dp_rr,n_rr,dmin)      ;  Rosin_Rammler 粒径分布函数定义
    global t="RosinRammler"            ;字符变量 t
    loop local i (1,1000)              ;循环次数
        freq=math.random.uniform       ;0~1 之间的随机数
        temp=Dp_rr*((-math.ln(1-freq))^(1/n_rr))      ;分布函数
        table(t,temp)=freq
    endloop
end
@RosinRammler(0.0876,2.25,0.002)       ;生成符合分布的随机数,用于解析与数值
对比
;按照级配产生随机尺寸的颗粒
fish create domain_extent=1.0
domain extent [-domain_extent] [domain_extent]
fish create dmin=0.001                 ;创建一个 FISH 变量,最小颗粒直径
set random 10001
ball distribute box ([-domain_extent*0.7],[domain_extent*0.7])  ...
            porosity 0.36                                        ...
            numbin 10                                            ...
            bin 1                                                ...
                radius [0.5*dmin] [0.5*table.x(exptab,1)]...     ;第一个级配半径范围
                volumefraction [table.y(exptab,1)]    ...        ;第一个级配体积分数
            bin 2                                                ...
                radius [0.5*table.x(exptab,1)] [0.5*table.x(exptab,2)] ...
                volumefraction [table.y(exptab,2)-table.y(exptab,1)] ...
            bin 3                                                ...
                radius [0.5*table.x(exptab,2)] [0.5*table.x(exptab,3)] ...
                volumefraction [table.y(exptab,3)-table.y(exptab,2)] ...
            bin 4                                                ...
                radius [0.5*table.x(exptab,3)] [0.5*table.x(exptab,4)] ...
                volumefraction [table.y(exptab,4)-table.y(exptab,3)] ...
            bin 5                                                ...
                radius [0.5*table.x(exptab,4)] [0.5*table.x(exptab,5)] ...
                volumefraction [table.y(exptab,5)-table.y(exptab,4)] ...
            bin 6        ...
                radius [0.5*table.x(exptab,5)] [0.5*table.x(exptab,6)] ...
                volumefraction [table.y(exptab,6)-table.y(exptab,5)] ...
            bin 7                                                ...
                radius [0.5*table.x(exptab,6)] [0.5*table.x(exptab,7)] ...
                volumefraction [table.y(exptab,7)-table.y(exptab,6)] ...
```

```
            bin 8                                          ...
                radius [0.5*table.x(exptab,7)] [0.5*table.x(exptab,8)]   ...
                volumefraction [table.y(exptab,8)-table.y(exptab,7)]   ...
            bin 9                                          ...
                radius [0.5*table.x(exptab,8)] [0.5*table.x(exptab,9)]   ...
                volumefraction [table.y(exptab,9)-table.y(exptab,8)]   ...
            bin 10                                         ...
                radius [0.5*table.x(exptab,9)] [0.5*table.x(exptab,10)]   ...
                volumefraction [table.y(exptab,10)-table.y(exptab,9)]
measure create id 1 radius [domain_extent*0.6]...        ;采用测量圆测试粒径分布
                    bins 100 @dmin [table.x(exptab,10)]
measure dump id 1 table 'numerical'         ;第二个 table
```

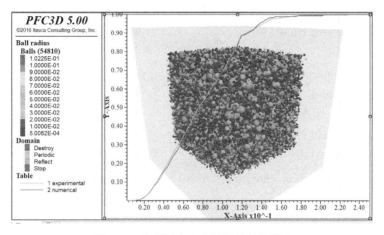

图 2-22　按照级配生成随机粒径的颗粒

参见例 2-16，可以按照土力学中常用的粒度累计曲线将颗粒体系划分为多个组，然后随机生成，得到如图 2-22 所示相对吻合实际的颗粒体系。

3. 利用 ball create 随机投放生成颗粒

例 2-17　ball create 一定范围内随机生成颗粒实例

```
new
domain extent -10.0 10.0
set random 10001    ;随机数种子固定,可以保证计算结果可重复
domain extent -10 10 condition stop     ;domain 范围设置与条件
cmat default model linear property kn 1.0e8    ;默认接触参数
set echo off
def parameter_setup    ;设置参数
    num_required=8400          ;设置投放颗粒数目
    tries_num=100000           ;设置尝试投放次数
    xmin0=-5.0                 ;颗粒投放范围
    xmax0= 5.0
```

```
        ymin0=-5.0
        ymax0=  5.0
        zmin0=-5.0
        zmax0=  5.0
        count=0                    ;计数
        idc=1                      ;编号
        rlo=0.050                  ;最小半径
        rhi=0.075                  ;最大半径
        overlap_flag=false         ;逻辑变量
        bp_map=map( )              ;定义一个空map变量,用于存储所有的颗粒指针
end
@parameter_setup
Define wall_generate
    If global.dim=2 then
        Command
            wall generate box [xmin0] [xmax0] [ymin0] [ymax0] onewall    ;矩形
        endcommand
    endif
    If global.dim=3 then
        Command
            wall generate box [xmin0] [xmax0] [ymin0] [ymax0] [zmin0] [zmax0] one-wall
        endcommand
    endif
end
@wall_generate
def generate_balls       ;按情况生成一个二维或三维几何图形,并用标签显示其位置
    if global.dim=2 then        ;二维情况
        command
            geometry generate circle...       ;生成一个圆
                position @pos_vec...
                radius @rc...
                resolution 0.01
        endcommand
    else                           ;三维情况
        command
            geometry generate sphere...       ;生成一个球
                position @pos_vec...
                radius @rc...
```

```
                    resolution 0.01
            endcommand
        endif
        lp=label.create(pos_vec)       ;在矢量 pos_vec 位置产生一个标签
        label.text(lp)=' Overlapping with other balls！'     ;设置标签中的文本内容
        overlap_flag=true       ;标志设置为真
        command
            geometry delete       ;删除几何图形
        endcommand
        label.delete(lp)       ;标签删除
end
;-----------------------------------------------------------------
def check_overlap       ;逻辑判断，新生成的颗粒是否与已有 ball 重叠
    overlap_flag=false       ;默认不重叠
    section
    loop foreach local bp bp_map       ;所有颗粒循环
            dist=math.mag(pos_vec - ball.pos(bp))    ;颗粒中心与本颗粒中心距离
            dist_min=rc + ball.radius(bp)
            if dist < dist_min then       ;如果距离小于二者之和
                generate_ balls
                    ;生成一个圆圈（球）及标签，标志 overlap_flag 改为 true
                exit section       ;退出判断
            end_if
        end_loop
    endsection
end       ;需要提供新生成颗粒的位置矢量 pos_vec 和半径 rc
;-----------------------------------------------------------------
def make_assembly_of_balls
    rc=rlo+math.random.uniform * (rhi-rlo)       ;rc 为随机半径参量，rlo～rhi 之间的随机数
    loop _i(1,tries_num)       ;尝试次数循环
        diameter=rc * 2.0       ;ball 的直径
        xlength=xmax0-xmin0-diameter       ;生成颗粒范围左下角 x
        ylength=ymax0-ymin0-diameter       ;生成颗粒范围左下角 y
        xc=xmin0+rc+math.random.uniform * xlength       ;随机颗粒圆心位置
        yc=ymin0+rc+math.random.uniform * ylength
        if global.dim=2 then
            pos_vec=vector(xc,yc)       ;二维情况下的圆心坐标
        else
```

```
            zl=zmax0-zmin0-diameter
            zc=ymin0+rc+math.random.uniform*y1        ;如果是三维问题
            pos_vec=vector(xc,yc,zc)        ;三维情况下的球心坐标
        end_if
            if count>=1 then        ;颗粒计数count,>1才需要判断重叠
                check_overlap        ;检查是否重叠,如重叠用label标出
            end_if
            if overlap_flag=true then        ;如果判断与已有颗粒重叠,继续下一次尝试
                continue
            endif
            count=count+1        ;计数加1
            idc=idc+1        ;编号加1
            local bp=ball.create(rc,pos_vec,idc)        ;利用FISH函数创建一个颗粒
            map.add(bp_map,idc,bp)        ;在bp_map映射函数中添加一个元素
            if count>=num_required        ;如果总数目>要求
                actual_tries_num=_i
                oo=io.out('-- '+string(count)+' balls are successfully generated!')
                exit        ;退出条件
            end_if
        ;rc=rlo+math.random.uniform*(rhi-rlo)        ;粒径服从均匀分布
        rc=(rlo+rhi)/2.0+(rhi-rlo)/2.0*math.random.gauss  ;粒径分布服从正态(高斯)分布
        end_loop
        actual_tries_num=_i-1        ;尝试次数减去1次
        oo=io.out('-- '+string(actual_tries_num)+' times tries has been done!')
    end
    @make_assembly_of_balls
    ball attribute density 2000 damp 0.5        ;属性
    set grav 10.0
    cycle 100000 calm 100        ;颗粒初始弹开
```

例2-17为随机逐个在某一范围内生成颗粒,得到如图2-23所示相对平衡的颗粒体系。

注意:如果颗粒的孔隙率过低,在后续随机投放颗粒时需要尝试的次数越来越多,会降低颗粒的生成效率。此时可以将颗粒尺寸降低,先快速投放生成颗粒,再利用类似ball attribute radius multiply 2.0命令将颗粒等比例放大,即充满模型区域,这实际就是ball generate生成颗粒方法。

4. ball generate方法

由于ball generate生成的颗粒是不重叠的,要在一定范围内充满颗粒,后期往往不成

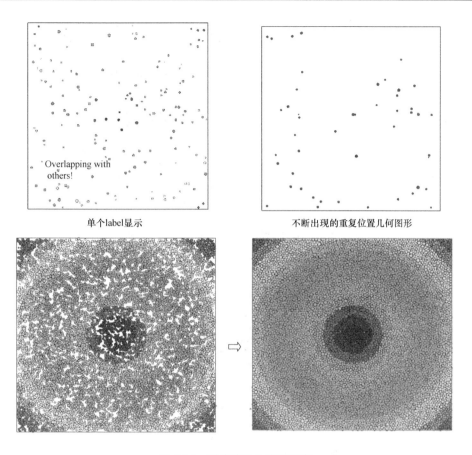

图 2-23 颗粒随机生成及平衡

功。此时可以先降低颗粒尺寸，然后再将颗粒属性（半径）逐步提高到设计粒径，可以快速充满模型。

这种方法需要知道填充范围的面积（体积），然后设计一定的孔隙率（推荐二维 0.15~0.20，三维 0.3~0.4）。然后根据平均的颗粒半径估算颗粒数目，此处以二维实例说明这一过程：假设概念模型面积 S，设计颗粒孔隙率为 n，最小、最大颗粒半径分别为 R_{min} 和 R_{max}，则模型区域内生成的颗粒数目：

$$N=\frac{4S(1-n)}{\pi(R_{min}+R_{max})^2} \tag{2.3.1}$$

此时，如果直接采用颗粒半径 $[R_{min}, R_{max}]$ 随机生成颗粒，由于颗粒间的相互作用很难达到力学平衡，故在确定颗粒数目 N 后，可通过先缩放再膨胀的方式实现平衡。若对颗粒半径 R_{min} 与 R_{max} 采用等比例缩放，并设缩放系数为 m（m 值可取为一个较大的数），则：

$$\begin{cases} R_{min0}=R_{min}/m \\ R_{max0}=R_{max}/m \end{cases} \tag{2.3.2}$$

然后利用 ball generate 生成相应的颗粒数目后，再将颗粒的半径逐步增大至设计值。实现过程可参见例 2-18 所示，计算结果如图 2-24 所示。

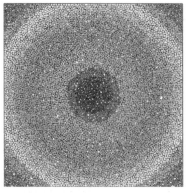

(a) 按估算数目降低半径生成　　　　(b) 扩大半径至设计半径

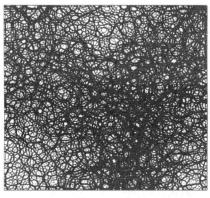

(c) 颗粒弹开后的接触力分布(可见并不均匀)

图 2-24　ball generate 生成颗粒再膨胀方法

例 2-18　逐步膨胀法生成颗粒

new
domain extent －10 10 condition destroy
wall generate box －5 5 onewall
　　def comput_ball_number(area_t，poros，rmin，rmax)　　　；利用面积,孔隙率,最小、最大半径估算颗粒数目
　　　　ball_number＝int(4 * area_t * (1-poros)/math. pi/(rmin＋rmax)/(rmin＋rmax))
　　end
　　@comput_ball_number(100，0.15，0.05，0.08)
　　list @ball_number　　　；显示颗粒数目
　　[m＝3]　　；颗粒缩小为设计半径的 1/m
　　ball generate group 'balls' radius [0.05/m] [0.08/m] box －5 5 －5 5 id 1 [ball_number] tries 10000 ；生成颗粒
　　cmat default model linear property kn 1.0e6　　　；默认接触参数
　　ball attribute density 1000 damp 0.05　　　；质量与阻尼参数
　　def expand_particles(numc)　　　；分 numc 次逐步膨胀到位
　　　　loop n (1,numc)

```
        command
            ball attribute radius multiply [m^(1.0/numc)]
            cycle 1000 calm 10
        endcommand
    endloop
end
@expand_particles(5) ;运行
```

如果颗粒刚度过大，容易造成颗粒溢出，此时可以将一次膨胀到位改为多次逐步膨胀，并适当降低接触刚度，可以减少颗粒的溢出现象。

2.3.3 外部颗粒导入生成法

目前，很多PFC爱好者开发了大量颗粒填充方法，本书以《颗粒流数值模拟技巧与实践》（石崇、徐卫亚著）一书中介绍的颗粒逐步填充法为例进行说明。

该方法是从颗粒填充域内随机一点出发，让颗粒围绕这个中心逐步填充。假设要在某个平面区域内采用 $[R_{min}, R_{max}]$ 构造密实的圆盘颗粒的体系，设想首先从一个点出发逐步扩展填充到整个区域，并对模型边界及孔隙内进行再填充，提高模型密度。

该方法首先在模型区域内生成一个种子，然后利用颗粒间相切关系逐步填充颗粒，直至颗粒体系密实（图2-25）。

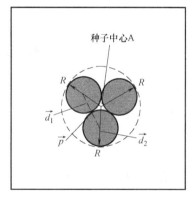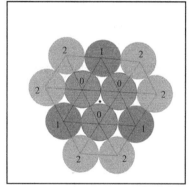

图2-25 按照相切关系逐步填充颗粒

这种方法适用于任意模型的构建，由于计算截断误差的影响，这种方法生成的颗粒体系也需要经过伺服过程，但由于初始生成的颗粒之间都服从相切关系，因此初始弹性能非常小，颗粒基本不会出现溢出状况。

这些颗粒体的信息也可以通过FISH函数将之读入PFC5.0中，采用的命令见例2-25，导入结果如图2-26所示。

例2-19 自编程序生成颗粒导入PFC5.0

```
new
domain extent -10 10 condition destroy
def import_balls_data_sc        ;读入颗粒的位置、半径等数据
    array arr(2000) var(2000,20)
    max_i=1000          ;颗粒数据个数
```

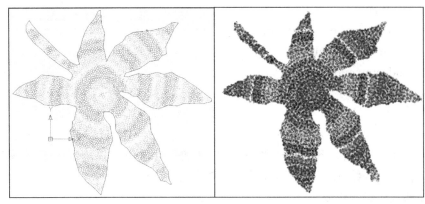

(a) AutoCAD显示　　　　　　　　　　(b) PFC5.0显示

图 2-26　外部导入法生成颗粒

```
max_j=5          ;数据列数,用于存储不同的数据
status=file.open('ball_pos_and_radius.dat',0,1)        ;文件名,可以修改
status=file.read(arr,max_i)         ;将所有的数据一次性导入到 arr 数组中
status=file.close()        ;关闭文件
    ;拆分字符串
loop _i(1,max_i)   ;循环,从第 1~max_i 个球信息
    loop _j(1,max_j)    ;第 i 球的第 j 个信息
        var(_i,_j)=string.token(arr(_i),_j)     ;提取第_i 行,第_j 列数据
        ir=string.token.type(arr(_i),_j)
        ;检查数据类型,ir=0,缺失类型;=1,整数;=2,实数;=3,字符
        val=string.token(arr(_i),_j)       ;提取数据
    caseof _j
        case 1
            ball_id=var(_i,_j)     ;第一列数据为 ball 的 id
        case 2
            ball_pos_x=var(_i,_j)       ;第二列数据为球心 x 坐标
        case 3
            ball_pos_y=var(_i,_j)       ;第三列数据为球心 y 坐标
        case 4
            ;ball_pos_z=var(_i,_j)      ;第四列数据为球心 z 坐标
            ;三维情况需要打开
            ;case 5              ;三维情况下第 5 列为 group
            ball_radius=var(_i,_j)      ;第五列数据为球半径
        case 5
            ball_group= var(_i,_j)
    endcase
endloop
```

```
                ball_pos_vec=vector(ball_pos_x,ball_pos_y,ball_pos_z)    ;矢量化
                bp=ball.create(ball_radius,ball_pos_vec,ball_id)    ;利用FISH函数创建
一个颗粒
                ball.group(bp)=string(ball_group)
        endloop
    end
    @import_balls_data_sc
```

注意：如果是二维数据，只需要将z坐标去除，半径作为第四列数据即可。同时注意domain的定义不能与导入球坐标冲突。

2.3.4 块体颗粒组装模型方法

很多情况下，希望将颗粒组装为规则的长方形（三维为长方体）等，然后用这些块体，如同搭积木一样组装成模型，这时可以采用brick相关的命令ball assemble、brick make、brick import、brick export、brick delete等来实现。

块体组装命令 brick assemble keyword<range>的用法：

当采用关键字id时，设置长方体块的编号；采用origin v关键字时设置块体的中心位置；采用size ix iy iz关键字时设置全局坐标系下块体的重复次数；采用group s <slot i>关键字时设置新生成块体的分组。

参见例2-20。首先生成一颗粒体系完整的块（边界需要用periodic，保证块组装时恰好匹配），然后用其作为基准，组装成更复杂的模型（如同搭积木一样，图2-27）。

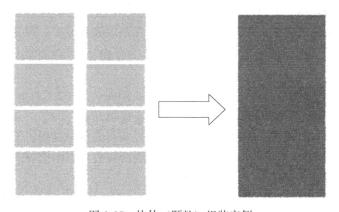

图2-27 块体（颗粒）组装实例

例2-20 块体组装命令使用实例

```
new
domain extent -2.0 2.0 condition periodic
cmat default model linear property kn 1e5
set random 10001
ball distribute porosity 0.08 radius 1.0 1.6 res 0.025    ;默认为domain区域,4m×4m
ball attribute density 2500.0 damp 0.7
cycle 1000 calm 10
```

```
set timestep scale
solve              ;要计算平衡,使得颗粒接触紧密
calm
brick make id 1                    ;根据当前模型状态制作一个块体
brick export id 1 nothrow          ;将块体输出为二进制文件,以供后面使用
new                ;重新清除内存
domain extent -4.0 4.0 -8.0 8.0           ;设置新的模型范围
brick import id 1         ;导入块体
brick assemble id 1 origin -4.0 -8.0 size 2 4      ;水平向2个块体、垂直向4个块体
```
组装

2.4 PFC5.0中刚性簇（clump）生成方法

刚性簇（clump）是相对于柔性簇（cluster）而言，每一个clump由多个ball构成，为了与柔性簇相区分，这里的ball称为pebble，在簇运动过程中，刚性簇间的pebble没有相对变形，因此是不会破坏的。在对材料软硬夹杂问题研究中，较硬介质可视作刚性体是合理的。

2.4.1 常见刚性簇生成原理

刚性簇是通过一系列pebble相互重叠来形成复杂轮廓的，填充pebble的方法有多种。但其原理大致相似，以下为常用的一种方法：

已知颗粒域采用圆盘进行填充时，为了使填充圆盘数目最少，可适当增加颗粒外轮廓线段数，以防止个别边长度较大，而轮廓线可认为是由N个边界点相连构成的多边形，如图2-28（a）所示。

首先以颗粒形心位置为圆心填充第一个圆盘，如图2-28（b）所示，该圆是以形心为中心不包含任一边界点所构成的最大圆，记为第一代填充。

对每一个边界点，以该点两边为矢量计算通过该点的角平分线，沿着角平分线向颗粒内部变化圆心位置不断尝试待填充圆盘半径，直到所有边界点中恰好有一点在该圆上，此圆即为过轮廓点所能得到的最大圆盘。

循环遍历所有的颗粒外轮廓点，在N个可能的圆盘中，存在一个圆盘使得颗粒内部新增覆盖面积最大，则该圆盘为第二代填充圆盘，如图2-28（c）所示。在剩余$N-1$个圆盘中选择可以使得颗粒内部新增覆盖面积最大的圆盘进行填充，则该圆盘为第三代填充圆盘，依次类推，每一次迭代只选择一个圆盘直至颗粒覆盖面积率满足要求，填充完成图如图2-28（d）所示，生成的颗粒如图2-28（e）所示。

通常一个颗粒，只需要几十个圆盘即可获得理想的外轮廓，且这种规则非常简单，但也可不采用轮廓点进行控制，而替换为任意轮廓边的法向（指向颗粒内部方向），然后向颗粒内部尝试填充圆盘，其优点是每次产生的圆盘都与轮廓边相切。

在填充过程中，需要计算圆盘填充后覆盖颗粒面积，如果仅通过计算新增圆盘与已有圆盘覆盖面积来得到填充后覆盖面积是非常困难的，因为圆盘间可能存在复杂的相互叠加。此时可以采用Delaunay三角化网格，判断三角形形心是否位于已填充圆盘内，如在

圆盘内部则相应三角形属于被覆盖部分，把形心位于圆盘内三角形的面积进行叠加即得到圆盘填充后新的覆盖面积。只要 Delaunay 网格的尺寸足够小，得到的覆盖面积可逼近真实值。

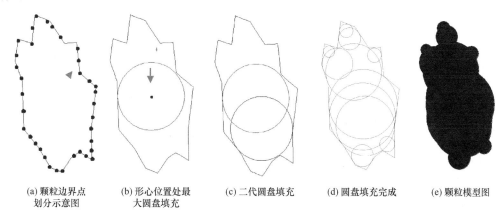

(a) 颗粒边界点划分示意图　(b) 形心位置处最大圆盘填充　(c) 二代圆盘填充　(d) 圆盘填充完成　(e) 颗粒模型图

图 2-28　颗粒填充填充示意图

2.4.2　刚性簇逐个生成方法

1. 利用 clump create 命令生成刚性簇

命令：clump create *keyword*... 用法说明

关键字 calculate 表示采用 PFC5.0 自带的覆盖法计算惯性参数，其所跟值范围为 0～1，取值越小（最小 0.00005）计算越逼近理论值，越大则越粗糙。关键字 density 用于指定 clump 的密度，group 用于指定分组，id 指定编号，inertia 指定惯性运动参量，pebbles 用于指定构成 clump 的 pebble 数目、半径与位置，position 用于指定 clump 中心位置（不能与 calculate 同时用），volume 用于指定 clump 的体积或面积，x、y、z 用于指定 clump 的中心坐标。

注意：当采用 calculate 时，系统会自动计算惯性参数、颗粒中心位置、体积等参量，因此 calculate 关键字不能与 inertia、position、volume、x、y、z 等同时用。

逐个刚性簇生成方法可见例 2-21 和例 2-22，可见逐个生成簇生成方法，需要自己设定规则，指定每一个 pebble 的半径、和圆心位置，共同形成一个耦合的整体。

应该注意的是，由于颗粒的运动参量对研究散体材料的运动状态非常重要。如果颗粒形状非常复杂，此时其运动参数（形心、惯性矩等）计算非常烦琐，如果没有把握令指定运动参量正确，不推荐采用例 2-22 方法，此时建议采用 PFC 自带的覆盖逼近法（例 2-21）自动计算。

图 2-29　例 2-21 效果图

例 2-21　利用 clump create 生成单个刚性簇（自动计算运动参数）

new　　；效果图见图 2-29

domain extent －10.0 10.0

set random 10001 ；set the seed of the random number generator to ensure repeatability

```
clump create id 1 ...              ;指定刚性簇的编号
            density 2500.0 ...      ;指定簇的密度
            pebbles 3  2.0  -2.0 0  0 ...    ;簇由3个pebble构成
                    3.0  0  0  0 ...    ;第2个pebble的圆盘半径,圆心坐标
```
x与y、z
```
                    2.0  2.0  0  2 ...    ;第3个pebble的圆盘半径,圆心坐
```
标x与y、z
```
            calculate 0.01 ...      ;自动计算惯性矩等运动参量,采用
```
"覆盖法"计算,0.01为计算精度
```
            group clump1 slot 1     ;pebble生成时候直接分组,分配存储槽
clump fix velocity spin      ;约束
list clump
return
```

例2-22 利用clump create生成单个刚性簇（人为指定颗粒运动参数）
```
new
domain extent -10.0 10.0
set random 10001 ;
clump create id 1 ...
            density 2500.0 ...
            pebbles 3  2.0  -2.0  0.0  0.0 ...    ;pebble数目,第一个peb-
```
ble半径,位置3坐标分量
```
                    3.0  0.0  0.0  0.0 ...    ;第二个pebble半径,位置3坐
```
标分量
```
                    2.0  2.0  0  2 ...    ;第三个pebble半径,位置3坐标分量
            position 1.0  2.0  3.0 ...    ;指定形心位置
            volume 2.5 ...        ;指定体积
            inertia 2.1 3.2 4.3 0.4 0.5 0.6 ...    ;需要人为计算好
            group clump1 slot 2    ;pebble分组,存储槽
list clump
return
```

2. 定义模板（clump template命令）后利用clump generate命令生成刚性簇

这种方法通常利用单个或多个块体结合clump template方法来制备模型。其生成过程可以描述如下：

（1）首先绘制不规则几何体形状,写成PFC可识别的stl、geom或者dxf文件格式。

（2）然后采用geometry import命令导入几何体模型。

（3）按照多个几何图形集分别制作clump模板（template）。

（4）基于clump模板,再用ball generate或者clump distribute命令进行刚性簇的随机投放。

命令 clump template *keyword* ... 用法说明：

关键字可以是 create（创建模板）、delete（删除模板）、export（导出为文件）、import（导入模板文件）。其中，clump template create ... 是应用较广的一个功能，以下对其进行说明：

（1）当 clump template create 后面有关键字 bubblepack 时，指定模板填充方法（Taghavi，2011），distance *fdistance* 控制模板的圆滑程度，其范围在 0～180，越大则越光滑，越小则越粗糙，ratio *fratio* 最小/最大颗粒的半径比在 0～1 之间，radfactor *frad* 默认值 1.05，表明模板内颗粒的半径可以超出模板边界 5%，refinenum *i* 设定网格优化尝试次数（2D 默认 5000 次，3D 默认 10000 次）；

（2）当 clump template create 后面跟 name 时用于指定模板名称；跟 geometry s 关键字时，表明几何图形集（名称为 s）作为模板的边界。

（3）当后面跟 inertia *fe*11 *fe*22 *fe*33 *fe*12 *fe*13 *fe*23 关键字时，指定模板的惯性运动参数。

（4）跟 pebbles *inumber frad vpos* 关键字时，指明簇内颗粒的数目及相应的半径、坐标，用于人为制作模板，不能与 bubblepack 共用。

（5）position *vcpos* 指定模板的中心，volume *fvol* 指定模板体积，x *fposx* 指定模板中心 x 坐标，y *fposy* 指定模板中心 y 坐标，z *fposz* 指定模板中心 z 坐标，这些关键字不能与 pebcalculate 和 surfcalculate 共用。

命令 clump generate *keyword* ... ＜range＞ 用法说明：

（1）生成相互不重叠的刚性簇。当簇的数目达到要求（关键字 number）或不重叠尝试次数达到要求时，停止生成。

（2）默认情况下，clump 位置和尺寸从模型区域内（box 关键字）均匀分布获取，也可以通过 gauss 关键字设定服从 gauss 分布。因此刚性簇生成受随机种子生成器状态影响（set random 命令）。

（3）clump generate 命令可以依托模板（关键字 template）进行生成。

（4）range 关键字，可用于判断刚性簇的位置，当新生成的 clump 形心没有落在定义的范围内，则不会添加到模型中。

（5）与 clump generate 命令相比，clump distribute 命令生成 clumps 不考虑重叠量，只是按照设计孔隙率生成一定的簇，而 clump generate 生成的簇是没有叠加的，因此簇体系初始状态达不到理想状态，需要借助伺服等外力进行修正。

利用模板及 clump generate 生成刚性簇参见例 2-23，其生成效果如图 2-30 所示。

例 2-23 利用模板＋clump generate 生成刚性簇

new
domain extent －10.0 10.0
set random 12001

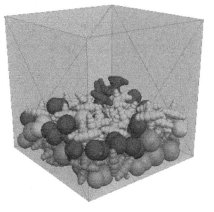

图 2-30 clump generate 命令生成簇效果

[rad=0.5]
[vc=(4.0/3.0)*math.pi*(rad)^3]   ;球的体积
[moic=(2.0/5.0)*vc*rad^2]   ;球的惯性矩
clump template create name single... ;建立第一个模板，由 1 个 pebble 生成，指定参数
    pebbles 1   ...
    @rad −5 0 0   ...
    volume @vc   ...
    inertia @moic @moic @moic 0 0 0 ...
    position −5 0 0
clump template create name dyad   ...;第二个模板，名称 dyad
    pebbles 2   ...
    @rad [5−rad*0.5] 0 0   ...
    @rad [5+rad*0.5] 0 0   ...
    pebcalculate 0.005
geometry import dolos.stl   ;该文件可以在 PFC 安装目录里面搜索得到
geometry translate −0.15 −0.72 −1.50 ;几何图形平移
geometry rotate point 0 0 0 ...   ;几何图形旋转基点
    axis 0 0 1 ...   ;绕着 z 轴
    angle 90
clump template create name dolos   ...;定义第三个模板，采用几何图形导入
    geometry dolos   ...
    bubblepack distance 20 ...;0~180 控制表面
      ratio 0.3 ...   ;最小/最大 pebble 半径
      radfactor 1.05 ...;pebble 半径超过表面距离 5%
      refinenum 10000 ... ;重新定义试算次数
      surfcalculate   ;计算表面
;list clump template
clump generate diameter size 1.5 number 50   ...
    box −5.0 5.0 −5.0 5.0 −5.0 0.0 ...;box 关键字控制投放范围
    group bottom   ;指定分组名，bottom 可以用''，也可以不用
clump generate diameter size 1.5 number 25   ...   ;diameter 采用体积等效
    box −5.0 5.0 −5.0 5.0 0.0 5.0   ...   ;定义范围
    templates 2   ...   ;采用的模板编号
    dyad 0.3 dolos 0.7   ...   ;不同模板的比例
    azimuth 45.0 45.0   ...   ;绕 z 轴的旋转
    tilt 90.0 90.0   ...   ;绕 x 轴旋转
    elevation 45.0 45.0   ...   ;绕 y 轴旋转

```
                group top1
clump generate diameter size 1.5 number 25        … ;再生成 25 个 clump
                box －5.0 5.0 －5.0 5.0 0.0 5.0    … ;生成范围
                templates 2                       … ;2 个模板
                dyad 0.7 dolos 0.3                … ;模板名称及体积分数
                azimuth －45.0 －45.0  … ;绕着 z 轴旋转,可以在 0~360 之间
                tilt 90.0 90.0                    …;
                elevation 45.0 45.0               …
                group top2                        ;分配的组名 top2
```

2.4.3 基于簇模板随机生成方法

clump distribute keyword … <range>

Primary keywords:
bin | box | diameter | fishsize | numbin | porosity | resolution

命令 clump distribute keyword 用法说明:

(1) 当采用 numbin inum 时,指定级配数目。则需要用 bin 关键字分别指定每个级配簇的尺寸等参数,其中 bin 后跟 azimuth fazlow fazhi 设置随机旋转 clump 模板的方位范围;density fdens 指定簇的密度,默认 1.0;elevation fellow felhi 模板绕 y 轴旋转角度;fishdistribution sfish a1…an 关键字表明用 FISH 函数 sfish(参数为 a1…an)决定尺寸(不能与 size 或 gauss 共用);gauss <fcutoff>关键字指定高斯分布(级配均值与方差(级配小值 * fcutoff));size fsizelow <fsizehi>随机分布尺寸;template stname 指定模板名称;volumefraction fvfrac 本级配的体积分数;tilt ftiltlow ftilthi 模板绕 x 轴旋转角度。

(2) 当采用 box fxmin fxmax fymin fymax fzmin fzmax 关键字时,表明簇投放区域由矩形域确定,超出该范围的簇会自动删除。

(3) 当采用 porosity fporos 关键字时,指定孔隙率,当达到目标孔隙率时,簇生成停止。默认二维情况下的孔隙率 0.160,三维情况下 0.359。

(4) 当采用 diameter 关键字,采用体积等效方法线性放大、缩小簇。

(5) 当采用 fishsize sfname 关键字时,sfname 为指定的 FISH 函数名,通过 FISH 函数返回值决定簇的尺寸,该函数必须以簇的指针进行参数传递。

(6) resolution fres 关键字为可选项,控制簇生成尺寸的乘数因子。

利用模板及 clump distribute 生成刚性簇可参见例 2-24,其生成效果如图 2-31 所示。

例 2-24 利用模板＋clump distribute 生成级配刚性簇颗粒
```
clump distribute …
        porosity 0.76 …
        resolution 1.0 …
```

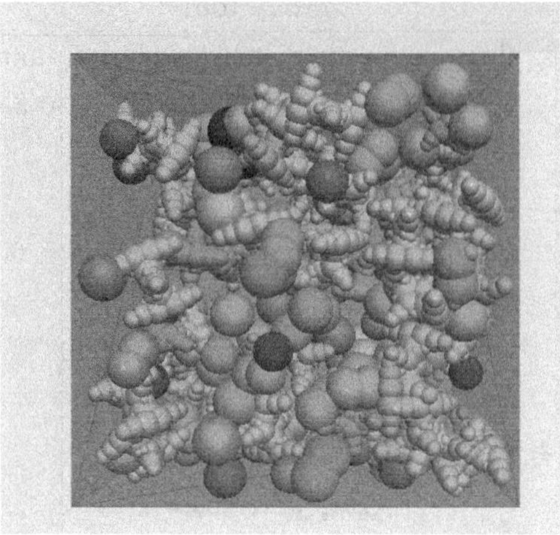

numbin 3 …
　　diameter … ;若不指定 diameter 关键词,那颗粒簇大小 size 则是体积的放大系数
　　bin 1 …
　　　　volumefraction 0.2 …   ;体积比例
　　　　template single …   ;所用模板
　　　　size 1.0 1.2 …   ;本级配最小、最大尺寸(体积等效)
　　　　azimuth 0.0 360.0 …   ;绕 z 轴旋转角度
　　　　elevation 0.0 360.0 …   ;(3D ONLY)
　　　　tilt 0.0 360.0 …   ;(3D ONLY)
　　　　density 100.0 …   ;模板的质量,而不是颗粒的质量
　　　　gauss …   ;第一个级配服从高斯分布,默认参数
　　　　group bin1 … ; <slot i> <pebble>   ;分组名
　　bin 2 …
　　　　volumefraction 0.3 …
　　　　template dyad …
　　　　size 1.2 1.4 …
　　　　azimuth 0.0 360.0 …
　　　　elevation 0.0 360.0 …   ;(3D ONLY)
　　　　tilt 0.0 360.0 …   ;(3D ONLY)
　　　　density 100.0 …
　　　　gauss …
　　　　group bin2 … ; <slot i> <pebble>
　　bin 3 …
　　　　volumefraction 0.5 …
　　　　template dolos …
　　　　size 1.4 1.5 …
　　　　azimuth 0.0 360.0 …
　　　　elevation 0.0 360.0 …   ;(3D ONLY)
　　　　tilt 0.0 360.0 …   ;(3D ONLY)
　　　　density 100.0 …
　　　　gauss …
　　　　group bin3 … ; <slot i> <pebble>
　　box －5.0 5.0

图 2-31　clump distribute 随机簇生成效果

2.4.4 柔性簇 cluster 的生成

cluster 是一些球体通过一定强度黏结在一起，因此一个 cluster 可以视作一个球体 group，这一点与刚性簇 clump 相似，但是 cluster 当外力足够大时其黏结可以破坏。因此在采用 cluster 开展数值模拟时，cluster 内部、cluster 与 cluster 之间、cluster 与外部基质颗粒之间需要分配不同的力学参数，因此又称为柔性簇。在研究簇的破坏问题时，构成簇的 ball 之间叠加量不能太大，否则接触键破坏会释放能量，导致计算结果失真。

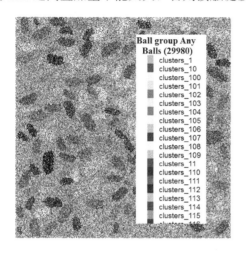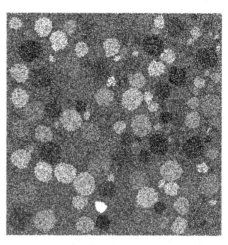

图 2-32　Cluster 生成实例（利用组名不同）

如图 2-32 所示，生成一系列的柔性簇，一种方法是将每一个簇都分配一个 group，通过不同的分组来区分簇内部、簇间、簇跟其他基质颗粒间的接触类型。

第二种方法是将所有属于簇颗粒都安排一个分组内，但是不同簇用存储槽 slot 来区分。在这里存储槽就相当于组内的不同存储位置，也是分组定义的一种常用方法（图 2-33）。

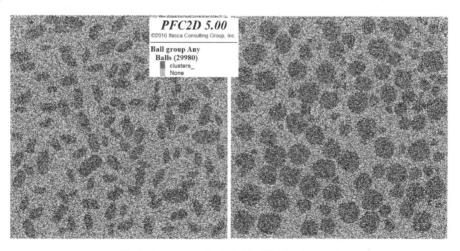

图 2-33　Cluster 生成实例（利用组名不同）

注意：slot 的分配是有上限的，二维不超过 128 个。

例 2-25 利用分组生成 cluster 柔性簇颗粒

```
new
domain extent -1 1
set random 10001          ;随机数种子固定,可以保证计算结果可重复
cmat default model linear property kn 1.0e8      ;默认接触参数
wall generate box 0 0.5 onewall
ball distribute porosity 0.12 radius 0.001 0.002 box 0 0.5
ball attribute density 1000 damp 0.7
set timestep scale
cyc 1000 calm 100
call clusters_creat_by_geometry2.p2dat     ;CAD中绘制,程序写成节点、边格式文件
;call clusters_creat_by_geometry_slot2.p2dat     ;可参考文件
;方法一:利用FISH判断接触特点,将cluster的接触分组,便于赋予参数
def assign_material_based_group
    loop foreach local cp contact.list('ball-ball')     ;接触循环
        bp1=contact.end1(cp)
        bp2=contact.end2(cp)
        b1=ball.isgroup(bp1,'clusters_')
        b2=ball.isgroup(bp2,'clusters_')
        contact.group(cp)='boundary_cluster'
        ;接触位于cluster与基质边界
        if b1=true then
            if b2=true then
                contact.group(cp)='incluster'      ;接触位于cluster内部
            endif
        endif
        if b1=false then
            if b2=false then
                contact.group(cp)='outcluster'     ;接触位于基质内=contact_group_3
            endif
        endif
    end_loop
end
@assign_material_based_group
```

利用例 2-25 的命令流对颗粒分组后还可进一步利用 contact groupbehavior 命令,对 cluster 的接触进行分组。此时,只需要如下三条命令:

```
contact group 'outcluster' range contact type 'ball-facet' not
contact groupbehavior and
contact group 'incluster' range group 'clusters_'
```

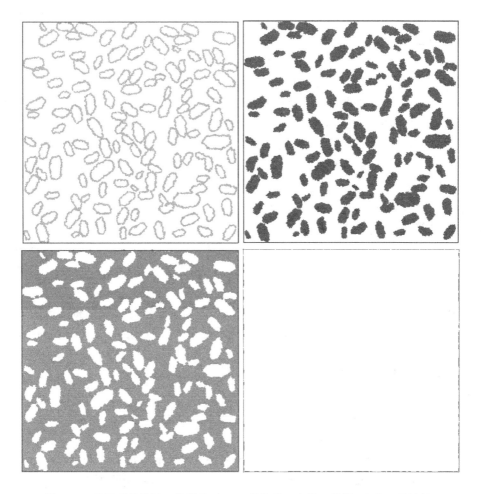

图 2-34 分类后的接触（分别为 cluster 的边界、内部、外部、ball-wall 接触）

即可得到不同接触分组情况，如图 2-34 所示。

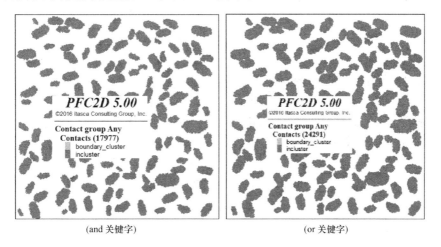

(and 关键字)   (or 关键字)

图 2-35 采用命令将接触分组

注意：如果采用 contact groupbehavior or 命令，则 cluster 与基质接触默认属于 cluster 内部（图 2-35）。

由于采用 cluster 模拟的目的多数是研究颗粒的内部破碎问题，因此对 cluster 内、外、边界接触根据需要进行区分非常有必要。

但应该注意的是，如两种介质直接对颗粒进行分组（例 2-25），可以有效区分颗粒的内部接触，但如果两个 cluster 的接触容易判断为内部接触，从而造成与实际不符；如果利用 contact groupbehavior 命令将 cluster 与外部界面分为两个选择，要么属于内部要么属于外部，也无法有效单独划分出来。因此从 cluster 形成原理上看，如果将每个 cluster 都设置为不同的分组，类似以上命令流进行区分接触更加有效，或者利用分组（group）与存储槽（二维不超过 128）协同进行判断，效果会更好。

2.4.5 刚性簇（clump）与柔性簇（cluster）转化方法

刚性簇与柔性簇不同，前者不允许簇内的破坏，因此是刚性体。如果想形状不变情况下，将之改变为柔性簇，以分析簇的破坏问题，这就需要利用二者的特点不同，利用 FISH 函数进行转换。

利用生成的 clump 转化为 cluster 参见例 2-26。利用这些函数可以将生成的 clump 簇转化为 cluster，但是要注意：由于 clump 颗粒重叠量大，转化为 cluster 后会存在大量的应变能，影响能量分析。

例 2-26 利用 clump 转化为 cluster

```
define ini_clusters
    global cluster_head=null
    global bnumber=0            ;簇数目
    clt=clump.template.find('pill')   ;模板名称为 pill 的地址
    loop foreach p clump.template.pebblelist(clt)    ;属于 pill 模板的刚性簇
        bnumber=bnumber+1
    endloop
    io.out(string.build("number of pebbles=%1",bnumber))   ;属于该模板的 pebble 数目
end
define make_cluster(clump)
    ;将刚性簇中的 pebble 替换为 ball,作为 cluster 使用
    newclus=memory.create(bnumber+3)    ;开辟一段内存，比 pebble 数目+3
    memory(newclus)=cluster_head        ;cluster_head 为存储颗粒的地址
    cluster_head=newclus
    global idc=clump.id(clump)          ;idc=刚性簇的编号
    local num=1                         ;cluster 编号
    memory(newclus+num)=idc             ;第一个地址存储编号
    num=num+1                           ;数目+1,下一个地址空
    loop foreach local p clump.pebblelist(clump)   ;所有的 pebble 循环
        global prad=clump.pebble.radius(p)         ;半径
```

```
        global ppos=clump. pebble. pos(p)           ;位置矢量
        global idp=clump. pebble. id(p)             ;pebble 的编号
        command
            ball create id @idp rad @prad pos @ppos      ;在原有的 pebble 位置生成一个一模一样的 ball
        endcommand
        num=num + 1
        local bp=ball. find(idp)       ;提取该 ball 的地址
        if num>3       ;如果 num>3,也就是从第二个颗粒开始
           if comp. x(ball. pos(bp)) < comp. x(ball. pos(bfirst))
              bfirst=bp
           endif
        else
           bfirst=bp
        endif
        ball. extra(bp,1)=idc       ;颗粒特殊变量,存储槽 1,存储编号
        memory(newclus+num)=bp      ;存储球的指针
    endloop       ;pebble 循环结束
    memory(newclus+2)=bfirst
    clump. delete(clump)       ;删除 clump
end
define replace       ;替换所有的刚性簇
    loop foreach clump clump. list       ;刚性簇列表循环
        make_cluster(clump)       ;调用替换函数
    endloop                       ;刚性簇列表循环结束
end
define order_clusters       ;对 cluster 进行排序
    cluster=cluster_head
    loop while cluster ♯ null
        newcluster=array. create(9)       ;创建一个长度 9 的数组
        newcluster(1)=memory(cluster+2)   ;地址加 2
        loop j(2,9)
            referenceball=newcluster(j-1)
            dist=1000
            loop i(1,bnumber)
                thisball=memory(cluster+2+i)
                newdist=comp. x(ball. pos(thisball)) - comp. x(ball. pos(referenceball))
                io. out(string. build("newdist=%1",newdist))
                if newdist > 0
```

```
            if newdist < dist
               nearestball=thisball
               dist=newdist
            endif
          endif
        endloop
        newcluster(j)=nearestball
      endloop
      loop i(1,bnumber)
        memory(cluster+i+2)=newcluster(i)
      endloop
      cluster=memory(cluster)
    endloop
end
def applybonds       ;将生成的 cluster 之间按照平行黏结模型,给予一定的黏结参数
    cluster=cluster_head       ;cluster 指针
    loop while cluster # null     ;如果指针部位 0
      loop i(1,bnumber-1)        ;球数目-1 个黏结
        bp=memory(cluster+i+2)        ;end1 球
        bp_next=memory(cluster+i+3)     ;end2 球
        local clist=ball.contactmap(bp)     ;跟 bp 有关的接触
        loop foreach local con clist        ;接触循环
          ok=0
          section
            if contact.end1(con)=bp_next      ;如果 end1=bp_next
              ok=1                            ;标志 1
            else if contact.end2(con)=bp_next   ;如果 end2=bp
              ok=1       ;也标志 1
            endif
            if ok=1      ;如果标志=1
              local arg=array.create(1,2)     ;生成一个一行 2 列的数组
              arg(1,1)='gap'        ;名称
              arg(1,2)=0.0          ;数值
              contact.method(con,"bond",arg)        ;指定接触模型
              contact.prop(con,"pb_kn")=1e12        ;指定接触特性,平行黏结模型
              contact.prop(con,"pb_ks")=1e12
              contact.prop(con,"pb_ten")=1e8
              contact.prop(con,"pb_coh")=1e6
              contact.prop(con,"pb_rmul")=0.8
```

```
            exit section
          endif      ;标志判断结束
        endloop      ;接触循环结束
        endsection
      endloop        ;球循环结束
      cluster=memory(cluster)      ;下一指针
    endloop          ;下一 cluster 循环
  end
  @ini_clusters
  @replace
  @order_clusters
  @list_clusters
  define inclump(extra,ct)
  ;根据设置的接触变量判断是否需要黏结,extra 是默认对象的特殊变量
    inclump=0
    if type.pointer.id(ct)=contact.typeid("ball-ball")    ;ball-ball 接触类型——第
一重限制
      if ball.extra(contact.end1(ct),1)==ball.extra(contact.end2(ct),1) then
  ;特殊值相等
        inclump=1
        exit
      endif
    endif
  end
  cmat     default type ball-ball model linear ...
           property kn 10e4 inh off ks 10e4 inh off fric 0.18 inh off
  cmat     default type ball-facet  model Linear ...
           property kn 10e5 inh off ks 10e5 inh off fric 0.09 inh off
  cmat     add 1 model linearPBond ...
           property fric 0.0 kn 0.0 inh off ks 0.0 inh off dp_nratio 0.2 ...
           range fish @inclump
  clean
  cmat apply
  @applybonds
  ;将一个 ball 构成的 cluster 簇转变为 clump 模板
  define tranform_cluster_to_clump_ template(name,group_name,slot_id,frac)
  ;name——模板名称
  ; frac——ball 替换比例
    global tname=name ;全局变量
```

```
            local    nc_target=frac * ball.num        ;模板中pebble的个数
            global  axis_vec1=vector(0,0,1)           ;默认旋转轴,z轴
            global  axis_vec2=vector(0,1,0)           ;y轴
            global  axis_vec3=vector(1,0,0)           ;x轴
            local    nc_cur=0    ;替换的个数
            loop while nc_cur < nc_target
                global _x=length * math.random.uniform            ;x向随机变量
                global _y=width * (math.random.uniform-0.5)       ;y向随机变量
                global _z=height * (math.random.uniform-0.5)      ;z向随机变量
                local ball=ball.near(_x,_y,_z)
                global _id   = ball.id(ball)
                _x    = ball.pos(ball,1)
                _y    = ball.pos(ball,2)
                _z    = ball.pos(ball,3)
                global _rad=ball.radius(ball)
                _bvol=(4.0/3.0) * math.pi * _rad^3
                global _dens=ball.mass.real(ball) / _bvol
                global _angle1=math.random.uniform * 360.0
                global _angle2=math.random.uniform * 360.0
                global _angle3=math.random.uniform * 360.0
        command
            clump replicate id @_id           ...
                            name @tname       ...
                            x @_x y @_y z @_z ...
                            volume @_bvol     ...
                            density @_dens    ...
                            axis @axis_vec1   ...
                            angle @_angle1    ...
                            axis @axis_vec2   ...
                            angle @_angle2    ...
                            axis @axis_vec3   ...
                            angle @_angle3
        endcommand
            clp=clump.find(_id)
                clump.group(clp,slot_id)=string(group_name)
                oo=ball.delete(ball)
                nc_cur=nc_cur+1
            endloop
            command
```

```
            set echo on
        endcommand
end
@_mg_clumpreplace('rock','soil',1,1.0)
```

2.5 PFC5.0 的墙（wall）生成方法

2.5.1 命令生成方法

1. 采用命令 wall create 逐个生成

wall create keyword ...

> Primary keywords:
>   group | id | name | vertices

wall create 命令可以利用 group 指定分组，利用 id 指定编号，name 指定名称，vertices 指定构成 wall 的点、面（三维中，每三个点构成一个三角形）。

构成 wall 的所有顶点（二维是两个顶点、三维是三个顶点决定一个 facet），三个顶点符合右手定则指向为正（右手五指自第一个顶点经第二个点向第三个点旋转，则大拇指方向为 top 方向），如图 2-36 所示。

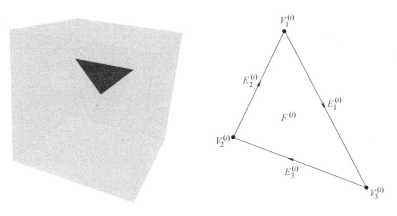

图 2-36 空间 wall 的方向规定

采用 wall create 生成墙见例 2-27、例 2-28。

例 2-27 已知顶点采用 wall create 命令生成实例

```
new                    ；二维情况
domain extent －10 10
wall create ...
    group lines ...       ；指定 group 名
    id 1 ...              ；id 号
    name line1 ...        ；指定名称
```

vertices …　　　；每两个点构成一段二维 facet，最好所有线段均顺时针或逆时针
　　　－5 －5 …
　　　5 0
new　　　；三维情况
domain extent －10 10
wall create …
　　group trianges …　　；指定分组
　　id 1 …　　　　　　；指定编号
　　name triange …
　　vertices …　　；每三个点构成一个三角形 facet，最好统一方向，便于加载控制
　　　－5 0 5 …
　　　5 0 5 …
　　　0 0 0

例 2-28　罗列顶点采用 wall create 命令生成实例

该实例为一个四棱锥（不含底面），其顶点可由 x、y、z 数组与 center 变量确定，构成 wall 的 facet 顶点均调用变量值确定，因此生成如图 2-37 所示 4 个 facet，同时分组、命名。

new
domain extent －10 10
[center＝0.0]
[x＝array.create(1,2)]
[y＝array.create(1,2)]
[z＝array.create(1,2)]
def vertices
　　x(1,1)＝－5.0
　　x(1,2)＝5.0
　　y[1,1]＝－2.0
　　y[1,2]＝2.0
　　z[1,1]＝－5.0
　　z[1,2]＝5.0
end
@vertices
wall create …
　　group rooves …
　　id 2 …
　　name roof …
　　vertices …

```
[center] [center] [center] ...
@x(1,1) @y(1,1) @z(1,1) ...
@x(1,2) @y(1,1) @z(1,1) ...
@center @center @center ...
@x(1,1) @y(1,1) @z(1,1) ...
@x(1,1) @y(1,2) @z(1,1) ...
@center @center @center ...
@x(1,2) @y(1,1) @z(1,1) ...
@x(1,2) @y(1,2) @z(1,1) ...
@center @center @center ...
@x(1,1) @y(1,2) @z(1,1) ...
@x(1,2) @y(1,2) @z(1,1)
```

图 2-37 例 2-28 效果图

例 2-28 可用于复杂空间曲面（三角化）wall 的生成，只要把三角化的节点坐标写入一个数组，则每个三角形作为一个 facet，即可生成复杂曲面 wall。

2. 采用 wall generate 生成规则形状的 wall

wall generate keyword ...

> Primary keywords:
>
> group | id | name | box | circle | cone | cylinder | disk | plane | point | polygon | sphere

PFC 中，针对矩形（长方体）、圆、圆台、圆柱、圆盘、平面、点、多边形、球等规则的几何体，提供了直接生成的命令。使用方法参见例 2-29。wall 生成效果如图 2-38、图 2-39 所示。

例 2-29 规则 wall 生成实例

```
new
domain extent -100 100
wall generate circle ...        ;圆形状 wall 只适用二维情况
    Positon 0.0 0.0 ...         ;圆心坐标
    Radius 1.0 ...              ;圆半径
    resolution 0.01             ;圆弧线精度,该值越小,则 wall 划分的 facet 越多
wall generate ...               ;生成一个正方体墙
    Group boxes                 ;分组名称
    box -5 5 ...                ;可以分别设置 x、y、z 方向的范围
    expand 1.2                  ;放大缩小系数,每个侧边是个独立的 wall,有单独的 wall 名称
    ;onewall                    ;onewall 是将所有侧边看作 wall 的一部分,不能与 expand 共存
wall generate ...               ;生成一个球状 wall
    group spheres ...           ;分组名称
```

```
            sphere position 5.0 0.0 -2.0...      ;中心位置
            radius 3.0...           ;球半径
    resolution 0.1          ;精度,越小精度越高
wall generate...            ;生成一个圆台 wall
        group cones...
        cone...
            axis -1 0 1...             ;轴线矢量
            base 12.0 0.0 0.0...           ;圆台底的中心
            cap false false...         ;底盖、顶盖是否包含,false 为不含,true 包含
            height 10.0...         ;圆台高
            onewall...
            radius 5.0 3.0...          ;底盖半径、顶盖半径
            resolution 0.1         ;精度,越小越高
wall generate...            ;创建平面 wall
        group planes...
        plane...
            dip 15.0...            ;倾角
            ddir 0.0...            ;倾向
            position 0.0 0.0 16.0          ;面上一个点
wall generate...
        group cylinders...
        cylinder...
            axis 0 0 1...          ;圆柱轴的方向,从原点指向该点的矢量
            base 0.0 0.0 0.0...            ;圆柱底圆心
            cap true true...           ;控制是否有顶盖、底盖
            height 50.0...         ;高度
            onewall...            ;控制顶盖是否与侧 wall 一体
            radius 12.5...
            resolution 0.2         ;墙体表面精度
wall generate...            ;创建多边形墙
        group polygons...
        polygon...
            -1 -1 0...
            1 -1 0...
            2 1 1...
            2 2 2...
            1 2 1...
            -2 1 2...
            -2 0 1...
```

```
            makeplanar          ;将不共面的点强制共面
wall generate ...               ;创建圆盘墙
    group disks ...             ;分组
    disk ...
        dip 0.0 ...             ;倾角
        ddir 0.0 ...            ;倾向
        position -7.5 0.0 7.5 ...
        radius 2.0 ...
        resolution 0.5          ;精度
wall generate ...               ;创建点墙,4个点构成的点墙相当于一个四边形墙
    group points ...
    point ...
        position -0 0.0 0.0 ...
        resolution 0.1
wall generate ...
    group points ...
    point ...
        position 10.0 0.0 0.0 ...
        resolution 0.1
wall generate ...
    group points ...
    point ...
        position 10.10.0 0.0 ...
        resolution 0.1
wall generate ...
    group points ...
    point ...
        position 0.10.0 0.0 ...
        resolution 0.1
```

说明:

(1) 由于每个 facet (三维) 均是一个空间三角形,因此圆柱、圆台、平面、圆盘等 wall 实际都是由一系列三角形构成的,因此圆盘实际可用多边形来表示,但需要提供的顶点多不如圆盘关键字方便。

(2) resolution f 是控制规则几何图形边界尺寸的量,值越小则 facet 越多,形状越逼真。

(3) 点墙,相当于只提供 facet 顶点,点墙的生成如图 2-39 (b) 所示,只要控制顶点的运动一致,实际与多边形 wall 是等效的,如图 2-39 (a) 所示。

(4) wall generate 只能建立规则的凸多边形(体),不能用于不规则、凹凸不平 wall 的构建。

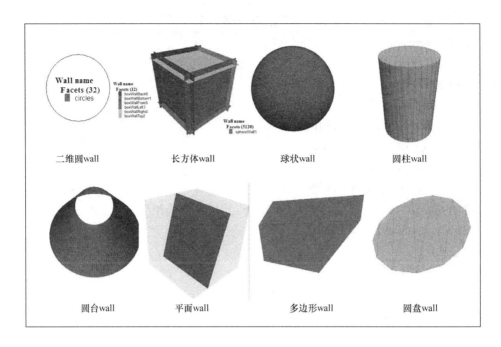

图 2-38 规则 wall 的命令生成效果

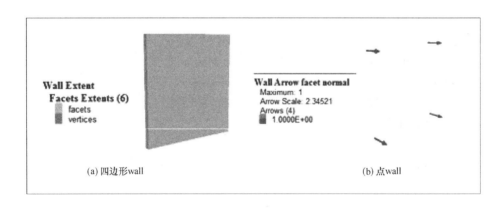

图 2-39 点 wall 的生成对比

2.5.2 几何图形导入法

自然界物体形态各异，对于复杂的实体，如果能建立其实体网格，那么只要将其表面用三角形网格来构造，或者利用实体网格将包围实体的外表面三角网格找出来，形成点—边—三角面协同的几何图形，建立连续数值模型就相对容易，可以采用以下流程基于有限元、有限差分等连续数值模拟方法建立的模型生成 wall。

（1）连续数值模型（三维）是将复杂的几何图形地质体，通过共用二维图元（二维问题为一维图元）划分为多个区域，然后对每个区域进行有限网格划分，赋予不同属性后模拟外力作用下的系统响应。

（2）然后利用对已剖分网格的数值模型信息进行归类，得到节点信息和单元结构信息，包括节点（np）和单元数目（ne）、节点坐标、单元结构形状及由节点编号构筑成的单元索引信息等。

(3) 然后利用《颗粒流数值模拟技巧与实践》（石崇、徐卫亚著）介绍的几何图形索引特征与显示方法，搜索出模型的外表面（可以是颗粒、模型等）。

(4) 将搜索出的外表面书写为 PFC5.0 可以识别的 stl、geom、dxf 文件，再利用 wall import 命令将几何图形导入，转化为复杂的 wall。

这种方法在用于不规则滑面、颗粒细观形态等方面具有重要的用途。

```
wall import keyword ... <range>

Primary keywords:
    filename | geometry | group | id | name | nothrow
```

命令 wall import keyword ... 用法说明：
(1) 当采用关键字 filename 时，设定导入的文件名。
(2) 当采用关键字 geometry 时，设置导入几何图形集的名称。
(3) 当采用关键字 group 时，设置生成 wall 的分组名称。
(4) 当采用关键字 id 时，设置生成 wall 的编号。
(5) 当采用关键字 name 时，设置 wall 的名称。
(6) 当采用关键字 nothrow 时，不论导入的几何图形条件如何，都继续下去。

例 2-30 为导入三维 wall 实例，注意导入的几何图形可以直接变成 wall，也可先导入为几何图形，再将几何图形转化为 wall，效果如图 2-40 所示。

图 2-40 wall 导入效果图

例 2-30 模型表面导入生成 wall 实例

```
new
domain extent －1000.0 1000.0
wall import ...              ;导入 wall 命令
    filename  dolos.stl ...   ;导入的文件(该文件为 PFC 安装目录下自带)
    group dolos ...           ;设置分组
    id 1       ...            ;wall 的编号
    name dolos1 ...           ;名称
    nothrow
wall rotate axis 0 1 0 angle 60 point 0 0 0   ;旋转
wall group dolos1 range id 1  ;by wall        ;修改分组名称
```

边坡范围如图 2-41 (a) 所示，首先在 AutoCAD 中用 polyline 绘制整个模型的外轮廓（为了分辨方向，按照逆时针绘制），再以外轮廓为 wall 控制颗粒的填充，平衡后，再导入 4 个材料分组 [图 2-41 (b)] 轮廓进行颗粒分组 [图 2-41 (c)、(d)]，命令参见例 2-31。

例 2-31 AutoCAD 绘制＋导入 wall＋几何图形分组实例

new

```
domain extent 0 1000 0 1000        ;二维边坡 wall 导入并对 ball 进行分组
geometry import boundary.dxf       ;必须用 polyline 绘制模型的轮廓
wall import geometry set boundary name boundary
ball distribute porosity 0.16 radius 0.5 0.75 range geometry boundary count odd
ball attribute density 1000 damp 0.7
cmat default model linear property kn 1.0e8     ;默认接触参数
cyc 10000 calm 10
geometry import groups.dxf         ;文件内的 polyline 用于分组用
ball group mat_3                   ;默认全部属于 group3，下面用"射线交点判断法"分组
ball group mat_1 range geometry groups count 1 direction (0,1);利用球心向外射线与几何边界
ball group mat_2 range geometry groups count 2 direction (0,1);交点个数判断分组
ball group mat_4 range geometry groups count 4 direction (0,1);默认射线方向 y 轴正向
```

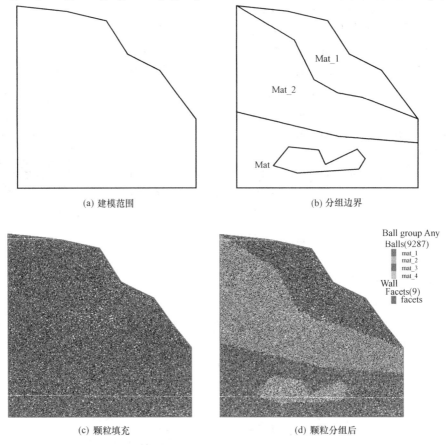

图 2-41　几何图形＋wall＋分组协同使用

2.6　PFC5.0 接触的定义方法

2.6.1　PFC 中的接触模型

接触的力学行为是离散元计算方法的关键问题，大量的球、簇、墙通过接触相互联

系，由局部影响整体，反映微细观介质的各类力学行为。

接触类型（contact type）：在 PFC5.0 中，主要存在五种接触类型，分别是：ball-ball、ball-facet、pebble-pebble、ball-pebble、pebble-facet。

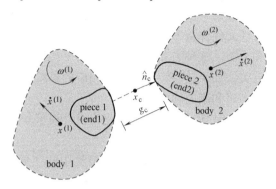

图 2-42　接触说明

如图 2-42 所示，实体 1 与实体 2 发生接触，其中接触部位位于实体 1 的 piece1 与实体 2 的 piece2 上，作用于实体 1 与实体 2 上的弯矩、力会在接触实体的形心上。则接触状态变量更新顺序是：接触的有效惯性质量，实体中心位置，接触法向量和接触平面的坐标系统，最后确定接触间隙。

这些信息更新后，再基于使用的接触模型更新接触的激活状态、通过接触准则判别力学行为。

PFC5.0 中共提供了 10 种内嵌的接触模型：

1. 空模型（Null）

内部惯性力设置为 0，当新产生接触时，null 模型仍然服从接触模型分配表，除非在接触分配表中特意设置一个存储槽。

2. 线性模型（linear）

如果去掉阻尼，接触间隙（gap）取 0，则该模型即 Cundall 1979 年提出的线性模型，可以用于 ball-ball 与 ball-facet 接触。

3. 线性接触黏结模型（linearcbond）

去掉阻尼选项，接触间隙取 0，则该模型退化为 Potyondy 2004 年提出的线性接触模型，因此它也是基于线性接触的一种模型，可以用于 ball-ball 与 ball-facet 接触，用命令或者 FISH 定义 linearcbond 来指定。

采用线性接触黏结模型时，接触黏结可以视作一组弹簧（黏结点），法向与切向刚度保持为常数，每个弹簧有指定的抗拉、抗剪强度。接触键的存在排除了滑移的可能性，即剪切力受摩擦系数和法向力乘积的限制，而剪切力受剪切强度的限制。接触键使张力在与间隙接触时发展。拉力是由抗拉强度限制。

如果法向力超过法向黏结强度，接触破坏，法向和剪切力归零。如果剪切力超过剪切强度，接触破坏，但不改变接触力，剪切力不会超过摩擦系数和法向力乘积，所提供的法向力只能是压缩的。

因此当线性接触模型破坏后，该模型退化为线性模型。

4. 平行黏结模型（linearpbond）

平行黏结模型用于黏结材料的力学行为（类似于环氧树脂胶合玻璃珠、水泥间骨料的黏结）。其黏结组件与线性元件平行，在接触间建立弹性相互作用。平行键的存在并不排除滑动的可能性，平行黏结可以在不同实体之间传递力和力矩。

接触黏结可以视作一组弹簧，法向与切向刚度保持为常数，均匀地分布在接触面和中心接触点，这些弹簧与线性元件弹簧平行。在平行键产生后，在接触处发生的相对运动，使黏结材料内部产生力和力矩。这种力和力矩作用于两个接触块上，与胶结材料在键周围的最大正应力和剪应力有关。如果这些应力超过其相应的黏结强度，平行黏结断裂，则该处的黏结及其伴随的力、力矩和刚度均会去除。

因此当平行黏结接触模型破坏后，该模型退化为线性模型。

5. 赫兹接触模型（hertz）

赫兹接触模型用于分析光滑、弹性球体在摩擦接触中的变形中产生的法向和剪切力。添加了黏滞阻尼器模拟能量耗散，但法向与切向只传输一个力。该模型可以用于 ball-ball 与 ball-facet 接触。

6. 滞回阻尼模型（hysteretic）

该模型采用弹性赫兹模型，阻尼方面在法向替换为非线性黏滞阻尼。可以采用命令 hysteretic 设置。

7. 光滑节理模型（smoothJoint）

光滑节理模型忽略界面上局部颗粒的方位，模拟平面界面的剪胀力学行为。摩擦或有黏结节理的特性可以通过分配节理两侧一定范围内的接触特性来模拟。

用命令或者 FISH 定义 smoothjoint 来指定。

8. 平缝节理模型（flatjoint）

平缝节理接触模型用于模拟两个表面之间的力学行为，每一个接触都是刚性地连接到一个物体上。平缝节理材料由平缝黏结的物体（球、簇或墙）构成，每个物体的有效表面由其片的名义表面（face）定义，并与接触片上名义表面接触相互作用。

9. 抗滚动线性接触模型（rrlinear）

抗滚动线性接触模型与线性接触模型相似，只是内部弯矩随着接触点上累积的相对转动线性增加。当该累积量达到法向力与滚动摩擦系数和有效接触半径乘积最大时，达到极限值。

注意：此模型只考虑接触点上的相对弯曲。本模型通常用于颗粒体系间转动效应非常明显的接触分析。

10. 伯格斯蠕变模型（Burger）

伯格斯模型是用开尔文模型和麦斯威尔模型在法向和剪切方向串联的模型，用于模拟颗粒体系间的蠕变机制。

凯尔文模型是线性弹簧和阻尼器并联组合。麦斯威尔的模型是线性弹簧和阻尼器组成的串联组合。伯格斯模型作用范围非常小，因此只能传递力的作用。

注意：PFC5.0 中的接触只能是以上十种类型之一（自开发模型也可），同一个接触不能同时指定为两个接触模型，这点与早期版本的软件不同。

2.6.2 接触模型分配表（cmat）法

PFC5.0 采用接触模型分配表（cmat 命令）控制接触模型的分配、接触关联性质的赋值以及基于接触准则的检测距离（决定接触是否激活）。cmat 包括一系列优先级的模型存储槽（cmat add 命令）和缺省接触类型（cmat default 命令）。每个模型存储槽包括一个接触模型、特征参数和基础方法，同时非缺省的存储槽还包括 range 定义的作用范围。

当新产生一个接触时，该接触首先通过判断将之加入到某个 cmat 存储槽中，则该模型存储槽内的参数、方法即赋值给该接触。接触表分配的顺序如下：

(1) 对非缺省的 cmat add 定义存储槽按照顺序（优先级）判断接触，满足某个存储槽即将该接触归类到这一存储槽，停止判断。

(2) 如果 cmat add 没有找到对应的存储槽。则采用默认的接触类型（cmat default）。

与这一过程相关联的命令有：

cmat apply ＜range ...＞　　将接触分配表施加到当前某范围内的接触上
cmat modify　　　　　　　修改接触分配表
cmat remove　　　　　　　移除接触分配表

这种方法在应用于多元介质、接触种类很多时可以分门别类施加不同的接触类型、参数，非常方便。

命令 cmat add 使用方法说明：

> **cmat** ＜sprocess＞ **add** ＜i＞ keyword ... range
>
> Primary keywords:
>   inheritance | method | model | property | proximity

(1) 如果采用关键字 inheritance s b ...，则接触模型特性参数 s 将会赋值给 b。

(2) 如果采用关键字 method sm ＜sa a＞ ...，则接触模型定义方法 sm，随同它的参数，均在当前 cmat 的条目中登记，并在产生接触时激活。

(3) 如果采用 model *keyword* 关键字，则指定接触类型（有十种可选：burger、flatjoint、hertz、hysteretic、linear、linearcbond、linearpbond、null、rrlinear、smoothjoint）。

(4) property s a ＜inheritance b＞ ... 关键字设置接触特性 s 设置为 a，其中 s 需要查询不同接触类型的属性参数表。＜inheritance b＞为可选项，一旦选择，则属性继承参数设置为 b。

(5) proximity fd 关键字设置接触检测距离为 fd。

命令 cmat default 用法说明：

> **cmat** ＜sprocess＞ **default** ＜type stype＞ keyword ...
>
> Primary keywords:
>   inheritance | method | model | property | proximity | type

前面几个关键字用法与 cmat add 一样。当采用 type 关键字时，可以指定接触应用的类型（ball-ball、ball-facet、ball-pebble、pebble-facet、pebble-pebble）。

2.6.3　当前接触定义（contact）法

Conctact 方法是将接触模型、参数施加到当前某一范围的接触中，这些接触一旦破坏或者产生了新的接触仍然由接触分配表（cmat）来控制。因此其功能与 cmat apply 命令相同。与 contact 方法相关的命令有：

分配接触方法：contact <sprocess> method sm <sa a>...<range>

分配接触模型：contact <sprocess> model keyword <range>

设置接触参数：contact <sprocess> property s a<inheritance b>...

接触分组：contact <sprocess> group s keyword...<range>

接触删除：contact <sprocess> delete <range>

通过组行为分组：contact <sprocess> groupbehavior keyword

接触继承定义：contact <sprocess> inhibit bval <range>

列出接触信息：contact <sprocess> list <keyword> <all> <type s> <range>

设置接触持久性标志：contact <sprocess> persist bval <range>

记录接触内变量：contact <sprocess> history <id id> s keyword...

2.6.4 接触施加实例验证

如何在合适的时机，赋予合适的接触模型与接触力学参数，是利用 PFC5.0 软件数值模拟并得到良好效果的关键问题。如下通过几个实例说明接触属性的施加规则。

1. 默认接触属性（cmat default 命令）的使用

cmat default 的使用参见例 2-32。

例 2-32 采用 cmat default 默认接触属性

new

set random 10001

domain extent －5 5 condition destroy

wall generate box －5 5 onewall

ball generate number 500 radius 0.1 0.2   box －5 5

ball attribute density 2500.0 damp 0.1

cmat default model linear property kn 1e7 ks 1e7 dp_nratio 0.0   ;默认接触参数

set gravity 9.80

cycle 2000   ;计算平衡，让颗粒相互接触密实

pause   key   ;此时显示界面如图 2-43(a)所示

;接下来将新产生的接触参数 kn、ks 值修改为 1e8

cmat default model linear property kn 1e8 ks 1e8 dp_nratio 0.2 lin_mode 1   ;修改默认属性

;cmat apply range x 0 5

; Lin_mode 1 代表相对更新。如果是绝对更新＝0，在研究刚度变化引起变形时会出错

solve aratio 1e－4

save example1

;此时接触参数 kn 显示界面如图 2-43(b)所示

return

对比图 2-43 可以看出，cmat default 只针对命令施加后新产生的接触指定接触参数，

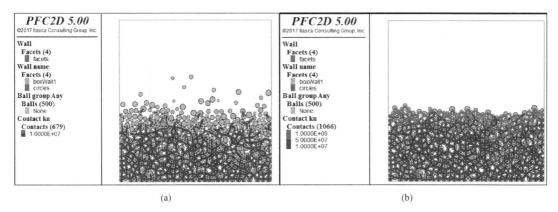

图 2-43 不同运行时刻的接触刚度参数显示

对该命令前已有的接触并不修改其值。

如果要使 cmat default model linear property kn 1e7 ks 1e7 dp_nratio 0.2 lin_mode 1 命令适用于右侧球体间接触,则只需要在该行命令增加 cmat apply range x 0.0 5.0 命令,则接触刚度如图 2-43(b)所示,表明右侧球体间的接触完全属于第二条赋值语句,而左侧则仍然有第一条赋值语句和第二条赋值语句的结果。

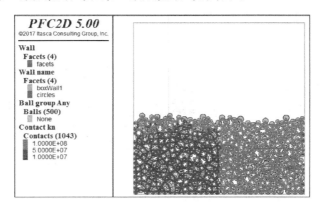

图 2-44 右侧采用 cmat apply 命令后的接触参数

注意:图 2-44 右侧 ball-facet 部分仍然存在部分接触为第一次默认接触的值。这是因为 cmat apply 所跟的范围限制引起的,只需要改为 cmat apply range x 0.0 5.5 即不存在。因此在采用 cmat default 默认接触力学参数时应该注意范围选择。

2. 按接触类型(cmat default type)分别设置接触

在 PFC 接触中,共存在 ball-ball、ball-pebble、ball-facet、pebble-pebble、pebble-facet 5 种类型,因此可以根据类型不同分别设置不同的接触力学参数,参见例 2-33。接触分类如图 2-45 所示。

例 2-33 采用 cmat default type 分别设置接触属性

new

set random 10001

domain extent －5 5 condition destroy

wall generate box －5 5　onewall

```
ball generate number 500 radius 0.1 0.2 box -5 5
ball attribute density 2500.0 damp 0.1
;针对模型中的 ball-ball 和 ball-facet 接触类型分别赋予参数
cmat default type ball-ball ...        ;颗粒间接触默认 hertz 模型
               model hertz ...
               property hz_shear 30e9 hz_poiss 0.3 ...
                       fric 0.25                         ...
                       dp_nratio 0.2
cmat default type ball-facet ...       ;ball-wall 之间默认为线性接触模型
               model linear ...
                  property kn 1e6 dp_nratio 0.2
set gravity 9.81
solve
save example2
```

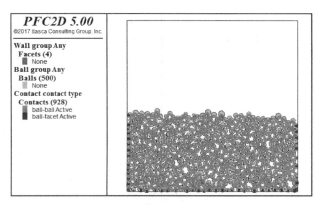

图 2-45 基于接触类型分别赋予模型与参数

3. 按接触对象的分组行为设置接触

例 2-34 采用接触分配表（cmat add）与对象分组分配属性

```
new
set random 10001
domain extent -5 5 condition destroy
wall generate box -5 5  onewall
ball generate number 300 radius 0.1 0.2 box -5 5 group soil
ball generate number 300 radius 0.1 0.2 box -5 5 group stone
ball attribute density 2000.0 range group soil
ball attribute density 3000.0 range group stone     ;首先建立两组颗粒
contact groupbehavior and      ;or ;contact
cmat add 1 model hertz ...       ;添加一种接触且与 cmat default 差不多,但没有 type 关键词
            property hz_shear 10e9 hz_poiss 0.3 ...
```

```
                    fric 0.25                          …
                    dp_nratio 0.2                      …
                range group soil      ;当接触的两个对象都属于 soil 时
cmat add 2 model hertz                                 …
            property hz_shear 20e9 hz_poiss 0.3  …
                    fric 0.05                          …
                    dp_nratio 0.2                      …
                range group stone     ;当接触的两个对象都属于 stone 时
cmat default type ball-ball                            …
                model hertz                            …
            property hz_shear 30e9 hz_poiss 0.3  …
                    fric 0.05                          …
                    dp_nratio 0.2       ;不满足 cmat add 时采用
cmat default type ball-facet                           …
                model linear                           …
            property kn 1e6 dp_nratio 0.2    ;不满足 cmat add 时采用
set gravity 9.80
solve
save example3
```

例 2-34 表明,一个接触形成后,判断两个实体是否同一组,如果相同就执行 1,依次执行下去。如果都不满足,再进行接触类型判断。运行顺序:cmat add 优先于 cmat default,接触形成时,先判断 cmat add 1,再 cmat add 2,最后才是 cmat default。

cmat add 1 中 1 为优先级编号,因此接触表内命令出现顺序发生改变,只要优先级编号不变,结果不变。

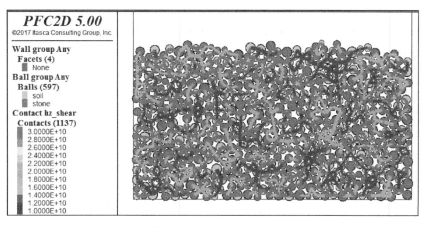

图 2-46 采用 cmat add 指定接触(and 情况)

此处应该注意 contact groupbehavior and(或者是 or)命令:

如果后面采用 and 关键字,表示当接触对象(end1 和 end2)都在组内时,满足要求,不同接触分组参数分布如图 2-46 所示。

如果后面采用 or 关键字，表示当接触对象有一个满足要求，即满足要求。不同接触分组参数分布如图 2-47 所示。

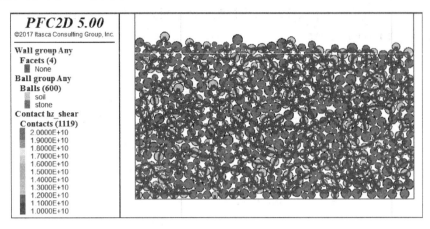

图 2-47 采用 cmat add 指定接触（or 情况）

只有用 contact 分组后才能用 contact 关键字，当新生成的接触属于该分组时满足要求。

  contact group contact_left range x －5.5 0

  contact group contact_right range 0 5.5

  contact groupbehavior contact　　　；前面定义的 contact 选择

4. 通过属性继承（ball property 或 clump property）设置接触属性

例 2-35　属性继承指定接触属性实例

  new

  set random 10001

  domain extent －5 5 condition destroy

  wall generate box －5 5　onewall

  ball generate number 300 radius 0.1 0.2 box －5 5 group soil

  ball generate number 300 radius 0.1 0.2 box －5 5 group stone

  ball attribute density 2000.0 range group soil

  ball attribute density 3000.0 range group stone　　　；首先建立两组颗粒

  cmat default type ball-ball　　　　　　　　　　…

    model hertz　　　　　　　　　　　　　　…

      property hz_shear 10e9 dp_nratio 0.2　　；不起作用

  cmat default type ball-facet　　　　　　　　　…

    model hertz　　　　　　　　　　　　　　…

      property hz_shear 20e9 dp_nratio 0.2

  ball property hz_shear 30e9 hz_poiss 0.3 fric 0.25 …

    range group soil

  ball property hz_shear 40e9 hz_poiss 0.3 fric 0.05 …

    range group stone

set gravity 9.81
solve
save example4

图 2-48　含有属性继承时参数赋值对比

例 2-35 表明，一旦采用了 ball property，只要是可继承的，最优先采用。属性继承可以通过 cmat default 命令的 inher on/off 关键字打开或关闭。从图 2-48 可以看出，两组颗粒之间，两个颗粒之间的接触参数实际取值为其继承参数的算数平均数，只有 ball-facet 接触才采用了 cmat default 命令赋值（hz_shear=20e9）。

如果将属性继承关闭，命令见例 2-36。

例 2-36　属性继承指定接触属性实例

new
set random 10001
domain extent －5 5 condition destroy
wall generate box －5 5　onewall
ball generate number 300 radius 0.1 0.2 box －5 5 group soil
ball generate number 300 radius 0.1 0.2 box －5 5 group stone
ball attribute density 2000.0 damp 0.7 range group soil
ball attribute density 3000.0 damp 0.7 range group stone　　　;首先建立两组颗粒
ball property kn 30e7 ks 30e7 fric 0.3 ...
　　　range group soil
ball property kn 40e7 ks 30e7 fric 0.4 ...
　　　range group stone
cmat default type ball-ball　　　　　　　　　　...
　　　　model linear　　　　　　　　　　　　...
　　　　　　property kn 10e7 inher off ks 10e7 inher off fric　0.1　　;不起作用
cmat default type ball-facet　　　　　　　　　　...
　　　　model linear　　　　　　　　　　　　...

```
                    property kn 20e7 inher off ks 10e7 inher off   fric 0.2
set gravity 9.81
solve
save example4_2     ;kn 参数赋值见图 2-49
```

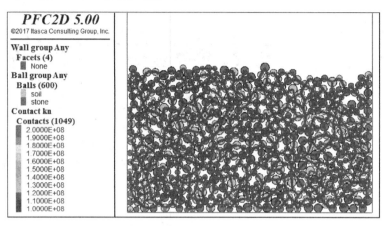

图 2-49　属性继承关闭时参数赋值对比

此时，由于在 cmat default 中针对 kn、ks 将属性继承关闭，故颗粒间的实际接触刚度 kn 均由 cmat default 指定，如图 2-49 所示。这表明，当属性继承关闭时 cmat 命令起作用。

因此，在属性继承打开时，接触参数赋值优先级：ball property ＞cmat add ＞cmat default。

5. 采用 cmat modify 修改接触属性

例 2-37　属性修改实例

```
restore cmat_example3
cmat modify 2 model linearpbond    ...      ;修改为平行黏结模型
        method deformability emod 1e9 krat 2.0   ...    ;用宏观方法近似获取细
观参数
        pb_deformability emod 1e9 krat 0.5   ...
        property fric 0.75 dp_nratio 0.0                ...
        pb_ten 1e8 pb_coh 1e8 pb_fa 50
cmat modify 1 model linearpbond                         ...
        method deformability emod 1e6 krat 3.0   ...
        pb_deformability emod 1e6 krat 0.5   ...
        property fric 0.25 dp_nratio 0.2                ...
        pb_ten 1e4 pb_coh 1e4 pb_fa 30.0
cmat apply range group stone       ;利用 group 施加到某一种 group 的接触中
contact method bond
cycle 10000
save example5
```

例 2-37 运行结果表明，在默认 contact groupbehavior and 下，采用 cmat modify 修改

cmat add 定义的模型属性，只是修改了相应 group 内的接触，对于不同 group 颗粒间的接触是采用 cmat default 定义的，仍保持为 hertz 模型，如图 2-50 所示。

因此，修改属性时应该注意命令的适用对象范围。

6. 采用 contact 定义接触属性

contact 与 cmat 的区别：cmat 每生成一个接触都会判断；contact 在有新接触以后，不会更新，因此 contact 命令是一次性的。

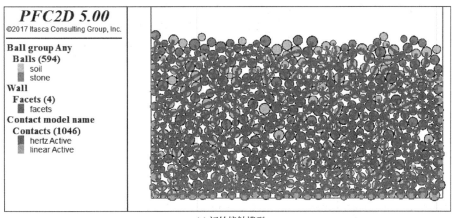

(a) 初始接触模型

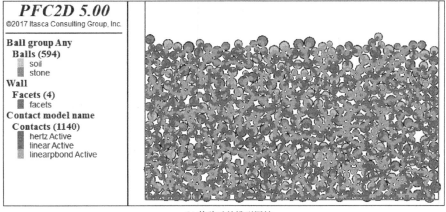

(b) 修改后的模型属性

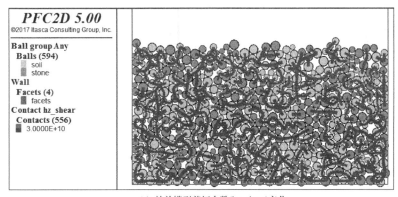

(c) 赫兹模型剪切参数(hz_shear)变化

图 2-50　修改接触属性（一）

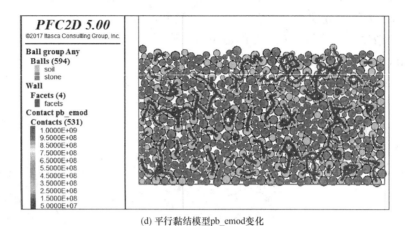

(d) 平行黏结模型pb_emod变化

图 2-50　修改接触属性（二）

例 2-38　contact 属性定义实例

restore example3

contact model linearpbond range group soil contact gap 0.0

contact method deformability emod 1e9 krat 0.5　　　…　　;采用 method 方法定义模量

　　　　　　　　pb_deformability emod 1e9 krat 0.5　…

　　　　　　　　bond　　…

　　　　　　　　range contact model linearpbond

contact property fric 0.25 dp_nratio 0.2　　　　…　　;采用 property 方法定义黏结

　　　　　　　　pb_ten 1e8 pb_coh 1e8 pb_fa 30.0　…

　　　　　　　　range group stone

solve

save example6_1

;--

restore example3

contact model linearpbond …

　　　　　　range contact type ball-ball

contact property kn 1e6 ks 1e6 fric 0.5 …

　　　　　　　　pb_kn 1e6 pb_ks 1e6 …

　　　　　　　　pb_ten 1e8 pb_coh 1e8 …

　　　　　　　　range contact model linearpbond

contact method bond ;gap 0.0 随着该控制参数增大,所有接触被激活

save example6_2

例 2-38 运行结果如图 2-51 所示。当用 contact 赋予接触模型接触参数后,如果接触

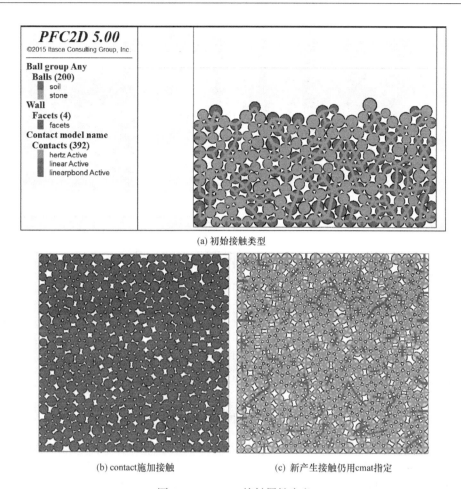

图 2-51 contact 接触属性定义

破坏或者出现了新的接触，则该接触仍然采用接触参数分配表来指定属性，与 contact 指定无关。

注意：contact 赋值只是针对激活接触，对于未激活接触可以通过 contact bond gap fff 命令来激活，其中 fff 值越大，激活数量越多，相应材料宏观强度越大。

例 2-39 contact 属性定义实例

```
restore example3           ;例 2-34 结果文件
contact model linearpbond ...
        range contact type ball-ball
contact property kn 1e9 ks 1e9 fric 0.5 ...
            pb_kn 1e9 pb_ks 1e9 ...
            pb_ten 1e8 pb_coh 1e8 ...
            range contact model linearpbond
contact method bond gap 1.0e-2     ;控制接触激活的数量
solve
save example6_3
```

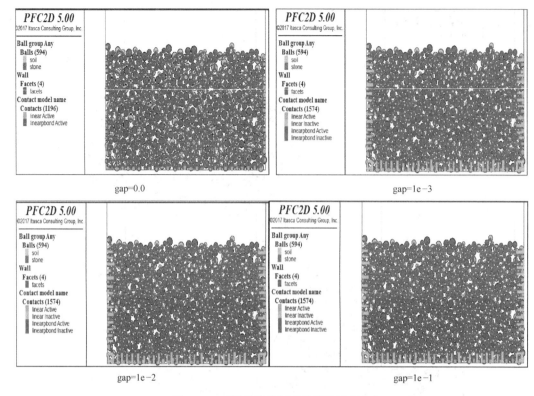

图 2-52 不同黏结控制下接触激活程度

例 2-39 计算结果如图 2-52 所示。采用 contact method bond gap 1.0e-2 语句,可以将未激活的接触激活,这个值可为正值(颗粒之间存在一定孔隙),也可设置为负值(颗粒之间又重叠),该值越大(数值,考虑正负)则激活的接触数目越多。但这样处理,必然会改变了微观介质的宏观性质,因此参数标定、工程计算时接触激活的标准必须一致,才能使标定的微细观参数有意义。

7. 通过指定接触临近距离(proximity)

cmat 的重要特点是指定材料存储槽的邻近距离。这个值可以用来强制规定模拟过程中建立接触的最小距离。该功能在修改激活接触时非常有用。

例 2-40 Proximity 关键字的使用

```
restore example3
cmat default type ball-ball      …     ;默认接触类型
            model linearpbond   …
            property kn 1e6     …
            proximity 2.5e-2    ;接触靠近距离
;颗粒间隙小于等于 2.5cm 的接触设置为非激活接触
clean   ;强制生成接触
cmat apply range contact type ball-ball
;当接触距离小于 2.5cm 时未激活
contact model linearpbond…
```

```
                range contact type ball-ball gap 2.5e-2        ;利用 proximity 设置间隙激活
接触
contact property kn 1e6 ks 1e6 fric 0.5…
                    pb_kn 1e6 pb_ks 1e6…
                    pb_ten 1e8 pb_coh 1e8…
                range contact model linearpbond
contact method bond gap 2.5e-2 ;将 proximity+clean 强制生成的接触黏结起来
```

如果不采用 proximity 关键字设置接触，则未激活接触的最小距离由接触检测逻辑判断。在这种情况下，只有当接触间隙小于 contact bond gap 的设置才会激活。这可以通过 cmat+proximity 来修改，见例 2-40。首先采用 proximity 设置接触靠近距离，然后利用 clean 命令强制按照 proximity 设置生成接触，然后再黏结起来。从图 2-53 可以看出，如果不设置接触的靠近距离限值，则激活接触数目为 1192 个，如果采用 proximity 2.5e-2 关键字进行设置，则激活数目为 1397 个，这说明该值越大激活的接触数目越多。

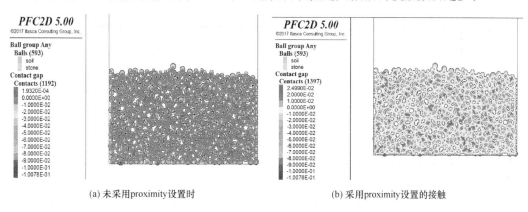

图 2-53　Proximity 对激活接触的影响对比

注意：默认情况下，在 PFC 模型计算过程中，每一时间步都会基于公差范围进行接触判断，因此每个时间步都可能产生新的接触。但是如果利用命令 set detetion off（或者 set detetion false），将该开关关闭，则在计算步循环时不会创建新接触，也不会删除已有接触。

2.7　PFC5.0 信息记录与后处理

2.7.1　hist 记录方法

在 PFC5.0 中，history 命令是为了设置变量记录的规则，如间隔、标志、输出等。
1. history 命令

```
history keyword …

    Primary keywords:
        add | delete | dump | hist_rep | label | limits | list | ncycle | nstep | purge | reset | write
```

（1）history add 增加一个历程记录，history delete 删除一个历程记录。

这些记录可以针对 ball、clump、wall、contact、measure、dfn、fish 等内变量、自定义变量。因此其功能与 ball history 命令、clump history 命令、wall history 命令、contact history 命令等相同。

（2）history hist_rep i 每 i 个迭代步记录一次数据，history ncycle i 与 history nstep i 设置每 i 个迭代步记录一次数据。

（3）history lable s 是将时程编号替换为标志 s。

（4）history limits 是在屏幕上显示时间序列最小、最大迭代步，值的最小值和最大值。

（5）history purge 是清除时间序列的内容，但保留序列，用新值替换旧值。而 history reset 是删除所有的记录，与 history delete 相同。

（6）hist dump 将时程内容显示于屏幕；history write i... vs i0 append 将列出的记录输出到文件中，其中第 i0 个时程为 x 坐标，append 表明文件为续行，如果是 truncate 则替换。

2. ball、clump 信息记录

记录球（ball）相关变量的命令可写为：

ball history <id id0> keyword2 id id2 or v 其中 id0 为变量序列的编号，如果未指定，则取为可用整数（整数从 1 依次增加）；keyword 为需要记录的属性；然后给出待监测球的编号 id2 或者位置矢量 v。

记录刚性簇（clump）属性的命令可以写为：

clump history<id id0>keyword id id2 or v 其中 id0 为变量序列的编号，如果未指定，则取为可用整数（整数从 1 依次增加）；keyword 为需要记录的属性；然后给出待监测 clump 的编号 id2 或者位置矢量 v。

可以用 ball history 记录的属性有：contactforce（接触力矢量和的大小），contactmoment（接触弯矩）、displacement（二维，球的总位移）、rotation（二维，球的旋转弧度位移，只有 set orientation on 打开才能用）、spin（球的角速度/弧度）、unbalforce（球的不平衡力）、unbalmoment（球的不平衡弯矩）、velocity（球速度矢量和的大小）、xcontactforce（接触力矢量的 x 分量）、xcontactmoment（接触弯矩矢量的 x 分量）、xdisplacement（球 x 方向的位移）、xeuler（当前球方向的 x-欧拉角（角度）、xposition（球心位置 x 坐标）、xspin（球角速度 x 分量/弧度，3D 情况）、xunbalforce（不平衡力 x 分量）、xunbalmoment（不平衡弯矩 x 分量）、xvelocity（球 x 向速度）、ycontactforce（接触力矢量的 y 分量）、ycontactmoment（接触弯矩矢量的 y 分量）、ydisplacement（球 y 方向的位移）、yeuler（当前球方向的 y-欧拉角（角度）、yposition（球心位置 y 坐标）、yspin（球角速度 y 分量/弧度，3D 情况）、yunbalforce（不平衡力 y 分量）、yunbalmoment（不平衡弯矩 y 分量）、yvelocity（球 y 向速度）、zcontactforce（接触力矢量的 z 分量）、zcontactmoment（接触弯矩矢量的 z 分量）、zdisplacement（球 z 方向的位移）、zeuler（当前球方向的 z-欧拉角（角度）、zposition（球心位置 z 坐标）、zspin（球角速度 z 分量/弧度，3D 情况）、zunbalforce（不平衡力 z 分量）、zunbalmoment（不平衡弯矩 z 分量）、zvelocity（球 z 向速度）。

clump 可以记录的属性与球完全相同，只是记录的是刚性簇，属性是施加到簇中心上，而不是在各 pebble 上。

3. wall 信息记录

记录墙（wall）相关变量的命令可写为：

wall history <id $id0$> *keyword* id $id2$ or name s or v

其中 id0 为序列的编号，只要不重复可以任意指定，如果缺省则取下一可用编号。keyword 为记录的 wall 属性。id、name 或者 v 关键字三选其一，分别表示 wall 的编号、名称或者位置矢量，来说明属性归属的 wall。

可以用 wall history 记录的属性有：contactforce（接触力合矢量值）、contactmoment（接触弯矩）、displacement（位移矢量和，二维）、rotation（二维，墙的旋转弧度位移，只有 set orientation on 打开才能用）、spin（墙的角速度/弧度）、xcontactforce（墙的 x 向接触力）、xcontactmoment（墙的 x 向接触弯矩）、xdisplacement（墙 x 向位移）、xeuler（墙 x 向欧拉角，3D 情况）、xposition（墙 x 向位置）、xspin（墙 x 向角速度/弧度）、xvelocity（墙 x 向速度）、ycontactforce（墙的 y 向接触力）、ycontactmoment（墙的 y 向接触弯矩）、ydisplacement（墙 y 向位移）、yeuler（墙 y 向欧拉角，3D 情况）、yposition（墙 y 向位置）、yspin（墙 y 向角速度/弧度）、yvelocity（墙 y 向速度）、zcontactforce（墙的 z 向接触力，3D）、zcontactmoment（墙的 z 向接触弯矩，3D）、zdisplacement（墙 z 向位移，3D）、zeuler（墙 z 向欧拉角，3D 情况）、zposition（墙 z 向位置，3D）、zspin（墙 z 向角速度/弧度，3D）、zvelocity（墙 z 向速度，3D）。

4. contact 信息记录

记录接触（contact）相关变量的命令可写为：

contact <$sprocess$> history <id id0> s $keyword$ ... v or id id1

模型运行期间对接触变量进行采样和存储。其中，关键字 id $id0$ 指定序列的编号；s 用于辨别接触类别（ball-ball、ball-pebble、ball-facet、pebble-facet）；然后利用接触位置矢量或者接触编号指定待监控接触。

可以用 contact history 命令监控记录的属性有：force（接触力和矢量值）、momenton1（接触端 1 上的弯矩）、momenton2（接触端 2 上的弯矩）、normalforce（法向接触力）、gap（接触叠加量）、shearforce（切向接触力）、xforce（接触力 x 分量）、xlocalforce（接触局部坐标系下接触力 x 分量）、xlocalmomenton1（接触局部坐标系下端部 1 上的弯矩 x 分量）、xlocalmomenton2（接触局部坐标系下端部 2 上的弯矩 x 分量）、xmomenton1（接触端 1 上弯矩的 x 分量）、xmomenton2（接触端 2 上弯矩的 x 分量）、xposition（接触位置的 x 坐标）、ylocalforce（接触局部坐标系下接触力 y 分量）、ylocalmomenton1（接触局部坐标系下端部 1 上的弯矩 y 分量）、ylocalmomenton2（接触局部坐标系下端部 2 上的弯矩 y 分量）、ymomenton1（接触端 1 上弯矩的 y 分量）、xmomenton2（接触端 2 上弯矩的 y 分量）、yposition（接触位置的 y 坐标）、zlocalforce（接触局部坐标系下接触力 z 分量）、zlocalmomenton1（接触局部坐标系下端部 1 上的弯矩 z 分量）、zlocalmomenton2（接触局部坐标系下端部 2 上的弯矩 z 分量）、zmomenton1（接触端 1 上弯矩的 z 分量）、zmomenton2（接触端 2 上弯矩的 z 分量）、zposition（接触位置的 z 坐标）。

5. hist 数据输出、显示

history hist_rep 10 id 1 mechanical solve time　　　;hist 设置

```
wall history id 2 zcontactforce id 1      ;监控 wall
ball history id 3 xdisplacement id 1      ;监控 ball
history nstep 100 id 4 fish real_time     ;监控 FISH 函数
history ncycle 1000 id 5 @real_time       ;可以利用 hist 调用函数
history write 2 file wzcforce       ;.his 默认后缀 his
history write 3 vs 1 file bxdisp.csv      ;自己设置文件后缀
plot create plot 'aaa_hist'       ;产生一张图片,名称为 aaa_hist
plot add hist-1       ;显示结果
Plot add hist 3 vs-1
```
也可在操作界面右侧显示。

6. 能量追踪方法

在 PFC 计算过程中,有诸多能量如动能、摩擦能、应变能等能量,如果需要对能量进行追踪,首先需要利用 set energy on 或者 set energy true 将能量追踪选项打开。然后根据需要追踪的能量利用 hist 进行追踪(有些能量是基于 ball 或 clump 的,有些是基于接触的,因此需要查阅不同的接触模型说明)。

每个计算步都会累积计算球、簇、墙和接触的能量。其中机械能分为两类:体能和接触能。这些可以通过 FISH 函数中 ball.energy、clump.energy、wall.energy 和 contact.energy 功能来记录。归属不同类别的总能量可以用 FISH 函数 mech.energy 进行检索。

注意:体能是与颗粒运动有关的能量,通常由重力、外力、弯矩等荷载决定;接触能是由接触模型定义的,可以查询每种接触模型中有关能量表的定义。

2.7.2 result 记录方法

result 方法是针对球(ball result)、刚性簇(clump result)、墙(wall result)分别修改结果存储逻辑的方法,它允许在不同时间段以二进制格式将简化的模型状态(几何图形、球或簇、墙的属性)保留在内存中或输出为文件。这些保留的结果可以作为重建模型的依据,并用作后处理文件制作(电影图片、计算暂停时间等),但不能代替 PFC 模型状态(用 save 命令存储的模型状态),用于重建模型时也无法直接运行。

命令:ball result *keyword*...
  clump result *keyword*...
  wall result *keyword*...

三个命令的关键字相同。解释如下:

(1)如果采用 activeate 关键字,激活对象状态在内存中存储;如果采用 deactivate 关键字,则关闭状态存储开关。

(2)addattribute s 定义需要显示的属性(相应对象的 attribute 命令),可以多个。关键字 removeattribute s 则去除某一属性。

(3)如果采用 time f 关键字,定义存储的时间间隔;如果采用 cycles i 则定义状态存储间隔的迭代步;如果同时采用了 load/export 关键字,则表示状态存储的准确时间或迭代步。fishtime s 利用 FISH 函数定义求解时间间隔。

(4)export 输出存放在内存中的状态结果,输出文件名由 filename s 关键字设定。注意：time 与 cycles 关键字不能跟在文件名后面。

（5）采用 generate 关键字，用于特定时间发生时，创建一个状态结果。

（6）采用关键字 load <i>，重建模型。有两种重建模式：①如果制定了 i，则第 i 个结果重建；②采用 time 或者 cycle 指定状态存储。

（7）如果采用关键字 map s，将结果存储的时间步列表或者时间列表存放到 fish 变量 s 中。

（8）如果采用 nothrow <b> 关键字，设置状态。默认情况下 b=false，重建模型时必须人为删除所有的对象，如果为 true，则重建时自动删除对象。

（9）如果采用关键字 zero，则状态存储从求解时间 0 开始。注意：该关键字必须在结果列表指定前设置。

其使用方式主要有两类：

（1）模型状态的周期存储。

这种使用方法周期性地创建模型状态文件，因此会占用大量的内存空间，因此必须确保计算机内存足够，需要谨慎使用。创建了一个模型状态文件后，可以用 clear 关键字清除结果，释放内存，以便将新的结果做成表格，循环可以恢复。

ball result time 0.02 addattribute group addattribute velocity activate
clump result time 0.02 addattribute group addattribute velocity activate
wall result time 0.02 addattribute group addattribute velocity activate

（2）特定事件发生时的状态存储。

当检测到事件后，可以使用 generate 关键字创建一个状态结果。这个结果可以用 export 关键字输出为文件，这个文件可以用关键字 load 进行重新创建。参见例 2-41。

例 2-41 动画图片规则获取实例

```
define makeMovie1(fname)        ;子函数用于生成制作动画用的图片
    command
        ball result map @rmap    ;ramp 变量用 map 函数来状态存储列表
    endcommand
    loop for (local i=1,i<=map.size(rmap),i=i+1)    ;map 变量循环
        local str = string.build("%1%2.png",fname,i)    ;定义图片名称，%1 用 fname 替换，%2 用 i 替换
        command
            ball result load @i nothrow    ;在所有 result 结果中，导入第 i 个结果
            plot bitmap filename @str    ;图片名称，并输出图片
        endcommand
    endloop
end
define makeMovie2(dur,inc,name)    ;dur 总持续时间，inc 结果存储间隔
    i = 0
    curv = inc    ;第一个结果存储时刻
    loop while (curv <= dur)    ;循环条件
```

                i = i + 1
                fname = string.build('%1_%2.png',name,string(i,3,'0',0,'f'))   ;设置文件名
                command
                    ball result load time @curv nothrow on   ;用时间指定存储状态
                    plot bitmap plot 'test_sc' filename @fname   ;输出文件
                endcommand
                curv = curv + inc   ;记录结果存储的时刻
        endloop
    end
    @makeMovie2(25.0,0.25,test)

注意：PFC5.0不能自己生成动画，需要根据一系列有规律的图片，利用一些辅助软件（如Ulead GIF Animator）等将图像组合成动画显示。

2.7.3 measure 记录方法

PFC方法是以接触为特点，它不能直接给出应力、孔隙率等信息，因此与应力、孔隙率相关的变量必须借助测量圆才能实现记录与监控。

1. 测量圆的建立（measure creat）

    measure create radius 4.0 tolerance 0.001   ;测量圆半径4.0
    measure create id 1 bins 100 0.0 0.5 radius 4.0   ;设置100个级配

其中，bins控制级配数目；id控制测量圆编号；positon控制测量圆中心，默认原点；radisu控制测量圆半径；tolerance控制容差；x、y、z分量控制测量圆中心

2. 颗粒级配监控（measure dump keyword）

    measure dump id 1 file aaa.txt   ;输出到文件中
    messure dump id 1 table 1   ;输出到表中

3. 可监控的相关量（measure hist keyword）

可以监控测量圆的坐标、孔隙率、半径、应变率张量及分量。

    measure create id 1 x 10.0 y 9.9 radius 0.1
    measure hist id 1 stressyy id 1

2.7.4 目标轨迹追踪（trace）方法

    trace keyword ...

    Primary keywords:
        add | delete | dump | label | limits | list | ncycle | purge | range | reset | trace_rep | write

目标轨迹追踪。特定目标的位置和速度可以采用trace命令记录与存储，并绘制目标在空间上的轨迹。但每个trace命令只能追踪一个目标，开始追踪的时刻可以出现在任意时间，采用purge关键字可以清除所有轨迹记录（保留名），也可以用delete直接把记录删除，还可以利用list trace对所有的轨迹记录归类显示。

（1）如果采用add <id *i*> keyword ...关键字，则设置一个轨迹记录，该记录可以是针对ball（通过id号或者坐标），也可以针对clump（通过id号或者坐标，还可以是

fish 变量)。

(2) purge 关键字是将轨迹记录中的数据清零,delete 关键字或者 reset 关键字都将记录删除。

(3) dump $i1…$ 关键字将所有轨迹记录的内容显示于屏幕,如果采用<file s <csv>>则将记录写入文件 s.csv。关键字 write $i1…s$ 同样可以将记录写到文件 s 中。

(4) trace_rep i 关键字表明每 i 个迭代步记录一次数据。ncycle i 关键字设置每 i 个循环步记录一次数据。

(5) limits 和 range 关键字用于列出轨迹记录的位置和速度变化范围。

(6) lable i s 关键字是在显示轨迹时,将显示轨迹编号 i 变化以字符串 s 显示。

2.8 本章小结

熟练应用 PFC5.0 命令规则,了解不同对象的特点,是快速、准确建立颗粒流数值模型,开展力学分析和工程探讨的重要基础。

本章从基本命令、颗粒生成、刚性簇生成、wall 生成、接触生成、信息记录与处理等几个方面,对大多数命令采用实例方法进行了解释与说明。

限于篇幅,没有对所有命令进行列举,如果在使用过程中本书中未作说明,请参考 PFC5.0 的使用帮助。同时大量的命令会在后续章节中陆续用到,也可作为熟练应用 PFC5.0 技术的依据。

第3章 奔向颗粒流高级应用的桥梁：FISH 语言

3.1 FISH 语言基本规则

FISH 是 PFC 内置的一种编程语言，使用者用其互动操作 PFC 模型，并自定义变量和函数。这些函数可扩展 PFC 的功能，或增加用户定义特征，如：输出或者打印特殊定义的变量、实现特殊的颗粒生成、数值实验中伺服控制、定义特殊的颗粒分布以及参数研究。

FISH 是为了解决现有软件功能相对困难或无法解决的难题而诞生的，而不是为了把很多新的、专业化的特征嵌入 PFC，因此 FISH 常用于编写函数执行自定义分析。即使是没有编程经验的人，编写简单的 FISH 函数也很容易实现。

就所有的编程任务而言，FISH 的功能应以增量的方式构建，在移至更复杂代码中前要注意检查操作的正确性。通常 FISH 的错误比大多数的编译器都少，因此所有的功能都应该经过简单的数据测试后，再用于实际。

FISH 程序仅仅是简单嵌入到正常的 PFC 数据文件中：命令行"define"以后默认为 FISH 函数部分，直到遇到关键字"end"。函数可以调用其他函数，这些函数又可以调用其他函数，等等。函数定义的顺序并不重要，但必须在使用（如由 PFC 命令调用）前定义。由于 FISH 函数的编译存储于 PFC 的内存空间，"save"命令可以保存函数及相关变量的当前值。

3.1.1 指令行

FISH 程序可包含在 PFC 数据文件中或者直接从键盘键入。"Define"后接有效程序行默认为 FISH 函数声明，程序行遇到"end"后结束。FISH 的有效程序行必须是下述格式中的一种：

（1）指令行以语句开始，如 if、loop 等。

（2）指令行包含一个或多个用户定义 FISH 函数名，以空格号隔开。

例如"fun_1 fun_2 fun_3"名字与用户所写函数相对应，这些函数有序执行。

（3）指令行包含赋值语句（例如等号右边的数学式被运算且其值赋予等号左边的函数名称或是变量）。

（4）行内含有 PFC 命令，通过"command-endcommand"包含在 FISH 指令里面。

（5）空行，或者以分号（;）开始。

FISH 函数、变量在使用时必须全部拼写，不能像 PFC 命令一样采用截断、缩写的方式。不允许出现连续的命令行（即不同指令写在同一行内）。指令行后采用三个点"..."可进行续行。FISH 在任何时间都是"状况不敏感"的，即大写与小写字母间没有区别，所有的名字都会转化为小写字母。在 PFC 中空白非常重要，常用于分隔变量、关键字等，这点与 Fortran 等编程语言不同。在变量或者函数名内不允许嵌入空格，额外留白可以用于改变程序代码的可读性。";"后的任意字符均被忽略，仅作为注释用。同时，FISH 程序中可以含有空白行。

3.1.2 数据类型

FISH 变量或函数值共有 11 种数据类型：

(1) 整型（Integer）：处于－2147483648 到 ＋2147483647 范围内的准确数字。

(2) 布尔型（Boolean）：真（true）或假（false）。

(3) 浮点型（Float）：精度为 15 位小数的实数，范围在（$10^{-300} \sim 10^{300}$）之间。

(4) 字符型（String）：任何可打印的符号集合体，串可以有任意的长度，但是在输出时可能被截断。在 FISH 或 PFC 中的字符串包含在单引号内。例如：'Have a nice day'。

(5) 指针型（Pointer）：机器地址，用来循环调用一个列表数据或对目标进行标记。除了空（null）指针外，其具有与指针所指向目标相关联的形式。

(6) 矢量（Vector）：二维或三维矢量，数据为浮点型。

(7) 数组（array）：具有指定维度的 FISH 变量集合。

(8) 矩阵（Matrix）：具有特定维度的数值变量集合。

(9) 张量（Tensor）：用来表示在一些向量、纯量和其他张量之间线性关系的多线性函数，张量中各数量是对称分布的。

(10) 映射型变量（Map）：一个字符串与数值间的关联数组。其使用有点类似于数组，但是它通过有序方式存储 FISH 变量，映射型变量长度可以动态变化，调取值可以是整数，也可以是字符，fish 内变量 ball.list 等都属于这种类型。

例 3-1 FISH 语言数据类型

```
new
set random 10001
def array_test
    array arr1(1,2,3,4,5)        ;定义一个数组并对数组赋值
    arr2＝array.create(2,4)      ;创建一个 2 行 4 列的数组,名称为 arr2
end
define afill    ;在数组中填充随机数
  array var(4,3)
  loop local m (1,array.size(var,1))        ;数组行数循环
    loop local n (1,array.size(var,2))      ;数组列数循环
      var(m,n) = math.random.uniform        ;对第 m 行第 n 列元素赋值 0～1 分布随机数
    end_loop
  end_loop
end
define ashow    ;显示数组内容
  loop local m (1,array.size(var,1))        ;行循环
    local hed = ' '
    local msg = ' '+string(m)
    loop local n (1,array.size(var,2))      ;列循环
```

```
            hed = hed + '    '+string(n)
            msg = msg + '  '+string(var(m,n),8,'',8,'E')
        end_loop
        if m = 1
            i=io.out(hed)        ;显示字符串 hed
        end_if
        i=io.out(msg)            ;显示字符串 msg
    end_loop
end
@array_test    ;运行上述的三个函数
@afill
@ashow
new
def factorial(n)    ;定义一个阶乘函数
    prc = 1
    loop _i(1,n)
        prc = prc * float(_i)     ;阶乘定义
    endloop
end
@factorial(28)
list @prc
list @prc
```

（11）结构体（Structure）：结构体可包括不同类型的复合 FISH 变量。

FISH 变量可以动态地改变其类型，这取决于它被设置的表达式的类型。同时在定义这些变量或函数名称时应该遵循以下规则：

3.1.3 函数或变量命名

1. 变量或函数的命名规则

变量或函数名必须以非数字开始，并且不包含下列符号：.，*/+−^=<>♯()[]@;''~%。

变量或函数名不区分大、小写。名称可以为任何长度，但是由于行的长度限制，在打印或输出加标题时会被截断。一般说来，名字是任意选择的，只要与 FISH 参数或者预先定义的变量或函数不同就行，还应避免与 PFC 内嵌函数名相重。

用户定义变量可以标识布尔型、单精度数字、字符、数组、矩阵、张量、结构体、矢量或者指针型。

2. 变量或函数适用范围

默认情况下，变量和函数名称可在全局上被识别。一旦名称被有效的 FISH 声明提到，此后全局范围内（不论是 PFC 命令还是 FISH 代码中）均被识别。例如，PFC 命令中使用"@"或者"inline FISH"代替变量。当采用"list fish"命令时，变量会出现在变量列表中。如果使用局部标识符（local、argument）声明变量，则该变量被认为是函数内部变量,一旦函数执行完毕即不可用。如果不指定变量适用范围,则默认为全局命令,如果 FISH 变量自动创建功能被关闭(set fish autocreate 命令),则所有的全局变量必须用"global"关键字声明。一个全局变量可以在 FISH 函数内赋值,并在另外一个函数或者 PFC 命令中调用。该值将被保留直到它被更改,所有全局变量的值也由保存命令(save)保存,并可由还原命令(restore)导入内存。

FISH 变量定义与赋值主要有三种方法:
(1) 通过 fish 命令定义变量;
(2) 在中括号内定义变量;
(3) 在自定义函数体内定义变量,再利用 set 命令赋值。

例 3-2 变量的定义说明

new
fish create a = 1   ;(1)通过 fish 命令定义变量 a
[m = 2]
[b = 2 + 3]   ;(2)在中括号内定义变量 b 和 c
[c = a + b]
def sum
  n = 1.2
  e=a+b*c+d   ;在自定义函数体内定义变量 e
end
Set @d = 4   ;(3)利用 PFC 命令 set 对参数赋值
@sum
[sum]   ;也可用[sum]来调用函数
list @n @a @b @c @d @e   ;list 后边只能用@调用变量,因为 list 是 PFC 命令

3.1.4　函数:结构、评价和援引

在 FISH 语言中唯一能够执行的对象是函数。函数的名称紧跟在 efine 声明后,作用范围在 end 声明后结束,同时 end 声明还起返回函数调用位置的作用。但应注意的是,如果函数内部含有 exit 命令,其跳出函数优先于 end 声明。参见例 3-3。

例 3-3 函数的定义

new
define xxx   定义函数名
  aa=2 * 3   ;aa 为全局变量
  xxx=aa + bb   ;对函数进行赋值
end

上例中,函数执行时,xxx 的值将会改变。变量 aa 为函数内部计算的变量,而 bb 为已经存在的值,通常需要指定才能用于函数的计算,如果未指定,则默认为 0(整数)。可以给函数名指定值,但这并不是必需的。

函数 xxx 可以采用如下几种方式调用:
(1) 在 FISH 的输入指令行中直接写函数名 xxx;
(2) 在 FISH 方程表达式中作为一个变量 xxx 使用;

(3) 在 PFC 命令行中作为单独变量 @xxx 调用;

(4) 作为单独符号 [xxx],包含在中括号中使用;

(5) 在一个 PFC 命令输入行中作为一个数的替代符号;

(6) 作为 set、list 或 history 命令的参数使用。

FISH 函数可以采用任意数量的参数,可以使用 argument 声明或者通过函数来设置参数,参见例 3-4。

例 3-4 函数的调用说明

```
ef fred          ;函数名直接赋值
    fred = 3.0
end
def george
    argument one      ;采用 argument 定义局部变量,再利用算式给函数赋值
    argument two      ;定义了第一个参数
    george = one * two    ;定义了第二个参数
end
list @george(@fred,2.0) @fred
def fun_1
    fun_1 = 1.0
    ii = io.out('fun_1')     ;利用 list 显示变量值
end          ;注意上面 george 中赋值 one=fred,two=2,因此显示值为 6
def fun_2(arg1)      ;字符输出
    fun_2 = 2.0
    ii = io.out('fun_2')
    ii = io.out(string(arg1))
end
def fun_3(arg1,arg2)
    fun_3 = 3.0
    ii = io.out('fun_3')
    ii = io.out(string(arg1))
    ii = io.out(string(arg2))
end
defexecute       ;统一调用如上 3 个函数
    fun_1 fun_2(1.0) fun_3(1.0,2.0)      ;每个函数间用空格隔开,注意函数内部调用
                                          函数不需要使用@
end
@execute
```

一个函数在定义之前可能被其他函数援引;FISH 编译器在首次遇到函数时只是先简单地创建一个符号,当采用 Define 命令定义之后再引入整个函数。函数不能被删除,但可以被重新定义。

函数可以进行任何级别的嵌套（函数可以援引其他函数，而其他函数再援引其他函数，援引次数不受限制）。然而，递归函数调用是不允许的（如：函数执行不能调用统一函数），因为定义中的函数名称在函数引入自己的时候被使用了。例 3-5 就会出现警告。

例 3-5 递归函数出错情况

```
def force_sum          ;内部的变量同时也是函数名,循环递推调用出错
    force_sum = 0.0
    loop foreach local cp contact.list('ball-ball')
        force_sum = force_sum + contact.force.normal(cp)
    end_loop
End
```

例 3-6 例 3-5 修改正确后的代码

```
define force_sum
    sum = 0.0
    loop foreach local cp contact.list('ball-ball')      ;汇总的变量不与函数重名即可
        sum = sum+contact.force.global(cp)
    end_loop
    force_sum = sum
end
```

变量和函数之间的区别是：当一个函数被提及时，函数总是被执行，而一个变量只传达它的当前值。然而，一个函数的执行可能会导致其他变量（而不是函数）值发生改变。这种效果是有用的。例如，当需要记录几个 FISH 变量时，只需要一个函数就可以同时评估几个数量。参见例 3-7。

例 3-7 函数调用时其他变量也同时更新实例

```
new
define h_var_1         ;该函数定义了6个变量
; bp2 = 指向 id=2 球的地址      ; bp4 = 指向 id=4 球的地址,地址必须已知
    xx = ball.pos.x(bp4)
    h_var_1 = ball.pos.x(bp4)    ;该值为函数的值,故要注意 h_var_1 每次调用都更新
    h_var_2 = ball.pos.x(bp2)
    h_var_3 = math.abs(h_var_2-xx)
    h_var_4 = ball.vel.x(bp4)
    h_var_5 = ball.vel.x(bp2)
    h_var_6 = math.abs(h_var_5-h_var_4)
end
history @h_var_1       ;每记录该变量,即运行函数 h_var_1 一次,随计算步逐步提取值
history @h_var_2
history @h_var_3
history @h_var_4
```

history @h_var_5

history @h_var_6

函数 h_var_1 通过 PFC 命令 history 每隔一定时间步（迭代步）而调用，但需要注意的是，每次 history 用到函数中的一个变量，其他所有的变量也同时被更新。

3.1.5 算术：表示及类型转化

算术规则遵循大部分编程语言的习惯。符号 ^ / * - + 分别表示幂、除、乘、减、加，与此对应的，按照给定的优先顺次应用。可以加上任意数量的圆括号以明确运算的顺序。括号内的表达式比其他的先运算，最里面的括号最先运算。例如：如下 FISH 公式运算变量 xx 的值为 133：

xx=6/3*4^3+5

这个表达式与下面的表达式一样：

xx=((6/3)*(4^3))+5

如果对算术操作的顺序还有任何含糊，则加上圆括号以明示。

如果算术操作中的任何一个参数是浮点类型，那么运算结果是浮点型。如果两个参数都是整数，结果才能是整数。注意一个整数除以另一个整数，会使得结果四舍五入，例如 5/2 的结果是 2，5/6 的结果是 0。除非加上一个整数，算术操作不允许指针变量。但是，在 IF 命令中，两个指针可以在量上进行比较，"While zp ≠ null"意思是"当指针变量 zp 非空时"，这是唯一的特殊情况。

3.1.6 重新定义 FISH 函数

FISH 函数可以重新定义。如果在 define 命令行中出现了与已有函数相同的名字，则旧函数首先被删除（显示警告信息），以新指令代替。如下需要注意：

（1）即使函数被重新定义了，原函数中所使用的变量依然存在，只是指令被删除。如果变量是全局的，很可能在别的地方用到。

（2）如果函数被其他同名函数替代，所有的调用将被新函数替代，包括函数回调。如果运行参数数目发生改变，可能会出现运行错误。

3.1.7 函数执行

通常，PFC 命令与 FISH 指令是分别操作的。FISH 声明不能如 PFC 命令般给出，PFC 命令也不能直接如 FISH 程序一样运行。但是，有多种方法可以使两种体系相互作用，最常见的方法如下：

（1）直接使用函数：使用者在命令行输入函数名后 FISH 函数开始执行。典型用途有生成几何体、设置特定材料属性、初始化应力场等。

（2）使用历程记录变量：当函数用于 history 记录命令的参数时，FISH 函数会在数值模拟过程中，每隔一定间隔执行一次。

（3）在荷载步执行中自动运行：如果 FISH 函数采用通用的回调能力，那么在每个 PFC 计算步循环函数自动运行，或者在某个特殊事件发生时运行（可查 set fish callback 命令）。

（4）使用函数控制运行：由于 FISH 函数可以发布 PFC 命令，类似于数据文件控制模式，函数也可以用来驱动 PFC。然而，由于命令参数可以通过函数修改，使得 FISH 函数控制操作的功能非常强大。

执行现有 FISH 函数最主要方式是利用函数名输入，这种情况下 FISH 函数名就如同 PFC 的命令。但注意在 PFC 命令中引用 FISH 符号必须在该符号前面加"@"或者采用中括号"[ ]"将之包含起来。

在 FISH 和 PFC 之间还有一种重要的连接方式：在 PFC 命令的任意位置，FISH 符号（函数或变量）可以替代一个数字、字符串或者矢量。这是一个强大的功能，因为数据文件可以用符号设置，而不需给出真实的数据。参见例 3-8。

例 3-8 FISH 与 PFC 命令间的相互调用

```
new
domain extent-10 10                    ;颗粒生成范围
ball create id=1 x=0.0 y=0.0 z=0.0 rad=0.5
ball create id=2 x=1.0 y=0.0 z=0.0 rad=0.5
ball create id=3 x=2.0 y=0.0 z=0.0 rad=0.5
ball create id=4 x=3.0 y=0.0 z=0.0 rad=0.5
ball create id=5 x=4.0 y=0.0 z=0.0 rad=0.5         ;5 个颗粒
def mark_ball(bid)
    loop foreach local bp ball.list       ;只有 bid 球的属性设置为 1,其他为 0
        if ball.id(bp) = bid then
            ball.extra(bp,1) = 1
        else
            ball.extra(bp,1) = 0
        end_if
    end_loop
end                                    ;输入 ball 的编号,作为参数
@mark_ball(2)                          ;通过 extra 值的属性来显示
plot ball colorby numericattribute extra extraindex 1
```

例 3-8 说明了如下几个要点：函数 mark_ball 通过在命令行输入其名称来调用，控制函数的参数是采用括号内参数传递。执行完该例后，可以通过设置标志 bid=4 的球，然后重新调用函数。

字符串变量也可以采用类似方式使用，但它们的使用比数值变量的使用要受限制很多。FISH 的字符变量只能在如下两种情况下被替代：①当需要文件名的时候；②作为 title 命令的参数时。这些情况下，字符串两侧不需要放单引号（而是用 string()），从而使 PFC 可以区分一个数字和变量名，共同构成一个文件名。参见例 3-9。

例 3-9 字符串的处理与使用

```
new
define xxx
    name1='abc.log'
    name2='This is run number' + string(n_run)
    name3='abc' + string(n_run) + '.sav'
end
```

[n_run = 3]
@xxx
set logfile = @name1
set log on
title @name2
save @name3

另外一种 FISH 函数使用方法是控制 PFC 命令流。PFC 命令放置于函数内部的"command-endcommand"之间。所有部分可以位于 Loop 循环内，部分参数可以传递到 PFC 命令中。参见例 3-10。

例 3-10 FISH 中嵌入 PFC 命令

```
new
domain extent-10 10
cmat default model linearpbond
ball create id=1 x=0.0 y=0.0 z=0.0 rad=0.5
ballcreate id=2 x=1.0 y=0.0 z=0.0 rad=0.5        ;创建 5 个颗粒
ball create id=3 x=2.0 y=0.0 z=0.0 rad=0.5
ball create id=4 x=3.0 y=0.0 z=0.0 rad=0.5
ball create id=5 x=4.0 y=0.0 z=0.0 rad=0.5
ball attribute density 2000 damp 0.7
ball property kn=1e8 ks=1e8        ;强制生成接触
Clean
contact method bond gap 0.1
contact property pb_kn=1e10 pb_ks=1e10...
pb_ten=1e20 pb_coh=1e20        ;创建接触
ball fix velocity spin range id=1        ;将之用平行黏结模型粘在一起形成梁
set gravity 0 0-9.8        ;左侧的 ball 约束住
ball history id=10 zpos id=5        ;施加重力荷载
def run_series        ;记录右端 ball 的 z 坐标
  bdens = 2000.0        ;修改球的密度
  loop nn (1,3)
    t_var = ' Density of tip ball = ' + string(bdens)
    command
      ball attribute dens @bdens range id=5
      title t_var
      cycle 1000
    end_command
    bdens = bdens+3000
  end_loop
end
```

@run_series   ;运行函数

该例中进行了三种运行处理。每种采用不同的端部球密度值。随着密度的增加,端部颗粒挠度增加,可以在绘图显示中看到5个颗粒黏结起来构成的梁,端部颗粒z位置时程等信息。对每一步loop循环,都设置端部颗粒密度,重设模型标题,端部颗粒密度在绘图中实时显示。

注意:如果PFC命令中使用了pause命令停止运行,要采用continue继续运行。

3.1.8　内联FISH和FISH片段

除了采用"@"符号约定,还有一种将FISH与PFC命令行相连接的替代语法结构。任何出现在方括号〔〕内的指令均视为公认,可以视作内联FISH。其内容可以解释为"在位FISH函数",在调用位置立即解释并执行,类似于"@"的使用结果会立即替换。这可为用户进行基本参数尝试时节省大量时间。方括号〔〕可以用来划定命令中作为内联的FISH代码:

ball create id [ballID] position [ballPos] radius [ballRad]

FISH片段也可以作为单行FISH命令的速记形式使用,而不需创建一个明确的函数:

[global fred = cos (4.5)]

[execute_my_imported_fish_intrisic (with, three, arguments)]

注意:内联FISH在每次试图评价内联符号时都需要解析和执行,当命令作为整体处理时,会出现很多次。因此可能会带来副作用及计算效率问题。

3.1.9　FISH回调事件

FISH函数可能在PFC程序的几个地方执行。set fish callback命令可以用来管理FISH函数特定回调事件。

set fish call back 11.0   @aaa

说明:使用这条命令将函数aaa与循环点11关联。

将一个FISH函数与回调事件相联系,可以使FISH函数由PFC执行。要么处于循环序列的固定点,要么作为某个特殊事件的响应。循环点可以通过list cyclesequence命令列出并观察,可用事件集见表3-1。

使用者可以通过list fish callback命令列出注册的回调FISH函数集。

set fish callback 11.0 remove   @xxx

说明:采用这条命令,可以移除函数xxx和循环点11间的联系。一个FISH函数可能在同一循环点上关联了两次或多次,由于采用remove关键字每次只能移除一次运行,这种情况下该函数也必须调用两次或多次。

注意:如果Whilestepping出现在函数内,FISH函数会自动插入循环序列点-1.0。

FISH保留的循环点　　　　　　　　　　　　　　　　表3-1

循环点	循环时的操作
-10	验证数据结构的有效性
0	确定稳定的时间步长
10	形成运动方程或热力学更新
15	不同过程间的体内耦合

续表

20	确定时间增量
30	更新胞内间隙
35	创建/删除接触
40	力-位移法则(或热接触更新)
42	确定数量的累积值
45	过程间的接触耦合
60	第二遍运行运动方程(PFC中不用)
70	热力学计算(PFC中不用)
80	流体计算(PFC中不用)

很多情况下FISH函数没有必要在每一个迭代步时都运行,因此FISH中还提供了一种根据事件注册函数运行的方法,只有当特殊事件发生时才会调用函数,可用于事件激活的函数见表3-2所列。根据不同事件调用函数参见例3-11。

采用事件激活调用函数 表3-2

事件类型	事件名称	传递的参数
接触类型	contact_activated	fish数组,根据接触模型而不同(查看模型call back事件)
接触类型	slip_change	fish数组,指定的接触模型
接触类型	bond_break	fish数组,指定的接触模型
创建/删除	contact_create	接触指针
创建/删除	contact_delete	接触指针
创建/删除	ball_create	ball的指针
创建/删除	ball_delete	ball的指针
创建/删除	clump_create	刚性簇的指针
创建/删除	clump_delete	刚性簇的指针
创建/删除	wall_create	wall的指针
创建/删除	wall_delete	wall的指针
创建/删除	ballthermal_create	热力学球的指针
创建/删除	ballthermal_delete	热力学球的指针
创建/删除	clumpthermal_create	热力学簇的指针
创建/删除	clumpthermal_delete	热力学簇的指针
创建/删除	wallthermal_create	热力学wall的指针
创建/删除	wallthermal_delete	热力学wall的指针
创建/删除	ballcfd_create	流体ball的指针
创建/删除	ballcfd_delete	流体ball的指针
创建/删除	clumpcfd_create	流体簇的指针
创建/删除	clumpcfd_delete	流体簇的指针
求解	cfd_before_send	无参数传递

续表

事件类型	事件名称	传递的参数
求解	cfd_after_received	无参数传递
求解	cfd_before_update	无参数传递
求解	cfd_after_undate	无参数传递

例 3-11 根据不同事件调用函数实例

方式一：每次产生 ball 与 wall（id=2）接触都调用

```
define catch_contacts(cp)          ;定义一个函数,传递的是接触指针
    if type.pointer(cp) # 'ball-facet' then   ;当判断接触类型不是 ball-facet 时候,不执行
        exit
    endif
    wfp = contact.end2(cp)         ;接触的 end2,wall 的指针
    if wall.id(wall.facet.wall(wfp)) # 2 then   ;判断 wall 的 id 号不是 2 时,不执行
        exit
    endif
    map.add(todelete,ball.id(contact.end1(cp)),contact.end1(cp))   ;运行某些事情
    ;当为 ball-facet 接触,且 wall 为 id=2 时候
end
set fish callback contact_create @catch_contacts    ;只有当接触产生时调用
```

方式二：当判断 ball 与 wall(id=2)接触激活时调用

```
define catch_contacts(arr)       ;定义函数,传递的是接触指针数组
    local cp = arr(1)
    if type.pointer(cp) # 'ball-facet' then   ;当不是 ball-facet 时跳出
        exit
    endif
    local wfp = contact.end2(cp)
    if wall.id(wall.facet.wall(wfp)) # 2 then   ;当 wall 不是 id=2 时跳出
        exit
    endif
    map.add(todelete,ball.id(contact.end1(cp)),contact.end1(cp))    ;做某些事情
end
set fish callback contact_activated @catch_contacts    ;当接触激活时运行
```

在采用 PFC 方法开展数值模拟时，监控裂隙的变化、发展过程是研究岩土体破坏过程的重要手段，例 3-12 为三维监控裂隙的子函数。只需要在模型文件中导入该文件，然后利用@ track_init 对裂隙初始化，即可追踪裂隙的分布及裂隙数目的变化。

注意：当前版本的 PFC5.0 只能追踪 ball-ball 接触的裂隙或者 pebble-pebble 间的接触，如果存在 ball-pebble 接触，会导致碎片注册（fragment register）无效，因此需要追

踪裂隙时只能采用全部 cluster 或全部 clump 建模。另外该函数只能追踪平行黏结、接触黏结、光滑节理等具有 bond_break 事件的模型。

例 3-12　根据事件监控裂隙

```
;本函数为三维监控裂隙分布的子函数,可在安装目录下找到,但略有修改
define add_crack(entries)       ;entries 根据不同接触模型,传递的参量不同,可查模型中的 callback
    local contact   = entries(1)        ;接触指针
    local mode      = entries(2)        ;破坏模式
    local frac_pos  = contact.pos(contact)      ;接触位置
    local norm      = contact.normal(contact)   ;接触法向量
    local dfn_label = 'crack'
    local frac_size
    local bp1 = contact.end1(contact)
    local bp2 = contact.end2(contact)
    local type_end1 = type.pointer.id(bp1)
    local type_end2 = type.pointer.id(bp2)
    local type1 = type.pointer.id(contact)
    if type1 = typeid_contact_ball_ball then
        ret = math.min(ball.radius(bp1),ball.radius(bp2))
    endif
    if type1 = typeid_contact_ball_pebble then
        ret = math.min(ball.radius(bp1),clump.pebble.radius(bp2))
    endif
    if type1 = typeid_contact_pebble_pebble then
        ret = math.min(clump.pebble.radius(bp1),clump.pebble.radius(bp2))
    endif
    frac_size = ret
    local arg = array.create(5)
    arg(1) = 'disk'
    arg(2) = frac_pos
    arg(3) = frac_size
    arg(4) = math.dip.from.normal(norm)/math.degrad
    arg(5) = math.ddir.from.normal(norm)/math.degrad
    if arg(5) < 0.0
        arg(5) = 360.0+arg(5)
    end_if
    crack_num = crack_num + 1
    if mode = 1 then
        ; failed in tension
```

```
        dfn_label = dfn_label + '_tension'
    else if mode = 2 then
        ; failed in shear
        dfn_label = dfn_label + '_shear'
    endif
    global dfn = dfn.find(dfn_label)
    if dfn = null then
        dfn = dfn.add(0,dfn_label)
    endif
    local fnew = dfn.addfracture(dfn,arg)
    dfn.fracture.prop(fnew,'age') = mech.age
    dfn.fracture.extra(fnew,1) = bp1
    dfn.fracture.extra(fnew,2) = bp2
    crack_accum += 1
    if crack_accum > 50
        if frag_time < mech.age
            frag_time = mech.age
            crack_accum = 0
            command
                fragment compute
            endcommand
            ;遍历并更新接触的位置
            loop for (local i = 0, i < 2, i = i + 1)
                local name = 'crack_tension'
                if i = 1
                    name = 'crack_shear'
                endif
                dfn = dfn.find(name)
                if dfn # null
                    loop foreach local frac dfn.fracturelist(dfn)
                        local ball1 = dfn.fracture.extra(frac,1)
                        local ball2 = dfn.fracture.extra(frac,2)
                        if ball1 # null
                            if ball2 # null
                                local len = dfn.fracture.diameter(frac)/2.0
                                local pos=(ball.pos(ball1)+ball.pos(ball2))/2.0
                                if comp.x(pos)-len > xmin
                                    if comp.x(pos)+len < xmax
                                        if comp.y(pos)-len > ymin
```

                                if comp.y(pos)+len<ymax
                                    if comp.z(pos)-len> zmin
                                        if comp.z(pos)+len
<zmax
                                            dfn.fracture.pos
(frac) = pos
                                                end_if
                                            end_if
                                        endif
                                    endif
                                endif
                            endif
                        endif
                    endloop
                endif
            endloop
        endif
    endif
end
def obtain_typeid   ;获取不同接触指针的类型号,一个模型内是固定的,用于接触判断用
    typeid_ball = ball.typeid   ;球的类型号
    typeid_clump = clump.typeid   ;刚性簇的类型号
    typeid_clump_pebble = clump.pebble.typeid   ;pebble 的类型号
    typeid_wall = wall.typeid   ;wall 的类型号
    typeid_wall_facet = wall.facet.typeid   ;facet 的类型号
    typeid_contact_ball_ball = contact.typeid('ball-ball')   ;ball-ball 的接触类型号
    typeid_contact_ball_facet = contact.typeid('ball-facet')   ;ball-ball 的接触类型号
    typeid_contact_ball_pebble = contact.typeid('ball-pebble')   ;ball-ball 的接触类型号
    typeid_contact_pebble_facet = contact.typeid('pebble-facet')   ;ball-ball 的接触类型号
    typeid_contact_pebble_pebble = contact.typeid('pebble-pebble')   ;ball-ball 的接触类型号
end
@obtain_typeid   ;运行
define track_init   ;裂隙初始化
    command
        dfn delete
        ball result clear
        clump result clear

```
            fragment clear
            fragment register ball-ball
            ;fragment register ball-pebble
            fragment register pebble-pebble
        endcommand
    ; activate fishcalls
        command
            set fish callback bond_break remove @add_crack    ;防止前面已有,先移除
            set fish callback bond_break @add_crack           ;当接触破坏时激活函数
        endcommand
        ;重置全局变量
        global crack_accum = 0
        global crack_num = 0
        global track_time0 = mech.age
        global frag_time = mech.age
        global xmin = domain.min.x()
        global ymin = domain.min.y()
        global xmax = domain.max.x()
        global ymax = domain.max.y()
        global zmin = domain.min.z()
        global zmin = domain.min.z()
end
;fracture_new.p3fis 注意本文件与帮助内自带的略有不同
```

3.1.10 FISH 错误处理

PFC 具有内置的错误处理能力,当发现程序的某些部分有错误时,该功能激活。无论错误是否已被查出,它都采取有计划有序的方式返回到用户控制。利用 util.error FISH 函数,同样的逻辑可以由用户编写的 FISH 函数实现。如果一个函数将一个字符串分配给 util.error,PFC 错误处理设施立即调用,一个包括分配 util.error 字符串的信息将会打印出来。循环步与 FISH 审核当 util.error 设置后立即停止。

错误处理机制也可用于不涉及"错误"的情况。例如,当检测到一定条件时,可以停止迭代步,参见例 3-13。当不平衡力小于设定值时,计算将停止运行。

例 3-13 函数运行过程中的错误检测

```
new
domain extent-10 10
cmat default model linearpbond
define unbal_met
```

```
        while_stepping
            io.out(' unbal = '+string(mech.solve(' unbalanced')))
            if mech.solve(' unbalanced')＜5000.0 then
                if global.step＞5 then
                    util.error = ' Unbalanced force is now：'+ string(mech.solve(' unbalanced'))
                end_if
            end_if
        end
    ball create id=1 x=0.0 y=0.0 z=0.0 rad=0.5        ;在一个行内创建5个球
    ballcreate id=2 x=1.0 y=0.0 z=0.0 rad=0.5
    ball create id=3 x=2.0 y=0.0 z=0.0 rad=0.5
    ball create id=4 x=3.0 y=0.0 z=0.0 rad=0.5
    ball create id=5 x=4.0 y=0.0 z=0.0 rad=0.5
    ball attribute density=2000 damp 0.7
    ball property kn=1e8 ks=1e8
    clean        ;clean强制生成接触,如果没有接触需要到cycle时才会产生
    contact method bond gap 0.1
    contact property pb_rmul=1.0 pb_kn=1e10...        ;利用平行黏结模型黏结为梁
    pb_ks=1e10 pb_tend=1e20 pb_coh=1e20
    ball fix velocity spin range id=1        ;将左端球速度与旋转约束
    setgrav 0 0 -9.8        ;施加重力
    solve        ;去求解
```

3.2 FISH 声明语句

3.2.1 变量声明语句

FISH 内可以用 local、global、argument 来指定变量的作用范围。参见例 3-14。

例 3-14 全局与局部变量声明

```
define abs
    global aa1        ;全局变量
    local aa2=2.0        ;局部变量
    argument aa3
end
```

例 3-14 中，aa1 为全局变量，不仅在该函数内部，在外部同样适用；而 aa2 只在本函数内部可用，初值为 2.0；aa3 也指定为局部变量，但它与 local 定义的区别是不能在变量声明时赋初值。

在使用 FISH 函数时，list（显示变量）、set（变量赋值）、history（变量记录）是经常用到的三个命令。

3.2.2 条件控制语句

1. 条件控制

IF expr1 *test* expr2 THEN
    ELSE
ENDIF

其中，test 可采用如下比较运算符：＝＝（等于），♯（不等），＞（大于），＜（小于），＞＝（大于或等于），＜＝（小于或等于）。expr1 与 expr2 为单一变量或者计算表达式。参见例 3-15。

例 3-15 条件控制语句的使用

```
new
def if_test(input_num)
    _n = input_num
    if _n < 0 then        ;当_n<0 时候取值-1
        _n = -1
    else if _n = 0 then    ;=0 时
        _n = 0
    else if _n < 10 then   ;0<_n<10 时
        _n = 1
    Else      ;其他情况
        _n = 2
    endif
end
@if_test(-80)
list @_n    ;通过 list 显示值
@if_test(0)
list @_n
@if_test(5)
list @_n
@if_test(13)
list @_n
```

PFC 的命令并不能直接在 FISH 函数内调用，因此如果在 FISH 内部需要运行 3DEC 命令流，可以采用如下命令嵌入：

PFC 命令流：

command
endcommand

利用该嵌入，可以进行 fish 变量无法进行的操作，同时也可以利用 FISH 运行完整的 3DEC 计算。

2. 循环控制

caseof expr

```
case n
endcase
```

该语句类似于 Fortran 中的 goto 语句或者 C 语言中的 switch 语句。它通过 expr 表达式的值快速选择需要执行的代码。参见例 3-16。

例 3-16　case 语句的用法

```
new
def if_test(input_num)
    _n = input_num
    caseof _n
        case 1          ;case=1 情况下
            _n = 'test11111111'
        case 'test2'    ;case=2 情况下
            _n = 'test22222222'
        case 3
            _n = 'test33333333'      ;case=3 情况下
        case 'test4'
            _n = 'test444444444'     ;case=4 情况下
    endcase
end
@if_test(1)
list @_n
@if_test(2)
list @_n
@if_test(3)
list @_n
@if_test('4)
list @_n
```

3. 程序段

```
section
endsection
```

该语句允许 fish 向前跳跃执行,该语句中可嵌入任意行代码而不影响操作。如果中间采用了 exit section 声明,则可控制程序执行跳至 section 的末尾。在一个程序段内可以有多个跳出声明。因此它相当于一个标签,类似于 Fortran 语言中 goto 语句后所跟的标识号。要注意的是,该循环控制语句不能跳出到段外,而且只能向下跳跃执行,一个函数中可以有多个 section,但之间不能有叠加。参见例 3-17。

例 3-17　section 语句的用法

```
new
def sum0          ;section 程序段
```

```
            section
                count = count * 2.5
                if count >= 100.0 then        ;当满足条件时
                    exit section              ;跳出程序段
                endif
            endsection
        end
        def sum
            count=0           ;程序段自然退出声明
            _i = 0            ;定义初值
            section
                loop while 1 # 0
                    _i = _i+1
                    count = count+_i          ;无条件循环(不用while语句控制跳出,而是采用exit控制跳出循环条件)
                    if count >= 70 then
                        exit section          ;计数
                    endif     ;若计数大于等于70则跳出
                    if _i >= 50 then
                        exit section          ;跳出程序段,如果跳出循环用exit loop
                    else
                        Continue
                    endif
                    count = count-1           ;继续运行
                endloop
            endsection
            sum=count         ;其他情况下进行下一个循环
        end
        list @sum
```

3.2.3 循环控制语句

FISH语言中的循环语句主要有如下四种形式：

1. 形式一

loop <local> var (expr1,expr2)

   ...

endloop

其中，var为循环变量，expr1与expr2为循环变量表达式。

这种形式中，采用整数变量var来计数，var采用expr1算式赋予初值，每一循环结束后var值自动增加1，直到var的值达到或超过expr2的值。local声明为可选项，表明所创建的var为函数内部的局部变量，expr1和expr2可以是任意的算术表达式，在循环开始即进行计算，因此在循环内部重新定义构成 expr1 和 expr2 的变量不会影响循环执行。var 是一个单独整型变量，可以用于循环内部表达式计算，也可以用于循环内的函数调用（如果是全局变量，也可以用于循环外部的调用），甚至可以重定义。参见例 3-18。

例 3-18 循环控制语句的使用

```
new
def sum
    count = 0        ;定义一个函数
    sum = 0          ;函数初值
    loop _i (1, 50)  ;循环语句
        count = count + _i    ;正常运行
        if _i>=30 then        ;跳出条件 _i>=30
            exit loop
        else
            continue
        endif        ;正常运行语句
        count = count－1
    endloop          ;循环结束
    sum = count
end
list @sum
```

2. 形式二

```
loop while expr1 test expr2
...
endloop
```

采用 loop 循环结构，只要验证条件为"真"，则结构体内的指令会不断执行。否则控制将跳转到 endloop，进行下一循环，参见例 3-19。

例 3-19 循环控制语句 loop while 的使用

```
new
def sum
    count = 0
    sum100 = 0
    _i = 0
    loop _n(1,20)         ;第一重循环
        loop while 1 # 0  ;第二重循环
            _i = _i +1    ;计数
            count = count + _i
            if count >= 10 then
                exit loop
            endif
```

```
            if _i >= 5 then     ;
                exit loop       ;控制第二重循环的跳出
            else                ;继续运行下一循环步
                continue
            endif
            count = count - 1   ;正常语句
        endloop                 ;第二重循环正常结束
        count = count * 2       ;第一重循环跳出控制
        if count >= 15 then
            exit loop
        endif                   ;第一重循环结束
    endloop
    sum100 = count
end
list @sum
```

由以上规律可知：

同一个自定义 FISH 函数中 loop 结构可多重嵌套。

同一个 loop 结构中可以有多个出口，即可以设置多个 exit loop。

同一个自定义 FISH 函数中 section 结构不可嵌套。

同一个 section 结构中可以有多个出口，即可以设置多个 exit section。

3. 形式三

loop for (initialize，test，modify)　　（按条件进行循环）

...　；执行语句

endloop

只要（）内判断条件为"真"，loop for 结构形式的主函数会不断执行，这一点类似于 loop while 形式。但是，loop for 结构提供了初始化域和修改域的特殊位置，因此循环会特殊设计来运行计数的重复性行为，并可以在迭代中初始化和修改。它采用如下步骤方式：

（1）初始化，通常是为计数变量设置一个初值（可以是全局变量，也可以是局部变量）。只执行一次。

（2）检查条件，如果为"真"，循环继续；否则循环终止，loop 结构内的语句不运行。

（3）执行循环体内的语句。

（4）最后，不管在修改域做什么修改，循环返回步骤（2）。

前面3种 loop 循环声明语句的区别可以通过对比来说明：第一种情况在循环结束时进行测试（至少有一个数据传递入循环）；第二、第三种情况，则在循环开始时进行数据测试（如果验证为假，循环将被绕过）

4. 形式四

loop foreach <local> var expr1　　（用于给定容纳箱内的变量迭代）

…；执行语句

endloop

这种形式，是专门用于 map 变量语法结构，它允许循环针对给定容纳箱内的目标（球、接触、簇等）进行迭代循环。这种情况下，expr 必须返回一个指向列表的指针值或者某个对象容纳箱。比如：用户定义的标量列表可以通过 FISH 内变量 user.scalar.list 提取。与第一种形式一样，变量 var 可以采用 local 局部声明以说明创建的是局部变量而不是全局变量。var 将被分配列表中目标的指针。如果循环处理过程中删除了变量 var，那么在删除后的循环中，在调用该删除的变量之前 loop 循环仍然继续运行。如果容纳箱内的其他条目被删除了（例如某个函数删除容纳箱内容），可能会导致循环过早退出。

处于 loop 和 endloop 间的程序指令行循环执行，直到满足某种条件退出。所有循环可以任意层次地嵌套，循环内部可以采用 exit loop 声明语句来控制跳出循环和继续运行。另外，continue 声明可以用来终止处理当前循环进入下一循环中。

3.2.4 其他语句

1. define-end（函数定义开始—结束声明）

其通常用法如下：

definefunction-name＜（参数传递）＞　　　；＜＞为可选项

　　…

　　end

处于 define 和 end 语句间的程序代码会被编译并存储在 PFC 内存空间中。每当函数被提及即被编译，并且函数名不需要指定值，紧跟函数名的标记视作函数参数，每次函数调用必须给出。表 3-3 两种情况是等效的：

函数参数传递等效定义方法　　　　表 3-3

define abc(one,two) … end	define abc 　　argument one 　　argument two end

2. command-endcommand（FISH 中嵌入 PFC 命令流）

PFC 命令可插入 FISH 说明中。当 FISH 函数执行时将翻译这些命令。关于在 FISH 函数中包含 PFC 命令还有一系列的限制。FISH 函数不能包括 new 命令和 restorf 命令。command-endcommand 中的命令行简单地被 FISH 储存为一系列符号。命令行不经过核查，在发现命令之前，函数必须执行。

command-endcommand 内部还可以定义函数，这些函数还可以再包含 comand-endcommand 语句。然而，循环援引是不允许的，因为会引发错误信息。fish 函数定义里面的 command-endcommand 不能重新定义当前正在执行的函数。

说明行（以";"开始）可看作是 PFC 的说明，而不是 FISH 的说明。在 FISH 中嵌入解释信息是很有用的，当引入函数时会输出说明行。如果关掉 echo 模式（set echo=off），则函数内的 PFC 命令将不会在屏幕上显示或记录在笔记文件中。

3. whilestepping

如果在用户自定义函数中的任何位置出现了这个说明，则每个 PFC 时步开始时这个函数总会自动运行。使用 set fishcall 0 remove 命令将使得 whilesepping 命令失效。fishcall 说明（见命令 set fish call）比 whilestepping 命令更灵活，其作用更明显。

3.3 FISH 内嵌函数

PFC5.0 内部设置了许多变量值，这些数据有些基于 ball，有些基于 clump，有些基于接触，如果能随时调取这些信息，一方面可以进行二次开发，一方面可以增强对数据的处理能力，进行内部变量的设置与修改。主要内嵌函数汇总如下：

3.3.1 常用命令特性函数

常用命令特性函数见表 3-4~表 3-23。

数组特性函数　　　　　　　　　　　　　　　　　　　　　　表 3-4

array.command(ARR_PNT)	运行数组中的命令
array.convert(MAT_PNT/TEN_PNT)	将一个矩阵或张量转换成一个数组
array.copy(ARR_PNT)	复制一个数组
array.create(INT<,NUM>)	创建一个数组
array.delete(ARR_PNT)	删除一个数组
array.dim(ARR_PNT)	获取数组维度
array.size(ARR_PNT,INT)	获取数组维度的大小

张量/矢量分量提取函数　　　　　　　　　　　　　　　　　表 3-5

comp(VEC/MAT_PNT/TEN_PNT,INT<,INT>)	获取/设置矢量/张量分量
comp.x(VEC)	获取/设置矢量的 x 分量
comp.xx(TEN_PNT)	获取/设置张量的 xx 分量
comp.xy(TEN_PNT)	获取/设置张量的 xy 分量
comp.xz(TEN_PNT)	获取/设置张量的 xz 分量
comp.y(VEC)	获取/设置矢量的 y 分量
comp.yy(TEN_PNT)	获取/设置张量的 yy 分量
comp.yz(TEN_PNT)	获取/设置张量的 yz 分量
comp.z(VEC)	获取/设置矢量的 z 分量
comp.zz(TEN_PNT)	获取/设置张量的 zz 分量

变量构造函数　　　　　　　　　　　　　　　　　　　　　　表 3-6

boolean(BOOL/NUM/PNT)	创建一个布尔值
false	创建一个假布尔值
float(BOOL/NUM/STR)	创建一个浮动
index(NUM/STR)	创建一个正整数
int(BOOL/NUM/STR)	创建一个整数
null	创建一个空指针
true	创建一个真布尔值
vector(ARR_PNT/MAT_PNT/NUM<,NUM><,NUM>)	创建一个向量

文件操作函数　　　　表 3-7

函数	说明
file.close(<FILE_PNT>)	关闭一个文件
file.open(STR,INT,INT)	打开一个读/写文件
file.open.pointer(STR,INT,INT)	打开一个读/写文件
file.pos(<FILE_PNT>)	获取/设置当前位置的字节
file.read(ARR_PNT/STR,INT<,FILE_PNT/ARR_PNT><,INT><,INT>)	读取文件的内容
file.write(ARR_PNT/STR,INT<,FILE_PNT/ARR_PNT><,INT><,INT>)	将数据写入文件

标准输入输出对话函数　　　　表 3-8

函数	说明
io.dlg.in(STR,STR)	输入字符串的对话框
io.dlg.message(STR,STR,INT)	制作一个消息对话框
io.dlg.notify(INT,INT,STR)	通用事件通知
io.in(STR)	要求用户通入
io.input(STR)	获取输入
io.out(ANY)	输出字符串

列表函数　　　　表 3-9

函数	说明
list.find(LIST,INT/STR)	在列表中查找一个元素
list.size(LIST)	获取列表大小

邮件管理函数　　　　表 3-10

函数	说明
mail.attachment.add(STR)	添加附件
mail.attachment.delete(STR)	删除附件
mail.clear	清除邮件
mail.recipient.add(STR,STR)	添加一个收件人
mail.recipient.delete(STR,STR)	删除一个收件人
mail.send	发送当前的邮件
mail.set.account(STR)	设置即将离任的邮件账户
mail.set.body(BOOL,STR)	设置邮件正文
mail.set.domain(STR)	将发件人的邮件账户的域名设置为 str
mail.set.host(STR)	设置服务器名称
mail.set.password(STR)	指定邮件密码
mail.set.subject(STR)	设置主题行文本

映射变量（map）操作函数　　　　表 3-11

函数	说明
map(NUM/STR,ANY<,NUM/STR/ANY>)	创建一个图形变量
map.add(MAP,NUM/STR,ANY)	向图变量中增加一个值

续表

map.has(MAP,NUM/STR)	查询一个图变量中是否包含一个键值
map.keys(MAP)	获取图的键值链表
map.remove(MAP,NUM/STR)	删除地图上的一个键值
map.size(MAP)	获取图的尺寸
map.value(MAP,NUM/STR)	提取Map变量中一个值

数学函数　　　　　　　　　　　　　　　　　表 3-12

math.aangle.to.euler(VEC)	通过轴角获取欧拉角值
math.abs(NUM)	获取绝对值
math.acos(NUM)	反余弦函数
math.and(INT,INT)	位逻辑"和"操作
math.asin(NUM)	反正弦函数
math.atan(NUM)	反正切函数
math.atan2(NUM,NUM)	反正切函数(A/B格式)
math.ceiling(NUM)	进位
math.cos(NUM)	余弦
math.cosh(NUM)	双曲余弦
math.cross(VEC,VEC)	两个矢量的叉乘
math.ddir.from.normal(VEC)	矢量的倾角方向
math.degrad	将角度转换为弧度
math.dip.from.normal(VEC)	矢量的倾角
math.dot(VEC,VEC)	获取向量的点乘
math.euler.to.aangle(VEC)	从欧拉角获取轴角
math.exp(NUM)	获取/设置指数
math.floor(NUM)	退位
math.ln(NUM)	自对数
math.log(NUM)	获取以10为底的对数
math.lshift(INT,INT)	左移一点
math.mag(VEC)	获取矢量幅度
math.mag2(VEC)	获取平方矢量幅度
math.max(NUM,NUM<,NUM>)	获取最大值
math.min(NUM,NUM<,NUM>)	获取最小值
math.normal.from.dip(FLT)	在二维获取平面标准
math.normal.from.dip.ddir(FLT,FLT)	在三维获取平面标准
math.not(INT,INT)	位逻辑不操作
math.or(INT,INT)	位逻辑或操作
math.outer.product(MAT_PNT/VEC,MAT_PNT/VEC)	获取矩阵或向量的外积

续表

math.pi	获取圆周率
math.random.gauss	获取高斯随机数
math.random.uniform	获取统一随机数
math.round(NUM)	四舍五入
math.rshift(INT,INT)	右移一点
math.sgn(NUM)	获取标志
math.sin(NUM)	获取正弦
math.sinh(NUM)	获取双曲正弦
math.sqrt(NUM)	获取平方根
math.tan(NUM)	获取切线
math.tanh(NUM)	获取双曲切线
math.unit(VEC)	获取单位向量

矩阵操作函数　　　　表 3-13

matrix(ARR PNT/VEC/TEN PNT/INT<,INT>)	创建一个矩阵
matrix.cols(MAT_PNT)	获取矩阵的列数
matrix.det(MAT PNT/TEN PNT)	获取行列式的值
matrix.from.aangle(VEC)	通过轴角度得到旋转矩阵
matrix.from.euler(VEC)	通过欧拉角得到旋转矩阵
matrix.identity(INT)	获取一个标识矩阵
matrix.inverse(ARR PNT/MAT PNT/TEN PNT)	获取逆矩阵
matrix.lubksb(ARR PNT/MAT PNT/TEN PNT,ARR PNT)	通过向后代入法 LU 分解
matrix.ludcmp(ARR PNT/MAT PNT/TEN PNT,ARR PNT)	LU 分解矩阵
matrix.rows(MAT PNT)	获取矩阵的行数
matrix.to.aangle(MAT PNT)	将旋转矩阵转换成轴角
matrix.to.euler(MAT PNT)	将旋转矩阵转换成欧拉角
matrix.transpose(MAT PNT)	矩阵转置

内存处理函数　　　　表 3-14

memory(MEM_PNT)	获取/设置内存块中的值
memory.create(INT)	创建一个内存块
memory.delete(INT,MEM_PNT)	删除一个内存块

套接字处理函数　　　　表 3-15

socket.close(SOCK_PNT/INT)	关闭套接字上的通信
socket.create	创建一个新的套接字
socket.delete(SOCK_PNT)	删除一个套接字

续表

socket.open(INT/STR,SOCK_PNT/INT<,INT><,INT>)	在一个套接字上打开通信
socket.read(ARR_PNT,INT,SOCK_PNT/INT<,INT>)	通过套接字读取 FISH 变量
socket.read.array(ARR_PNT,SOCK_PNT/INT)	通过套接字将 FISH 变量读入数组
socket.write(ARR_PNT,INT,SOCK_PNT/INT)	通过套接字写入 FISH 变量
socket.write.array(ARR_PNT,SOCK_PNT/INT)	通过套接字从数组中写入 FISH 变量

字符串处理函数 表 3-16

string(ANY<,INT><,STR><,INT><,STR>)	创建一个字符串
string.build(STR<,STR>)	连接字符串集合
string.char(STR,INT)	从字符串中获取一个字符
string.len(STR)	获取字符串长度
string.sub(STR,INT<,INT>)	获取一个子字符串
string.token(STR,INT)	在给定位置获取项目
string.token.type(STR,INT)	在给定位置获取字符类型
string.tolower(STR)	获取一个小写的字符串
string.toupper(STR)	获取一个大写的字符串

结构体处理函数 表 3-17

struct.check(STRUC_PNT,STRUC_PNT)	检查结构是否是同一类型
struct.name(STRUC_PNT)	获取一个结构的名称

张量处理函数 表 3-18

tensor(MAT_PNT/ARR_PNT/VEC/NUM<,NUM><,NUM><,NUM><,NUM><,NUM>)	创建一个张量
tensor.i2(TEN_PNT)	获取第二个应力不变量
tensor.j2(TEN_PNT)	获取第二偏应力不变量
tensor.prin(TEN_PNT<,ARR_PNT>)	获取主要值
tensor.prin.from(VEC,ARR_PNT)	从主轴中获取张量
tensor.total(TEN_PNT)	获取张量测度
tensor.trace(TEN_PNT)	获取张量的迹

时间处理函数 表 3-19

time.clock(<INT>)	从代码启动时获取百分之一秒的数
time.cpu	获取 CPU 时间
time.real	获取当前日期

指针类型处理函数 表 3-20

type(ANY)	获取类型
type.index(PNT)	获取类型索引

续表

type.pointer(PNT)	获取指针的类型名称
type.pointer.id(PNT)	获取指针编号
type.pointer.name(PNT)	获取指针的名称

软件版本查询函数 表 3-21

code.debug	获取代码调试状态
code.name	获取代码名
version.code.major	获取代码的主要版本
version.code.minor	获取代码小版本
version.fish.major	获取 FISH 主要版本
version.fish.minor	获取 FISH 小版本

求解过程控制函数 表 3-22

mech.age	获取累计的时间
mech.cycle	获取当前的步骤/周期数
mech.energy(STR)	获取机械能(参考设定的能量命令)
mech.safety.factor	获取安全因子
mech.solve(STR)	获取当前的解决限制
mech.step	获取当前的步骤/周期数
mech.timestep	获取机械时间步长
mech.timestep.given	获取给定的时间步长
mech.timestep.max	获取允许的最大时间步长

块体组装控制 表 3-23

brick.assemble(BR_PNT,VEC<,INT><,INT><,INT>)	复制一个块
brick.delete(BR_PNT)	删除一个块
brick.find(INT)	找到一个块
brick.id(BR_PNT)	获取这个块的编号
brick.list	获取全局列表
brick.maxid	获取块的最大编号
brick.num	获取块的总数
brick.typeid	获取块的类型编号

3.3.2 离散裂隙网络控制函数

离散裂隙网络控制函数见表 3-24、表 3-25。

离散裂隙网络控制函数　　　　　　　　　　　表3-24

函数	说明
dfn.add(<INT><,STR>)	创建一个离散裂缝网络
dfn.addfracture(D_PNT,ARR_PNT<,INT>)	创建一个裂缝
dfn.centerdensity(D_PNT/LIST<,VEC><,VEC>)	获取裂缝的中心密度
dfn.clonefracture(FR_PNT<,D_PNT,INT>)	复制一个裂缝
dfn.contactmap(D_PNT<,INT>)	建立一个与离散裂缝网络相关的连接
dfn.contactmap.all(D_PNT<,INT>)	建立所有与离散裂缝网络的连接
dfn.delete(D_PNT)	删除一个离散裂缝网络
dfn.deletefracture(FR_PNT)	删除一个裂缝
dfn.density(D_PNT/LIST<,VEC><,VEC>)	获取裂隙岩体密度
dfn.dominance(D_PNT)	获取/设置离散裂缝网络的控制
dfn.find(INT/STR)	找到一个离散裂缝网络
dfn.fracture.aperture(FR_PNT)	获取/设置裂缝大小
dfn.fracture.area(FR_PNT)(3D only)	获取/设置裂缝大小
dfn.fracture.contactmap(FR_PNT<,INT>)	建立与裂缝有关的连接
dfn.fracture.contactmap.all(FR_PNT<,INT>)	建立所有与裂缝的连接
dfn.fracture.ddir(FR_PNT)(3D only)	获取/设置裂缝的倾向
dfn.fracture.dfn(FR_PNT)	获取裂缝的离散裂缝网络
dfn.fracture.diameter(FR_PNT)(3D only)	获取/设置裂缝的直径
dfn.fracture.dip(FR_PNT)	获取/设置裂缝倾向
dfn.fracture.extra(FR_PNT<,INT>)	获取/设置裂缝的额外变量
dfn.fracture.find(INT)	找到一个裂缝
dfn.fracture.gintersect(FR_PNT,GSET_PNT)	获取裂缝/几何图形相交状态
dfn.fracture.group(FR_PNT<,INT>)	获取/设置裂缝组
dfn.fracture.group.remove(FR_PNT,STR)	删除裂缝组
dfn.fracture.id(FR_PNT)	获取裂缝编号
dfn.fracture.interarray(FR_PNT<,D_PNT>)	获取一个裂缝交叉点的数组
dfn.fracture.intersect(FR_PNT,FR_PNT)	获取裂缝/裂缝交叉状态
dfn.fracture.isdisk(FR_PNT)(3D only)	获取裂缝磁盘状态
dfn.fracture.isgroup(FR_PNT,STR<,INT>)	显示裂缝组状态
dfn.fracture.isprop(FR_PNT,STR)	查询属性的存在性
dfn.fracture.len(FR_PNT)(2D only)	获取/设置裂缝长度
dfn.fracture.list	获取全局的裂缝
dfn.fracture.maxid	获取最大的裂缝编号
dfn.fracture.normal(FR_PNT<,INT>)	获取/设置裂缝法线
dfn.fracture.normal.x(FR_PNT)	获取/设置裂缝法线的 x 坐标
dfn.fracture.normal.y(FR_PNT)	获取/设置裂缝法线的 y 坐标
dfn.fracture.normal.z(FR_PNT)	获取/设置裂缝法线的 z 坐标

续表

命令	说明
dfn.fracture.num	获取裂缝的总数
dfn.fracture.pointnear(FR_PNT,VEC)	获取裂缝上最近的点
dfn.fracture.pos(FR_PNT<,INT>)	获取/设置裂缝位置
dfn.fracture.pos.x(FR_PNT)	获取/设置裂缝位置的 x 坐标
dfn.fracture.pos.y(FR_PNT)	获取/设置裂缝位置的 y 坐标
dfn.fracture.pos.z(FR_PNT)	获取/设置裂缝位置的 z 坐标
dfn.fracture.prop(FR_PNT,STR)	获取/设置裂缝属性
dfn.fracture.typeid	获取裂缝类型编号
dfn.fracture.vertexarray(FR_PNT)	获取裂缝顶端点数组
dfn.fracturelist(D_PNT)	获取离散裂缝网络的裂缝列表
dfn.fracturenear(D_PNT/LIST,VEC<,FLT>)	获取一个点最近的裂缝
dfn.fracturenum(D_PNT)	获取裂缝数
dfn.fracturesinbox(D_PNT/LIST,VEC,VEC)	使裂缝相交或在一定区域内
dfn.geomp10(D_PNT/LIST,GSET_PNT)	获取边缘的 P10
dfn.geomp20(D_PNT/LIST,GSET_PNT)(3D only)	获取多边形的 P20
dfn.geomp21(D_PNT/LIST,GSET_PNT)(3D only)	获取多边形的 P21
dfn.geomtrace(D_PNT/LIST,GSET_PNT)(3D only)	获取多边形平均迹长
dfn.id(D_PNT)	获取离散裂缝网络的编号
dfn.inter.end1(FI_PNT)	在交叉口获取第一个裂缝
dfn.inter.end2(FI_PNT)	获取第二个相交对象
dfn.inter.find(INT)	找到一个裂缝交叉点
dfn.inter.len(FI_PNT)(3D only)	获取交集长度
dfn.inter.list	获取裂缝交叉口列表
dfn.inter.maxid	获取最大裂缝交叉口编号
dfn.inter.npolylinept(FI_PNT)(3D only)	在交叉区找到号码折线点
dfn.inter.num	获取交叉口数
dfn.inter.polylinept(FI_PNT)(3D only)	获取交叉处的折线点位置
dfn.inter.pos1(FI_PNT<,INT>)	获取第一个裂缝交叉口末端位置
dfn.inter.pos1.x(FI_PNT)	获取第一个裂缝交叉口末端位置的 x 坐标
dfn.inter.pos1.y(FI_PNT)	获取第一个裂缝交叉口末端位置的 y 坐标
dfn.inter.pos1.z(FI_PNT)(3D only)	获取第一个裂缝交叉口末端位置的 z 坐标
dfn.inter.pos2(FI_PNT<,INT>)(3D only)	获取第二个裂缝交叉口末端位置
dfn.inter.pos2.x(FI_PNT)(3D only)	获取第二个裂缝交叉口末端位置的 x 坐标
dfn.inter.pos2.y(FI_PNT)(3D only)	获取第二个裂缝交叉口末端位置的 y 坐标
dfn.inter.pos2.z(FI_PNT)(3D only)	获取第二个裂缝交叉口末端位置的 z 坐标
dfn.inter.set(FI_PNT)	获取交叉集合
dfn.inter.typeid	获取交叉类型编号

续表

dfn.list	获取全部离散裂缝网络列表
dfn.maxid	获取最大离散裂缝网络编号
dfn.name(D_PNT)	获取离散裂缝网络名称
dfn.num	获取离散裂缝网络数目
dfn.p10(D_PNT/LIST,VEC,VEC)	获取横断面的P10
dfn.percolation(D_PNT/LIST<,VEC><,VEC>)	获取裂隙渗流
dfn.prop(D_PNT,STR)	设置该离散裂缝网络中所有裂缝的特性
dfn.setinter.delete(FIS_PNT)	删除裂缝交集
dfn.setinter.find(INT)	找到一个裂缝交集
dfn.setinter.id(FIS_PNT)	设置裂缝交集编号
dfn.setinter.interlist(FIS_PNT)	获取裂缝交集列表
dfn.setinter.internum(FIS_PNT)	获取集合中的交叉点数量
dfn.setinter.list	获取裂缝交集列表
dfn.setinter.maxid	获取最大裂缝交集编号
dfn.setinter.name(FIS_PNT)	获取裂缝交集名称
dfn.setinter.num	获取裂缝交集数量
dfn.setinter.path(FIS_PNT,FR_PNT,FR_PNT)	获取裂缝间路径
dfn.setinter.typeid	获取裂缝交集类型编号
dfn.template(D_PNT)	获取离散裂缝网络的模板
dfn.template.ddirmax(DT_PNT)(3D only)	获取/设置最大倾角方向
dfn.template.ddirmin(DT_PNT)(3D only)	获取/设置最小倾角方向
dfn.template.dipmax(DT_PNT)	获取/设置最大倾角
dfn.template.dipmin(DT_PNT)	获取/设置最小倾角
dfn.template.find(INT/STR)	找到一个离散裂缝网络模板
dfn.template.id(DT_PNT)	获取离散裂缝网络模板编号
dfn.template.list	获取离散裂缝网络模板列表
dfn.template.maxid	获取最大离散裂缝网络模板编号
dfn.template.name(DT_PNT)	获取离散裂缝网络模板名称
dfn.template.norientparam(DT_PNT)	获取方向参数的数目
dfn.template.nposparam(DT_PNT)	获取位置参数的数目
dfn.template.nsizeparam(DT_PNT)	获取尺寸参数的数目
dfn.template.num	获取离散裂缝网络模板的数目
dfn.template.orientparam(DT_PNT,INT)	获取/设置一个方向参数
dfn.template.orienttype(DT_PNT)	获取/设置离散裂缝网络尺寸的类型编号
dfn.template.posparam(DT_PNT,INT)	获取/设置一个位置参数
dfn.template.postype(DT_PNT)	获取/设置离散裂缝网络尺寸类型编号
dfn.template.sizemax(DT_PNT)	获取/设置最大尺寸

续表

dfn.template.sizemin(DT_PNT)	获取/设置最小尺寸
dfn.template.sizeparam(DT_PNT,INT)	获取/设置一个尺寸参数
dfn.template.sizetype(DT_PNT)	获取/设置离散裂缝网络模板尺寸类型编号
dfn.template.typeid	获取离散裂缝网络模板类型编号
dfn.typeid	获取离散裂缝网络类型编号
dfn.vertex.find(INT)	找到一个裂缝顶点
dfn.vertex.list	获取裂缝顶点列表
dfn.vertex.maxid	获取最大裂缝顶点编号
dfn.vertex.num	获取裂缝顶点数目
dfn.vertex.pos(FV_PNT<,INT>)	获取裂缝顶点位置
dfn.vertex.pos.x(FV_PNT)	获取裂缝顶点位置的 x 坐标
dfn.vertex.pos.y(FV_PNT)	获取裂缝顶点位置的 y 坐标
dfn.vertex.pos.z(FV_PNT)(3D only)	获取裂缝顶点位置的 z 坐标
dfn.vertex.typeid	获取裂缝顶点

裂隙域控制函数　　　　　　表 3-25

domain.condition(STR)	获取/设置域条件
domain.max(<INT>)	获取/设置上域角
domain.max.x	获取/设置上域角的坐标 x
domain.max.y	获取/设置上域角的坐标 y
domain.max.z(3D only)	获取/设置上域角的坐标 z
domain.min(<INT>)	获取/设置下域角
domain.min.x	获取/设置下域角的坐标 x
domain.min.y	获取/设置下域角的坐标 y
domain.min.z(3D only)	获取/设置下域角的坐标 z

3.3.3　片段与几何图形控制函数

片段与几何图形控制函数见表 3-26～表 3-33。

片段控制函数　　　　　　表 3-26

fragment.bodymap(FG_PNT<,INT>)	获取片段的主体
fragment.bodynum(FG_PNT<,INT>)	获取片段主体个数
fragment.catalog	获取片段目录
fragment.catalog.num(<flt>)	获取片段目录号
fragment.childmap(FG_PNT)	获取初始片段编号
fragment.find(INT)	找到一个片段
fragment.history(BODY_PNT)	获取片段主体历史
fragment.id(FG_PNT)	获取片段编号
fragment.index(BODY_PNT<,INT>)	获取片段主体编号

续表

fragment.map(<INT>)	获取片段形貌
fragment.num(INT)	获取片段数
fragment.parent(FG_PNT)	获取父片段编号
fragment.pos(FG_PNT<,INT>)	获取片段位置
fragment.pos.x(FG_PNT)	获取片段位置的 x 坐标
fragment.pos.y(FG_PNT)	获取片段位置的 y 坐标
fragment.pos.z(FG_PNT)(3D only)	获取片段位置的 z 坐标
fragment.pos.catalog(FG_PNT,INT<,INT>)	获取该状态片段位置
fragment.pos.catalog.x(FG_PNT,INT)	获取片段位置的 x 坐标
fragment.pos.catalog.y(FG_PNT,INT)	获取片段位置的 y 坐标
fragment.pos.catalog.z(FG_PNT,INT)(3D only)	获取片段位置的 z 坐标
fragment.vol(FG_PNT<,int>)	获取片段体积

几何图形控制函数 表 3-27

geom.edge.create(GSET_PNT,INT/GN_PNT,INT/GN_PNT<,INT>)	创建一个边界
geom.edge.delete(GSET_PNT,GE_PNT)	删除一个边界
geom.edge.dir(GE_PNT<,INT>)	获取界限方向
geom.edge.dir.x(GE_PNT)	获取界限方向的 x 坐标
geom.edge.dir.y(GE_PNT)	获取界限方向的 y 坐标
geom.edge.dir.z(GE_PNT)(3D only)	获取界限方向的 z 坐标
geom.edge.extra(GE_PNT,INT)	获取/设置界限的额外变量
geom.edge.find(GSET_PNT,INT)	找到一个界限
geom.edge.group(GE_PNT<,INT>)	获取/设置界限组
geom.edge.group.remove(GE_PNT,STR)	删除界限组
geom.edge.id(GE_PNT)	获取界限编号
geom.edge.isgroup(GE_PNT,STR<,INT>)	查询该组的存在
geom.edge.list(GSET_PNT)	获取几个集合的界限列表
geom.edge.near(GSET_PNT,VEC<,FLT>)	找到离该点最近的界限
geom.edge.next.edge(GE_PNT,INT)	获取连接到一个节点的界限
geom.edge.next.index(GE_PNT,INT)	获取连接到一个节点的界限索引
geom.edge.node(GE_PNT,INT)	获取一个界限节点
geom.edge.node.pos(GE_PNT,INT<,INT>)	获取/设置节点位置
geom.edge.node.pos.x(GE_PNT,INT)	获取/设置节点位置的 x 坐标
geom.edge.node.pos.y(GE_PNT,INT)	获取/设置节点位置的 y 坐标
geom.edge.node.pos.z(GE_PNT,INT)(3D only)	获取/设置节点位置的 z 坐标
geom.edge.pos(GE_PNT<,INT>)	获取界限位置

续表

geom.edge.pos.x(GE_PNT)	获取界限位置的 x 坐标
geom.edge.pos.y(GE_PNT)	获取界限位置的 y 坐标
geom.edge.pos.z(GE_PNT)(3D only)	获取界限位置的 z 坐标
geom.edge.start.index(GE_PNT)	索引连接到界限的第一个多边形
geom.edge.start.poly(GE_PNT)	获取连接到界限的第一个多边形
geom.edge.typeid	获取界限类型编号
geom.node.create(GSET_PNT,VEC<,INT>)	创建一个节点
geom.node.delete(GSET_PNT,GN_PNT)	删除一个节点
geom.node.extra(GN_PNT,INT)	获取/设置节点的额外参数
geom.node.find(GSET_PNT,INT)	找到一个节点
geom.node.group(GN_PNT<,INT>)	获取/设置节点组
geom.node.group.remove(GN_PNT,STR)	删除节点组
geom.node.id(GN_PNT)	获取节点编号
geom.node.isgroup(GN_PNT,STR<,INT>)	查询该组的存在
geom.node.list(GSET_PNT)	获取几何图形集合的节点列表
geom.node.near(GSET_PNT,VEC<,FLT>)	找到到一个点最近的节点
geom.node.pos(GN_PNT<,INT>)	获取/设置节点位置
geom.node.pos.x(GN_PNT)	获取/设置节点位置的 x 坐标
geom.node.pos.y(GN_PNT)	获取/设置节点位置的 y 坐标
geom.node.pos.z(GN_PNT)(3D only)	获取/设置节点位置的 z 坐标
geom.node.start.edge(GN_PNT)	获取连接到一个节点的第一个界限
geom.node.start.index(GN_PNT)	索引连接到一个节点的第一个界限
geom.node.typeid	获取节点类型编号
geom.poly.add.edge(GPOL_PNT,GE_PNT)	添加一个界限到多边形
geom.poly.add.node(GSET_PNT,GPOL_PNT<,GN_PNT><,VEC><,INT>)	通过添加一个节点添加一个边缘
geom.poly.area(GPOL_PNT)	获取多边形尺寸
geom.poly.check(GPOL_PNT)	获取有效状态
geom.poly.close(GSET_PNT,GPOL_PNT)	闭合一个多边形
geom.poly.create(GSET_PNT<,INT>)	创建一个多边形
geom.poly.delete(GSET_PNT,GPOL_PNT)	删除一个多边形
geom.poly.edge(GPOL_PNT,INT)	获取一个多边形边界
geom.poly.extra(GPOL_PNT,INT)	获取/设置多边形额外参数
geom.poly.find(GSET_PNT,INT)	找到一个多边形
geom.poly.group(GPOL_PNT<,INT>)	获取/设置多边形组
geom.poly.group.remove(GPOL_PNT,STR)	删除多边形组
geom.poly.id(GPOL_PNT)	获取多边形编号

续表

geom. poly. isgroup(GPOL_PNT,STR<,INT>)	查询改组的存在
geom. poly. list(GSET_PNT)	获取几何图形集合的多边形列表
geom. poly. near(GSET_PNT,VEC<,FLT>)	找到离一个点最近的多边形
geom. poly. next. index(GPOL_PNT,INT)	获取多边形的下一个边缘的索引
geom. poly. next. poly(GPOL_PNT,INT)	获取连接到边缘的下一个多边形
geom. poly. node(GPOL_PNT,INT)	获取一个节点
geom. poly. normal(GPOL_PNT<,INT>)	获取多边形法线
geom. poly. normal. x(GPOL_PNT)(3D only)	获取多边形法线的 x 坐标
geom. poly. normal. y(GPOL_PNT)(3D only)	获取多边形法线的 y 坐标
geom. poly. normal. z(GPOL_PNT)	获取多边形法线的 z 坐标
geom. poly. pos(GPOL_PNT<,INT>)	获取多边形位置
geom. poly. pos. x(GPOL_PNT)	获取多边形位置的 x 坐标
geom. poly. pos. y(GPOL_PNT)	获取多边形位置的 y 坐标
geom. poly. pos. z(GPOL_PNT)(3D only)	获取多边形位置的 z 坐标
geom. poly. size(GPOL_PNT)	获取界限数
geom. poly. typeid	获取多边形类型号
geom. set. create(STR<,INT>)	创建几何图形集合
geom. set. delete(GSET_PNT)	删除几何图形集合
geom. set. edge. maxid(GSET_PNT)	获取界限最大编号
geom. set. edge. num(GSET_PNT)	获取界限数
geom. set. find(INT/STR)	找到一个几何图形集合
geom. set. id(GSET_PNT)	获取几何图形集合编号
geom. set. list	获取全部的几何图形集合列表
geom. set. maxid	获取最大几何图形集合编号
geom. set. name(GSET_PNT)	获取几何图形集合名称
geom. set. node. maxid(GSET_PNT)	获取最大节点编号
geom. set. node. num(GSET_PNT)	获取/设置节点数
geom. set. num	获取几何图形集合数
geom. set. poly. maxid(GSET_PNT)	获取最大多边形编号
geom. set. poly. num(GSET_PNT)	获取多边形数
geom. set. typeid	获取几何图形集合类型编号

全局计算管理函数 表3-28

global. cycle	获取周期/步数
global. deterministic	获取/设置确定性模式
global. dim	获取程序维度
global. factor. of. safety	获取全部的安全因素
global. gravity(<INT>)	获取/设置重力

续表

global.gravity.x	获取/设置重力的 x 坐标
global.gravity.y	获取/设置重力的 y 坐标
global.gravity.z(3D only)	获取/设置重力的 z 坐标
global.processors	获取/设置处理器数量
global.step	获取周期/步数
global.timestep	获取全部的步长

标签管理函数　　　　　　表 3-29

label.arrow(LAB_PNT)	获取/设置箭头状态
label.create(VEC<,INT>)	创建一个标签
label.delete(LAB_PNT)	删除一个标签
label.end(LAB_PNT<,INT>)	获取/设置结束位置
label.end.x(LAB_PNT)	获取/设置结束位置的 x 坐标
label.end.y(LAB_PNT)	获取/设置结束位置的 y 坐标
label.end.z(LAB_PNT)(3D only)	获取/设置结束位置的 z 坐标
label.find(INT)	找到一个标签
label.head	获取全部标签的表头
label.maxid	获取最大标签编号
label.next(LAB_PNT)	获取下一个标签
label.num	获取标签数
label.pos(LAB_PNT<,INT>)	获取/设置位置
label.pos.x(LAB_PNT)	获取/设置位置的 x 坐标
label.pos.y(LAB_PNT)	获取/设置位置的 y 坐标
label.pos.z(LAB_PNT)(3D only)	获取/设置位置的 z 坐标
label.text(LAB_PNT)	获取/设置标签文本
label.typeid	获取标签类型编号

测量圆 FISH 函数　　　　　　表 3-30

measure.coordination(MEAS_PNT)	获取测量协调号
measure.delete(MEAS_PNT)	删除测量对象
measure.find(INT)	查找测量对象
measure.id(MEAS_PNT)	获取测量编号
measure.list	获取测量对象的列表
measure.maxid	获取最大测量编号
measure.num	获取测量对象的数目
measure.porosity(MEAS_PNT)	获取孔隙度
measure.pos(MEAS_PNT<,INT>)	获取/设置位置
measure.pos.x(MEAS_PNT)	获取/设置位置的 x 坐标

续表

measure.pos.y(MEAS_PNT)	获取/设置位置的 y 坐标
measure.pos.z(MEAS_PNT)(3D only)	获取/设置位置的 z 坐标
measure.radius(MEAS_PNT)	获取/设置测量对象的半径
measure.size(MEAS_PNT)	获取累计的粒度分布
measure.strainrate(MEAS_PNT<,INT<,INT>>)	获取应变速率张量
measure.strainrate.xx(MEAS_PNT)	获取应变速率张量 xx 值
measure.strainrate.xy(MEAS_PNT)	获取应变速率张量 xy 值
measure.strainrate.xz(MEAS_PNT)	获取应变速率张量 xz 值
measure.strainrate.yy(MEAS_PNT)	获取应变速率张量 yy 值
measure.strainrate.yz(MEAS_PNT)	获取应变速率张量 yz 值
measure.strainrate.zz(MEAS_PNT)	获取应变速率张量 zz 值
measure.strainrate.full(MEAS_PNT)	获取全应变速率矩阵
measure.stress(MEAS_PNT<,INT<,INT>>)	获取应力张量
measure.stress.xx(MEAS_PNT)	获取应力张量 xx 值
measure.stress.xy(MEAS_PNT)	获取应力张量 xy 值
measure.stress.xz(MEAS_PNT)	获取应力张量 xz 值
measure.stress.yy(MEAS_PNT)	获取应力张量 yy 值
measure.stress.yz(MEAS_PNT)	获取应力张量 yz 值
measure.stress.zz(MEAS_PNT)	获取应力张量 zz 值
measure.stress.full(MEAS_PNT)	获取全部的应力矩阵
measure.typeid	获取测量类型编号

范围 FISH 函数　　　　　　　　　　　　　　表 3-31

range.find(STR)	找到一个命名的范围
range.isin(RAN_PNT,IND/PNT/VEC)	确定范围包含状态

表格 FISH 函数　　　　　　　　　　　　　　表 3-32

table(INT/STR/TAB_PNT,FLT)	获取/插入一个表项
table.x(INT/STR/TAB_PNT,INT)	获取/插入一个表项的 x 值
table.y(INT/STR/TAB_PNT,INT)	获取/插入一个表项的 y 值
table.clear(INT/STR/TAB_PNT)	清除表
table.create(INT/STR)	创建表
table.delete(INT/STR/TAB_PNT)	删除表
table.find(INT/STR)	查找表
table.get(INT/STR)	查找或创建表
table.id(INT/STR/TAB_PNT)	获取表的编号
table.name(INT/STR/TAB_PNT)	获取/设置表的名称
table.size(INT/STR/TAB_PNT)	获取表的大小
table.value(INT/STR/TAB_PNT,INT)	获取/设置表的入口

用户自定义变量 FISH 函数 表 3-33

user.scalar.create(VEC)	创建一个标量
user.scalar.delete(UDS_PNT)	删除标量
user.scalar.extra(UDS_PNT<,INT>)	获取/设置标量额外参数
user.scalar.find(INT)	查找一个标量
user.scalar.group(UDS_PNT<,INT>)	获取/设置标量组
user.scalar.group.remove(UDS_PNT,STR)	删除标量组
user.scalar.head	标量的全局列表头
user.scalar.id(UDS_PNT)	获取标量编号
user.scalar.isgroup(UDS_PNT,STR<,INT>)	查询该组的存在
user.scalar.list	获取全部标量列表
user.scalar.near(VEC<,FLT>)	查找到一个点的最近标量
user.scalar.next(UDS_PNT)	获取下一个标量
user.scalar.num	获取标量数
user.scalar.pos(UDS_PNT<,INT>)	获取/设置标量位置
user.scalar.pos.x(UDS_PNT)	获取/设置标量位置的 x 坐标
user.scalar.pos.y(UDS_PNT)	获取/设置标量位置的 y 坐标
user.scalar.pos.z(UDS_PNT)(3D only)	获取/设置标量位置的 z 坐标
user.scalar.typeid	获取标量类型编号
user.scalar.value(UDS_PNT)	获取/设置标量值
user.tensor.create(VEC)	创建一个张量
user.tensor.delete(UDT_PNT)	删除一个张量
user.tensor.extra(UDT_PNT<,INT>)	获取/设置张量额外参数
user.tensor.find(INT)	查找一个张量
user.tensor.group(UDT_PNT<,INT>)	获取/设置张量组
user.tensor.group.remove(UDT_PNT,STR)	删除张量组
user.tensor.head	张量的全局列表头
user.tensor.id(UDT_PNT)	获取张量编号
user.tensor.isgroup(UDT_PNT,STR<,INT>)	查询该组的存在
user.tensor.list	获取全部张量列表
user.tensor.near(VEC<,FLT>)	存在到一个点最近的张量
user.tensor.next(UDT_PNT)	获取下一个张量
user.tensor.num	获取张量数
user.tensor.pos(UDT_PNT<,INT>)	获取/设置张量位置
user.tensor.pos.x(UDT_PNT)	获取/设置张量位置的 x 坐标
user.tensor.pos.y(UDT_PNT)	获取/设置张量位置的 y 坐标
user.tensor.pos.z(UDT_PNT)(3D only)	获取/设置张量位置的 z 坐标
user.tensor.typeid	获取张量类型编号

续表

函数调用实例	功能描述
user.tensor.value(UDT_PNT<,INT<,INT>>)	获取/设置张量值
user.tensor.value.xx(UDT_PNT)	获取/设置张量的 xx 值
user.tensor.value.xy(UDT_PNT)	获取/设置张量的 xy 值
user.tensor.value.xz(UDT_PNT)	获取/设置张量的 xz 值
user.tensor.value.yz(UDT_PNT)	获取/设置张量的 yz 值
user.tensor.value.zz(UDT_PNT)	获取/设置张量的 zz 值
user.vector.create(VEC)	创建一个向量
user.vector.ddir(UDV_PNT)(3D only)	获取/设置向量的倾向
user.vector.delete(UDV_PNT)	删除向量
user.vector.dip(UDV_PNT)	获取/设置向量倾角
user.vector.extra(UDV_PNT<,INT>)	获取/设置向量额外参数
user.vector.find(INT)	查找向量
user.vector.group(UDV_PNT<,INT>)	获取/设置向量组
user.vector.group.remove(UDV_PNT,STR)	删除向量组
user.vector.head	向量的全局列表头
user.vector.id(UDV_PNT)	获取向量编号
user.vector.list	获取全部向量列表
user.vector.near(VEC<,FLT>)	查找到一个点最近的向量
user.vector.next(UDV_PNT)	获取下一个向量
user.vector.num	获取向量数目
user.vector.pos(UDV_PNT<,INT>)	获取/设置向量位置
user.vector.pos.x(UDV_PNT)	获取/设置向量位置的 x 坐标
user.vector.pos.y(UDV_PNT)	获取/设置向量位置的 y 坐标
user.vector.pos.z(UDV_PNT)(3D only)	获取/设置向量位置的 z 坐标
user.vector.typeid	获取向量类型编号
user.vector.value(UDV_PNT<,INT>)	获取/设置向量值
user.vector.value.x(UDV_PNT)	获取/设置向量值的 x
user.vector.value.y(UDV_PNT)	获取/设置向量值的 y
user.vector.value.z(UDV_PNT)(3D only)	获取/设置向量值的 z

3.3.4 实体内变量函数

实体内变量函数见表 3-34～表 3-37。

适用于 ball 的 FISH 内变量列表　　　表 3-34

函数调用实例	功能描述
m = ball.contactmap(bp<,i,p>)	map 变量,用于遍历含有指针 bp 颗粒的激活接触
m = ball.contactmap.all(bp<,i,p>)	用于遍历含有指针 bp 的所有接触,含未激活接触
ir = ball.contactnum(bp<,i>)	获取围绕球 bp 的激活接触数目
ir = ball.contactnum.all(bp<,i>)	获取围绕求 bp 的所有接触数目

续表

函数调用实例	功能描述
b = ball.create(f,v<,i>)	在 v 位置,创建一个半径 r 的球,返回指针为 b
f = ball.damp(bp)	获取球 bp 的局部阻尼系数
void = ball.delete(bp)	删除指针为 bp 的球
fd = ball.density(bp)	获取球 bp 的密度
v = ball.disp(bp<,i>)	获取球 bp 的位移矢量
f = ball.energy(s)	获取球的能量贡献,s 为能量类型,要首先用 set energy on 才可以调用,s 可取 ebody、edamp、ekinetic 分别代表体能/阻尼能/动能
v = ball.euler(bp<,i>)	获取球的欧拉角,仅使用三维情况
a = ball.extra(b<,i>)	提取存储在 slot i 上的特殊存储值
bp = ball.find(id)	通过 id 号查询球的指针
b = ball.fix(b,i)	通过球的指针,对球进行约束设置
v = ball.force.app(bp<,i>) ball.force.app(bp<,i>) = v	查询/设置施加到球上的力,i 表示第 i 个分量
v = ball.force.contact(bp<,i>)	查询/设置球的接触力,i 表示分量
v = ball.force.unbal(bp<,i>)	查询球 bp 的不平衡力
i = ball.fragment(b) ball.fragment(b) = i	查询/设置球所属碎片的编号
s = ball.group(b<,i>)	询球所属的组名称,i 代表 slot
i = ball.group.remove(b,s)	将球 b 从组 s 中移除
m = ball.groupmap(s<,i>)	提取属于组 s 的颗粒
i = ball.id(b)	根据 ball 的指针 b,查询 ball 的编号
a = ball.inbox(vl,vu<,b>)	查询处于 box 范围内的球指针数组
b = ball.isgroup(bp,s<,i>)	判断球 bp,是否属于组 s,返回布尔值
b = ball.isprop(bp,s)	判断球 bp,是否存在特性 s,返回布尔值
l = ball.list	查询所有球列表
f = ball.mass(b)	查询球的惯性质量
f = ball.mass.real(b)	查询球的实体(重力)质量
id = ball.maxid	查询球的最大编号(有些编号可以不存在,因此可能大于球的数目)
f = ball.moi(b)	查询球的惯性矩
f = ball.moi.real(b)	查询球的实(重力)惯性矩
v = ball.moment.app(b<,i>) ball.moment.app(b<,i>) = v	查询/设置施加到球 bp 上的弯矩
v = ball.moment.contact(b<,i>) ball.moment.contact(b<,i>) = v	查询/设置球的接触弯矩
v = ball.moment.unbal(b<,i>)	查询球的不平衡弯矩
bp = ball.near(vp<,frad>)	查询最接近 vp 位置的球的指针

续表

函数调用实例	功能描述
i = ball.num	查询球的数目
v = ball.pos(bp<,i>)	查询球的中心坐标矢量
a = ball.prop(b,s)	查询球名称为 s 的参数值,需对应 ball property
frad = ball.radius(bp)	查询球的半径
f = ball.rotation(bp) (2D ONLY)	查询球的旋转角度,只有 set ori on 打开才能用
v = ball.spin(b<,i>)	查询球的角速度,i 表示分量
t = ball.stress(bp<,i1,i2>)	查询所有围绕球 bp 所引起的应力张量
m = ball.stress.full(bp)	查询所有围绕球 bp 的全应力张量
i = ball.typeid	查询球类型编号,该编号是用于区分 PFC 中各指针类型
v = ball.vel(bp<,i>) ball.vel(bp<,i>) = v	查询/设置球(指针)第 i 个分量的速度,如果不设置 i,则为速度矢量

有关 wall 的 FISH 内变量列表　　表 3-35

函数调用实例	功能描述
f = wall.addfacet(w,v,a)	在指针为 w 的墙中,v,a 决定的位置增加一个 facet
b = wall.closed(w)	查询墙的闭合状态,闭合指所有边(三维)均共用,二维则为点共用
m = wall.contactmap(w<,i><,p>)	获取与墙 w 相关联的激活接触列表
m = wall.contactmap.all(w<,i><,p>)	获取与墙 w 相关联的所有接触列表
ir = wall.contactnum(w<,i>)	获取与墙 w 相关联的激活接触数目
ir = wall.contactnum.all(w<,i>)	获取与墙 w 相关联的所有接触数目
b = wall.convex(w)	查询墙的凸面状态,墙必须闭合以形成凸面
f = wall.cutoff(w) wall.cutoff(w) = f	查询/设置墙的截止角,截止角是接触探测中确定是否传递接触状态信息的量
v = wall.delete(w)	删除指针为 w 的墙
v = wall.disp(w<,i>)	获取墙的位移矢量
f = wall.energy(s)	获取墙的总做功
v = wall.euler(w<,i>) (3D ONLY) wall.euler(w<,i>) = v (3D ONLY)	查询/设置墙的方位
a = wall.extra(w<,i>) wall.extra(w<,i>) = a	查询/设置有关墙的特殊变量
i = wall.facet.active(f) wall.facet.active(f) = i	查询/设置墙面的激活标志(0 代表双面激活;1 代表上面激活;-1 代表下面激活;2 代表双面均不激活)
m = wall.facet.contactmap(f<,i><,p>)	获取围绕墙面 f 的激活接触列表
m = wall.facet.contactmap.all(f<,i><,p>)	获取围绕墙面 f 的所有接触列表
ir = wall.facet.contactnum(f<,i>)	查询围绕墙面 f 的激活接触数目
ir = wall.facet.contactnum.all(f<,i>)	查询围绕墙面 f 的所有接触数目

续表

函数调用实例	功能描述
v = wall.facet.conveyor(wf<,i>) wall.facet.conveyor(wf<,i>) = v	查询/设置墙面的传送速度矢量
v = wall.facet.delete(f)	删除指针为 f 的墙面
a = wall.facet.extra(f<,i>) wall.facet.extra(f<,i>) = a	查询/设置墙面特殊变量
fp = wall.facet.find(id)	查询编号为 id 的墙面指针
s = wall.facet.group(f<,i>) wall.facet.group(f<,i>) = s	查询/设置墙面分组
i = wall.facet.group.remove(f,s)	将墙面 f 从分组 s 中移除
m = wall.facet.groupmap(s<,i>)	获取分组为 s 的所有墙面列表
i = wall.facet.id(f)	查询墙面的编号
a = wall.facet.inbox(vl,vu<,b>)	查询处于 box 内的墙面
b = wall.facet.isgroup(f,s<,i>)	判断墙面 f 是否属于分组 s
b = wall.facet.isprop(f,s)	判断墙面 f 是否具有属性 s
l = wall.facet.list	获取所有的墙面列表
id = wall.facet.maxid	查询墙面的最大编号
wf = wall.facet.near(vp<,wp,frad>)	查询距离 vp 位置最近的墙面指针
v = wall.facet.normal(wf<,i>)	查询墙面 wf 的法向量
i = wall.facet.num	查询球面的数目
fr = wall.facet.pair(f,i)	查询相邻的球面
vr = wall.facet.pointnear(f,v)	查询与墙面 f 关联、距离位置 v 的最近顶点坐标矢量
v = wall.facet.pos(wf<,i>)	查询墙面 wf 的中心位置矢量
a = wall.facet.prop(f,s) wall.facet.prop(f,s) = a	查询/设置接触特性
i = wall.facet.typeid	查询墙面的指针类型编号
v = wall.facet.vertex(f,i)	查询墙面 f 的顶点坐标矢量,i 代表第几个点
w = wall.facet.wall(f)	查询墙面 f 所属的墙(指针)
l = wall.facetlist(w)	获取关联墙 w 的墙面列表
wp = wall.find(id)	查询编号为 id 的墙指针
v = wall.force.contact(w<,i>)	查询作用于墙 w 上的接触力矢量
i = wall.fragment(w) wall.fragment(w) = i	查询/设置墙 w 的碎片编号
s = wall.group(w<,i>) wall.group(w<,i>) = s	查询/设置墙 w 的分组名称
i = wall.group.remove(w,s)	将墙 w 从分组 s 中移除
m = wall.groupmap(s<,i>)	获取属于分组 s 的墙列表

续表

函数调用实例	功能描述
i = wall.id(w)	查询指针为 w 的墙编号
a = wall.inbox(vl,vu<,b>)	查询位于 box 中的墙
b = wall.inside(w,v)	判断位置矢量 v 是否位于闭合墙 w 内部
b = wall.isgroup(w,s<,i>)	判断墙 w 是否属于分组 s
l = wall.list	获取所有墙列表
id = wall.maxid	获取墙体的最大编号
v = wall.moment.contact(w<,i>)	查询墙 w 的接触弯矩矢量
s = wall.name(w)	提取墙的名称
wp = wall.near(vp<,frad>)	查询距离 vp 位置最近的墙（指针）
i = wall.num	查询墙的数量
v = wall.pos(w<,i>) wall.pos(w<,i>) = v	查询/设置墙的中心位置
wall.prop(w,s) = a	墙体的属性赋值
f = wall.rotation(w) (2D ONLY) wall.rotation(w) = f (2D ONLY)	二维中，查询/设置墙体的方位
v = wall.rotation.center(w<,i>) wall.rotation.center(w<,i>) = v	查询/设置墙体的旋转中心
b = wall.servo.active(w) wall.servo.active(w) = b	提取/设置墙伺服激活状态
v = wall.servo.force(w<,i>) wall.servo.force(w<,i>) = v	提取/设置墙伺服力矢量
f = wall.servo.gain(w)	提取/设置墙伺服参数 G 的值
f = wall.servo.gainfactor(w) wall.servo.gainfactor(w) = f	提取/设置墙伺服参数——释放系数 Gf 的值
i = wall.servo.gainupdate(w) wall.servo.gainupdate(w) = i	提取/设置墙伺服更新间隔,i 是步数
f = wall.servo.vmax(w) wall.servo.vmax(w) = f	提取/设置墙伺服的最大速度限制
v = wall.spin(w<,i>) wall.spin(w<,i>) = v	提取/设置墙的角速度矢量
i = wall.typeid	提取墙指针类型编号
v = wall.vel(w<,i>) wall.vel(w<,i>) = v	提取/设置墙的速度矢量
v = wall.vertex.delete(wv)	删除墙的一个顶点（指针为 wv）
a = wall.vertex.facetarray(v)	提取共用顶点（指针 v）的墙面数组
vp = wall.vertex.find(id)	通过编号 id 查询顶点的指针

续表

函数调用实例	功能描述
i=wall.vertex.id(v)	通过指针 v 查询顶点的编号
a=wall.vertex.inbox(vl,vu)	获取位于 box 内的墙顶点数组
l=wall.vertex.list	获取全部墙顶点的列表
id=wall.vertex.maxid	获取墙顶点的最大编号
wv=wall.vertex.near(vp<,frad>)	获取最接近 vp 点的顶点指针
i=wall.vertex.num	查询墙顶点的数目
v=wall.vertex.pos(v<,i>) wall.vertex.pos(v<,i>)=v	查询/设置墙顶点 v 的坐标矢量
i=wall.vertex.typeid	查询墙顶点指针的类型编号
v=wall.vertex.vel(v<,i>) wall.vertex.vel(v<,i>)=v	查询/设置墙顶点的速度矢量
l=wall.vertexlist(w)	获取所有属于墙 w 的顶点的列表

有关 clump 的 FISH 内变量列表　　　　　　　　　　　　　表 3-36

调用实例	功能描述
p=clump.addpebble(c,f,v<,i>)	在指针为 c 的簇中增加一个半径 f,位置 v 的颗粒,该操作不影响惯性参数,但不再指向一个簇模板
v=clump.calculate(c<,f>)	计算簇 c 的惯性参数
m=clump.contactmap(c<,i><,p>)	查询簇周围的激活接触
m=clump.contactmap.all(c<,i><,p>)	查询簇周围的所有接触,包括未激活接触
ir=clump.contactnum(c<,i>)	查询围绕簇 c 的激活接触数量
ir=clump.contactnum.all(c<,i>)	查询围绕簇 c 的所有接触数量,包括未激活
f=clump.damp(c) clump.damp(c)=f	查询/设置球的局部阻尼系数
v=clump.delete(c)	删除簇 c
v=clump.deletepebble(c,p)	删除簇 c 中的球,该操作不影响惯性参数,但不再指向某一模板
f=clump.density(c) clump.density(c)=f	查询/设置簇的密度
v=clump.disp(c<,i>) clump.disp(c<,i>)=v	查询/设置簇的位移
f=clump.energy(s)	查询所有簇的总能量贡献,要首先用 set energy on 才可以调用,s 可取 ebody、edamp、ekinetic 分别代表体能/阻尼能/动能
v=clump.euler(c<,i>) (3D ONLY) clump.euler(c<,i>)=v (3D ONLY)	查询/设置球的方位
a=clump.extra(c<,i>) clump.extra(c<,i>)=a	查询/设置有关簇的特殊变量
cp=clump.find(id)	通过簇的 id 查询其指针
b=clump.fix(c,i) clump.fix(c,i)=b	查询/设置簇的约束

续表

调用实例	功能描述
v=clump.force.app(c<,i>) clump.force.app(c<,i>)=v	查询/设置簇上施加的力
v=clump.force.contact(c<,i>) clump.force.contact(c<,i>)=v	查询/设置出上施加的接触力
v=clump.force.unbal(c<,i>)	查询簇上的不平衡力
i=clump.fragment(c) clump.fragment(c)=i	查询/设置簇的碎片编号
s=clump.group(c<,i>) clump.group(c<,i>)=s	查询/设置簇的分组名称
i=clump.group.remove(c,s)	将簇 c 从组 s 中去除
m=clump.groupmap(s<,i>)	查询属于分组 s 的所有簇
i=clump.id(c)	通过指针 c 查询簇的编号 i
a=clump.inbox(vl,vu<,b>)	获取处于 box 范围的簇数组
vr=clump.inglobal(c,v)	在主坐标系统中对簇旋转 v，返回旋转矢量
vr=clump.inprin(c,v)	将簇 c 旋转到主坐标系统，返回旋转矢量
b=clump.isgroup(c,s<,i>)	查询一个簇 c 是否属于分组 s
l=clump.list	提取簇的总列表
f=clump.mass(c)	提取簇的惯性质量
f=clump.mass.real(c)	提取簇的实(重力)惯性质量
id=clump.maxid	查询簇的最大编号
t=clump.moi(c<,i1<,i2>>)	查询簇的惯性矩
b=clump.moi.fix(c) clump.moi.fix(c)=b	查询/设置惯性矩约束状态，如果设置为激活，则在进行簇缩放时、密度或体积变化时，簇惯性矩不会实时更新
v=clump.moi.prin(c<,i>)	查询簇 c 的主惯性矩
v=clump.moi.prin.real(c<,i>) clump.moi.prin.real(c<,i>)=v	查询/设置簇的实(重力)主惯性矩
t=clump.moi.real(c<,i1<,i2>>) clump.moi.real(c<,i1<,i2>>)=t	查询/设置簇的实惯性矩
v=clump.moment.app(c<,i>) clump.moment.app(c<,i>)=v	查询/设置施加到簇上的弯矩
v=clump.moment.contact(c<,i>) clump.moment.contact(c<,i>)=v	查询/设置施加到簇上的接触弯矩
v=clump.moment.unbal(c<,i>)	查询簇的不平衡弯矩
cp=clump.near(vp<,frad>)	通过位置矢量 vp，查询中心最近的簇(指针)
i=clump.num	查询簇的数量
c=clump.pebble.clump(p)	查询 pebble 所属的簇(指针)
m=clump.pebble.contactmap(p<,i><,q>)	获取所有围绕 pebble 的所有激活接触列表
m=clump.pebble.contactmap.all(p<,i><,q>)	获取所有围绕一个 pebble 的所有接触列表
ir=clump.pebble.contactnum(p<,i>)	查询围绕一个 pebble 的接触数目
ir=clump.pebble.contactnum.all(p<,i>)	查询围绕一个 pebble 的所有接触数目

续表

调用实例	功能描述
v=clump.pebble.delete(p)	删除一个 pebble
a=clump.pebble.extra(p<,i>) clump.pebble.extra(p<,i>)=a	查询/设置 pebble 的特殊变量
cp=clump.pebble.find(id)	通过 id 查询 pebble 的指针
s=clump.pebble.group(p<,i>) clump.pebble.group(p<,i>)=s	查询/设置 pebble 的分组名称
i=clump.pebble.group.remove(c,s)	将 pebble 从分组 s 中移除
m=clump.pebble.groupmap(s<,i>)	获取属于分组 s 的 pebble 列表
i=clump.pebble.id(p)	通过 pebble 的指针查询 pebble 的编号
a=clump.pebble.inbox(vl,vu<,b>)	获取构成簇的球处于 box 范围的数组
b=clump.pebble.isgroup(p,s<,i>)	查询 pebble(指针)是否属于分组 s
b=clump.pebble.isprop(p,s)	查询 pebble(指针)是否具有属性 s
l=clump.pebble.list	获取所有 pebble 的指针列表
id=clump.pebble.maxid	查询 pebble 的最大编号
cp=clump.pebble.near(vp<,frad>)	通过位置矢量 vp,查询最近的 pebble 指针
i=clump.pebble.num	查询 pebble 的数量
v=clump.pebble.pos(p<,i>) clump.pebble.pos(p<,i>)=v	查询/设置 pebble(指针 p)的位置矢量
a=clump.pebble.prop(p,s) clump.pebble.prop(p,s)=a	查询/设置 pebble 特性 s 的值
f=clump.pebble.radius(p) clump.pebble.radius(p)=f	查询/设置 pebble 的半径
i=clump.pebble.typeid	查询 pebble 的类型编号
v=clump.pebble.vel(p<,i>)	查询 pebble 的速度矢量
l=clump.pebblelist(c)	查询簇 c 内所有 pebble 的指针列表
v=clump.pos(c<,i>) clump.pos(c<,i>)=v	查询/设置簇 c 的中心位置矢量
clump.prop(c,s)=a	设置簇 c 内所有 pebble 的特性 s 为 a
b=clump.rotate(c,v,f)	旋转簇,旋转点为簇的中心,v 为旋转轴矢量,f 为角度
f=clump.rotation(c)(2D ONLY) clump.rotation(c)=f(2D ONLY)	二维情况下,查询/设置簇的方位
b=clump.scalesphere(c,f)	将簇缩放(二维为面积,三维位体积)为一个等效球,半径为 f
b=clump.scalevol(c,f)	缩放簇,缩放系数为 f
v=clump.spin(c<,i>) clump.spin(c<,i>)=v	查询/设置簇的角速度
t=clump.template(c)	查询关联簇 c 的模板指针,如不存在为空
p=clump.template.addpebble(c,f,v<,i>)	在模板(指针为 c)中增加一个球,半径为 f,位置 v
cl=clump.template.clone(c,s)	克隆一个簇模板,新模板名称 s,无簇指向它
v=clump.template.delete(c)	删除一个模板,指向它的簇不再关联
v=clump.template.deletepebble(c,p)	从一个簇 c 中删除一个 pebble(指针 p),无返回值

续表

调用实例	功能描述
v=clump.template.euler(c<,i>)（3D ONLY）	查询簇模板的相对方位，限三维情况
cp=clump.template.find(s)	查询名称为 s 的簇模板，返回其指针
cp=clump.template.findpebble(id)	查询编号为 id 的模板球的指针
l=clump.template.list	获取簇模板总列表
cl=clump.template.make(c,s)	通过一个刚性簇 c，制作一个模板，名为 s 指针 cl
id=clump.template.maxid	查询簇模板的最大编号
t=clump.template.moi(c<,i1<,i2>>)	查询簇模板的惯性矩
v=clump.template.moi.prin(c<,i>)	查询簇模板的主惯性矩
s=clump.template.name(c)	查询簇模板的名称
i=clump.template.num	查询簇模板的数量
v=clump.template.origpos(c<,i>) clump.template.origpos(c<,i>)=v	查询/设置簇模板的初始位置
l=clump.template.pebblelist(c)	获取关联簇模板 c 的所有 pebble 列表
f=clump.template.scale(c)	查询簇模板的相对缩放系数
i=clump.template.typeid	查询/设置簇模板的指针类型编号
f=clump.template.vol(c) clump.template.vol(c)=f	查询/设置簇模板的体积
i=clump.typeid	查询簇的指针类型编号
v=clump.vel(c<,i>) clump.vel(c<,i>)=v	查询/设置簇的速度矢量
f=clump.vol(c) clump.vol(c)=f	查询/设置簇的体积

有关 contact 的 FISH 内变量列表　　　　表 3-37

函数调用实例	功能描述
b=contact.activate(c) contact.activate(c)=b	查询/设置接触的激活标志，如果设置为 on，接触会一直保持激活，如果设置为 off，接触激活状态随时间步更新
b=contact.active(c)	查询一个接触 c 的激活状态
p=contact.end1(c)	查询接触 c 的片（piece）1 的指针
p=contact.end2(c)	查询接触 c 的片（piece）2 的指针
f=contact.energy(c,s)	查询能量部分的当前值，要首先用 set energy on 才可以调用，s 可取 edashpot、epbstrain、eslip 和 estrain，分别代表阻尼/平行黏结应变能/摩擦/应变能
f=contact.energy.sum(s1<,s2>)	查询接触上的累积能量，s1 为能量名称，s2 位接触类型等
a=contact.extra(c<,i>) contact.extra(c<,i>)=a	查询/设置接触特殊变量
i=contact.fid(c)	查询接触裂隙编号
cp=contact.find(s,id<,id2>)	通过接触类型 s 和 id 号查询接触指针
v=contact.force.global(c<,i>)	查询全局坐标下的接触力矢量
v=contact.force.local(c<,i>)	查询局部坐标下的接触力矢量

续表

函数调用实例	功能描述
f=contact.force.normal(c)	查询接触力的法向分量
f=contact.force.shear(c)	查询接触力的切向分量
f=contact.gap(c)	查询当前接触的接触间隙
s=contact.group(c<,i>) contact.group(c<,i>)=s	查询/设置接触分组
i=contact.group.remove(c,s)	将接触 c 从分组 s 中移除
m=contact.groupmap(s1<,i,s2>)	查询所有属于分组 s1 的激活接触列表
m=contact.groupmap.all(s1<,i,s2>)	获取所有属于分组 s1 的接触列表
i=contact.id(c)	查询接触的 id 号
b=contact.inherit(c,s) contact.inherit(c,s)=b	查询/设置接触的属性继承特性,如果设置为本模型不支持的属性,则放弃
b=contact.inhibit(c) contact.inhibit(c)=b	查询/设置接触的抑制标志
b=contact.isenergy(c,s)	查询接触模型能是否存在
b=contact.isgroup(c,s<,i>)	判断接触 c 是否属于分组 s
b=contact.isprop(c,s)	判断接触 c 是否具有属性 s
m=contact.list(<s>)	获取激活接触列表
m=contact.list.all(<s>)	获取所有接触列表
v=contact.method(c,s<,ar_args>)	查询接触 c 的模型定义方法,查不同接触模型说明
s=contact.model(c) contact.model(c)=s	查询/设置接触的模型名称
v=contact.moment.on1.global(cm<,i>)	查询全局坐标系下作用在 end1 上的接触弯矩
v=contact.moment.on1.local(cm<,i>)	查询局部坐标系下作用在 end1 上的接触弯矩
v=contact.moment.on2.global(cm<,i>)	查询全局坐标系下作用在 end2 上的接触弯矩
v=contact.moment.on2.local(cm<,i>)	查询局部坐标系下作用在 end2 上的接触弯矩
v=contact.normal(c<,i>)	提取接触的单位法向量
i=contact.num(<s>)	查询激活接触的数目
i=contact.num.all(<s>)	查询所有接触数目,包括未激活
v=contact.offset(c<,i>)	查询接触的偏移矢量
b=contact.persist(c) contact.persist(c)=b	查询接触的持久性标志,如果为真,则颗粒无法删除
v=contact.pos(c<,i>)	查询接触位置矢量
a=contact.prop(c,s) contact.prop(c,s)=a	查询/设置接触模型参数,s 为模型名称,c 为指针
v=contact.shear(c<,i>)	查询接触的剪切方向矢量
vr=contact.to.global(c,v)	将一个矢量从局部坐标系转换为全局坐标
vr=contact.to.local(c,v)	将一个矢量从全局坐标转换为局部坐标
i=contact.typeid(s)	查询接触类型为 s 的指针类型号

3.4 FISH 编程实例

3.4.1 利用 FISH 函数实现实体信息的输出

虽然 PFC5.0 中的命令操作与 FISH 功能已经非常强大，但是工程应用千差万别，如果希望对 PFC5.0 中的 wall、ball、clump、contact 等要素进行其他的操作，此时只要明白各类要素的 FISH 内变量规则，即可快速地将其信息导成文件，或者将第三方软件处理的信息导入 PFC 中。其功能可借助例 3-20 实现，如果想将已有的颗粒信息如图 3-1 所示，导入 PFC 软件，可参考例 3-21。

1	6.837949	5.574754	0.1362420	0
2	6.753821	5.337039	0.1159452	0
3	6.598828	5.505253	0.1128042	0
4	6.514267	5.276416	0.1311714	1
5	7.004992	5.359505	0.1362420	1
6	6.639496	5.730341	0.1159452	1
7	6.850236	5.826294	0.1156221	2
8	7.081416	5.591243	0.1078127	2
9	6.433417	5.648284	0.1058920	2
10	6.878068	5.154792	0.1046534	2
11	7.232254	5.440895	0.1051695	3
12	7.114255	5.846096	0.1491643	3
13	6.653509	5.979793	0.1339184	3
14	7.113314	5.111297	0.1346018	3
15	6.663241	5.063346	0.1288367	3
16	6.336565	5.448456	0.1161750	3
17	6.286149	5.238095	0.1001551	4
18	6.208531	5.645717	0.1190111	4
19	6.886253	4.906390	0.1439068	4
20	6.421190	5.874853	0.1210475	4
21	6.883949	6.044879	0.1055657	4
22	7.327052	5.241453	0.1156733	4

图 3-1　输入文件格式

例 3-20　将 PFC 中的颗粒、墙、接触位置信息输出为文本文件
;以二维为例说明如何将颗粒—墙—接触信息导出为文件
;Res aaa.sav 运行函数前,首先要选择模型状态
def output_balls_info
　　array ball_info(200000)
　　array buf(1)
　　i=0
　　ball_info_file_name='二维颗粒信息.dat'
　　status=file.open(ball_info_file_name,1,1)
ball_info_name_str=' VARIABLES="pos_x"　"pos_y" "rad"　"id"　"group"'
ball_info(i)=ball_info_name_str
　　loop foreach local bp ball.list
　　　　i=i+1　　　;ball 个数累计
　　　　ball_info_str=''+string(ball.pos.x(bp))+' '+string(ball.pos.y(bp))　+' '+string(ball.radius(bp))
　　　　ball_info(i)=ball_info_str+' '+string(ball.id(bp))+'　'+string(ball.group(bp))
　　end_loop

```
            max_i=i        ;记录的条数
            buf(1)=string(max_i)        ;颗粒数目
            status=file.write(buf,1)        ;先输出颗粒数目
            status=file.write(ball_info,max_i)        ;输出 max_i 个 ball 的信息
            status=file.close()
        end
    @output_balls_info        ;运行 ball 信息导出函数
```

例 3-21 将已知颗粒-墙信息的数据导入 PFC

```
new
domain extent -100 100 condition destroy        ;该项必须先定义,并保证涵盖颗粒、wall 的位置
    def import_balls_data_sc        ;读入颗粒的位置、半径等数据
        array arr(20000) var(20000,20)
        max_i=3890        ;颗粒数据个数
        max_j=5        ;数据列数,用于存储不同的数据
        status=file.open('ball_pos_and_radius.txt',0,1)        ;文件名,可以修改
        status=file.read(arr,max_i)        ;将所有的数据一次性导入到 arr 数组中
        status=file.close()        ;关闭文件
        ;拆分字符串
        loop _i(1,max_i)        ;循环,从第 1~max_i 个球信息
            loop _j(1,max_j)        ;第 i 球的第 j 个信息
                var(_i,_j)=string.token(arr(_i),_j)        ;提取第_i 行,第_j 列数据
                ir=string.token.type(arr(_i),_j)        ;检查数据类型 ir=0 缺失类型,=1 整数;=2 实数;=3 字符。
                val=string.token(arr(_i),_j)        ;提取数据
                caseof _j
                    case 1
                        ball_id=var(_i,_j)        ;第一列数据为 ball 的 id
                    case 2
                        ball_pos_x=var(_i,_j)        ;第二列数据为球心 x 坐标
                    case 3
                        ball_pos_y=var(_i,_j)        ;第三列数据为球心 y 坐标
                    case 4
                        ;ball_pos_z=var(_i,_j)        ;第四列数据为球心 z 坐标
                    ;case 5
                        ball_radius=var(_i,_j)        ;第五列数据为球半径
                    case 5
                        ball_group=var(_i,_j)
                endcase
```

```
        endloop
        ball_pos_vec=vector(ball_pos_x,ball_pos_y,ball_pos_z)    ;矢量化
        bp=ball.create(ball_radius,ball_pos_vec,ball_id)    ;利用FISH函数创建
一个颗粒
        ball.group(bp)=string(ball_group)    ;定义球的分组
    endloop
end
@import_balls_data_sc    ;运行颗粒导入函数
```

有些研究者熟悉PFC3.1的软件，却不习惯5.0，此时在PFC5.0中建立好的wall、ball信息可以通过PFC5.0的内部函数写成PFC3.1版本的命令。由于PFC5.0建立复杂的ball-wall体系非常方便，用5.0版本进行的建模，同样可以用3.1版本的软件去计算。注意：本例只是说明数据信息的转换，由于PFC5.0的计算效率高得多，不推荐这样做。编制结果见例3-22。

例3-22 将PFC5.0模型转化为PFC3.1命令流

```
def    output_spheres_information    ;PFC5.0的球信息写成PFC3.1可识别的txt文件
    array buf2(1)
    filename='PFC3d_model_spheres.txt'
    status=file.open(filename,1,1)
    n=0
    loop foreach local bp ball.list
        n=n+1
        x=ball.pos.x(bp)
        y=ball.pos.y(bp)
        z=ball.pos.z(bp)
        rrr=ball.radius(bp)
        buf2(1)=string(' ball radius ')+string(rrr)+'
 '+string(' id')+'='+
string(n)+'
 '+string(' x=')+string(x)+' '+string(' y=')+string(y)+' '+string(' z=')+
string(z)
        status=file.write(buf2,1)    ;输出Max_i个ball的信息
    endloop
    buf2(1)=string(' group 1    range id=    1')+string(n)
    status=file.write(buf2,1)
    status=file.close()
end
@output_spheres_information
def    output_wall_information    ;将PFC5.0中生成wall导出为PFC3.1可直接读取的txt版本命令
```

```
array buf3(1)
array ifnor(200000)
filename='model_PFC3d_wall.txt'
filename2='wall.information.txt'
status=file.open(filename,1,1)
xmin=1000000.
xmax=-10000000.
ymin=1000000000.
ymax=-100000000.
zmin=100000000.
zmax=-1000000000.
loop foreach local v wall.vertex.list
    x=wall.vertex.pos.x(v)
    y=wall.vertex.pos.y(v)
    z=wall.vertex.pos.z(v)
    if x<xmin then
        xmin=x
    endif
    if x>xmax then
        xmax=x
    endif
    if y<ymin then
        ymin=y
    endif
    if y>ymax then
        ymax=y
    endif
    if z<zmin then
        zmin=z
    endif
    if z>zmax then
        zmax=z
    endif
endloop
ifnor(1)=string('set or reset random-number generator')
ifnor(2)=string('macro wall_kn_ks kn 2.5e8 ks 2.5e8 fric 0.1')
ifnor(3)=string('macro zero ini xvel 0 yvel 0 xdisp 0 ydisp 0 xspin 0 yspin 0 zspin 0')      ;注意生成文件要修改下宏定义
ifnor(4)=string('def delete_yichu_particles')
```

```
ifnor(5)=string(' command')
ifnor(6)=string(' dele ball range x -100000 ')+' '+string(xmin-10.0)
ifnor(7)=string(' dele ball range x ')+' '+string(xmax+10.0)+' 1000000'
ifnor(8)=string(' dele ball range y -100000 ')+' '+string(ymin-10.0)
ifnor(9)=string(' dele ball range y ')+' '+string(ymax+10.0)+' 1000000'
ifnor(10)=string(' dele ball range z -100000 ')+' '+string(zmin-10.0)
ifnor(11)=string(' dele ball range z ')+' '+string(zmax+10.0)+' 1000000'
ifnor(12)=string(' endcommand ')
ifnor(13)=string(' end ')
n=13
n0=n
k=0
loop foreach local wp wall.list
    s=wall.group(wp)
    if s # 'exterior_surface'    ;s='landslide_surface' then
        loop foreach local fp wall.facetlist(wp)
            v1=wall.facet.vertex(fp,1)
            v2=wall.facet.vertex(fp,2)
            v3=wall.facet.vertex(fp,3)
            x1=wall.vertex.pos(v1,1)
            y1=wall.vertex.pos(v1,2)
            z1=wall.vertex.pos(v1,3)
            x2=wall.vertex.pos(v2,1)
            y2=wall.vertex.pos(v2,2)
            z2=wall.vertex.pos(v2,3)
            x3=wall.vertex.pos(v3,1)
            y3=wall.vertex.pos(v3,2)
            z3=wall.vertex.pos(v3,3)
            k=k+1
            n=n+1
            ifnor(n)=string(' wall id=')+string(k)+'  face ('+string(x1)+','+string(y1)+','+string(z1)+')'
            ifnor(n)=ifnor(n)+' ('+string(x2)+','+string(y2)+','+string(z2)+')'
            ifnor(n)=ifnor(n)+' ('+string(x3)+','+string(y3)+','+string(z3)+')'
        endloop
    endif
endloop
```

```
        max=n
        status=file.write(ifnor,n)    ;输出 max_i 个 wall 定义前的 PFC 3.1 命令信息。
        loop nn(1,k)
            buf3(1)=string(' wall id   ')+string(nn)+' '+string(' wall_kn_ks')
            status=file.write(buf3,1)    ;输出 max_i 个 wall 的 PFC3.1 命令
        endloop
        status=file.close()
end
@output_wall_information
```

在 PFC5.0 中,对接触的调用循环主要有两种方式(图 3-2),一种是对所有接触通过 loop foreach 依次循环调用方法,另一种是基于接触的片(end1-end2)进行信息检索,然后利用 ontactmap 进行循环检索。两种循环方式见例 3-23、例 3-24。

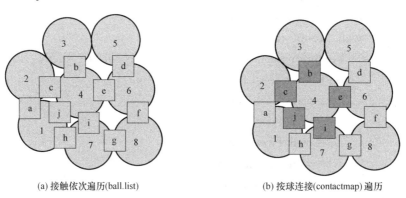

(a) 接触依次遍历(ball.list)　　(b) 按球连接(contactmap)遍历

图 3-2　接触遍历的两种模式

例 3-23　依次查询接触信息并输出

```
;restore unbonded     ;必须基于某一状态
def contact_search_method_1    ;循环依次查询接触信息,图 3-2 格式
    array contact_info(1000000)
    count=0
    contact_info_file_name='二维接触信息.dat'
    status=file.open(contact_info_file_name,1,1)
    loop foreach local cp contact.list
        ;if type.pointer(cp)=' ball-ball' then    ;通过接触类型,进行判断
            ;具体的某些操作
        ;else if type.pointer(cp)=' ball-facet' then
        ;操作
        ;endif
        bp1=contact.end1(cp)    ;接触的两个 piece 中第一个
        bp2=contact.end2(cp)    ;接触的两个 piece 中第二个
        node_pos_vec1=ball.pos(bp1)    ;第一个 piece 肯定是 ball 中心矢量
```

```
            if type.pointer(bp2) # 'facet' then           ;第二个可能是 ball 也可能是 facet
                node_pos_vec2=ball.pos(bp2)              ;如果第二个是 ball,则取第二个 ball
的中心矢量
            else
                node_pos_vec2=contact.pos(cp)            ;如果是 facet,则取接触位置
            endif
            ;在接触对象间建立几何图形
            geom_set_name=string.build('contact_%1',cp)  ;几何图形集名称
            gp=geom.set.create(geom_set_name)            ;创建几何图形,指针 gp
            np1=geom.node.create(gp,node_pos_vec1)       ;第一个节点
            np2=geom.node.create(gp,node_pos_vec2)       ;第二个节点
            ep=geom.edge.create(gp,np1,np2)              ;建立边
            lp=label.create(contact.pos(cp))             ;创建标签
            label.text(lp)=geom_set_name                 ;标签内容
            count=count+1        ;接触累加
            contact_info(count)=string(contact.pos.x(cp))' '+string(contact.pos.y(cp))
            contact_info(count)=contact_info(count)+' '+ string(contact.model(cp))
            contact_info(count)=contact_info(count)+' '+ string(contact.method(cp))
            contact_info(count)=contact_info(count)+' '+ string(contact.prop(cp,'kn'))
            contact_info(count)=contact_info(count)+' '+ string(contact.prop(cp,'ks'))
            ;输出参数应该跟采用的模型一致,参数名称查看相应模型
        end_loop
        status=file.write(contact_info_file,count)       ;输出 count 个接触信息
        status=file.close()
end
@contact_search_method_1          ;运行函数
list @count        ;查询接触数目
```

例 3-24 基于 map 方式查询接触

```
;restore unbonded       ;必须基于某一状态
def contact_search_method_2(id0)          ;指定 ball 的 id 号,查询其周围的接触并输出
    bp=ball.find(id0)
    count=0
    loop foreach local cp ball.contactmap(bp)       ;利用 map 变量循环查询
        bp1=contact.end1(cp)         ;接触的两个端 piece
        bp2=contact.end2(cp)
        node_pos_vec1=ball.pos(bp1)
        if type.pointer(bp2)='ball' then             ;还可以利用 type.pointer.id 来区分
            node_pos_vec2=ball.pos(bp2)
        else
```

```
                node_pos_vec2=contact.pos(cp)
            endif
            ;在接触对象间建立几何图形
            geom_set_name=string.build('contact_%1',cp)      ;几何图形集名称
            gp=geom.set.create(geom_set_name)                ;创建几何图形,指针 gp
            np1=geom.node.create(gp,node_pos_vec1)           ;第一个节点
            np2=geom.node.create(gp,node_pos_vec2)           ;第二个节点
            ep=geom.edge.create(gp,np1,np2)          ;建立边
            lp=label.create(contact.pos(cp))         ;创建标签
            label.text(lp)=geom_set_name             ;标签内容
            count=count+1            ;接触累加
        end_loop
    end
@contact_search_method_2
list @count
```

例 3-25 是将颗粒接触信息按照顺序,导出接触位置、接触法向量、接触切向量,法向接触力、切向接触力,然后根据接触力的方向、大小,自编程序绘制组构图的实例,该方法是进行颗粒材料分析时的重要方法,可参考 Rothenburg 和 Bathurst 提出的颗粒间接触力分布描述函数对颗粒间接触力分布,结果在 AutoCAD 中的显示如图 3-3 所示。

例 3-25 分布力导出并绘图

```
    res ini    ;必须基于某一状态
    def export_contact_normal_and_shear_force     ;依次循环法向与切向接触力,并归类绘制组构图
        array contact_info(1000000)
        count=1
        contact_info_file_name='PFC_contact_information.dat'
        status=file.open(contact_info_file_name,1,1)
        contact_info(count)=string(contact.num)
    loop foreach local cp contact.list
    count=count+1
    contact_info(count)=string(contact.id(cp))+' '+string(contact.pos.x(cp))+' '
+string(contact.pos.y(cp))
        contact_info(count)=contact_info(count)+' '+string(contact.normal.x(cp))+' '
+string(contact.normal.y(cp))
        contact_info(count)=contact_info(count)+' '+string(contact.shear.x(cp))+' '+
string(contact.shear.y(cp))
        contact_info(count)=contact_info(count)+' '+string(contact.force.normal(cp))
+' '+string(contact.force.shear(cp))
        end_loop
```

```
            status=file.write(contact_info,count)    ;输出 count 个接触信息
            status=file.close()
end
@export_contact_normal_and_shear_force    ;运行函数
;导出数据后，可以利用编程或其他数据处理方法绘制接触力在不同方向上的分布
```

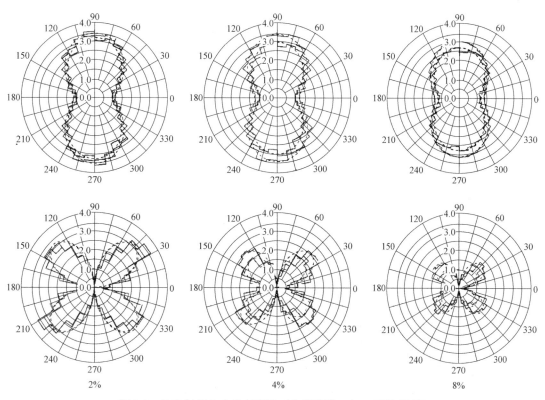

图 3-3　法向与切向力分布统计（自编程序，AutoCAD 显示）

3.4.2　利用 FISH 函数生成各种分布随机数

岩土工程中细观特征、位置、排列都是随机数，不同的量可服从不同的分布，对各几何参数模型的描述中经常用到均匀分布、负指数分布、正态分布和对数正态分布、威布尔等随机分布模型，现将各种随机模型的数学描述及其相应随机数的生成方法简介如下。

设 R_i 服从 (0, 1) 区间的均匀分布（利用 math.random.uniform），N_i 服从标准正态分布 N (0, 1)（利用函数 math.random.gauss），可以按以下方法产生其他随机分布模型：

区间 (A, B) 上的均匀分布：
$$x_i = A + (B-A)R_i \tag{3.4.1}$$

指数为 λ 的负指数分布：
$$x_i = -[\ln(1-R_i)]/\lambda \tag{3.4.2}$$

一般正态分布 N (μ, σ)：
$$x_i = \sigma N_i + \mu \tag{3.4.3}$$

对数正态分布：

$$x_i = \exp(N_i) \tag{3.4.4}$$

两参量威布尔分布：

$$x_i = \beta * \left[\ln(1-R_i)\right]^{1.0/\alpha} \tag{3.4.5}$$

例 3-26 是利用 FISH 函数中 0～1 均匀分布与标准正态分布随机数的生成，构造各种分布的随机数，可形成服从不同分布变量的分布函数。

例 3-26 随机数与随机分布生成实例

```
def qujian(A,B)           ;返回一个 A～B 间的均匀随机数
    freq=math.random.uniform    ;0～1 之间的随机数
    qujian=A+(B-A)*freq
end
;其他实例见式定义
def weibull(alfa,beta)    ;韦布尔分布函数
    global t="weibull"    ;字符变量 t
    loop local i (1,10000);循环次数
        freq=math.random.uniform    ;0～1 之间的随机数
        temp =beta*(-math.ln(1.0-freq))^(1.0/alfa);韦布尔分布随机数
        table(t,temp)=freq
    endloop
end
@weibull(1.5,2)
def log_normal(nu,sigma)    ;对数正态分布函数
    global t="log_normal"    ;字符变量 t
    loop local i (1,10000);循环次数
        freq=math.random.gauss    ;标准正态分布随机数
        freq=freq*sigma+nu        ;正态分布变量
        temp =math.exp(freq)      ;正态分布随机数
        table(t,temp)=freq
    endloop
end
@log_normal(15,2)
```

3.4.3 利用 FISH 函数将分组颗粒构造为柔性簇

在 PFC 中，可以利用 ball group+range 对接触的颗粒进行分组，但这种方法在循环调用簇、簇中颗粒时需要不断判断才能遍历循环，此时可以将每一个 group 写成一个 map 变量，map 变量中的健仍然为一个二级 map 变量，二级 map 变量由 ball 的地址构成，就可以实现按柔性簇对颗粒遍历。如下实例可展示这一实现过程，先生成构造簇，然后遍历逐个删除，实现过程见例 3-27。

例 3-27 柔性簇的构建实例

```
new
domain extent 0 2
```

```
set random 10001
ball distribute porosity 0.3 radius 0.01 0.02 box 0 2 0.0 2.0
ball group group1 range x 0 1
ball group group2 range x 1 2
define add_cluster（name）      ;将属于同一个组的颗粒写入一个map函数,用于遍历循环
    map_name=map（）
    id0=0
    loop foreach local bp ball.list
        sss=ball.group（bp）
        if sss=name
          id0=id0+1
          b=map.add（map_name，id0，bp）
          ball.extra（bp，1）=1
        endif
    endloop
end
;针对所有ball,检查共有多少个cluster,然后针对每个cluster利用map函数存储ball
define  assign_cluster
  cluster_list=map（）      ;用来存储所有的cluster
  num_cluster=0     ;cluster的数目
  id_cluster=0      ;编号
  loop foreach bp ball.list  ;所有颗粒循环,利用分组名称判断有多少个cluster
    if ball.extra（bp，1）=0 then
        ss=ball.group（bp）
        nflag=0      ;不重复
        loop foreach local cp cluster_list
            if（map.has（cp，ss））then      ;查询是否有一个键值为ss的cluster
                nflag=1
            endif
        endloop
        if nflag=0 then      ;把所有的属于该group的颗粒归入同一个cluster
            num_cluster=num_cluster+1
            id_cluster=id_cluster+1
            name1=string.build（'name%1'，id_cluster）
            add_cluster（ss）      ;此处设置cluster变量名为group名,建议不要是中文
```

```
                b=map.add（cluster_list，id_cluster，map_name）
            endif
        endif
    endloop
end
@assign_cluster        ；运行
；这样就可以采用类似ball.list相似方法按照cluster，ball进行循环
define   out_put_datas
    num_clusters=map.size（cluster_list）
    ii=io.out（'The number of cluster is'+string（num_cluster））
    id=0
    loop foreach cp cluster_list        ；所有cluster循环
        id=id+1
        num_ball=map.size（cp）
        aaaa=   map.keys（cp）        ；每个cluster内的ball循环
        loop foreach m aaaa
            bp0=map.value（cp，m）
            x=ball.radius（bp0）
            id1=ball.id（bp0）
            command
                list @id   @x
                ball delete range id @id1        ；逐个循环删除
            endcommand
        endloop
    endloop
end
@out_put_datas        ；运行
```

3.4.4 FISH 随机生成颗粒簇

利用 PFC 中自带的 FISH 函数可以近似地将相互联系的颗粒黏结成柔性簇，用于模拟具有聚团特性的细观特征。花岗石试样的随机生成方法：考虑花岗石是由石英、长石、云母随机构成的，设定石英占比 50%，长石占 40%，云母占 10%，首先假定所有颗粒均为石英，然后随机选择部分作为长石、云母的种子颗粒，然后采用聚团特性将之选出，并分别赋予长石与云母分组（注意：未对不同的簇单独分组）。实现命令及 FISH 函数见例3-28，随机生成的矿物分布如图 3-4 所示。

例 3-28 随机颗粒簇的聚类生成方法

```
new
domain extent －10.0 10.0 condition destroy
cmat default model linear property kn 1.0e8
```

第3章 奔向颗粒流高级应用的桥梁：FISH 语言

图 3-4 随机颗粒簇生成

```
wall generate box -5.0 5.0 onewall
set random 10001
ball distribute porosity 0.16 radius 0.02 0.04 box -5.0 5.0
ball attribute density 1000 damp 0.1
cycle 5000 calm 10
cycle 5000
save ini        ;首先生成良好的接触模型，因为要用接触来随机生成簇
ball group 'quartz'        ;所有的 ball 默认为石英
[area_feldspar_and_mica=0.0]
define area_particles        ;计算所有 ball 的面积，利用面积比控制随机长石、云母的生成
    area_total=0.0
    loop foreach local bp ball.list
        area_total=area_total+math.pi*ball.radius(bp)*ball.radius(bp)
    endloop
end
@area_particles        ;计算球的总面积
[num_feldspar=0]
[num_mica=0]
define mak_clusters_sc
    ;随机生成一些种子，长石占 10%，云母占 3%
    loop foreach local bp ball.list
        xx=math.random.uniform
        if xx < 0.1 then
            ball.group(bp)='feldspar'        ;随机选择的长石 ball
            area_feldspar=area_feldspar+math.pi*ball.radius(bp)*ball.radius(bp)
            num_feldspar=num_feldspar+1
```

```
            endif
        if xx > 0.97 then          ;随机选择的云母 ball
            ball.group(bp)='mica'
            area_mica=area_mica+math.pi*ball.radius(bp)*ball.radius(bp)
            num_mica=num_mica+1
        endif
    endloop
    loop foreach  bp ball.list
        sssname=ball.group(bp)
        if sssname =='quartz' then       ;如果是石英,则不需要判断周边接触
        ;i=io.out('quartz')
            continue
        endif
        loop foreach local cp ball.contactmap(bp,contact.typeid('ball-ball'))
            ;沿着随机种子判断周围相接触的 ball
            if contact.end1(cp)=bp then        ;选择接触的球
                bp_other=contact.end2(cp)
            else
                bp_other=contact.end1(cp)        ;得到其指针
            endif
            if ball.group(bp_other)#'quartz' then    ;如果不是石英 ball,则不考虑
                continue
            endif
            if rat111 < 0.40   then     ;长石 ball 判断条件
            if sssname=='feldspar' then
                ball.group(bp_other)='feldspar'
                area_feldspar=area_feldspar+math.pi*ball.radius(bp_other)*ball.radius(bp_other)
                num_feldspar=num_feldspar+1
                rat111=area_feldspar/area_total
            endif
            endif
            if rat222 < 0.10 then      ;云母 ball 判断条件
            if sssname =='mica' then
                ball.group(bp_other)='mica'
                area_mica=area_mica+math.pi*ball.radius(bp_other)*ball.radius(bp_other)
                num_mica=num_mica+1
                rat222=area_mica/area_total
```

```
            endif
          endif
        endloop
      endloop
end
@mak_clusters_sc
```

3.4.5 利用 FISH 计算边坡的动力响应

PFC 中的 table 命令，是从外部导入时间序列，然后可利用该序列设置颗粒的速度、加速度、位移等边界条件，进而实现复杂的颗粒体系运动。另外 PFC 内变量中专门设置了 extra 变量，用于 ball、clump、contact 等自定义变量设置，每个 extra 最多可设置 128 个存储槽（slot），非常方便。例 3-29 为利用 table 读取地震波数据，然后实现边坡动力响应实例。

1. PFC 中表格数据读入与输出

```
table 1 delete                    ;删除表 1
table 3 erase                     ;删除表 2 中数据，但保留空表
table 2 write sss truncate        ;默认文件后缀为 .dat
table 2 write sss.dat truncate    ;truncate 覆盖已有数据，如果为 append 则续写，csv
用逗号隔开
table 5 read  sss                 ;默认格式 .tab 不需要写后缀
table 5 read  sss.dat             ;非默认后缀形式需要写全
```

读取文件的格式有如下规定：①第一行为注释，并默认为表格的名称；②第二行为两个数据，第一个为数据个数 N，第二个为数据 x 的间隔，如果间隔不为 0，后续的数据为 N 个数据的 y 值；如果数据 x 间隔为 0，则表明数据 x 间隔不相等，后续数据为 N 个数据对 (x, y)。

2. 边坡的峰值动力响应分析

在岩土工程中，边坡的动力响应分析是很重要的内容，是计算边坡反应谱的依据。例 3-29 基于 FISH 中的 ball.extra 函数记录最大速度响应，其分布如图 3-5 所示。

例 3-29 边坡动力响应的计算实例

```
new
domain extent -1 11 condition destroy
Geometry import shichong.dxf          ;必须用 polyline 绘制模型的轮廓
wall import filename shichong.dxf
ball distribute porosity 0.16 radius 0.05 0.075 range geometry shichong count odd
ball attribute density 1000 damp 0.1
cmat default model linear property kn 1.0e9  fri 0.1    ;默认接触参数
set timestep scale
cyc 1000 calm 10
set timestep auto
solve aratio 1e-5
ball delete range geometry shichong count odd not
```

save ini
res ini
contact model linearpbond range contact type 'ball-ball'
contact method bond gap 1.0e-5
contact method deform emod 5e7 krat 2.0 range contact type 'ball-ball'
contact method pb_deform emod 5e7 kratio 2.0 range contact type 'ball-ball'
contact property dp_nratio 0.1 range contact type 'ball-ball'
contact property fric 0.8 range contact type 'ball-ball'
contact property lin_mode 1 pb_ten 4e7 pb_coh 2e7 pb_fa 45 range contact type 'ball-ball'
set grav 10.0
ball group 'bottom_particle' range y-1.0 0.2
ball group 'left_particle' range x-1.0 0.2
ball group 'right_particle' range   x 9.8 11.0
ball attribute contactforce multiply 0.0 contactmoment multiply 0.0
ball attribute velocity multiply 0.0
ball attribute displacement multiply 0.0
ball fix yvel   range group bottom_particle
ball fix xvel range group left_particle
ball fix xvel range group right_particle
wall delete walls
cyc 5000
solve aratio 1e-5
save balance
ball attribute damp 0.0
;边界颗粒间的接触设置为永久有效，防止计算过程中破坏
define contact_design
   num=0
   loop foreach cp contact.list('ball-ball')
      bp1=contact.end1(cp)
      bp2=contact.end2(cp)
      sss1=ball.group(bp1)
      sss2=ball.group(bp2)
      if sss1='bottom_particle' then
         if sss2=sss1 then
            contact.activate(cp)=true
            num=num+1
         endif
      endif

```
            if sss1='left_particle' then
                if sss2=sss1 then
                    contact.activate(cp)=true
                    num=num+1
                endif
            endif
            if sss1='right_particle' then
                if sss2=sss1 then
                    contact.activate(cp)=true
                    num=num+1
                endif
            endif
    endloop
    i=io.out('all the contact acitivated forever is'+string(num))
end
@contact_design
table 5 read wolong_ud.txt      ;速度波导入,时间间隔相同
table 6 read wolong_ew.txt      ;水平波
set echo off
define apply_seismic
    real_time=mech.age-old_time
    n1=table.size(5)
    n2=table.size(6)
    fff_y=table(5,real_time)
    fff_x=table(6,real_time)
    command
        ball attribute yvel [fff_y] xvel [fff_x] range group bottom_particle
    endcommand
    ;此处也可以改成控制wall的速度,也可按照透射边界控制边界颗粒
end
define assign_ball_extra
    loop foreach bp ball.list
        vvv=math.sqrt(ball.vel.x(bp)^2+ball.vel.y(bp)^2)
        ball.extra(bp,1)=math.max(vvv,ball.extra(bp,1))
    endloop
end
set fish callback 8.0 @apply_seismic
set fish callback 9.0 @assign_ball_extra
set mech age 0.0
```

[old_time=mech.age]
plot create plot 'dynamic_response'
plot ball colorby numericattribute extra extraindex 1
plot create plot 'table'
plot table 5 6
[load_halt=0]
define load_halt
　　ttt=mech.age-old_time
　　if ttt > 5.0　　;求解时间
　　　　load_halt=1
　　endif
end
solve fishhalt @load_halt
save seismic

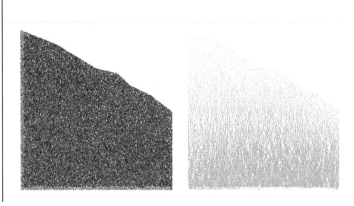

(a) 初始模型

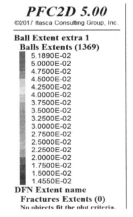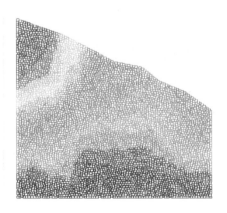

(b) 最大速度响应

图 3-5　边坡动力响应计算实例

；注意：本实例没有考虑动力透射边界，因此边界上均存在反射，按照动力学原理如果需设置，可参考第 7 章所示方法。

3.5 本章小结

FISH 语言是熟练采用 PFC5.0 解决复杂问题的重要工具。在了解了 FISH 语言的基本规则时，不仅可以实现复杂的模型构建，还可以对模型中对象（球、簇、接触等）进行复杂的监控与操作。

学好 FISH 语言，是迈向离散元高级分析的重要阶梯。

第 4 章 伺服机制及数值试验实现技术

由于颗粒离散元法模拟材料力学行为的第一步就是初始模型生成，即用颗粒元离散研究对象，在感兴趣的区域内生成颗粒体系。为了使模拟结果接近真实的物理过程，一个合理的模型需满足如下要求：

（1）所生成的颗粒体系堆积密度能够反映模拟对象的真实情况。如在模拟土体的力学行为时，需要生成密度较小的颗粒体系，而用离散元法模拟岩石材料的破坏与损伤时，则要求生成密度相对较大的颗粒体系。

（2）所生成模型的颗粒尺寸分布满足指定要求。离散元模拟结果因尺寸分布的不同会有较大差异，因而颗粒的尺寸分布应与模拟对象的尺寸分布对应。

（3）颗粒间的接触精度足够高。要求模型生成算法所生成的颗粒体系中相邻颗粒间的重叠量足够小，需要尽可能提高算法精度从而减小颗粒间的重叠量。

（4）体系中颗粒与边界紧密接触，完整耦合。要使位于边界处的颗粒与边界相切，并且边界与颗粒体系间的孔隙尽可能小，由此便于外载荷的施加，否则模拟结果与实际物理模型会产生较大差异。

（5）体系中颗粒处于受力平衡状态。在生成的初始构形中，每个颗粒所受合力为 0，否则，在离散元计算中，即使在不施加外荷载的情况下，个别颗粒也会在重力作用下发生运动，与实际情况不符。

然而，遗憾的是，我们初始建立的模型多数是不能满足这些要求的，这时候我们就需要利用伺服机制，以强迫模型接近于我们想要的状态。

所谓伺服，即通过模型边界条件的调整，使得颗粒体系间的接触尽可能快地达到理想状态，然后再在其基础上开展加载分析。这一过程是颗粒流用于材料、物理、力学分析的关键所在。

颗粒流的一个重要用途就是再现岩土力学实验，按照情况选择伺服模式，然后根据本章介绍的原理，借助本章提供的压缩、剪切、拉伸等试验的命令流实例，可以很容易地掌握数值试验命令流的编制方法。

4.1 颗粒流中的边界伺服机制

4.1.1 伺服原理

图 4-1 中 i、j、k 分别代表相邻的三个 wall，其顺序保持为逆时针（顺时针也可），但后续的公式推导需要注意向量的方向。由于模型边界 wall 转向部位颗粒很容易产生应力集中现象，且由于模型边界是固定的，不同位置的颗粒间因重叠量的不同应力状态差异性很大。此时，若以该颗粒模型开始进行数值模拟，在施加边界条件（即移除边界 wall 束缚）时局部应力集中的颗粒间应变能的快速释放会直接造成颗粒快速大量逃逸。因此，模型必须保证在施加边界条件时颗粒间应力处于很低状态，对于复杂的边界约束 wall 采用

伺服机制可很好地实现该目标。

在边界施加应力边界伺服，一方面可以最大可能的释放颗粒间的应变能，另外可以促使颗粒位置不断调整实现区域均匀孔隙率、均匀应力。这需要对边界 wall 施加一定的速度来以表示恒定约束力，二维情况下边界 wall 的法向速度可写为

$$\dot{u}_n^w = G(\sigma^{\text{measured}} - \sigma^{\text{required}}) = G\Delta\sigma \tag{4.1.1}$$

其中

$$\sigma^{\text{measured}} = \sqrt{f_{wx}^2 + f_{wy}^2}/A \tag{4.1.2}$$

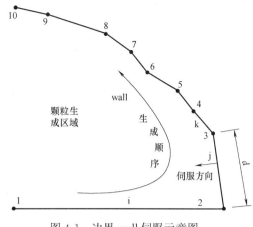

图 4-1　边界 wall 伺服示意图

式中：f_{wx}，f_{wy} 为 wall 与颗粒在 x、y 方向的接触力；A 为边界 wall 面积，对于厚度视为 1 的二维问题，取 $A=d$，d 为边界 wall 长度。

若将 wall 法向速度 $\dot{u}_n^w$ 分别投影至水平方向 x 和竖直方向 y，则下一时间步 wall 伺服速度为

$$\begin{cases} v_{ix} = \dot{u}_n^w \cdot n_x \\ v_{iy} = \dot{u}_n^w \cdot n_y \end{cases} \tag{4.1.3}$$

式中：n_x、n_y 分别为第 i 个边界 wall 的在 x、y 方向的单位向量，法向向量方向指向颗粒生成区域；v_{ix}、v_{iy} 为边界 wall 水平方向和竖直方向的伺服速度。

通过不断调整水平和竖直方向的伺服速度，同时统计颗粒与边界 wall 的接触数目，然后计算下一时步的伺服参数 G，再次获得边界 wall 法向速度开始下一时步的伺服，这样不断循环，直至调整所有边界 wall 平均接触应力达到指定要求。

若 N_c 是边界 wall 与颗粒的接触数目，$k_n^{(W)}$ 为平均接触刚度，则单位时间步内由边界 wall 运动引起的接触力变化量为

$$\Delta F^{(W)} = k_n^{(W)} N_c \dot{u}_n^{(W)} \Delta t \tag{4.1.4}$$

边界 wall 的平均接触应力改变量为

$$\Delta\sigma^{(W)} = k_n^{(W)} N_c \dot{u}^{(W)} \Delta t / A \tag{4.1.5}$$

由于边界 wall 应力必须小于测试应力与理论应力差值的绝对值，若假定存在一个应力释放因子 α，则有

$$|\Delta\sigma^{(W)}| < \alpha|\Delta\sigma| \tag{4.1.6}$$

联立式（4.1.5）、式（4.1.6）、式（4.1.7），可知

$$\frac{k_n^{(W)} N_c G |\Delta\sigma| \Delta t}{A} < \alpha \tag{4.1.7}$$

可得伺服调整系数为

$$G = \frac{\alpha A}{k_n^{(W)} N_c \Delta t} \tag{4.1.8}$$

三维原理类似，在此不作赘述。

4.1.2 伺服方法

在颗粒离散元模型中，存在刚性伺服与柔性颗粒膜伺服两种方式。

如图 4-2 是基于不同模拟边界的离散元双轴试验模型。

其中，图 4-2（a）为传统的基于刚性边界的示意图。试验模型是由上、下、左、右四个无摩擦的刚性墙体组成，其中上、下墙体是被用作刚性加载板，通过对其上下相向缓慢移动来对试样进行轴向加载，且加载中上、下墙体的轴向移动速度均被固定为某个值。同时在试验加载中，利用伺服机制调整侧向墙体的速度来对试样施加恒定的围压，而这种围压施加方式属于刚性加载，试验中限制了试样侧向的自由变形。

图 4-2（b）为基于柔性边界模拟的双轴试验模型示意图。该试验模型是将传统双轴试验模型中两个侧向刚性墙体分别替换为两列由相同大小颗粒组成的柔性颗粒膜。试验中，将膜颗粒黏结起来模拟柔性膜，膜颗粒间的黏结则是采用接触黏结模型（contact-bond-model）进行模拟，以保证颗粒间只传递力而不传递力矩，同时为了防止试验加载过程中颗粒膜的破坏，模拟中将膜颗粒间的黏结强度设置为一个较大值。试验围压则是通过对膜颗粒施加等效集中力进行模拟，在每一步计算中，通过伺服调整膜颗粒上施加的等效集中力来维持恒定的试验围压。

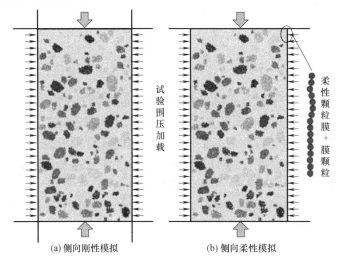

(a) 侧向刚性模拟　　(b) 侧向柔性模拟

图 4-2　常见的伺服机制

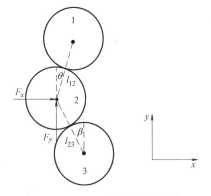

图 4-3　柔性颗粒膜等效力施加

图 4-3 为膜颗粒上施加的等效集中力计算示意图。对于任意的一个膜颗粒，施加于其上的等效集中力 F 可以按下式进行计算：

$$\begin{cases} F_x = 0.5 \cdot (l_{12}\cos\theta + l_{23}\cos\beta)\sigma_{\text{confining}} \\ F_y = 0.5 \cdot (l_{12}\sin\theta + l_{23}\sin\beta)\sigma_{\text{confining}} \end{cases} \quad (4.1.9)$$

式中，F_x、F_y 分别为施加到颗粒 2 上 x、y 方向的等效集中力，l_{12}、l_{23} 分别为颗粒 2 球心与颗粒 1、3 球心的长度和，$\sigma_{\text{confining}}$ 为试验施加的伺服围压。

4.2 二维与三维压缩试验实现

压缩试样多数采用长方体(长方形、立方体、长方体试样),其实现过程可包含如下部分:①约束 wall(或 ball)的制作;②颗粒材料体系的生成;③伺服使模型均匀、接触良好;④接触参数赋值;⑤控制压缩过程,获取应力—应变曲线进行分析。本节分别针对二维、三维真三轴、三维圆柱假三轴压缩试验过程介绍如何用命令流实现。使用时只需要修改对应位置,补充一些代码、参数即可。

4.2.1 二维压缩试验命令流编制

二维双轴试验装置如图 4-4 所示,内部包含一定的刚性簇(Clump)颗粒,其模型的生成、伺服、稳定、赋参、实验过程命令流见例 4-1。

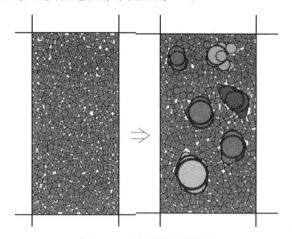

图 4-4 二维压缩试验计算

例 4-1 二维双轴压缩试验命令编制

```
New                          ;清除内存
[ballFriction=0.0]           ;定义一个变量,用于球间摩擦系数的设置
[wallFriction=0.0]           ;定义一个变量,用于 wall-ball 接触摩擦系数赋值
[filename='loose']
set echo off      ;关闭,如下的一些 FISH 语句不在命令窗口出现
   call StrainUtilities.p2fis    ;PFC5.0 自带的应变函数集,在安装目录下很容易找到
   call StressUtilities.p2fis    ;PFC5.0 自带的应力函数集,安装目录下很容易找到
set echo on       ;打开,将以下命令显示于命令窗口
domain extent -5 10 -5 15   ;定义显示范围,必须大于 wall、ball 的边界
cmat default model linear method deformability emod 1.0e8 kratio 2.5      ;默认接触属性
wall generate name 'vessel' box 0 5   0 10.0 expand 1.5
;生成一个四边形 wall,name、编号默认,两端扩展长度
[wp_left  =wall.find('vesselLeft')]    ;利用默认的名称分别找到四个 wall 的地址
[wp_right =wall.find('vesselRight')]
```

```
[wp_bot=wall.find('vesselBottom')]
[wp_top=wall.find('vesselTop')]
define wlx        ;该函数用于确定试样的宽度
    wlx=wall.pos.x(wp_right)-wall.pos.x(wp_left)
end
define wly        ;该函数用于确定试样的高度
    wly=wall.pos.y(wp_top)-wall.pos.y(wp_bot)
end
set random 10001        ;随机数,可以为任意整数
ball distribute porosity 0.2 radius 0.05 0.2 box 0 5 0.0 10.0
;随机生成试样颗粒0.02~0.2m,孔隙率0.2
ball attribute density 2500.0 damp 0.7    ;定义密度与阻尼
ball property fric @ballFriction    ;利用属性继承定义 ball-ball 接触的摩擦系数
wall property fric @wallFriction    ;利用属性继承定义 ball-wall 接触的摩擦系数
cycle 1000 calm 10
;由于ball distribute生成的颗粒是可以重叠的,开始弹开的速度很大,因此采用该命令
使之尽快弹开,而速度又不至于太大,导致颗粒飞出试样范围
solve aratio 1e-5    ;设置求解条件相对不平衡力达到1e-5后再停止
calm             ;对所有的颗粒速度清零
define identify_floaters    ;对接触进行循环,如果一个颗粒的接触数目小于等于1,认为
是悬浮颗粒,给它定义一个分组"floaters"
    loop foreach local ball ball.list
        ball.group.remove(ball,'floaters')
        local contactmap=ball.contactmap(ball)
        local size=map.size(contactmap)
        if size<=1 then
            ball.group(ball)='floaters'
        endif
    endloop
end
@identify_floaters    ;运行函数
@ini_gstrain(@wly)    ;调用函数得出初始应变
[ly0=wly]        ;试样的初始高度
[lx0=wlx]        ;试样的初始宽度
[v0=wlx*wly]     ;试样的初始体积(二维为面积)
[txx=-2.0e6]     ;水平向的伺服应力,即sig_x
[tyy=-2.0e6]     ;垂直向的伺服应力,即sig_y
wall servo activate on xforce [txx*wly] vmax 0.1 range set name 'vesselRight'
wall servo activate on xforce [-txx*wly] vmax 0.1 range set name 'vesselLeft'
```

```
wall servo activate on yforce [ tyy * wlx] vmax 0.1 range set name 'vesselTop'
wall servo activate on yforce [-tyy * wlx] vmax 0.1 range set name 'vesselBottom'
;打开右、左、上、下四个 wall 的伺服选项
define servo_walls       ;伺服力施加到四个 wall 上
   wall.servo.force.x(wp_right) =   txx * wly
   wall.servo.force.x(wp_left)  =  -txx * wly
   wall.servo.force.y(wp_top)   =   tyy * wlx
   wall.servo.force.y(wp_bot)   =  -tyy * wlx
end
set fish callback   9.0 @servo_walls   ;利用函数回调令 servo_walls 每个时间步都运行
   history id 41 @wsxx   ;监控侧向应力变化
   history id 42 @wsyy   ;监控竖向应力变化
   set orientation on       ;打开颗粒旋转选项,如果没有打开颗粒只能平动
   calm      ;颗粒速度清零
   ball attribute displacement multiply 0.0    ;将颗粒位移设置为 0
   [tol =   5e-3]       ;容差设置变量
   define stop_me      ;计算终止条件
      if math.abs((wsyy-tyy)/tyy) > tol
         exit
      endif
      if math.abs((wsxx-txx)/txx) > tol
         exit
      endif
      if mech.solve("aratio") > 1e-6
;只有容差满足,距离边界较远的位置可能未满足,因此加上不平衡力选项控制
         exit
      endif
      stop_me=1
end
solve fishhalt @stop_me      ;当函数值=1 时停止运行
measure create id 1 rad [0.4 * (math.min(lx0,ly0))]   ;定义一个测量圆
[porosity=measure.porosity(measure.find(1))]   ;检查测量圆内的孔隙率
;@compute_spherestress([0.4 * (math.min(lx0,ly0))]);计算球应力
;@compute_averagestress           ;计算平均应力
Save ini_state
@identify_floaters    ;再次辨别悬浮颗粒
;下面生成一系列 clump,并导入
clump    create              ...
```

```
            calculate 0.05                        ...
            id                    1               ...
              pebbles            11               ...
 0.3869602       0.9688171        8.451200        ...
 0.4095244       0.9162536        8.689482        ...
 0.4033349       1.038291         8.219206        ...
 0.4559476       0.9359362        8.362039        ...
 0.3600063       1.154963         8.282441        ...
 9.7601570E-02   0.7954984        9.085804        ...
 0.3414366       1.141234         8.172776        ...
 0.1557441       0.6095297        8.251089        ...
 0.1093209       1.216457         8.867266        ...
 0.3878603       0.8656634        8.596152        ...
 0.2331163       0.7390679        8.755280        ...
            group                 1
    clump    create                               ...
            calculate 0.05                        ...
            id                    2               ...
              pebbles            14               ...
 0.2971736       3.169610         8.533848        ...
 0.5314546       2.934210         8.557303        ...
 0.2909442       3.588195         8.975348        ...
 0.3289689       3.334661         8.122025        ...
 0.2315291       3.642292         8.101283        ...
 0.4525518       2.835345         8.384968        ...
 0.2980736       3.106097         8.955084        ...
 0.1982571       3.844474         8.934480        ...
 0.1079465       2.462224         8.151852        ...
 0.3574888       2.996358         8.218386        ...
 7.5387925E-02   3.874536         8.000301        ...
 0.2980738       3.241373         8.066859        ...
 0.2980736       3.395473         8.962966        ...
 0.1618389       2.588973         8.793998        ...
            group                 2
    clump    create                               ...
            calculate 0.05                        ...
            id                    3               ...
              pebbles            11               ...
 0.6360607       2.075851         5.579384        ...
```

0.6389957	2.147363	5.394325	...
0.5596276	2.038581	5.849073	...
0.4181902	1.740421	5.536066	...
0.2686122	2.167135	6.250772	...
0.2533491	2.030115	4.933886	...
0.1770339	2.533607	5.037310	...
0.1007187	1.372178	5.519858	...
8.9512542E-02	2.266152	6.490116	...
0.1007189	1.972577	4.764936	...
0.4568567	2.092720	5.979431	...

```
    group           3
clump   create                     ...
    calculate 0.05                 ...
    id              4              ...
    pebbles         10             ...
```

0.8107582	1.739728	2.265834	...
0.6586062	1.866078	1.884031	...
0.6858437	1.648951	2.562298	...
0.2928366	1.446370	3.084714	...
0.3447188	2.155175	2.708515	...
0.3966012	1.500357	1.747261	...
0.2733811	1.994759	1.425907	...
0.4614536	1.324238	2.376199	...
9.6215211E-02	1.345784	3.347851	...
0.1631316	2.323555	2.827728	...

```
    group           4
clump   create                     ...
    calculate 0.05                 ...
    id              5              ...
    pebbles         11             ...
```

0.5995795	3.710189	3.822011	...
0.5620980	3.694401	4.101909	...
0.4038503	3.605359	3.312531	...
0.6100713	3.750078	3.659841	...
0.2426965	3.446539	4.462083	...
0.5285420	3.860310	3.854071	...
0.2983418	3.511657	3.225219	...
0.3606875	3.597696	3.262366	...
0.1928333	4.127041	3.410323	...

0.2647712	3.682190	4.429376	...
0.2361187	3.322062	3.926383	...

```
                group            5
        clump create                      ...
              calculate 0.05              ...
                 id              6        ...
                pebbles         14        ...
```

0.4799250	3.764944	6.270753	...
0.4163366	3.430611	6.605125	...
0.5499196	3.935854	6.186822	...
0.2471309	4.094393	5.562351	...
0.1437958	3.045512	7.004956	...
0.4808251	3.568647	6.497306	...
9.6964963E-02	4.174572	5.250942	...
0.3464736	4.040373	5.769441	...
0.2505093	3.192002	6.849928	...
0.1276739	4.418071	6.375300	...
5.0901763E-02	2.896216	7.144491	...
0.3848598	4.123427	6.249570	...
9.6964791E-02	4.336551	5.903827	...
0.4808249	3.843117	6.329519	...

```
                group            6
ball attribute radius multiply 0.5    ;临时将 ball 的半径缩小 1/2
def ball_in_clump(bp)    ;找出位于 clump 内的 ball
    ball_in_clump=0
    xc=ball.pos.x(bp)
    yc=ball.pos.y(bp)
    rc=ball.radius(bp)
    loop foreach local cl clump.list    ;clump 循环
        loop foreach local pb clump.pebble.list
            x=clump.pebble.pos.x(pb)
            y=clump.pebble.pos.y(pb)
            r=clump.pebble.radius(pb)
            ddd=math.sqrt((x-xc)*(x-xc)+(y-yc)*(y-yc))
            r2=r+rc
            if ddd<=r2 then
                ball_in_clump=1
                exit
            endif
```

```
            endloop
        endloop
end
def panduan_ball          ;删除与 clump 叠加的颗粒
    loop foreach bp ball.list
        if ball_in_clump(bp)=1
            ball.delete(bp)       ;利用 FISH 函数删除颗粒
        endif
    endloop
end
@panduan_ball
ball attribute radius multiply 2.0    ;颗粒恢复原半径
solve fishhalt @stop_me1    ;重新伺服至平衡
;如下定义接触属性,可以选用不同的接触本构
ball property fric @ballFriction
wall property fric @wallFriction
;如上定义接触属性,可以选用不同的接触本构
[ly0=wly]    ;试样高度初始化
[lx0=wlx]    ;试样宽度初始化
[wexx=0.0]   ;x 向应变初值
[weyy=0.0]   ;y 向应变初值
[wevol=0.0]  ;体积应变初值
define wexx   ;定义 x 向应变计算函数
    wexx  =(wlx-lx0)/lx0
end
define weyy ;定义 y 向应变计算函数
    weyy=(wly-ly0)/ly0
end
define wevol ;定义体积应变计算函数
    wevol=wexx+weyy
end
history id 51 @wexx    ;定义三个监控变量
history id 52 @weyy
history id 53 @wevol
history purge    ;清楚所有 hist 中已有值,保留 id
[rate=0.2]   ;加载条件
wall servo activate off range set name 'vesselTop' set name 'vesselBottom' union
;开始加载,因此需要关闭上下 wall 的伺服,而左右 wall 继续伺服
wall attribute yvelocity [-rate*wly] range set name 'vesselTop'
```

wall attribute yvelocity [rate*wly] range set name 'vesselBottom'
;上下 wall 施加相同的速度对向加载
[stop_me1=0]   ;初值
[target=0.075]   ;目标应变
define stop_me1   ;定义终止条件
　　if weyy<=-target then
　　　　stop_me1=1
　　endif
end
ball attribute displacement multiply 0.0   ;位移清零
calm   ;速度清零=ball attribute velocity spin multiply 0.0
solve fishhalt @stop_me1
save ['biaxial-final'+filename]
return

4.2.2　三维真三轴压缩试验命令流编制

如图 4-5 所示，三维真三轴压缩实验由 6 个 wall 构成，相对的两个 wall 控制一个方向的压缩，内部采用球填充，其模型构建、伺服、压缩过程命令可参见例 4-2。

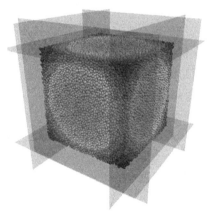

图 4-5　真三轴压缩试验（6 个 wall+ball）

例 4-2　真三轴试验命令流编制

New　　;清除内存
def parameter_setup   ;设置常用参数函数
　　domain_min=-10   ;定义 domain 范围的最小值
　　domain_max=10   ;定义 domain 范围的最大值
　　xx=5   ;试样 x 向宽度的一半
　　yy=5   ;试样 y 向宽度的一半
　　zz=5   ;试样 z 向宽度的一半
　　radmin=0.10   ;试样颗粒 ball 的最小半径
　　radmax=0.15   ;试样颗粒 ball 的最大半径

```
    sxxreg=-1.0e6    ;x向伺服应力,压为负、拉为正
    syyreg=-1.0e6    ;y向伺服应力,压为负、拉为正
    szzreg=-1.0e6    ;z向伺服应力,压为负、拉为正
    kn_wall_ball=1.0e8   ;ball-wall之间的刚度
    ball_fric=0.3    ;球间摩擦系数
    wall_fric=0.2    ;墙的摩擦系数
    emod0=1.0e9      ;有效变形模量
    kratio0=2.0      ;刚度比(法向/切向)
    filename='biaxial'   ;存储文件名
end
@parameter_setup   ;执行函数
domain extent [domain_min] [domain_max]    ;domain定义
domain condition destroy    ;domain的条件
set random 10005     ;随机数种子可以为任意整数,通常>10000
cmat default model linear method deformability emod @emod0 kratio @kratio0
;设置接触默认参数
;左墙 id=1
wall generate id 1 polygon ...    ;为了区分激活方向,顶点右手定则指向内部
                [-xx] [-yy] [-zz]...
                [-xx] [yy] [-zz]...
                [-xx] [yy] [zz]...
                [-xx] [-yy] [zz]

;右墙 id=2
wall generate id 2 polygon ...
                [xx] [-yy] [zz]...
                [xx] [yy] [zz]...
                [xx] [yy] [-zz]...
                [xx] [-yy] [-zz]

;前墙 id=3
wall generate id 3 polygon ...
                [-xx] [-yy] [-zz]...
                [-xx] [-yy] [zz]...
                [xx] [-yy] [zz]...
                [xx] [-yy] [-zz]

;后墙 id=4
wall generate id 4 polygon ...
                [-xx] [yy] [-zz]...
                [xx] [yy] [-zz]...
                [xx] [yy] [zz]...
```

```
                        [-xx] [yy] [zz]
;底部墙 id=5
wall generate id 5 polygon ...
                        [xx] [-yy] [-zz]...
                        [xx] [yy] [-zz]...
                        [-xx] [yy] [-zz]...
                        [-xx] [-yy] [-zz]
;顶墙 id=6
wall generate id 6 polygon ...
                        [-xx] [-yy] [zz]...
                        [-xx] [yy] [zz]...
                        [xx] [yy] [zz]...
                        [xx] [-yy] [zz]
def wall_wp         ;记录6个wall的指针
    global wpz1=wall.find(1)
    global wpz2=wall.find(2)
    global wpz3=wall.find(3)
    global wpz4=wall.find(4)
    global wpz5=wall.find(5)
    global wpz6=wall.find(6)
end
@wall_wp   ;运行函数
define extend_walls(fac0)    ;wall进行等比例放大或者缩小,注意中心必须为(0 0 0)
  loop foreach local vertex wall.vertexlist(wpz1)
     wall.vertex.pos.y(vertex)=fac0*wall.vertex.pos.y(vertex)
     wall.vertex.pos.z(vertex)=fac0*wall.vertex.pos.z(vertex)
  endloop
  loop foreach  vertex  wall.vertexlist(wpz2)
     wall.vertex.pos.y(vertex)=fac0*wall.vertex.pos.y(vertex)
     wall.vertex.pos.z(vertex)=fac0*wall.vertex.pos.z(vertex)
  endloop
  loop foreach vertex   wall.vertexlist(wpz3)
     wall.vertex.pos.x(vertex)=fac0*wall.vertex.pos.x(vertex)
     wall.vertex.pos.z(vertex)=fac0*wall.vertex.pos.z(vertex)
  endloop
  loop foreach vertex   wall.vertexlist(wpz4)
     wall.vertex.pos.x(vertex)=fac0*wall.vertex.pos.x(vertex)
     wall.vertex.pos.z(vertex)=fac0*wall.vertex.pos.z(vertex)
  endloop
```

```
    loop foreach vertex   wall.vertexlist(wpz5)
        wall.vertex.pos.x(vertex)=fac0 * wall.vertex.pos.x(vertex)
        wall.vertex.pos.y(vertex)=fac0 * wall.vertex.pos.y(vertex)
    endloop
    loop foreach vertex   wall.vertexlist(wpz6)
        wall.vertex.pos.x(vertex)=fac0 * wall.vertex.pos.x(vertex)
        wall.vertex.pos.y(vertex)=fac0 * wall.vertex.pos.y(vertex)
    endloop
end
@extend_walls(1.5)
;上面函数目前已经成为 PFC 的命令之一,wall generate 命令关键字 expand 的功能
;颗粒生成
ball distribute porosity 0.3 radius @radmin @radmax box [-xx+radmax] [xx-radmax] [-yy+radmax] [yy-radmax] [-zz+radmax] [zz-radmax]    ;均匀分布生成颗粒
    ball attribute damp 0.3 density 2500    ;阻尼参数、密度参数设置
    ball property kn @kn_wall_ball   fric @ball_fric    ;属性继承参数
    wall property fric @wall_fric       ;wall 的接触参数继承
;set grav 10   ;试样生成通常不加自重
cycle 1000 calm 50   ;初步计算 1000 步,每 50 步速度清零一次,减少叠加量
set timestep scale   ;将时间步设置为 1.0,加快颗粒间的弹开
solve arat 1e-5      ;计算至不平衡力很小,达到 1e-5 停止计算
set timestep auto
;打开时间步自动计算,时间步会根据刚度、颗粒半径计算,一般很小
cyc 2000     ;先迭代 2000 步,防止不平衡力已经小于 1e-5
solve arat 1e-5    ;不平衡力满足要求时停止
save ini_model   ;存储初始模型
define compute_vessel_dimensions   ;由于压紧后尺寸可能变化,该函数实现即时获取试样的 x、y、z 向长度
    global wlx =wall.pos.x(wpz2)-wall.pos.x(wpz1)    ;x 向长度
    global wly=wall.pos.y(wpz4)-wall.pos.y(wpz3)
    global wlz=wall.pos.z(wpz6)-wall.pos.z(wpz5)
end
define compute_averagestress   ;计算整个模型 wall 与 ball 的接触平均应力
    global asxx=0.0
    global asyy=0.0
    global aszz=0.0
    loop foreach local contact contact.list("ball-ball")   ;所有颗粒的平均应力
        local cforce =   contact.force.global(contact)
```

```
        local cl=ball.pos(contact.end2(contact))-ball.pos(contact.end1(contact))
        asxx=asxx+comp.x(cforce)*comp.x(cl)
        asyy=asyy+comp.y(cforce)*comp.y(cl)
        aszz=aszz+comp.z(cforce)*comp.z(cl)
    endloop
    asxx=-asxx/(wly*wlz)
    asyy=-asyy/(wlx*wlz)
    aszz=-aszz/(wlx*wly)
end        ;注意如果试样中有clump,则该函数需要完善
define compute_wallstress        ;计算wall与ball间的平均接触应力
    compute_vessel_dimensions
    global wsxx=0.0        ;注意接触力为负值时得到为压应力,正值为拉应力
    global wsyy=0.0
    global wszz=0.0
    wsxx=wsxx+0.5*wall.force.contact.x(wpz1)/(wly*wlz)
    wsxx=wsxx-0.5*wall.force.contact.x(wpz2)/(wly*wlz)
;x向两个墙接触力累加取平均
    wsyy=wsyy+0.5*wall.force.contact.y(wpz3)/(wlx*wlz)
    wsyy=wsyy-0.5*wall.force.contact.y(wpz4)/(wlx*wlz)
;y向两个墙接触力累加取平均
    wszz=wszz+0.5*wall.force.contact.z(wpz5)/(wlx*wly)
    wszz=wszz-0.5*wall.force.contact.z(wpz6)/(wlx*wly)
;z向两个墙接触力累加取平均
end
;伺服参数计算
define compute_gain(fac)        ;fac为应力释放因子
    compute_vessel_dimensions        ;先获取试样的尺寸
    global gx=0.0
    global gy=0.0
    global gz=0.0
    loop foreach contact wall.contactmap(wpz1)
        gx=gx+contact.prop(contact,"kn")
    endloop
    loop foreach contact wall.contactmap(wpz2)
        gx=gx+contact.prop(contact,"kn")
    endloop
    loop foreach contact wall.contactmap(wpz3)
        gy=gy+contact.prop(contact,"kn")
    endloop
```

```
    loop foreach contact wall.contactmap(wpz4)
        gy=gy+contact.prop(contact,"kn")
    endloop
    loop foreach contact wall.contactmap(wpz5)
        gz=gz+contact.prop(contact,"kn")
    endloop
    loop foreach contact wall.contactmap(wpz6)
        gz=gz+contact.prop(contact,"kn")
    endloop
    gx1=gx
    gy1=gy
    gz1=gz
    gx=fac*2.0*(wly*wlz)/(gx1*global.timestep)
    gy=fac*2.0*(wlx*wlz)/(gy1*global.timestep)
    gz=fac*2.0*(wlx*wly)/(gz1*global.timestep)
end
[txx=-1e6]    ;x向的设计伺服应力
[tyy=-1e6]    ;y向的设计伺服应力
[tzz=-1e6]    ;z向的设计伺服应力
define servo_walls
    compute_wallstress        ;调用应力计算子函数
    if do_xservo=true then    ;x向只有伺服时才伺服
        wall.vel.x(wpz1)=xvel
xvel=gx*(wsxx-txx)            ;x向速度
        wall.vel.x(wpz2)=-xvel    ;相向两个wall施加相反速度
    endif
    if do_yservo=true then    ;x向只有伺服时才伺服
yvel=gy*(wsyy-tyy)
        wall.vel.y(wpz3)=yvel
        wall.vel.y(wpz4)=-yvel
    endif
    if do_zservo=true then    ;z向只有伺服时才伺服
        zvel=gz*(wszz-tzz)
        wall.vel.z(wpz5)=zvel
        wall.vel.z(wpz6)=-zvel
    endif
end
save ini
;ball group soil
```

```
;call assign_group.p3dat      ;此处可以增加分组,修改属性等命令
@compute_vessel_dimensions    ;首先计算初始尺寸
[ly0=wly]         ;提取试样的初始尺寸
[lx0=wlx]
[lz0=wlz]
[wexx=0.0]        ;x向初始应变
[weyy=0.0]        ;y向初始应变
[wezz=0.0]        ;z向初始应变
[wevol=0.0]       ;体积应变初值
define wexx       ;计算应变子函数
;每调用函数一次就计算一次尺寸
    local val=(wlx-lx0)/lx0     ;x向应变
    wexx  =val
    weyy=(wly-ly0)/ly0
    wezz=(wlz-lz0)/lz0
    wevol=val+weyy+wezz         ;体积应变计算
end
[do_xservo=true]     ;x向伺服开关
[do_yservo=true]     ;y向伺服开关
[do_zservo=true]     ;z向伺服开关
set fish callback 1.0 @servo_walls
[stop_me=0]      ;初始标志默认为0,当solve fishhalt @ stop_me 等于1时停止
[target=5e-2]    ;竖向应变加载目标
[gain_cnt=0]
[gain_update_freq=10]      ;gx、gy、gz更新频率,每10步更新一次
[gain_safety_fac=0.5]      ;应力释放因子
[tol=0.05]       ;伺服容差
define stop_me   ;求解终止条件子函数
    gain_cnt=gain_cnt+1
;迭代步计数,每到gain_update_freq就调用一次函数,并次数归零
    if gain_cnt>=gain_update_freq then
        compute_gain(gain_safety_fac)
        gain_cnt=0
    endif
    if do_zservo=true then
        if math.abs((wszz-tzz)/tzz)>=tol then
            exit
        endif
    endif
```

```
if do_xservo=true then
    if math.abs((wsxx-txx)/txx)>=tol then
       exit
    endif
endif
if do_yservo=true then
    if math.abs((wsyy-tyy)/tyy)>=tol then
       exit
    endif
endif
if mech.solve("aratio")>1e-5 then
    exit
endif
stop_me=1
end
@compute_gain(0.5)          ;必须有初始 gx,gy,gz,否则默认为 0 会出错
set echo off
   solve fishhalt @stop_me    ;直到 stop_me=1 退出
set echo on
save servo_result
ball attribute displacement multiply 0.0      ;对位移清零
calm
[do_zservo=false]             ;压缩时 z 向不再伺服
[rate=1e-2]                   ;加载速率
wall attribute yvelocity [-rate*wlz] range id 6 ;上部 wall 向下加载
wall attribute yvelocity [ rate*wlz] range id 5 ;下部 wall 向上加载
hist reset      ;时程清零
history id 51 @wexx        ;记录应变
history id 52 @weyy
history id 53 @wezz
history id 54 @wevol
history id 55 @wszz
history purge
plot create plot 'stress_strain'
plot hist -55 vs -53
cycle 500000        ;简单加载,用迭代步控制
save tri_axial
return   ;返回操作界面
```

4.2.3 三维圆柱形假三轴压缩试验命令流编制

如图 4-6 所示，三维假三轴压缩试验由 1 个圆柱形 wall 与 2 个加载 wall 构成，相对的 2 个 wall 控制 z 方向的压缩，内部采用刚性簇填充，其模型构建、伺服、压缩过程命令见例 4-3。

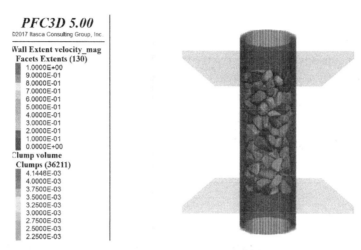

图 4-6　圆柱 clump 颗粒模型假三轴数值模拟方法

例 4-3　三维圆柱假三轴试验命令流

```
new
title 'model edited by shichong,hohai university'
define setup
    height=2.0          ;试样高度
    width=1.0           ;试样宽度或直径
    cylinder_axis_vec=vector(0,0,1)          ;试样的轴向
    cylinder_base_vec=vector(0.0,0.0,[-0.2*height])    ;底面中心
    cylinder_height  =1.4 * height           ;wall 超出一部分
    cylinder_rad     =0.5 * width
    bottom_disk_position_vec=vector(0.0,0.0,0.0)
    top_disk_position_vec   =vector(0.0,0.0,[height])
    disk_rad                =1.5 * cylinder_rad
    w_resolution=0.1
    poros=0.36
    rlo=1e-2
    rhi=2e-2
    emod0=1.0e8        ;生成试样时候的初始模量
    kratio0=2.0        ;生成试样时候的刚度比
    ball_fric=0.3      ;生成试样属性继承摩擦系数
    wall_fric=0.2
end
```

```
@setup
domain extent ([-width],[width])([-width],[width])([-0.5*height],[1.5*height])
  domain condition destroy
  set random 10001
  wall generate id 1 cylinder axis @cylinder_axis_vec ...
                                   base @cylinder_base_vec ...
                                   height @cylinder_height ...
                                   radius @cylinder_rad ...
                                   cap false false ...
                                   onewall ...
                                   resolution @w_resolution
  wall generate id 5 plane position @bottom_disk_position_vec ...
                                    dip 0 ...
                                    ddir 0
  wall generate id 6 plane position @top_disk_position_vec ...
                                    dip 0 ...
                                    ddir 0
cmat default model linear
geometry set geo_cylinder          ;建立圆柱
geometry generate cylinder axis (0,0,1)&
                          base (0.0,0.0,[0.05*height])height [1.05*height] &
                          cap true true &
                          radius [cylinder_rad*0.9] &
                          resolution 0.1
define inCylinder(pos,c)
  inCylinder=0
  local _pnum1=0
  local _pnum2=0
  if type.pointer.id(c)=clump.typeid
  loop foreach local pb clump.pebblelist(c)
      local p_x=clump.pebble.pos(pb,1)
      local p_y=clump.pebble.pos(pb,2)
      local p_z=clump.pebble.pos(pb,3)
      local p_r=clump.pebble.radius(pb)
      _pnum1=_pnum1+1
      local _dist=math.sqrt(p_x*p_x+p_y*p_y)+p_r
      if (_dist<=0.5*width)then
        if ((p_z-p_r)>=0.0)then
```

```
            if ((p_z+p_r)<=height)then
              _pnum2=_pnum2+1
            end_if
          end_if
        end_if
      end_loop
      if _pnum1=_pnum2
        inCylinder=1
      end_if
    end_if
end
cmat default   model linear method deformability emod @emod0 kratio @kratio0
call input_clump_moban1.p3dat         ;导入clump模板,本文件自己形成,可参考应
用实例代码
   clump distribute                                                  &
               diameter                                              &
               porosity 0.40                                         &
               numbin  5                                             &
               bin 1                                                 &
                  template s1                                        &
                  azimuth 0.0 360.0                                  &
                  tilt 0.0 360.0                                     &
                  elevation 0.0 360.0                                &
                  size 0.1 0.2                                       &
                  volumefraction 0.2                                 &
               bin 2                                                 &
                  template s2                                        &
                  azimuth 0.0 360.0                                  &
                  tilt 0.0 360.0                                     &
                  elevation 0.0 360.0                                &
                  size 0.1 0.2                                       &
                  volumefraction 0.2                                 &
               bin 3                                                 &
                  template s3                                        &
                  azimuth 0.0 360.0                                  &
                  tilt 0.0 360.0                                     &
                  elevation 0.0 360.0                                &
                  size 0.1 0.2                                       &
                  volumefraction 0.2                                 &
```

```
                bin 4                                    &
                    template s4                          &
                    azimuth 0.0 360.0                    &
                    tilt 0.0 360.0                       &
                    elevation 0.0 360.0                  &
                    size 0.1 0.2                         &
                    volumefraction 0.2                   &
                bin 5                                    &
                    template s5                          &
                    azimuth 0.0 360.0                    &
                    tilt 0.0 360.0                       &
                    elevation 0.0 360.0                  &
                    size 0.1 0.2                         &
                    volumefraction 0.2                   &
        range fish @inCylinder ;用函数保证 clump 位于圆柱内，没有一个 pebble 在外
        ;range geometry geo_cylinder count odd fish 利用几何判断（可选法）
;clump attribute xposition multiply 0.7 yposition multiply 0.7 zposition multiply 0.8
;将颗粒中心向试样中心平移一下，防止开始就飞出，此处关闭未用
clump attribute density 2500.0 damp 0.1
wall prop fric @wall_fric
;set grav 10    ;模拟试验一般不考虑颗粒的重力
cycle 1000 calm 10
set timestep scale
solve arat 1e-5
set timestep auto
cyc 2000
calm
solve arat 1e-5
save ini
;伺服机制定义
def wall_wp
    global mvWp1z=wall.find(6)
    global mvWp0z=wall.find(5)
    global mvWpCyl=wall.find(1)
end
@wall_wp
define compute_wAreas
```

```
    _wdz=wall.pos( mvWp1z,3 )−wall.pos( mvWp0z,3 )
    _wAz=0.25 * math.pi * _wdr * _wdr
    _wAr=math.pi * _wdr * _wdz
end
[_wdr=width]        ;the initial diameter
define compute_gain(fac)
    compute_wAreas
    global gz=0.0
    loop foreach contact wall.contactmap(mvWp0z)
        gz=gz+contact.prop(contact,"kn")
    endloop
    loop foreach contact wall.contactmap(mvWp1z)
        gz=gz+contact.prop(contact,"kn")
    endloop
    global gr=0.0
    loop foreach contact wall.contactmap(mvWpCyl)
        gr=gr+contact.prop(contact,"kn")
    endloop
    gz1=gz
    if gz1 < 1.0 then
        gz1=1.0
    endif
    gr1=gr
    if gr1 < 1.0 then
        gr1=1.0
    endif
    gz=fac * 2.0 * _wAz / (gz1 * mech.timestep)
    gr=fac * _wAr / (gr1 * mech.timestep)
end
def _mvsUpdateDim
    _wdr=_wdr+2.0 * _mvsRadVel * mech.timestep
end
set fish callback 10.1 @_mvsUpdateDim
[max_vel=1.0]        ;最大伺服速度
define servo_walls
    compute_wStress
    if do_zservo=true then
        zvel=gz * (wszz−tszz)
        zvel=math.sgn(zvel) * math.min(max_vel,math.abs(zvel))
```

```
      wall.vel( mvWp0z,3 )= zvel
      wall.vel( mvWp1z,3 )=-zvel
    endif
    rvel=-gr * (wsrr-tsrr)
    rvel=math.sgn(rvel) * math.min(max_vel,math.abs(rvel))
    _mvsSetRadVel( rvel )
  end
  ;计算墙的应力
  def compute_wStress
    compute_wAreas
    wszz=0.5 * ( wall.force.contact(mvWp0z,3)-wall.force.contact(mvWp1z,3))/_wAz
    wsrr=_mvsRadForce / _wAr
  end
  def _mvsRadForce     ;计算径向接触力
    local FrSum=0.0
    local Fgbl,nr
    loop foreach cp wall.contactmap( mvWpCyl )    ;与指针(mvWpCyl)相联系的接触循环
      Fgbl=vector( comp.x( contact.force.global(cp)), ...
                   comp.y( contact.force.global(cp)) )
      nr=math.unit( vector( comp.x( contact.pos(cp)), ...
                            comp.y( contact.pos(cp)) ))
      FrSum=FrSum-math.dot( Fgbl,nr )
    end_loop
    _mvsRadForce=FrSum
  end
  ;设置径向伺服速度
  def _mvsSetRadVel( rVel )
    _mvsRadVel=rVel
    local nr
    loop foreach local vp wall.vertexlist( mvWpCyl )
      nr=math.unit( vector( comp.x( wall.vertex.pos(vp)), ...
                            comp.y( wall.vertex.pos(vp)) ) )
      wall.vertex.vel(vp)=rVel * nr
    end_loop
  end
[tsrr=-3.0e6]      ;径向伺服应力
[tszz=-3.0e6]      ;垂直向伺服应力
```

```
[do_zservo=true]    ;伺服控制标志
set fish callback  1.0 @servo_walls
[stop_me=0]
[tol=0.05]
[gain_cnt=0]
[gain_update_freq=100]
[gain_safety_fac=0.5]    ;应力释放因子
define stop_me
    gain_cnt=gain_cnt+1
    if gain_cnt >= gain_update_freq then
        compute_gain(gain_safety_fac)
        gain_cnt=0
    endif
    if math.abs((wszz-tszz)/tszz) > tol
        exit
    endif
    if math.abs((wsrr-tsrr)/tsrr) > tol
        exit
    endif
    stop_me=1
end
solve fishhalt @stop_me
save consolidate_state
@compute_wStress
[wszz0=wszz]
[_wH0   =_wdz]
[_wD0   =_wdr]
define conf        ;计算一些需要监控的常数
    astrain=(_wdz-_wH0)/_wH0
    rstrain=(_wdr-_wD0)/_wD0
    vstrain=astrain+2.0 * rstrain
    astress=0.5 * (wall.force.contact(mvWp0z,3)-wall.force.contact(mvWp1z,3))/_wAz
    astress=astress-wszz0
    conf=wsrr
end
[do_zservo=false]
calm
clump  attribute displacement multiply 0.0       ;初始位移清零
```

```
;加载速度
[_vel=5.0e-4]
wall attribute yvelocity [_vel] range id 5
wall attribute yvelocity [-_vel] range id 6
[stop_load=0]
[target=0.15]
[gain_cnt=0]
[gain_update_freq=100]
define stop_load
    num1=num1+1
    if num1=nstep then
        file_name='result'+string(num2)+'.sav'
        num1=0
        num2=num2+1
        command
            save @file_name
        endcommand
    endif
    gain_cnt=gain_cnt+1
    if gain_cnt>=gain_update_freq then
        compute_gain(gain_safety_fac)
        gain_cnt=0
    endif
    if astrain>=target then
        stop_load=1
    endif
end
solve fishhalt @stop_load
save complete
```

4.3 二维与三维剪切试验实现

4.3.1 二维剪切试验实现

二维剪切试验装置可由 8 个 wall 构成，如图 4-7 所示。在试验伺服过程中两侧是由 4 段 wall 构成，剪切过程中，为了防止剪切过程中颗粒从空隙中溢出，右下、左下、左侧挡板需要一起运动，而右侧挡板保持不动。

剪切试样可以是纯 ball、clump、cluster 体系，也可是 ball-clump 等构成的混合介质。二维剪切试验模型生成、伺服、剪切过程命令编制见例 4-4。

例 4-4 二维直接剪切试验命令流

图 4-7 二维剪切试验模型

```
New            ;清除内存
define parameters      ;模型控制参数子函数
  x0=0.0
  y0=0.0              ;模型的左下角
  xlength=1.0         ;试样 x 长度
  ylength=1.0         ;试样 y 长度
  x_extend=0.2*xlength    ;墙在 x 向超出试样的长度
  y_extend=0.2*ylength    ;墙在 y 向超出试样的长度
  wlength=0.2*ylength     ;挡板墙的长度
  ballFriction=0.3        ;球接触摩擦系数
  wallFriction=0.3        ;wall 接触摩擦系数
end
@parameters       ;运行参数设置函数
domain
  extent
  [x0-2.0*x_extend]
  [x0+xlength+x_extend*2.0]
  [y0-y_extend*2.0] [y0+ylength+y_extend*2.0] condition destroy  ;domain 设置
cmat default model linear method deform emod 1.0e9 kratio 0.0           ;默认接触参数
define Generate_Shear_Box     ;剪切盒生成函数
  local x1=x0-x_extend     ;剪切盒底部 wall
  local y1=y0
  local x2=x0+xlength+x_extend
  local y2=y0
```

```
command
    wall create id 1 ...        ;1
        vertices ...
            [x1],[y1]...
            [x2],[y2]
Endcommand
x1=x0+xlength       ;右下 wall
y1=y0－y_extend
x2=x0+xlength
y2=y0+ylength/2.0
command
    wall create id 2 ...        ; 2
        vertices ...
            [x1],[y1]...
            [x2],[y2]
endcommand
x1=x0+xlength       ;右侧挡板
y1=y0+ylength/2.0
x2=x0+xlength+wlength
y2=y0+ylength/2.0
command
    wall create id 3 ...        ; 3
        vertices ...
            [x1],[y1]...
            [x2],[y2]
endcommand
x1=x0+xlength       ;右侧上部 wall
y1=y0+ylength/2.0
x2=x0+xlength
y2=y0+ylength+y_extend
command
    wall create id 4 ...        ; 4
        vertices ...
            [x1],[y1]...
            [x2],[y2]
endcommand
x1=x0+xlength+x_extend    ;顶部 wall
y1=y0+ylength
x2=x0－x_extend
```

y2=y0+ylength
command
  wall create id 5 ...　　　; 5
    vertices ...
      [x1],[y1] ...
      [x2],[y2]
endcommand
x1=x0　　　;左侧上部 wall
y1=y0+ylength+y_extend
x2=x0
y2=y0+ylength/2.0
command
  wall create id 6 ...　　　; 6
    vertices ...
      [x1],[y1] ...
      [x2],[y2]
endcommand
x1=x0−wlength　　　;左侧挡板
y1=y0+ylength/2.0
x2=x0
y2=y0+ylength/2.0
command
  wall create id 7 ...　　　; 7
    vertices ...
      [x1],[y1] ...
      [x2],[y2]
endcommand
x1=x0　　　;左侧下部 wall
y1=y0+ylength/2.0
x2=x0
y2=y0−y_extend
command
  wall create id 8 ...　　　; 8
    vertices ...
      [x1],[y1] ...
      [x2],[y2]
endcommand
end
@Generate_Shear_Box　　　;运行函数

```
ball distribute porosity 0.16 radius 0.005 0.01 box 0 1   ;粒径均匀分布的 ball 体系
ball attribute density 2000 damp 0.7    ;设置密度、阻尼等实体参数
ball property fric @ballFriction        ;属性继承,接触摩擦系数
wall property fric @wallFriction        ;属性继承,wall 接触摩擦系数
cycle 2000 calm 10      ;先循环 2000 步,每 10 迭代步清零一次
set timestep scale      ;时间步设置为 1.0
solve arat 1e-5         ;不平衡力条件
set timestep auto       ;改回自动计算时间步长
cycle 1000              ;先计算 1000 步,防止当前不平衡力已经满足条件
solve arat 1e-5         ;不平衡力
def wall_wp             ;8 个 wall 的指针
    global wp1=wall.find(1)
    global wp2=wall.find(2)
    global wp3=wall.find(3)
    global wp4=wall.find(4)
    global wp5=wall.find(5)
    global wp6=wall.find(6)
    global wp7=wall.find(7)
    global wp8=wall.find(8)
end
@wall_wp
define compute_gain(fac)       ;计算伺服参数 gx、gy、gz
  compute_vessel_dimensions
  global gx=0.0
  loop foreach contact wall.contactmap(wp2)
    gx=gx+contact.prop(contact,"kn")
  endloop
  loop foreach contact wall.contactmap(wp4)
    gx=gx+contact.prop(contact,"kn")
  endloop
  loop foreach contact wall.contactmap(wp6)
    gx=gx+contact.prop(contact,"kn")
  endloop
  loop foreach contact wall.contactmap(wp8)
    gx=gx+contact.prop(contact,"kn")
  endloop
  global gy=0.0
  loop foreach contact wall.contactmap(wp1)
    gy=gy+contact.prop(contact,"kn")
```

```
        endloop
        loop foreach contact wall.contactmap(wp5)
            gy=gy+contact.prop(contact,"kn")
        endloop
        gx1=gx
        if gx1 < 1.0e5 then          ;防止没有 ball 与之接触,此时会提示出错,因此预处理
            gx1=1.0e5
        endif
        gy1=gy
        if gy1 <1.0e5 then
            gy1=1.0e5
        endif
        gx=fac*2.0*(wly*1.0)/(gx1*global.timestep)
        gy=fac*2.0*(wlx*1.0)/(gy1*global.timestep)
    end
    define compute_vessel_dimensions        ;计算容器尺寸
        global wlx=wall.pos.x(wp2)-wall.pos.x(wp8)
        global wly=wall.pos.y(wp5)-wall.pos.y(wp1)
    end
[max_vel = 10.0]          ;设置最大伺服速度,注意:如果过小,会导致伺服应力不稳定
define servo_walls        ;伺服控制
    compute_walls_stress
    if do_xservo = true then          ;如果 x 向需要伺服
        xvel = gx * (wsxx - txx)
        xvel = math.sgn(xvel) * math.min(max_vel,math.abs(xvel))
        wall.vel.x(wp6) = xvel
        wall.vel.x(wp7) = xvel
        wall.vel.x(wp8) = xvel
        wall.vel.x(wp2) = -xvel
        wall.vel.x(wp3) = -xvel
        wall.vel.x(wp4) = -xvel
    endif
    if do_yservo = true then          ;如果 y 向需要伺服
        yvel = gy * (wsyy - tyy)
        yvel = math.sgn(yvel) * math.min(max_vel,math.abs(yvel))
        wall.vel.y(wp1) = yvel
        wall.vel.y(wp5) = -yvel
    endif
end
```

```
define compute_walls_stress        ;计算 wall 上的平均接触应力
  compute_vessel_dimensions
  wsxx = 0.5*(wall.force.contact.x(wp8)-wall.force.contact.x(wp2))/wly
  wsxx = wsxx + 0.5*(wall.force.contact.x(wp6)-wall.force.contact.x(wp4))/wly
  wsyy = 0.5*(wall.force.contact.y(wp1)-wall.force.contact.y(wp5))/wlx
end
[txx = -3.0e5]            ;初始伺服围压
[tyy = -3.0e5]
[do_xservo = true]        ;x 向伺服标志
[do_yservo = true]        ;y 向伺服标志
set fish callback  1.0 @servo_walls
[stop_me = 0]             ;函数初值
[tol = 1.0e-2]            ;伺服应力计算容差
[gain_cnt = 0]
[gain_update_freq = 100]  ;伺服 g 参数更新频率,每 100 个迭代步更新一次
[gain_safety_fac=0.5]     ;应力释放系数
define stop_me ;计算终止函数
  gain_cnt = gain_cnt + 1
  if gain_cnt >= gain_update_freq then
    compute_gain(gain_safety_fac)
    gain_cnt = 0
  endif
  if do_xservo = true then
    if math.abs((wsyy - tyy) / tyy) > tol
      exit
    endif
  endif
  if do_xservo = true then
    if math.abs((wsxx - txx) / txx) > tol
      exit
    endif
  endif
  stop_me = 1
end
solve fishhalt @stop_me
save consolidate_state    ;存储伺服好的模型状态
@compute_walls_stress
[wlx0 = wlx]
```

```
[wly0 = wly]
[wall8_xpos0 = wall.pos.x(wp8)]
[lower_box_force0 = wall.force.contact.x(wp8) - wall.force.contact.x(wp2)]
[upper_box_force0 = wall.force.contact.x(wp6) - wall.force.contact.x(wp4)]
define conf            ;定义常数
   compute_vessel_dimensions
   shear_dis = wall.pos.x(wp8) - wall8_xpos0
   normal_dis = wly - wly0
   lower_box_force = wall.force.contact.x(wp8) - wall.force.contact.x(wp2)
   upper_box_force = wall.force.contact.x(wp6) - wall.force.contact.x(wp4)
   shear_stress = math.abs(lower_box_force)/(wlx0 - 2.0 * shear_dis)
   conf = wsyy
end
hist delete            ; history purge
set hist_rep = 200
history id 1 @conf
history id 2 @shear_dis
history id 3 @normal_dis
history id 4 @shear_stress
[do_xservo = false]
calm
ball attribute displacement multiply 0.0    ;位移清零
ball attribute velocity multiply 0.0        ;位移清零
[_vel = 5.0e-2]
wall attribute xvelocity [_vel] range id 1
wall attribute xvelocity [_vel] range id 7
wall attribute xvelocity [_vel] range id 8
wall attribute xvelocity [_vel] range id 2
wall attribute xvelocity 0.0 range id 4
wall attribute xvelocity 0.0 range id 6
[stop_load = 0]
[target = 0.15]        ;目标应变
[gain_cnt = 0]
[gain_update_freq = 10]    ;更新频率
[do_xservo = false]        ;水平向不伺服
define stop_load
   gain_cnt = gain_cnt + 1
   if gain_cnt >= gain_update_freq then
      compute_gain(gain_safety_fac)
```

```
        gain_cnt = 0
    endif
    if shear_dis >= target then   ;剪切位移满足要求退出
        stop_load = 1
    endif
end
solve fishhalt @stop_load        ;利用函数决定计算终止条件
save complete.2dsav
```

4.3.2 三维剪切试验实现

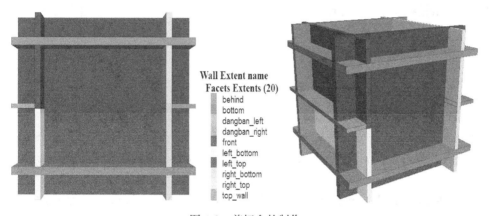

图 4-8 剪切盒的制作

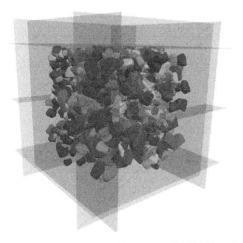
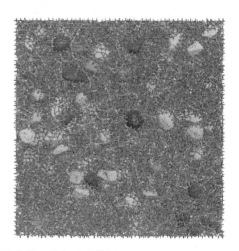

图 4-9 三维刚性簇（或土石混合样）剪切试验模拟

三维剪切试验装置可由 10 个 wall 构成，如图 4-8 所示。在试验伺服过程中两侧是由 4 个四边形 wall 构成，剪切过程中，为了防止剪切过程中颗粒从空隙中溢出，右下、左下、左侧挡板需要一起运动，而右侧挡板保持不动。本例中采用土石混合介质，介质填充如图 4-8 所示。剪切过程命令流见例 4-5。

例 4-5 三维直接剪切试验命令流编制

```
new
```

```
define parameters
    x0=0.0
    y0=0.0        ;模型的左下角
    z0=0.0
    xlength = 1.0
    ylength = 1.0
    zlength = 1.0
    x_extend=0.2*xlength
    y_extend=0.2*ylength
    z_extend=0.2*zlength
    wlength=0.2*xlength
    ballFriction=0.3
    wallFriction=0.3
end
@parameters
domain extent [x0-2.0*x_extend] [x0+xlength+x_extend*2.0] [y0-y_extend*2.0] [y0+ylength+y_extend*2.0] [z0-z_extend*2.0] [z0+zlength+z_extend*2.0]
cmat default model linear method deform emod 1.0e9 kratio 0.0  ;默认接触
define Generate_Shear_Box        ;剪切盒的制作
    local x1=x0-x_extend
    local y1=y0-y_extend
    local z1=z0
    local x2=x0+xlength+x_extend
    local y2=y0-y_extend
    local z2=z0
    local x3=x0+xlength+x_extend
    local y3=y0+ylength+y_extend
    local z3=z0
    local x4=x0-x_extend
    local y4=y0+y_extend+ylength
    local z4=z0
    command
        wall create id 1 ...
            name bottom ...
            vertices ...
                [x1] [y1] [z1] ...
                [x2] [y2] [z2] ...
                [x3] [y3] [z3] ...
```

            [x1] [y1] [z1]...
            [x3] [y3] [z3]...
            [x4] [y4] [z4]
  endcommand
  x1= x0+xlength
  y1= y0－y_extend
  z1= z0－z_extend
  x2= x0+xlength
  y2= y0－y_extend
  z2= z0+zlength/2.0
  x3= x0+xlength
  y3= y0+ylength+y_extend
  z3= z0+zlength/2.0
  x4= x0+xlength
  y4= y0+ylength+y_extend
  z4=z0－z_extend
  command   ;righe－bottom
     wall create id 2 ...
           name right_bottom ...
           vertices ...
              [x1] [y1] [z1]...
              [x2] [y2] [z2]...
              [x3] [y3] [z3]...
              [x1] [y1] [z1]...
              [x3] [y3] [z3]...
              [x4] [y4] [z4]
  endcommand
  x1= x0+xlength
  y1= y0－y_extend
  z1= z0+zlength/2.0
  x2= x0+xlength+wlength
  y2= y0－y_extend
  z2= z0+zlength/2.0
  x3= x0+xlength+wlength
  y3= y0+ylength+y_extend
  z3= z0+zlength/2.0
  x4= x0+xlength
  y4= y0+ylength+y_extend
  z4= z0+zlength/2.0

```
command                    ;dangban-right
    wall create id 3 ...
        name dangban_right ...
        vertices ...
            [x1] [y1] [z1] ...
            [x2] [y2] [z2] ...
            [x3] [y3] [z3] ...
            [x1] [y1] [z1] ...
            [x3] [y3] [z3] ...
            [x4] [y4] [z4]
endcommand
x1= x0+xlength
y1= y0-y_extend
z1= z0+zlength/2.0
x2= x0+xlength
y2= y0-y_extend
z2= z0+zlength+z_extend
x3= x0+xlength
y3= y0+ylength+y_extend
z3= z0+zlength+z_extend
x4= x0+xlength
y4= y0+ylength+y_extend
z4=z0+zlength/2.0
command                    ;right-up
    wall create id 4 ...
        name right_top ...
        vertices ...
            [x1] [y1] [z1] ...
            [x2] [y2] [z2] ...
            [x3] [y3] [z3] ...
            [x1] [y1] [z1] ...
            [x3] [y3] [z3] ...
            [x4] [y4] [z4]
endcommand
x1=x0-x_extend
y1=y0-y_extend
z1=z0+zlength
x2=x0-x_extend
y2=y0+y_extend+ylength
```

z2＝z0＋zlength
x3＝x0＋xlength＋x_extend
y3＝y0＋ylength＋y_extend
z3＝z0＋zlength
x4＝x0＋xlength＋x_extend
y4＝y0－y_extend
z4＝z0＋zlength
command　　　;top wall
　　wall create id 5 ...
　　　　name top_wall ...
　　　　vertices ...
　　　　　　[x1] [y1] [z1] ...
　　　　　　[x2] [y2] [z2] ...
　　　　　　[x3] [y3] [z3] ...
　　　　　　[x1] [y1] [z1] ...
　　　　　　[x3] [y3] [z3] ...
　　　　　　[x4] [y4] [z4]
endcommand
x1＝ x0
y1＝ y0－y_extend
z1＝ z0＋zlength/2.0
x2＝ x0
y2＝ y0＋ylength＋y_extend
z2＝ z0＋zlength/2.0
x3＝ x0
y3＝ y0＋ylength＋y_extend
z3＝ z0＋zlength＋z_extend
x4＝ x0
y4＝ y0－y_extend
z4＝ z0＋zlength＋z_extend
command　　　;top wall
　　wall create id 6 ...
　　　　name left_top ...
　　　　vertices ...
　　　　　　[x1] [y1] [z1] ...
　　　　　　[x2] [y2] [z2] ...
　　　　　　[x3] [y3] [z3] ...
　　　　　　[x1] [y1] [z1] ...
　　　　　　[x3] [y3] [z3] ...

            [x4] [y4] [z4]
        endcommand
        x1= x0－wlength
        y1= y0－y_extend
        z1= z0+zlength/2.0
        x2= x0
        y2= y0－y_extend
        z2= z0+zlength/2.0
        x3= x0
        y3= y0+ylength+y_extend
        z3= z0+zlength/2.0
        x4= x0－wlength
        y4= y0+ylength+y_extend
        z4= z0+zlength/2.0
        command   ;dangban－right
            wall create id 7...
                name dangban_left...
                vertices...
                    [x1] [y1] [z1]...
                    [x2] [y2] [z2]...
                    [x3] [y3] [z3]...
                    [x1] [y1] [z1]...
                    [x3] [y3] [z3]...
                    [x4] [y4] [z4]
        endcommand
        x1= x0
        y1= y0－y_extend
        z1= z0－z_extend
        x2= x0
        y2= y0+ylength+y_extend
        z2=z0－z_extend
        x3=x0
        y3=y0+ylength+y_extend
        z3=z0+zlength/2.0
        x4=x0
        y4=y0－y_extend
        z4=z0+zlength/2.0
        command   ;left_bottom
            wall create id 8...

```
                name left_bottom ...
                vertices ...
                    [x1] [y1] [z1] ...
                    [x2] [y2] [z2] ...
                    [x3] [y3] [z3] ...
                    [x1] [y1] [z1] ...
                    [x3] [y3] [z3] ...
                    [x4] [y4] [z4]
        endcommand
        x1= x0－x_extend
        y1= y0
        z1= z0－z_extend
        x2= x0－x_extend
        y2= y0
        z2=z0＋zlength＋z_extend
        x3=x0＋xlength＋x_extend
        y3=y0
        z3=z0＋zlength＋z_extend
        x4=x0＋xlength＋x_extend
        y4=y0
        z4=z0－z_extend
        command                        ;left_bottom
            wall create id 9 ...
                name front ...
                vertices ...
                    [x1] [y1] [z1] ...
                    [x2] [y2] [z2] ...
                    [x3] [y3] [z3] ...
                    [x1] [y1] [z1] ...
                    [x3] [y3] [z3] ...
                    [x4] [y4] [z4]
        endcommand
        x1= x0－x_extend
        y1= y0＋ylength
        z1= z0－z_extend
        x2= x0－x_extend
        y2= y0＋ylength
        z2=z0＋zlength＋z_extend
        x3=x0＋xlength＋x_extend
```

```
y3=y0+ylength
z3=z0+zlength+z_extend
x4=x0+xlength+x_extend
y4=y0+ylength
z4=z0-z_extend
command                    ;left_bottom
    wall create id 10 ...
        name behind ...
        vertices ...
            [x1] [y1] [z1] ...
            [x2] [y2] [z2] ...
            [x3] [y3] [z3] ...
            [x1] [y1] [z1] ...
            [x3] [y3] [z3] ...
            [x4] [y4] [z4]
endcommand
end
@generate_shear_box
define incubic(pos,c)
    incubic = 0
    local _pnum1 = 0
    local _pnum2 = 0
    if type.pointer.id(c) = clump.typeid
    loop foreach local pb clump.pebblelist(c)
        local p_x = clump.pebble.pos(pb,1)
        local p_y = clump.pebble.pos(pb,2)
        local p_z = clump.pebble.pos(pb,3)
        local p_r = clump.pebble.radius(pb)
        _pnum1 = _pnum1 + 1
        local _dist = math.sqrt(p_x*p_x + p_y*p_y) + p_r
        if ((p_x+p_r)<=(x0+xlength))then
            if ((p_x-p_r)>=x0)then
                if ((p_y+p_r)<=(y0+ylength))then
                    if ((p_y-p_r)>= y0) then
                        if ((p_z - p_r) >=z0) then
                            if ((p_z + p_r) <= (z0+zlength)) then
                                _pnum2 = _pnum2 + 1
                            end_if
                        end_if
```

```
                end_if
              end_if
            end_if
          end_if
       end_loop
       if _pnum1 = _pnum2
          incubic = 1
       end_if
    end_if
end
call input_clump_moban        ;该文件中存储模板,此处省略
clump distribute              &
                diameter                       &
                porosity 0.36                  &
                numbin 5                       &
                bin 1                          &
                    template s1                &
                    azimuth 0.0 360.0          &
                    tilt 0.0 360.0             &
                    elevation 0.0 360.0        &
                    size 0.05 0.1              &
                    volumefraction 0.4         &
                bin 2                          &
                    template s2                &
                    azimuth 0.0 360.0          &
                    tilt 0.0 360.0             &
                    elevation 0.0 360.0        &
                    size 0.1 0.15              &
                    volumefraction 0.2         &
                bin 3                          &
                    template s3                &
                    azimuth 0.0 360.0          &
                    tilt 0.0 360.0             &
                    elevation 0.0 360.0        &
                    size 0.1 0.15              &
                    volumefraction 0.15        &
                bin 4                          &
                    template s4                &
                    azimuth 0.0 360.0          &
```

```
                    tilt 0.0 360.0              &
                    elevation 0.0 360.0         &
                    size 0.1 0.2                &
                    volumefraction 0.15         &
                bin 5                           &
                    template s5                 &
                    azimuth 0.0 360.0           &
                    tilt 0.0 360.0              &
                    elevation 0.0 360.0         &
                    size 0.1 0.2                &
                    volumefraction 0.10         &
                range fish @incubic
    clump attribute damp 0.7 density 2500
    ;ball distribute porosity 0.4 radius 0.01 0.03 box [x0] [x0+xlength] [y0] [y0+ylength] [z0] [z0+zlength]
    ;ball attribute density 2000 damp 0.7
    ;ball property fric @ballFriction
    wall property fric @wallFriction
    cycle 2000 calm 10
    set timestep scale
    ;solve arat 1e-4
    cyc 5000
    set timestep auto
    cycle 1000
    calm
    def wall_wp
         global wp1 = wall.find(1)   ;底部
         global wp2 = wall.find(2)   ;右下
         global wp3 = wall.find(3)   ;挡板右侧
         global wp4 = wall.find(4)   ;右上
         global wp5 = wall.find(5)   ;上
         global wp6 = wall.find(6)   ;左上
         global wp7 = wall.find(7)   ;左侧挡板
         global wp8 = wall.find(8)   ;左下
         global wp9 = wall.find(9)   ;前
         global wp10 = wall.find(10) ;后
    end
    @wall_wp
    define compute_gain(fac)
```

```
compute_vessel_dimensions
global gx = 0.0
loop foreach contact wall.contactmap(wp2)
    gx = gx + contact.prop(contact,"kn")
endloop
loop foreach contact wall.contactmap(wp4)
    gx = gx + contact.prop(contact,"kn")
endloop
loop foreach contact wall.contactmap(wp6)
    gx = gx + contact.prop(contact,"kn")
endloop
loop foreach contact wall.contactmap(wp8)
    gx = gx + contact.prop(contact,"kn")
endloop
global gy = 0.0
loop foreach contact wall.contactmap(wp9)
    gy = gy + contact.prop(contact,"kn")
endloop
loop foreach contact wall.contactmap(wp10)
    gy = gy + contact.prop(contact,"kn")
endloop
global gz = 0.0
loop foreach contact wall.contactmap(wp1)
    gz = gz + contact.prop(contact,"kn")
endloop
loop foreach contact wall.contactmap(wp5)
    gz = gz + contact.prop(contact,"kn")
endloop
    gx1=gx
if gx1 < 1.0 then ;防止为0,导致出现零刚度,计算终止
    gx1=1.0
endif
gy1=gy
if gy1 < 1.0 then
    gy1=1.0
endif
if gz1 < 1.0 then
    gz1=1.0
endif
```

```
        gx = fac * 2.0 * (wly * wlz * 1.0) / (gx1 * global.timestep)
        gy = fac * 2.0 * (wlx * wlz * 1.0) / (gy1 * global.timestep)
        gz = fac * 2.0 * (wlx * wly * 1.0) / (gz1 * global.timestep)
    end
    define compute_vessel_dimensions
        global wlx = wall.pos.x(wp2) - wall.pos.x(wp8)
        global wlz = wall.pos.z(wp5) - wall.pos.z(wp1)
        global wly = wall.pos.y(wp10) - wall.pos.y(wp9)
    end
    [max_vel = 0.1]
    define servo_walls
        compute_walls_stress
        if do_xservo = true then
            xvel = gx * (wsxx - txx)
            xvel = math.sgn(xvel) * math.min(max_vel,math.abs(xvel))
            wall.vel.x(wp6) = xvel
            wall.vel.x(wp7) = xvel
            wall.vel.x(wp8) = xvel
            wall.vel.x(wp2) = -xvel
            wall.vel.x(wp3) = -xvel
            wall.vel.x(wp4) = -xvel
        endif
        if do_yservo = true then
            yvel = gy * (wsyy - tyy)
            yvel = math.sgn(yvel) * math.min(max_vel,math.abs(yvel))
            wall.vel.y(wp9) = yvel
            wall.vel.y(wp10) = -yvel
        endif
        if do_zservo = true then
            zvel = gz * (wszz - tzz)
            zvel = math.sgn(zvel) * math.min(max_vel,math.abs(zvel))
            wall.vel.z(wp1) = zvel
            wall.vel.z(wp5) = -zvel
        endif
    end
    define compute_walls_stress
        compute_vessel_dimensions
        wsxx = 0.5 * (wall.force.contact.x(wp8)-wall.force.contact.x(wp2))/(wly * wlz)
```

wsxx = wsxx+0.5 * (wall.force.contact.x(wp6)－wall.force.contact.x(wp4))/(wly * wlz)

wsyy = 0.5 * (wall.force.contact.y(wp9) － wall.force.contact.y(wp10))/(wlx * wlz)

wszz = 0.5 * (wall.force.contact.z(wp1) － wall.force.contact.z(wp5))/(wlx * wly)

 end
 [txx = －0.5e6]   ;初始伺服围压
 [tyy = －0.5e6]
 [tzz = －0.5e6]
 [do_xservo = true]
 [do_yservo = true]
 [do_zservo = true]
 set fish callback 1.0 @servo_walls
 [stop_me = 0]
 [tol = 0.05]
 [gain_cnt = 0]
 [gain_update_freq = 100]
 [gain_safety_fac=0.5]
 define stop_me
  gain_cnt = gain_cnt + 1
  if gain_cnt >= gain_update_freq then
   compute_gain(gain_safety_fac)
   gain_cnt = 0
  endif
  if math.abs((wsyy － tyy) / tyy) > tol
   exit
  endif
  if math.abs((wsxx － txx) / txx) > tol
   exit
  endif
  if math.abs((wszz － tzz) / tzz) > tol
   exit
  endif
  stop_me = 1
 end
 solve fishhalt @stop_me
 save consolidate_state
 @compute_walls_stress

```
[wlx0 = wlx]
[wly0 = wly]
[wlz0 = wlz]
[wall8_xpos0 = wall.pos.x(wp8)]
[lower_box_force0 = wall.force.contact.x(wp8) + wall.force.contact.x(wp2)]
[upper_box_force0 = wall.force.contact.x(wp6) + wall.force.contact.x(wp4)]
define conf
    compute_vessel_dimensions
    shear_dis = wall.pos.x(wp8) - wall8_xpos0
    normal_dis = wlz - wlz0
    lower_box_force = wall.force.contact.x(wp8) + wall.force.contact.x(wp2)
    upper_box_force = wall.force.contact.x(wp6) + wall.force.contact.x(wp4)
    shear_stress = math.abs(lower_box_force - upper_box_force)/(wlx0 - 2.0 * shear_dis)
    conf = wszz
end
hist delete          ; history purge
set hist_rep = 200
history id 1 @conf
history id 2 @shear_dis
history id 3 @normal_dis
history id 4 @shear_stress
[do_xservo = false]
calm
ball attribute displacement multiply 0.0
[_vel = 5.0e-2]
wall attribute xvelocity [_vel] range id 2
;wall attribute xvelocity [_vel] range id 3
wall attribute xvelocity [_vel] range id 7
wall attribute xvelocity [_vel] range id 8
wall attribute xvelocity 0.0 range id 4
wall attribute xvelocity 0.0 range id 6
[nstep = 1000000]
[stop_load = 0]
[target = 0.15]
[gain_cnt = 0]
[gain_update_freq = 100]
[do_xservo = false]        ;erase servo in x direction
define stop_load
```

```
    gain_cnt = gain_cnt + 1
    if gain_cnt >= gain_update_freq then
        compute_gain(gain_safety_fac)
        gain_cnt = 0
    endif
    if shear_dis >= target then
        stop_load = 1
    endif
end
solve fishhalt @stop_load
save complete.3dsav
```

4.4 任意几何模型的伺服实现

无论是压缩试验还是剪切试验,其模型区域都是规则形状,因此模型伺服时可以用 wall 相向运动来实现伺服。但工程中绝大多数模型是不规则的,此时只能采用单个 wall 的加载、卸载来实现这一过程,如劈裂试验用的圆盘形试样、边坡、隧洞等模型。

4.4.1 劈裂试验模型与实现

劈裂试验通常是采用二维圆盘形状试样,其实现命令流可参见例 4-5-1。加载例 4-6 后,可得图 4-10。

例 4-6 劈裂试验数值模拟命令编制

```
New                ;清除内存
title 'Simulating the failure of fractured rock '    ;标题设置
define model_parameters      ;试样中心与孔隙率参数设置
    global c_x = 0.0
    global c_y = 0.0       ;圆形试样的中心坐标
    global c_r = 0.05      ;试样的半径
    global _tporo = 0.12    ;试样孔隙率
end
@model_parameters
domain extent [-2.0*c_r] [2.0*c_r] condition destroy    ;domain 范围、条件
cmat default model linear method deform emod 1.0e9 kratio 0.0    ;默认属性
cmat default property dp_nratio 0.5
wall generate id 1 circle position (@c_x,@c_y) rad @c_r    ;圆形 wall
def inCircle(pos,b) ;判断颗粒位于范围内=1
    inCircle = 0
    if type.pointer.id(b) = ball.typeid
        local b_x = ball.pos(b,1)
        local b_y = ball.pos(b,2)
```

```
            local b_r = ball.radius(b)
            local _dist = math.sqrt((c_x - b_x)^2 + (c_y - b_y)^2) + b_r
            if (_dist <= c_r) then
                inCircle = 1
            end_if
        end_if
    end
set random 10001
ball distribute porosity @_tporo ...           ;生成颗粒
            bin 1 ...
            radius 0.3e-3 0.45e-3 ...
            volumefraction 1.0 ...
            range fish @inCircle              ;判断颗粒位于圆内则生成
define check_ball_porosity             ;计算孔隙率
    local _area = 0.0
    loop foreach local bp ball.list
        _area = _area + math.pi * ball.radius(bp)^2
    end_loop
    global _porosity = 1.0 - _area / (math.pi * c_r * c_r)
end
@check_ball_porosity
ball attribute density 2500 damp 0.7       ;实体属性
cycle 1000 calm 10 ;计算使模型终止
set timestep scale         ;密度缩放,令时间步=1
solve aratio 1e-4          ;终止条件
set timestep auto          ;系统自动计算时间步
calm                       ;速度清零
define make_walls          ;生成上下加载板
    command
        wall delete range set id 1           ;删除圆形 wall
        wall create vertices [-1.5*c_r] [c_r] [1.5*c_r] [c_r] id 1 ;下板
        wall create vertices [-1.5*c_r] [-c_r] [1.5*c_r] [-c_r] id 2 ;上板
    end_command
end
@make_walls
save unbonded              ;存储状态
;设置平行黏结模型的参数
contact model linearpbond range contact type ball-ball     ;设置平行黏结模型
contact method bond gap 0.5e-4        ;设置激活接触的 gap,越大激活数目越多
```

```
contact method deform emod 1.0e9 krat 1.0        ;有效线性接触模量
contact method pb_deform emod 1.0e9 krat 1.0     ;有效平行黏结模量
contact property pb_ten 10.0e6 pb_coh 50.0e6 pb_fa 0.0    ;黏结强度
contact property dp_nratio 0.5 ;阻尼
contact property fric 0.577 range contact type ball-ball    ;摩擦系数
ball attribute displacement multiply 0.0         ;位移清零
ball attribute velocity multiply 0.0             ;速度清零
contact property lin_force 0.0 0.0 lin_mode 1    ;设置接触力更新模式=增量
ball attribute contactforce multiply 0.0 contactmoment multiply 0.0    ;接触力清零
solve aratio 1e-5     ;计算终止条件
save parallel_bonded        ;存储,状态为岩石试样
dfn addfracture dip 30 size 0.01
;增加一个裂隙,中心默认(0,0),倾角 30°(与 x 负轴),尺寸 0.01m
dfn property sj_kn 2e9 sj_ks 2e9 sj_fric 0.35 sj_coh 0.0 sj_ten 0.0 sj_large 1
dfn model name smoothjoint install dist 0.001    ;安装节理
dfn model name smoothjoint activate    ;激活节理
set echo off
call ss_wall.fis        ;安装目录下可以找到该文件
call fracture.p2fis        ;安装目录下可以找到该文件
set echo on
@setup_wall
;对上下加载 wall 施加速度荷载
wall attribute yvel -0.1 range id 1
wall attribute yvel 0.1 range id 2
;对体系施加较小的局部阻尼,以便于收敛
ball attribute damp 0.1
; record histories
history id 1 @axial_stress_wall
history id 2 @axial_strain_wall
plot hist -1 vs -2
@track_init        ;对裂隙进行初始化
history id 3 @crack_num        ;监控裂隙数量
cyc 1000        ;运行一定时间步,让系统平衡
SET @peak_fraction = 0.7        ;当应力过了峰值降到 70%时,停止
solve fishhalt @loadhalt_wall        ;计算终止条件
list @peak_stress        ;列出峰值应力
```

4.4.2 任意形状模型的伺服与实现

前述压缩、剪切试验模型均为规则形状,在伺服时 wall 是相对加载,即相对的 wall 施加相向或相反的速度。但如果形状不规则,采用相向 wall 加载不再适用,此时可以采

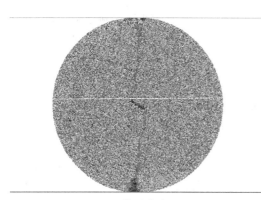

图 4-10 带裂隙劈裂试验

用单 wall 加载伺服。任意形状 wall 刚性伺服方法可参见拙著《颗粒流数值模拟技巧与实践》（石崇、徐卫亚著）。

在此通过一个简单的实例说明这一过程如何实现。模型生成需要经历生成重叠颗粒、初始弹开、伺服、稳定四个过程，如图 4-11 所示。当边界伺服完成而内部不平衡力还较大时模型仍有可能未达到平衡（图 4-12），因此采用边界伺服应力与不平衡力双重控制。当平衡后，各 wall 上的平均应力均达到稳定，如图 4-13 所示。

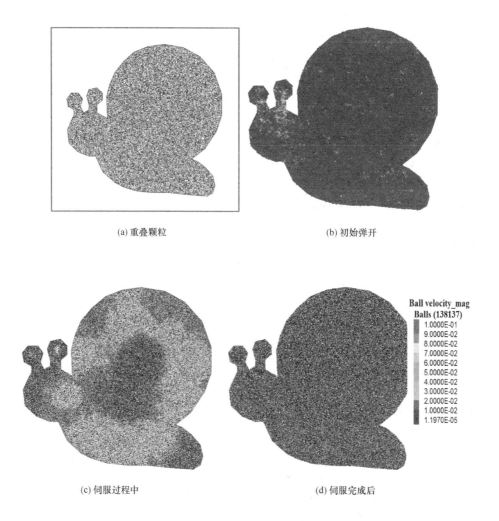

(a) 重叠颗粒　　　　　　(b) 初始弹开

(c) 伺服过程中　　　　　(d) 伺服完成后

图 4-11　任意外形颗粒

主要命令流见例 4-7。

第 4 章 伺服机制及数值试验实现技术

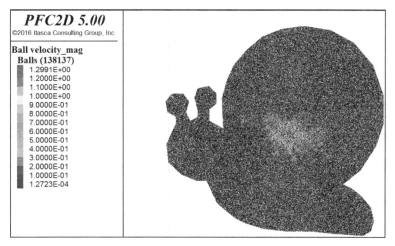

图 4-12 边界已好而内部尚未平衡的情况（需要两重限制）

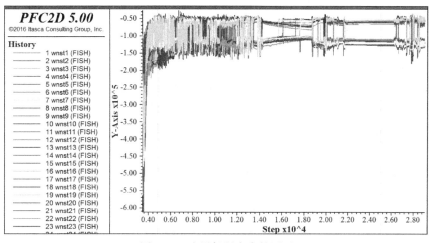

图 4-13 边界伺服应力的逼近

例 4-7 任意形状刚性伺服模型命令流编制

new
set random 10001 ;random number
domain extent 0.9868 9.1281 0.5786 8.2213
domain condition destroy
cmat default model linear property kn 1e9
wall create …
　ID　　　1 …
　group　　1 …
　vertices …
　　2.9137　　2.8889 …
3.2536　　2.1862
;如下省略 53 个 wall 的定义,每个 wall 比实际长度略长 5%,防止伺服时颗粒从墙交

227

叉位置溢出

```
geometry import shichong.dxf        ;在CAD文件中用polyline设置模型的边界
ball distribute porosity 0.1600 radius 0.005000 0.010000 range geometry shichong count odd
ball attribute density 2500.0 damp 0.1
ball property fric 0.1
wall property fric 0.1
set timestep scale
cycle 1000 calm 10
set timestep auto
solve aratio 1e-5
def wall_addr            ;wall地址检索
    wadd1 = wall.find(1)
    ;省略52个wall的地址
wadd54 = wall.find(54)
end
@wall_addr
def compute_wallstress     ;每个wall的位移三分量
  xdif1 = wall.disp.x(wadd1)
  ydif1 = wall.disp.y(wadd1)
  ndif1 = math.sqrt(xdif1^2+ydif1^2)        ;总变形
  wnst1 = math.sqrt(wall.force.contact.x(wadd1)^2+wall.force.contact.y(wadd1)^2)
  wnst1 = -wnst1 /0.7506 ;wall-ball的接触力
  ;此处省略52个wall的检索,以及应力的计算
End
def compute_gain
      fac = 0.5
      wp = wall.find(1)
      gx = 0.0
      loop foreach contact wall.contactmap(wp)
          gx = gx + contact.prop(contact,"kn")
      endloop
      if gx < 1e-2 then
          gx = 1.0e-2
      end_if
  ;此处省略53个wall的gx计算
End
def servo_walls
    compute_wallstress
```

```
    if do_servo = true then
        udv1=gx1*(wnst1-sssreg)
        if math.abs(udv1 )< 1.0 then
          udv1 =math.sgn(udv1 ) *1.0
          endif
        udx1=udv1 *( 0.900186 )
udy1=udv1 *( 0.435505 )
;伺服速度
wall.vel.x(wadd1)=udx1
wall.vel.y(wadd1)=udy1
;此处省略53个wall的伺服速度施加
end_if
end
[sssreg=-1.0e5]
[do_servo = true]
set fish callback 1.0 @servo_walls ;伺服收敛退出
[tol=5e-2]
[stop_me=0]
[gain_cnt=0]
[gain_update_freq=1]
def stop_me
    gain_cnt=gain_cnt+1
    if gain_cnt >= gain_update_freq
       compute_gain
       gain_cnt=0
     endif
    iflag=1
    if math.abs((wnst1-sssreg)/sssreg) > tol then
       iflag=0 ;不收敛
end_if
;此处省略53个wall应力的判断
if mech.solve("aratio")>1e-4
      exit
   endif
   if iflag = 0 then
       exit
   end_if
stop_me = 1
end
```

@compute_gain
ball attribute displacement multiply 0.0
solve fishhalt @stop_me   ;0=继续运行,1=停止
save model   ;存储状态

4.5 柔性颗粒膜伺服实现

有时，需要建立图 4-14 所示柔性伺服边界的模型，原理可见本书 4.2.2 节介绍的柔性伺服方法，命令流见例 4-8。

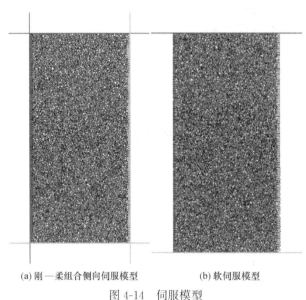

(a) 刚—柔组合侧向伺服模型   (b) 软伺服模型

图 4-14 伺服模型

例 4-8 柔性伺服的实现命令流

```
new
domain extent -0.6 0.6 condition destroy    ;domain 范围与条件
def setup        ;参数设置
   height=0.5                    ;高度上限
height_=-0.5                     ;高度下限
   width_left=-0.25              ;宽度左限
   width_right=0.25              ;宽度右限
new_height_1=height+0.1          ;wall 考虑适当加长
   new_height_2=-(height+0.1)
   new_width_1= width_right+0.1
   new_width_2=width_left-0.1
   fc=0.0                        ;摩擦系数
   a_damp=0.7                    ;阻尼
   p_density=2000                ;密度
```

```
end
@setup ;运行
set random 1001        ;随机种子
cmat default model linear prop kn 1e9 ks 1e8 ;默认接触参数
wall create ...        ;生成双轴试验用的 wall
    ID      1 ...      ;上部 wall
    group        1 ...
    vertices ...
       @new_width_1      @height ...
       @new_width_2      @height ...
       name top_wall
wall create ...
    ID      2 ...      ;下部 wall
    group        2 ...
    vertices ...
       @new_width_2      @height_ ...
       @new_width_1      @height_ ...
       name bot_wall
wall create ...
    ID      3 ...      ;左侧 wall
    group        3 ...
    vertices ...
       @width_left       @new_height_1 ...
       @width_left       @new_height_2 ...
       name left_wall
wall create ...
    ID      4 ...      ;右侧 wall
    group        4 ...
    vertices ...
       @width_right      @new_height_2 ...
       @width_right      @new_height_1 ...
       name right_wall
wall property kn=1e11 ks=0.0 fric 0.0 ;属性接触参数
[num_ball=300]         ;软伺服所用球数目
[id_ball_wall=0]       ;软伺服球 id 号
[id_ball_wall0=id_ball_wall+1]
def ball_wall(x0,y0,x1,y1,nflag,sss)
;从(x0,y0)点———(-x1,y1),用 num_ball 个球生成软伺服颗粒
    vx=x1-x0
    vy=y1-y0
```

```
        dd=math.sqrt(vx^2+vy^2)
        vx=vx/dd
        vy=vy/dd
        dj=dd/(num_ball+1)
        loop n (1,num_ball)
            id_ball_wall=id_ball_wall+1
            r_p=dj/2.0*1.5
            x_p=x0+n*dj*vx+r_p*math.sgn(nflag)
            y_p=y0+n*dj*vy
            command
                ball create id [id_ball_wall] x [x_p] y [y_p] radius [r_p] group [sss]
            endcommand
        endloop
    end
    @ball_wall(@width_left,@height_,@width_left,@height,1.0,'ball_wall1')
    ;[id_ball_wall=1000]
    [id_ball_wall0=id_ball_wall+1]
    @ball_wall(@width_right,@height_,@width_right,@height,-1.0,'ball_wall2')
    ball distribute porosity 0.180 radius 0.003 0.006 box [width_left+dj] [width_right-dj] [height_] [height] group 'balls'
    ball attribute density 2500.0 damp 0.1 range group 'balls'
    ball attribute density 1000.0 damp 0.1 range group 'ball_wall1'
    ball attribute density 1000.0 damp 0.1 range group 'ball_wall2'
    ball property fric 0.05 range group 'balls'
    ball attribute velocity multiply 0.0
    ball fix velocity spin range group 'ball_wall1'
    ball fix velocity spin range group 'ball_wall2'
    set timestep scale
    cycle 5000 calm 100
    ball delete range y -100 @height_
    ball delete range y @height 100
    set timestep auto
    ;solve aratio 1e-5
    cyc 10000
    save ini
    calm
    ball delete range y -100 @height_
    ball delete range y @height 100
    wall attribute velocity 0.0
    ball attribute velocity multiply 0.0
```

```
ball attribute displacement multiply 0.0
ball free velocity spin range group 'ball_wall1'
ball free velocity spin range group 'ball_wall2'
ball attribute velocity multiply 0.0
ball attribute displacement multiply 0.0
ball attribute contactforce multiply 0.0 contactmoment multiply 0.0
contact groupbehavior and
contact model linearpbond range group 'ball_wall1' or 'ball_wall2'
contact method bond gap 0.0 range group 'ball_wall1' or 'ball_wall2'
contact method deform emod 1e5 krat 3.0 range group 'ball_wall1' or 'ball_wall2'
contact method pb_deform emod 1e5 kratio 3.0 range group 'ball_wall1' or 'ball_wall2'
;contact property dp_nratio 0.7 dp_sratio 0.5 range group 'ball_wall1' group 'ball_wall2'
contact property lin_mode 0 pb_ten 1e100 pb_coh 1e100 range group 'ball_wall1' or 'ball_wall2'
;ball fix velocity range id 1
;ball fix velocity range id 100
;ball fix velocity range id 1001
;ball fix velocity range id 1100
def wll_wp
        global wp_bot = wall.find(2)  ;下部 wall 的指针
        global wp_top = wall.find(1)  ;上部 wall 的指针
        global wp_lef = wall.find(3)  ;左侧 wall 的指针
        global wp_rig = wall.find(4)  ;右侧 wall 的指针
end
@wll_wp
define wlx  ;计算试样 x 向宽度
    ;id_ball_left=ball.find(1)
    ;id_ball_right=ball.find(1001)
    ;wlx = ball.pos.x(id_ball_right) - ball.pos.x(id_ball_left)
    wlx = wall.pos.x(wp_rig)-wall.pos.x(wp_lef)
end
define wly       ;计算试样上下高度
    wly = wall.pos.y(wp_top) - wall.pos.y(wp_bot)
end
define wsyy
    wsyy = 0.5 * (wall.force.contact.y(wp_bot) - wall.force.contact.y(wp_top))/wlx
end
define wsxx
```

```
        wsxx = 0.5 * (wall.force.contact.x(wp_lef) — wall.force.contact.x(wp_rig) )/ wly
end
[txx = —1.0e5]        ;x 向伺服应力
[tyy = —1.0e5]        ;y 向伺服应力
wall servo activate on yforce [ tyy * wlx] vmax 10.1 range set name 'top_wall'
wall servo activate on yforce [—tyy * wlx] vmax 10.1 range set name 'bot_wall'
wall servo activate on xforce [ txx * wly] vmax 10.1 range set name 'right_wall'
wall servo activate on xforce [—txx * wly] vmax 10.1 range set name 'left_wall'
define servo_walls_balls        ;wall 的伺服
    wall.servo.force.y(wp_top) = tyy * wlx
    wall.servo.force.y(wp_bot) = —tyy * wlx
    wall.servo.force.x(wp_lef) = —txx * wly
    wall.servo.force.x(wp_rig) = txx * wly
end
set fish callback 9.0 @servo_walls_balls ;利用 wall 先伺服试样
hist id 1 @wsyy
hist id 2 @wsxx
plot create
plot hist 1 2
[nsteps=0]
[tol=0.05]
define stop_me        ;计算终止条件
    nsteps=nsteps+1
    s1=math.abs((wsyy—tyy)/tyy)
    s2=math.abs((wsxx—txx)/txx)
    s3=mech.solve("aratio")
    command
        list @nsteps @s1 @s2 @s3
    endcommand
    if math.abs((wsyy—tyy)/tyy) > tol
        exit
    endif
    if math.abs((wsxx—txx)/txx) > tol
        exit
    endif
    if nsteps > 50000
        stop_me=1
        exit
    endif
```

```
          if mech.solve("aratio")>1e-4
              exit
          endif
            ;
        stop_me = 1
    end
    solve fishhalt @stop_me        ;终止条件
    save sifu
    res sifu
    [ly0 = wly]
    [lx0 = wlx]
    def basic_parameters1        ;根据试样的应变率效应设置模量与黏结
        loading_rate=1e-5
        xishu_e=(2.7333*math.log(loading_rate/1e-5)+24.14)/17.114
        xishu_s=(14.317*math.log(loading_rate/1e-5)+139.37)/133.09
        emod_max=50e9*xishu_e
        pb_emod_max=50e9*xishu_e
        pb_ten_m=3.75e8*xishu_s
        pb_ten_c=1.25e8*xishu_s
    end
    @basic_parameters1
    contact groupbehavior and
    contact group 'in_ball_wall_boundary' range group 'ball_wall1'
    contact group 'in_ball_wall_boundary' range group 'ball_wall2'
    contact model linearpbond range contact type 'ball-ball' group 'balls'
    contact method bond gap 0.0
    contact method deform emod [emod_max] krat 3.0 range contact type 'ball-ball' group 'balls'
    contact method pb_deform emod [pb_emod_max] kratio 3.0 range contact type 'ball-ball' group 'balls'
    contact property dp_nratio 0.7 dp_sratio 0.5 range contact type 'ball-ball' group 'balls'
    contact property fric 0.0 range contact type 'ball-ball' group 'balls'
    contact property lin_mode 1 pb_ten [pb_ten_m] pb_coh [pb_ten_c] range contact type 'ball-ball' group 'balls'
    ;contact groupbehavior and
    ;contact model linearpbond range group 'ball_wall1' or 'ball_wall2'
    ;contact method bond gap 0.0 range group 'ball_wall1' or 'ball_wall2'
    ;contact method deform emod 1e3 krat 3.0 range group 'ball_wall1' or 'ball_wall2'
```

;contact method pb_deform emod 1e3 kratio 3.0 range group 'ball_wall1' or 'ball_wall2'
;contact property dp_nratio 0.7 dp_sratio 0.5 range group 'ball_wall1' group 'ball_wall2'
;contact property lin_mode 1 pb_ten 1e300 pb_coh 1e300 range group 'ball_wall1' or 'ball_wall2'
contact groupbehavior and
;contact group 'in_ball_wall_boundary' range group 'ball_wall1'
contact model linearcbond range group 'ball_wall1' or 'ball_wall2'
contact method bond gap 0.0 range group 'ball_wall1' or 'ball_wall2'
contact property kn 1e9 ks 1.0e9 range group 'ball_wall1' or 'ball_wall2'
;contact property kn 1e5 ks 1.0e5 range x [width_right−dj] [width_right+dj]
contact method cb_strength tensile 1e300 shear 1e300 range group 'ball_wall1' or 'ball_wall2'
wall servo activate off range set name 'right_wall'
wall servo activate off range set name 'left_wall'
wall servo activate off range set name 'top_wall'
wall servo activate off range set name 'bot_wall'
wall delete walls range id 3
wall delete walls range id 4
set fish callback 9.0 remove @servo_walls_balls
[txx=−2e6]
define servo_walls_balls_new   ;用软球进行软伺服
    loop foreach local bp ball.list
        s=ball.group(bp)
        if s = 'ball_wall1' then
            x0=ball.pos.x(bp)
            y0=ball.pos.y(bp)
            ball.force.app.x(bp) = 0.0
            ball.force.app.y(bp) = 0.0
            num=ball.contactnum(bp)
            ball.vel.x(bp)=0.0
            ball.vel.y(bp)=0.0
            loop foreach contact ball.contactmap(bp)
                ss22=contact.group(contact)
                if ss22 = 'in_ball_wall_boundary' then
                    bp1=contact.end1(contact)
                    bp2=contact.end2(contact)
                    if bp1 = bp then
                        bp3=bp2

```
            endif
            if bp2 = bp then
                bp3=bp1
            endif
            x2=ball.pos.x(bp3)
            y2=ball.pos.y(bp3)
            vx=x2－x1
            vy=y2－y1
            dd=math.sqrt(vx^2+vy^2)
            vx=vx/dd
            vy=vy/dd
            aa=0.5 * dd * vy * txx
            bb=0.5 * dd * vx * txx
            ball.force.app.x(bp) = ball.force.app.x(bp) －0.5 * dd * vy * txx
            ball.force.app.y(bp) = ball.force.app.y(bp) －0.5 * dd * vx * txx
        endif
    endloop
  endif
  if s = 'ball_wall2' then
      x0=ball.pos.x(bp)
      y0=ball.pos.y(bp)
      ;
      ball.force.app.x(bp) = 0.0
      ball.force.app.y(bp) = 0.0
      ball.vel.x(bp)=0.0
      ball.vel.y(bp)=0.0
      num=ball.contactnum(bp)
      loop foreach contact ball.contactmap(bp)
          ss22=contact.group(contact)
          if ss22 = 'in_ball_wall_boundary' then
              bp1=contact.end1(contact)
              bp2=contact.end2(contact)
              if bp1 = bp then
                  bp3=bp2
              endif
              if bp2 = bp then
                  bp3=bp1
```

```
            endif
            x2=ball. pos. x(bp3)
            y2=ball. pos. y(bp3)
            vx=x2-x1
            vy=y2-y1
            dd=math. sqrt(vx^2+vy^2)
            vx=vx/dd
            vy=vy/dd
            aa=0. 5 * dd * vy * txx * (-1. 0)
            bb=0. 5 * dd * vx * txx * (-1. 0)
         ball. force. app. x(bp) = ball. force. app. x(bp) -0. 5 * dd * vy * txx * (-1. 0)
         ball. force. app. y(bp) = ball. force. app. y(bp) -0. 5 * dd * vx * txx * (-1. 0)
            endif
         endloop
      endif
   endloop
end
set fish callback 9. 0 @servo_walls_balls_new
ball attribute velocity multiply 0. 0
ball attribute displacement multiply 0. 0
ball attribute contactforce multiply 0. 0 contactmoment multiply 0. 0
wall attribute yvelocity [-0. 01] range set name 'Top_wall'
wall attribute yvelocity [ 0. 01] range set name 'Bot_wall'
hist reset
[nstep=0]
define loadhalt_wall
   nstep=nstep+1
   loadhalt_wall = 0
   sigy=0. 5 * (wall. force. contact. y(wp_bot) - wall. force. contact. y(wp_top))/lx0
   local abs_stress = math. abs(sigy)
   global peak_stress = math. max(abs_stress,peak_stress)
   if nstep > 1000
   if abs_stress < peak_stress * peak_fraction
      loadhalt_wall = 1
   end_if
   end_if
end
```

```
call fracture.p2fis
@track_init
[weyy = 0.0]
define weyy
    weyy = (wly - ly0) / ly0
end
hist id 1 @crack_num
hist id 2 @sigy
hist id 3 @weyy
set @peak_fraction = 0.7
plot hist -2 vs -3                    ;曲线及破坏见图 4-15
solve fishhalt @loadhalt_wall
```

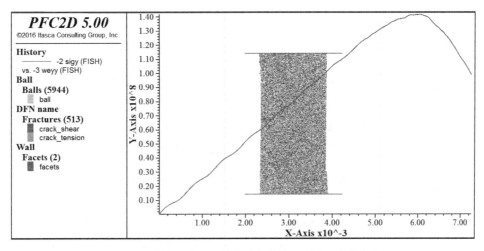

图 4-15　单轴压缩下试样的破坏曲线（删除两侧软伺服）

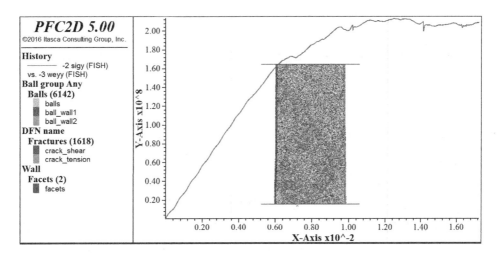

图 4-16　柔性颗粒膜伺服围压 2MPa 时压缩曲线（膜采用平行黏结模型，pb_emod=1e5）

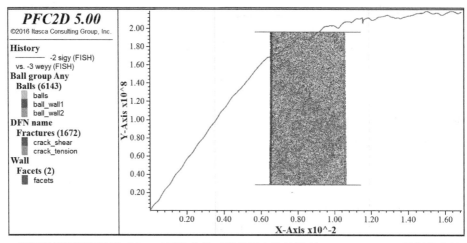

图 4-17 柔性颗粒膜伺服围压 2MPa 时压缩曲线（膜采用点接触模型，$k_n=k_s=1e5$，膜颗粒半径 9.9mm）

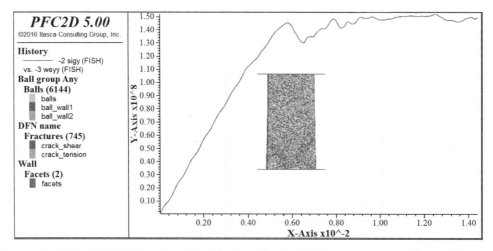

图 4-18 柔性颗粒膜伺服围压 5MPa 时压缩曲线（膜采用点接触模型，$k_n=k_s=1e5$，膜颗粒半径 9.9mm）

针对例 4-8，改变不同的伺服条件可得图 4-15～图 4-18 所示不同的应力—应变曲线。由几种情况对比发现，相同情况下，较厚的柔性颗粒膜容易使得颗粒体系表现为弹塑性应力—应变曲线，而较薄的颗粒膜容易出现峰后软化。刚性伺服则容易出现脆性破坏。在进行数值模拟时应根据情况进行相应膜几何参数及力学参数的设置。

4.6 伺服过程中的几个问题分析

4.6.1 时间步选择

在 PFC5.0 中，时间步主要有如下几种方式：

set timestep scale ；尺度时间，无实际物理意义

该方法将时间步设置为 1.0，由于叠加的颗粒初始叠加量大，因此可以使颗粒快速地弹开，进而达到平衡。但如果迭代步较多，很容易使得颗粒由于速度太快而飞出填充区域。因此常用 cyc 1000 calm 10 类似命令，每 10 步将颗粒速度设置为 0。

Set timestep auto   ;系统计算时间步

PFC5.0 按照接触刚度、颗粒尺寸自动计算稳定的时间步，保证计算结果的收敛性。该值往往较小，因此在计算动力问题时需要大量的计算步。

在计算过程中，自动计算出的时间步会不断更新。

set timestep fix f   ;f 为指定的时间步长

时间步指定为定值，一旦采用该方法指定时间步、自动计算时间步将会终止。但该方法极容易造成计算结果不稳定，应慎用。

set timestep max f   ;f 为指定的最大时间步长

采用系统自动计算时间步长，但当该步长超过 f 时，取为 f。

第一种方法通常用于叠加颗粒的瞬速弹开，此时的颗粒运动应该是布朗运动过程，没有实际的物理意义，当观察到颗粒基本弹开时，为了使颗粒快速收敛，应该切换至第二种模式，此时颗粒时间步很小，可以保证接触判断的准确性，不容易产生颗粒溢出现象。

在一些高频变化荷载的影响时，此时系统计算时间步相对于这一频率较大，如果时间步过长不容易观察介质的破坏过程，此时可以采用第三种或第四种模式降低时间步长。

如果采用第三种模式设定时间步，每一步的步长相同，当设定值小于系统估算的时间步长时，不会影响计算的收敛性，反之则容易造成颗粒运动变位的不准确。

因此，如果想提高计算步，应该从减小最小颗粒的尺寸、降低刚度入手，而不是直接采用第三种模式指定时间步，这是采用颗粒流方法分析力学问题的基本原则之一。

4.6.2 阻尼设置

PFC5.0 阻尼设置主要来源于两部分：

1. 通过属性设置局部阻尼

其通常定义方式为：

ball (clump) attribute damp f range <＊＊＊>

这种方法主要是当时间步速度在上一时间步基础上乘以一个系数，以使得系统动能快速降下来，尽快平衡。因此通常用于静力问题分析，如压缩、剪切等速度较慢的试验。在滑坡、冲击等关心过程的动力学问题分析中应设置为较小的值（如 0.05），或者为 0。

以一个颗粒的自由落体为例，只要阻尼参数不为 0，颗粒运动轨迹就不满足自由落体的理论公式。

2. 通过设置法向与切向临界阻尼

其通常定义方式为：

contact property dp_nratio 0.5 ds_nratio 0.3 range ＊＊＊

这种阻尼是当接触碰撞后才起作用，如自由落体运动，只有当颗粒跟其他颗粒、wall 发生碰撞才会有阻尼，在碰撞之前满足自由落体理论公式。因此常用于动力分析等考虑时间效应的分析。

注意：两种阻尼参数应根据实验进行标定。

4.6.3 如何令模型快速满足要求

采用伺服机制建立模型初始状态时，要使模型快速达到平衡状态，其处理过程如下：

（1）在重叠颗粒弹开时，首先采用 set timestep scale 方法设定时间步，并设置局部阻尼处于较小值，求解时用 cyc 1000 calm 10 方式令系统尽快逼近平衡（人为估计），如图

4-19 所示。

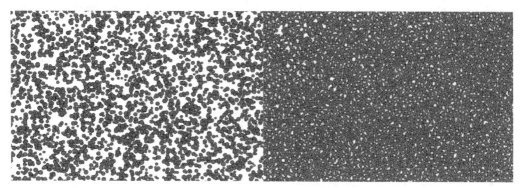

图 4-19 采用尺度时间步快速接近平衡

（2）然后将时间步改用 Set timestep auto，计算不平衡力达到较小（如 1e-5）程度。此时得到的模型并不能保证各处均匀，因此需要采用伺服机制将模型颗粒体系压紧。

（3）在伺服时，应设置一定的围压要求，使得边界上伺服应力满足要求，同时令系统的不平衡力达到较小值（如 1e-5）。

（4）在伺服过程中，如发现伺服应力不均匀、波动较大，应调整 G 值的更新步数，如果是每个迭代步都更新往往效果最好，当然计算效率会下降。

（5）如果 G 更新步数已经为 1，此时的围压仍然不稳定，则可以通过降低应力释放因子 alpha、提高伺服最大速度限值，方可保持围压稳定。

（6）如果在计算过程中发现不平衡力比（aratio）稳定在某一值，不再降低，而上述方法已经调整过，可能是模型中的悬浮颗粒或者溢出 wall 包围（仍处于 domain 范围）的颗粒处于自由运动过程中，此时可以将这些颗粒删除，则可以快速达到收敛目标。

在一个数值模型中，必然存在一些颗粒，与周围的颗粒接触少，这些颗粒对力学模型可认为不起作用。但会导致模型状态不收敛（solve arat 1e-5）维持在某一值不再下降。这些颗粒成为"悬浮颗粒"，对力学状态影响很小。可以采用例 4-9 和例 4-10 的方法去除。

例 4-9 悬浮颗粒的处理方法一

方法一：找出悬浮颗粒，并删除

```
define identify_floaters        ;二维情况，三维修改悬浮判定条件为 2
  loop foreach local ball ball. list
    ball. group. remove(ball,'floaters')
    local contactmap = ball. contactmap(ball)
    local size = map. size(contactmap)
    if size <= 1 then
      ball. group(ball) = 'floaters'
    endif
  endloop
end
@identify_floaters
```

```
ball delete range group 'floaters'
```

例 4-10　悬浮颗粒的处理方法二

方法二：将悬浮颗粒的半径放大，直到令满足悬浮判定的颗粒数目为 0。

```
define expand_floaters_radius(xishu)
    num=0
    loop foreach local bp ball.list
      local contactmap = ball.contactmap(bp)
      local size = map.size(contactmap)
      if size <= 1 then  ;悬浮颗粒条件,如果是三维小于三个,二维小于 2 个
        ball.radius(bp)=ball.radius(bp)*xishu  ;半径扩大
        num=num+1
      endif
    endloop
end
def compute_floaters(xishu)       ;设置半径放大系数,令悬浮颗粒与其他颗粒接触
    num=1000        ;初值大一点,保证运行
    loop while num > 0
      expand_floaters_radius(xishu)       ;对悬浮颗粒半径放大
      command
           clean      ;强制更新接触
      endcommand
    endloop
end
@compute_floaters(1.02)
```

直接删除悬浮颗粒法容易在模型内部生成孔洞，对于一些致密介质模型会造成计算结果失真。第二种方法则不存在这种情况，保证了介质的致密性，但人为将颗粒半径增大，容易导致个别点的接触应力过大。

4.7　数值模型状态的检测

在数值模拟中，需要对模型状态参量进行监测，找出模型细观特征与参数间的内在规律，才能确定细观力学参数。

4.7.1　应变检测

在进行数值模拟时，通常获取应变的方法有两种，一种是设置测量圆然后通过测量圆内的平均变形来计算，一种是通过固定的边界计算平均应变。

方法一：通过测量圆计算出应变率，进而累加得出应变，见例 4-11。

例 4-11　测量圆计算应变法

```
define ini_mstrain(sid)       ;sid 为预先设置好的测量圆 id 号
    command
```

```
        ball attribute displacement multiply 0.0
    endcommand
    global mstrains = matrix(2,2)
    global mp = measure.find(sid)
end
define accumulate_mstrain        ;计算累积应变
    global msrate = measure.strainrate.full(mp)      ;msrate 是张量
    global mstrains = mstrains + msrate * global.timestep     ;应变率乘以时间步
    global xxmstrain = mstrains(1,1)
    global xymstrain = mstrains(1,2)
    global yxmstrain = mstrains(2,1)
    global yymstrain = mstrains(2,2)
end
```

方法二：采用两个对象（如相对的两个 wall）间的位移除以距离得应变，见例 4-12。

$$\varepsilon = \frac{\Delta y}{L} \tag{4.7.1}$$

式中，Δy 为两个对象间的相对位移，L 为两个对象间的距离，ε 为应变。

例 4-12 平均应变计算方法

```
;利用两个 wall 的位移计算应变,可参考本书 4.2 节双轴试验的例子
[wly= wall.pos.y(wp_top) − wall.pos.y(wp_bot)]       ;计算上下墙距离
[wlx= wall.pos.x(wp_right) − wall.pos.x(wp_left)]    ;计算左右墙距离
define wexx
    wexx = (wlx − lx0) / lx0     ;lx0 为左右墙的初始距离
end
define weyy
    weyy = (wly − ly0) / ly0     ;ly0 位上下墙的初始距离
end
;注意:也可以利用两个 ball 的位移变化量计算应变
```

4.7.2 应力检测

如果需要对介质中的应力进行检测，通常可采用例 4-13 的方法进行。

例 4-13 应力检测

```
;采用相对的两个 wall 接触计算平均应力
define wsxx
    wsxx = 0.5 * (wall.force.contact.x(wp_left) − wall.force.contact.x(wp_right))/ wly
end
;计算模型内所有接触的平均应力
define compute_averagestress
    global asxx = 0.0
```

```
    global asxy = 0.0
    global asyx = 0.0
    global asyy = 0.0
    loop foreach local contact contact.list("ball-ball")
        local cforce = contact.force.global(contact)
        local cl = ball.pos(contact.end2(contact)) - ball.pos(contact.end1(contact))
        asxx = asxx + comp.x(cforce) * comp.x(cl)
        asxy = asxy + comp.x(cforce) * comp.y(cl)
        asyx = asyx + comp.y(cforce) * comp.x(cl)
        asyy = asyy + comp.y(cforce) * comp.y(cl)
    endloop
    asxx = - asxx / (wlx * wly)
    asxy = - asxy / (wlx * wly)
    asyx = - asyx / (wlx * wly)
    asyy = - asyy / (wlx * wly)
end
;利形球(圆形)域内所有接触计算平均应力
define compute_spherestress(rad)
    command
        contact group insphere remove
        contact groupbehavior contact
        contact group insphere range circle radius @rad
    endcommand
    global ssxx = 0.0
    global ssxy = 0.0
    global ssyx = 0.0
    global ssyy = 0.0
    loop foreach contact contact.groupmap("insphere","ball-ball")
        local cf = contact.force.global(contact)
        local cl = ball.pos(contact.end2(contact)) - ball.pos(contact.end1(contact))
        ssxx = ssxx + comp.x(cf) * comp.x(cl)
        ssxy = ssxy + comp.x(cf) * comp.y(cl)
        ssyx = ssyx + comp.y(cf) * comp.x(cl)
        ssyy = ssyy + comp.y(cf) * comp.y(cl)
    endloop
    local vol = (math.pi * rad^2)
    ssxx = - ssxx / vol
    ssxy = - ssxy / vol
    ssyx = - ssyx / vol
```

```
        ssyy = — ssyy / vol
    end
```

4.7.3 配位数检测

配位数,又称为平均接触数目,是评价一个颗粒体系接触是否良好、密实的重要指标。配位数的定义为:

$$z = \frac{2N_C}{N_p} \quad (4.7.2)$$

式中,N_C 和 N_p 分别为试样中实际接触(法向接触力大于零)的数目和试样中总的颗粒数。配位数可以理解为试样中平均每个颗粒相接触的颗粒数目,它能在一定程度上反映试样所处的状态(例如密实程度、应力水平等)。需要指出的是,Thornton 提出了力学配位数的概念,其基本思想是如果一个颗粒周围只有一个颗粒或者没有颗粒与之接触,那么这个接触对试样的承载力是没有贡献的,因此理论上应该将悬浮颗粒去除。因此配位数是评价一个模型是否密实的重要参量,如果将配位数与模型的状态相联系,往往可以获得接触良好的细观模型。配位数检测见例 4-14。

例 4-14 配位数检测

```
;基于本章第二节颗粒体系,模型宽 2m,高 4m
measure create id 11 x 1.0 y 1.0     radius 0.5
measure create id 12 x 1.0 y 2.0     radius 0.5
measure create id 13 x 1.0 y 3.0     radius 0.5
[m1=measure.find(11)]
[m2=measure.find(12)]
[m3=measure.find(13)]
def peiweishu1
    peiweishu1= measure.coordination(m1)
end
def peiweishu2
    peiweishu2= measure.coordination(m2)
end
def peiweishu3
    peiweishu3= measure.coordination(m3)
end
history id 43 @peiweishu1
history id 44 @peiweishu2
history id 45 @peiweishu3
```

从图 4-20 可以看出,一个模型在不断平衡过程中,配位数是不断增大并逐步趋于稳定的,这与孔隙率逐步增加到平衡、不平衡力下降规律是一致的。

注意:有研究表明,采用测量圆计算 clump 簇的配位数存在一定误差,需要进一步研究,使用时应该注意。

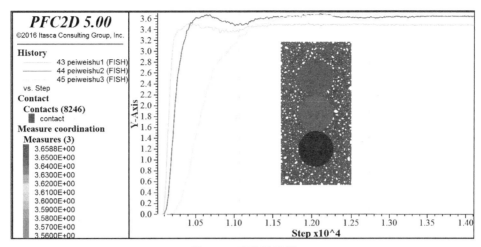

图 4-20　配位数检测

4.7.4　颗粒体系压密状态对应力—应变曲线的影响

为了验证不同预压力的颗粒体系是否对数值模拟结果有影响，采用二维双轴压缩试验，见例 4-15。模型 2m（宽）×4m（高），颗粒采用 0.017～0.025m 的随机分布，初始孔隙率 0.18，法向切向刚度均取 1e9Pa/m，共采用颗粒 4684 个，典型应力—应变曲线如图 4-21 所示，相同参数不同压密状态下的宏观应力—应变曲线如图 4-22 所示。

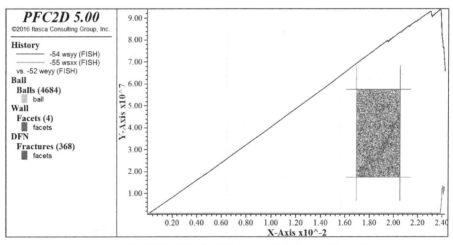

图 4-21　不同颗粒预紧力下应力—应变曲线（1MPa 压紧）

例 4-15　不同预紧应力相同参数颗粒体系的宏观性质对比

```
;采用如下赋值语句对压紧的颗粒赋予参数,然后分析应力—应变曲线
;此处采用本章第二节双轴压缩试验,但颗粒体系在压紧后采用如下参数
def basic_parameters1
    emod_max=5e9
    pb_emod_max=5e9
    pb_ten_m=1e8
    pb_ten_c=1.e8
```

end
@basic_parameters1
contact model linearpbond range contact type 'ball—ball'
contact method bond gap 0.0
contact method deform emod [emod_max] krat 3.0 range contact type 'ball—ball'
contact method pb_deform emod [pb_emod_max] kratio 3.0 range contact type 'ball—ball'
contact property dp_nratio 0.7 dp_sratio 0.5 range contact type 'ball—ball'
contact property fric 0.0 range contact type 'ball—ball'
contact property lin_mode 1 pb_ten [pb_ten_m] pb_coh [pb_ten_c] range contact type 'ball—ball'

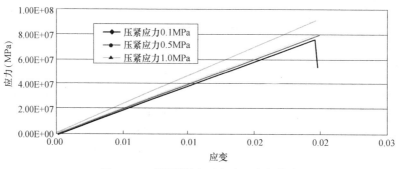

图 4-22　不同预紧力下应力—应变曲线

从图 4-22 可以看出，采用不同的压紧力（伺服应力）形成的颗粒曲线，赋予相同的细观力学参数后，其力学性质相差很大，采用 0.1MPa 压紧应力，接触数量为 7971 个，得到的曲线峰值强度约 75MPa，采用 0.5MPa 压紧力，接触数量为 8239 个，峰值强度 79.4MPa；采用 1MPa 压紧应力，接触数量为 8400 个，峰值压力为 80.8MPa；采用 5MPa 峰值应力，接触数量 9400 个，峰值应力为 91.1MPa。

这一规律表明：①在采用确定的一套细观参数模拟介质物理力学性质时，颗粒体系必须采用相同的压紧应力，否则颗粒体系就会表现出不同的力学性能。②相同的颗粒体系下，采用压紧应力（伺服应力），颗粒体系形成的激活接触数量不同，从而使得宏观弹性模量、泊松比、峰值应力等数值不同。

因此用于参数标定的数值模型与实际用于工程分析的模型生成条件（粒径构成、伺服应力等）必须一致，这在使用颗粒流方法进行模拟时必须遵循，否则极易出现试验标定参数很合理，但应用于工程分析的大模型（即使颗粒尺寸一致）规律却很不理想。

4.8　本章总结

伺服是颗粒流模拟材料力学问题的重要手段，通过该机制可以获得均匀孔隙率、均匀应力的 wall—ball 颗粒体系，在此基础上定义接触模型才能满足材料的各向同性、均匀性。伺服也是获得良好数值计算结果、反映变形破坏机理的重要手段。

第5章 接触模型与参数标定方法研究

采用颗粒流方法研究岩土工程中纷繁芜杂的问题遇到的最大困难是细观力学参数的选取，如何才能令宏观与细观力学特性相互对应，从而快速得到理想的计算效果。本章针对这一问题，基于多种接触模型，讨论了参数标定过程中的各种经验法则，可为 PFC 数值模拟快速确定合理的细观参数确定依据。

5.1 FishTANK 的使用方法

5.1.1 FishTANK 的构成与使用

1) FishTANK 是 PFC5.0 中比较神秘的部分，它是一系列不同功能的项目（project）的集合，包括颗粒体系的生成、压缩、拉伸等不同加载试验等，里面涉及了大量的自定义函数与子程序，包括颗粒体系检测、应力—应变提取分析等。如果在调用这些函数的时候，要逐个看懂，就需要浪费大量的时间。实际上，采用 FishTANK 并不需要逐一去看每个子函数的编写，只需要理解每个函数的功能及函数间的参数传递，就可以快速地用其开展试验模拟。

（1）FishTANK 的作用是在多轴、圆柱、球状容器内生成线性接触、接触黏结、平行黏结、平节理、用户定义材料（3D hill 模型）的颗粒材料。这些颗粒材料可以是球（ball）或簇（clump）。可以进行压缩试验（有围压、无侧限和单轴应变）、径向压缩试验和直接拉伸试验。而微观结构检测包括材料特性（晶粒尺寸分布）、微观结构图以及裂纹检测。

（2）PFC5.0 中 FishTANK 布局是作为一个单独的目录，命名为 fistPkgN，其中 N 是 PFC 5.0 的 FishTANK 版本号。版本号在 fistsrc \ fistPkg－publicMods.txt 文件中也同样给出。而 FishTANK 公众修改列表在文件 fistpkg－publicmods.txt 中。参考文献在 Documentaion 文件目录中。项目实例在 ExampleProjects 文件夹下。

（3）项目实例：

每种材料类型的 MatGEN 实例，分别放置于 ExampleProjects 文件夹下的 MatGen-Linear、MatGen-contactbonded、MatGen-parallelbonded、MatGen — flatjointed、MatGen-Hill，通过运行示例项目，复制目录 fistsrc 和 matgen-X 到工作文件夹，就可以打开 2D 或 3D 项目。当运行完成后，可以打开 CompTest、DiamComp Test、Ten Test，分别对应轴向压缩、径向压缩、拉伸情况。

在 ExampleProjects 文件夹下，主要提供的内容见表 5-1。

（4）注意事项：

用户定义材料使用的是 hill 接触模型的动态链接库，它需要 DLL 文件 contactmodel-mechanical3dhill005 _ 64.dll，因此需要从 exampleprojects \ fistsrc 文件夹下复制至 PFC5.0 的安装目录下。

实例项目内容　　　　　　　　　　　　　　　　　　　　　　　　　　　表 5-1

文件名	说明	文件名	说明
fistSrc	通用 FISH 源代码	MatGen—FlatJointed	平节理材料
MatGen&Test_AllMats—RUN.p2prj	二维项目 prj 文件	CompTest	压缩试验
MatGen&Test_AllMats—RUN.p3prj	三维项目 prj 文件	DiamCompTes	径向压缩试验
MatGen&Test_AllMats—RUN.p2dvr	二维 dvr 文件	TenTest	直接拉伸
MatGen&Test_AllMats—RUN.p3dvr	三维 dvr 文件	MatGen—Hill	用户自定义材料(hill 材料)
MatGen—Linear	线性接触材料	CompTest	压缩试验
CompTest	压缩试验	HillContactModel Hill	接触模型
MatGen—ContactBonded	接触黏结材料	Test—TwoGraniteGrains	两个花岗石颗粒接触验证
CompTest	压缩试验	Test—AssemblyGraniteGrains	花岗石颗粒组装
DiamCompTest	径向压缩试验	MatGen—Class5	材料行为研究
TenTest	直接拉伸试验	CompTest	压缩试验
MatGen—ParallelBonded	平行黏结材料	FlatJointContactModel	平节理接触模型
CompTest	压缩试验	Test—TwoGrains	两个颗粒测试
DiamCompTest	径向压缩试验	Test—InterlockedGrain	颗粒自锁测试
TenTest	直接拉伸试验		

当前最新的 FishTANK 函数包名称为 "pdPkg12"，是 itasca 公司于 2017 年发布的代码库，这些代码格式与以前的版本均不相同，其提供的方式有其自身的特点：

打开文件夹后，有两个文件 "fistPkg—README.txt" 和 "fistPkg—publicMods.txt"，这两个文件用来介绍 FishTANK 的内容。

文件夹 Documentation 下主要文件见表 5-2。

Documentation 提供的帮助文件　　　　　　　　　　　　　　　　　　表 5-2

文件	文件说明
fistPkg-Cover.pdf	总论
fistPkg-Documentation.pdf	帮助说明文件
MatModelingSupport[fistPkgN].pdf	材料模型帮助
MatModelingSupport[fistPkgN]-ExampleMats1.pdf	材料模型实例
MatModelingSupport[fistPkgN]-ExampleMats2.pdf	
MatModelingSupport[fistPkgN]-ExampleMats3.pdf	
MatModelingSupport[fistPkgN]-Talk.pdf	材料模型讨论
Potyondy(2015)—BPM_AsATool.pdf	平行黏结模型工具说明
HillContactModel[ver4].pdf	Hill 接触模型
FlatJointContactModel[ver1].pdf	平节理接触模型说明

注：fistPkgN 中 N 是 PFC 5.0 FishTANK 的版本号。

2) FishTANK 将不同功能的函数存放到相应的 FISH 文件内，并统一存放到 fistSrc 文件夹下，分别如下：

ck.fis：裂隙监控支持函数。

ct.fis：压缩试验支持函数。

dc.fis：径向压缩试验（劈裂）支持函数。

ft.fis：FishTank 支持函数。

tt.fis：直剪试验支持函数。

在需要这些函数功能时，只需要采用 call 命令将之运行调入内存即可。

3）由于不同功能分别存放在不同的项目（project）中，PFC5.0 采用后缀为 dvr（二维为 p2dvr，三维为 p3dvr）来整合不同的项目，共同实现数值试验。例 5-1 为二维压缩实验的 dvr 文件。

例 5-1 二维压缩实验的 drv 驱动

;fname：MatGen&Test－RUN.p2dvr

set logfile MatGen&Test－RUN.p2log　　　;定义日志文件

set log on truncate　　　　　　　　　　;日志文件格式

new

system clone timeout －1 MatGen.p2prj...　　　;调用材料生成项目

　　call MatGen.p2dvr

system clone timeout －1 CompTest\CompTest.p2prj... ;调用二维压缩试验项目

　　call CompTest.p2dvr

set log off

exit

return

这样只要在对应文件内修改细观参数，就可以实现二维压缩试验的数值模拟。可通过多次尝试，找到合适的与宏观力学性质相对应的细观力学参数。

使用者只需要在 mpParams.p2 dat（二维）或 mpParams.p3dat（三维）中定义所需要模型体系控制参数，在 mvParams.p2 dat（二维）或 mvParams.p3dat,（三维 p3dat）中定义试样控制参数，就可以自动运行得到模型曲线，分析试样的变形破坏过程。

5.1.2 二维平行黏结双轴试验实现实例

在采用 FishTANK 实现设定的问题时，要设置三类问题：①3D、2D 情况；②轴向压缩、径向压缩（劈裂）、直接剪切情况；③球（ball）还是簇（clump）情况，因此在使用文件时要注意区分。以下步骤为二维平行黏结利用球开展双轴试验的实现，如果为其他情况也类似操作。

（1）首先从 pdPkg12\pdPkg12\fistPkg25\ExampleProjects 文件夹下将 fistSrc 文件夹、MatGen-Linear 文件夹、MatGen－ParallelBonded 文件夹、MatGen&Test_AllMats－RUN.prj 与 MatGen&Test_AllMats－RUN.dvr 文件复制到自建项目文件夹内（如："fishtank_二维平行黏结试验实例"）。

（2）用 PFC2D 软件打开项目（MatGen&Test_AllMats－RUN.prj），此时会显示 MatGen&Test_AllMats－RUN.dvr 文件的内容：

new

system clone timeout －1 MatGen－ContactBonded\MatGen&Test－RUN.p2prj...

　　call MatGen&Test－RUN.p2dvr

本文件内是同时运行多种接触模型条件的计算结果，此处按要求只设定平行黏结模型压缩试验，因此将其他接触模型计算的命令删除，或者前面加";"作为注释，只保留这三行即可。

(3) 用 PFC2D 软件或者文本编辑器打开 MatGen-ParallelBonded 文件夹下 mpParams.p2dat，该文件控制数值试验的各种参数，见例 5-2。

例 5-2 二维平行黏结双轴试验参数设置

```
;fname: mpParams.p2dat
def mpSetCommonParams
    cm_matName = 'SS_ParallelBonded2D'    ;存储文件名
    cm_matType = 2
    cm_localDampFac = 0.7       ;局部阻尼参数
    cm_densityCode = 1
    cm_densityVal = 1960.0      ;密度
    ; Grain shape & size distribution group: 以下控制颗粒形状参数
    cm_nSD = 1
    cm_typeSD = array.create(cm_nSD)
    cm_ctName = array.create(cm_nSD)
    cm_Dlo    = array.create(cm_nSD)
    cm_Dup    = array.create(cm_nSD)
    cm_Vfrac  = array.create(cm_nSD)
    cm_Dlo(1) = 1.6e-3
    cm_Dup(1) = 2.4e-3
    cm_Vfrac(1) = 1.0
end
@mpSetCommonParams
def mpSetPackingParams
; Set packing parameters (grain scaling).
    pk_Pm = 30e6
    pk_procCode = 1
    pk_nc = 0.08
end
@mpSetPackingParams
def mpSetPBParams
;设置平行粘结材料参数
设通用参数(mpSetCommon Params)
设置填充参数(Setpacking Params)
    ; Common group (set in mpSetCommonParams)
    ; Packing group (set in mpSetPackingParams)
    ; 平行黏结参数,参考平行黏结模型的参数说明
      ;线性部分
```

```
        pbm_emod = 1.5e9
        pbm_krat = 1.5
        pbm_fric = 0.4
    ;平行黏结部分
        pbm_igap = 0.0    ;gap 参数
        pbm_rmul = 1.0
        pbm_bemod = 1.5e9    ;平行黏结模量
        pbm_bkrat = 1.5          ;平行黏结刚度比
        pbm_mcf = 1.0
        pbm_ten_m = 1.0e6    ;法向黏结强度均值
        pbm_ten_sd = 0.0         ;法向黏结强度方差
        pbm_coh_m = 20.0e6    ;切向黏结强度均值
        pbm_coh_sd = 0.0         ;切向黏结强度方差
        pbm_fa = 0.0
    ;线性材料参数
        lnm_emod = 1.5e9    ;有效模量
        lnm_krat = 1.5           ;刚度比
        lnm_fric = 0.4           ;摩擦系数
end
@mpSetPBParams
@_mpCheckAllParams
@mpListMicroProps
return
;EOF:mpParams.p2dat
```

（4）再打开 mvParams.p2dat 文件，该文件内设置数值试验容器的几何参数与接触参数，见例 5-3。

例 5-3 数值试验容器参数设置

```
;fname:mvParams.p2dat
def mvSetParams        ;设置容器参数
    mv_type = 0        ;类型
    mv_H = 50.0e-3        ;容器的高
    mv_W = 50.0e-3        ;容器的宽
    mv_emod = 3.0e9    ;墙体的有效模量
end
@mvSetParams
@_mvCheckParams
@mvListProps
@msBoxDefine([vector(0.0,0.0)],[vector(10e-3,10e-3)])    ; centered square (10 mm side)
return
```

;EOF：mvParams.p2dat

（5）打开 MatGen-ParallelBonded\CompTest 文件夹下 ctParams.p2dat 文件，在 ctSetParams 函数内设置双轴压缩条件。参见例 5-4。

例 5-4 试验加载模式设置文件

def ctSetParams
;各参数的含义查看 fishScr 文件夹下 ct.fis 文件
    ct_testType = 1 ;试验类型(0 代表有围压;1 代表无围压;2 代表单轴应变)
    ct_Pc = 100.0e3 ;围压,>0 表示受压
    ct_eRate = 0.05 ;轴向压缩应变率
    ct_loadCode = 0 ;加载阶段(0 代表单段加载;1 代表多段加载)
    ct_loadFac = 0.8 ;加载停止条件(应力下降至最大荷载的 80%)
end
@ctSetParams

（6）打开 MatGen&Test_AllMats-RUN.prj，运行 MatGen&Test_AllMats-RUN.dvr 即可得到如图 5-1 所示数值计算结果（采用默认的参数，使用者应根据需要自

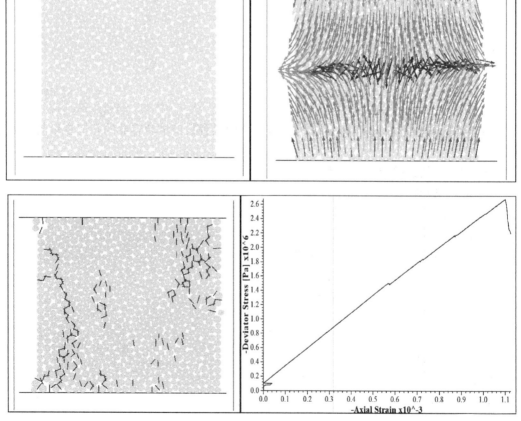

图 5-1 二维无围压压缩过程模拟

已修改)。

注意：除了以上步骤，使用者也可以直接运行 MatGen－ParallelBonded.prj 项目或者先运行 MatGen.prj，再运行 \CompTest\CompTest.prj 项目，同样可得到相同的计算结果。

5.1.3 FishTANK 的用途探讨

FishTANK 集合了二维、三维球或者簇填充情况下压缩、劈裂、直接拉伸、直接剪切等条件，5 种不同接触本构模型下的数值模拟所用 FISH 代码，它可为广大的使用者提供以下借鉴与参考：

（1）它提供了各种功能的 FISH 函数，可直接复制嵌入用户自编的代码中，实现用户指定的功能，如模型构建、试验过程、裂隙追踪函数。

（2）在采用颗粒流方法研究力学问题时，如果采用的模型情况与 FISHTANK 提供的情况一致，使用者可以用 FISHTANK 提供代码验证自编代码的正确性。

（3）进行参数标定过程中，可以采用 FISHTANK 提供的标准试验研究不同参数下的应力—应变曲线、破坏过程等变化规律，为宏观—细观参数的映射提供依据。

（4）使用者可以在标准试验基础上进行修改、完善、补充自定义功能，完成更复杂试验问题的分析。

5.2　FishTANK 标定参数需要设置的参量

5.2.1　PFC 材料及共有属性设置

PFC 材料是由在接触处相互作用的刚性球或簇颗粒组成（图 5-2）。根据颗粒之间作用的接触模型将这些材料定义为线性、接触黏结、平行黏结或平节理模型。线性模型仅适用于散体材料，其他几种则属于胶结型材料，当然还可以将光滑节理界面嵌入到黏结材料中，还可以采用自定义材料。但无论采用哪种情况，采用 FishTANK 必须首先在一个容器内产生颗粒体系，并使之形成均匀的，各向同性且连接良好的颗粒集合，这通常采用施加一定的材料压力来实现。

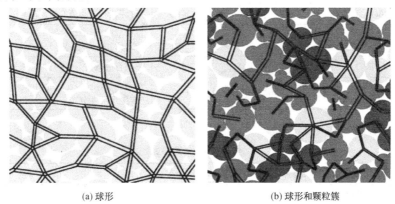

(a) 球形　　　　　　　　(b) 球形和颗粒簇

图 5-2　由颗粒或者颗粒簇形成的黏结材料

表 5-3 列出的参数是 PFC 材料所共有的属性，这些共有属性适用于任意情况下的计算分析。

共性参数 表 5-3

参数	类型	取值范围	默认值	描述
N_m, cm_matName	STR	NA	PFCmat	材料名称
T_m, cm_matType	INT	[0,4]	0	材料-类型名 0,线性 1,线性接触模型 2,平行黏结模型 3,平节理模型 4,用户定义模型
N_{cm}, cm_modName	STR	NA	NA	接触模型名称($T_m=4$,also redefine ft_setMatBehavior)
α, cm_localDampFac	FLT	[0.0,0.7]	0.0	局部阻尼系数
C_p, cm_densityCode	INT	{0,1}	0	密度赋值方式 0,grain 1,bulk
ρ_v, cm_densityVal	FLT	(0.0,∞)	NA	密度值(设置颗粒密度): $\rho_g = \begin{cases} \rho_v, C_p=0 \\ \rho_v V_v/V_g, C_p=1 \end{cases}$ V_v是容器体积 V_g是颗粒体积

颗粒形状和尺寸分布组:

参数	类型	取值范围	默认值	描述
S_g, cm_shape	INT	{0,1}	0	颗粒形状标志 0,所有都是 ball 1,所有都是 clump
n_{SD}, cm_n_{SD}	INT	$n_{SD} \geqslant 1$	NA	尺寸分布标志 (number of size distributions)
T_{SD}, cm_typeSD(n_{SD})	STR	{0,1}	0	尺寸分布类型 0,均匀分布(uniform) 1,正态分布(gaussian)
$N_{ct}^{(j)}$, cm_ctName(n_{SD})	STR	NA	NA	簇模板名称($S_g=1$)
$D_l^{(j)}$, cm_Dlo(n_{SD})	FLT	(0.0,∞)	NA	直径范围(最小值)
$D_u^{(j)}$, cm_Dup(n_{SD})	FLT	$D_u^{(j)} \geqslant D_l^{(j)}$	NA	直径范围(上限值) (簇:体积—等效球)
$\phi^{(j)}$, cm_Vfrac(n_{SD})	FLT	(0.0,1.0]	NA	体积百分数($\sum \phi^{(j)}=1.0$)
D_{mult}, cm_Dmult	FLT	(0.0,∞)	1.0	直径乘子(diameter multiplier) (转化为尺寸分布)

材料容器设备参数见表 5-4。

材料容器设备参数 表 5-4

参数,FISH	类型	取值范围	默认值	描述
材料容易特性(包括维数等),在函数@mvListProps 内进行设置				
T_v, mv_type	INT	{0,1}	0	容器类型标志 0,物理(physical) 1,周期(periodic)

续表

参数,FISH	类型	取值范围	默认值	描述
S_v,mv_shape	INT	{0,1,2}	0	容器形状标志 $\begin{cases}0,矩形(长方体)\\1,圆柱\\2,球形\end{cases}$ (2D model: Sv≡0)
{H,W,D}, mv_{H,W,D}	FLT	(0.0,∞)	NA	高,宽,深 (球的直径为H;二维模型下:D≡1)
α,mv_expandFac	FLT	[1.0,∞)	1.2	物理容器尺寸的扩张系数
{α_l,α_d}, mv_inset{L,D}Fac	FLT	(0.0,1.0]	{0.8,0.8}	测量域的嵌入因子
E_v^*,mv_emod	FLT	(0.0,∞)	NA	物理容器的有效模量

颗粒填充控制参数见表5-5。

颗粒填充控制参数　　　　　　　　　表5-5

参数	类型	取值范围	默认值	描述
S_{RN},pk_seed	INT	$S_{RN}\geq 10,000$	10000	随机数种子(影响填充过程)
P_m,pk_pm	FLT	(0.0,∞)	NA	材料压力 压力容差
ε_p,pk_PTol	FLT	(0.0,∞)	1×10^{-2}	$\left(\dfrac{\|P-P_m\|}{P_m}\right)\leq \varepsilon_P$ P是当前压力
$\varepsilon_{\lim}$,pk_ARatLimit	FLT	(0.0,∞)	8×10^{-3}	不平衡力比 (参数—ft_eq)
$n_{\lim}$,pk_stepLimit	FLT	[1,∞)	2×10^6	时步限制 (参数 ft_eq)
C_p,pk_procCode	INT	{0,1}	0	填充过程标志 $\begin{cases}0,边界收缩\\1,颗粒缩放\end{cases}$
n_c,pk_nc	FLT	(0.0,1.0)	$\begin{cases}0.58,3D\\0.25,2D\\0.35,3D\\0.08,2D\end{cases}$	颗粒体系的孔隙率 (grain-cloud porosity)
边界收缩控制组(C_p=0):				
μ_{CA},pk_fricCA	FLT	[0.0,∞)	0.0	围压施加过程中材料摩擦系数
$V_{\lim}$,pk_vLimit	FLT	(0.0,∞)	NA	最大伺服速度限制

5.2.2 线性模型需要设置的参数

线性材料是散体颗粒的集合,在物质的最终阶段只有线性接触模型存在;后续颗粒运动中也可以形成新的颗粒接触。因此它也是接触黏结与平行黏结破坏后的退化模型。

如图5-3所示,接触力可以被分为线性和阻尼部分($F_c=F_l+F_d$)。线性部分提供线弹性(无张力)、摩擦行为,阻尼部分提供黏性行为。线性力通过具有恒定法向和剪切刚度的线性弹簧产生(k_n、k_s)。线性弹簧不能维持张力,通过摩擦系数μ对剪切力施加库

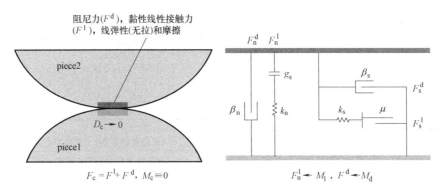

图 5-3 线性接触模型说明

伦准则来满足滑移条件。阻尼力由阻尼器产生,其黏度与法向和剪切临界阻尼比有关,即 β_n 和 β_s。

采用 FishTANK 中线性模型分析时需要设置参数见表 5-6

线性材料参数　　　　　　　　　　　　　表 5-6

参数	类型	取值范围	默认值	描述
材料参数通过 @mpListMicroProps. 来显示				
通用材料参数见表 5-3				
填充参数同样参考基本设置				
线性材料组:				
E^*, lnm_emod	FLT	$[0.0, \infty)$	0.0	有效模量
κ^*, lnm_krat	FLT	$[0.0, \infty)$	0.0	刚度比
μ^*, lnm_fric	FLT	$[0.0, \infty)$	0.0	摩擦系数

5.2.3 接触黏结模型需要设置的参数

线性接触黏结模型为接触提供了一种极小的线弹性的力学性状,并且只有当接触界面未黏结时界面能够承载摩擦力,接触界面黏结时界面不能承载摩擦力(图 5-4)。接触界面不能够抵抗相对转动且只能是黏结或者未黏结两种情况中的一种。当接触界面黏结时,接触性状始终是线弹性的,直到超过强度极限后黏结破坏使得界面未黏结(表 5-7)。当

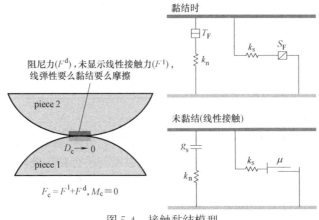

图 5-4 接触黏结模型

接触界面未黏结时,接触性状仍是线弹性的,但可以在剪切力满足库伦极限时承载滑动。未黏结时的线性接触黏结模型就相当于线性模型。

接触黏结材料参数 表 5-7

参数	类型	取值范围	默认值	描述
材料的微观属性见@mpListMicroProps				
常见的材料参数见表 5-3				
颗粒压密参数见表 5-5				
接触黏结材料组:				
线性组:				
E^*,cbm_emod	FLT	$[0.0,\infty)$	0.0	有效模量
κ^*,cbm_krat	FLT	$[0.0,\infty)$	0.0	刚度比
M,cbm_fric	FLT	$[0.0,\infty)$	0.0	摩擦系数
接触黏结组:				
g_i,cbm_igap	FLT	$[0.0,\infty)$	0.0	黏结控制间隙(installation gap)
(T_σ)\{m,sd\} cbm_tens_\{m,sd\}	FLT	$[0.0,\infty)$	\{0.0,0.0\}	拉强度[应力](均值和方差)
(S_σ)\{m,sd\} cbm_tens_\{m,sd\}	FLT	$[0.0,\infty)$	\{0.0,0.0\}	剪切强度[应力](均值与方差)
线性材料组(压密过程中的粒间接触以及在材料定型后可能形成的接触):				
E_n*,lnm_emod	FLT	$[0.0,\infty)$	0.0	有效模量
κ_n*,lnm_krat	FLT	$[0.0,\infty)$	0.0	刚度比
μ_n,lnm_fric	FLT	$[0.0,\infty)$	0.0	摩擦系数

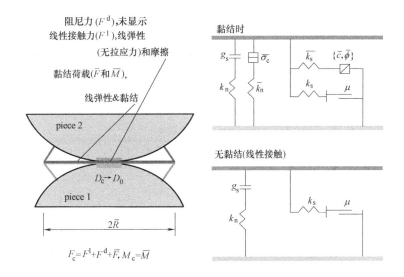

图 5-5 平行黏结模型

5.2.4 平行黏结模型需要设置的参数

线性平行黏结模型包括两种接触界面:第一种是无限小的线弹性界面,这种界面不可以承受张力,可以承受摩擦力,只能传递力;第二种是有具体尺寸的线弹性黏结界面,可以传递力和力矩(图 5-5)。第一种模型是与线性模型等效的,不能承受扭转力,滑动也是通过提供一个库伦极限的剪切力实现的。第二种模型叫作平行黏结。当它黏结的时候,能抵抗扭矩并且表现为线弹性,直到力超过了强度极限,黏结模型被破坏。当它不黏结的时候,无法传递荷载。这种不黏结线性平行模型与线性模型等效(表 5-8)。

平行黏结材料的参数					表 5-8
参数	类型	取值范围	默认值	描述	
材料的微观属性见@mpListMicroProps					
常见的材料参数见表 5-3					
颗粒压密参数见表 5-5					
平行黏结材料组:					
线性组:					
E^*, pbm_emod	FLT	$[0.0, \infty)$	0.0	有效模量	
k^*, pbm_krat	FLT	$[0.0, \infty)$	0.0	刚度比	
μ, pbm_fric	FLT	$[0.0, \infty)$	0.0	摩擦系数	
平行黏结组:					
g, pbm_igap	FLT	$[0.0, \infty)$	0.0	黏结激活间隙(installation gap)	
$\bar{\lambda}$, pbm_rmul	FLT	$[0.0, \infty)$	1.0	半径乘子(radius multiplier)	
$\bar{E}^*$, pbm_bemod	FLT	$[0.0, \infty)$	0.0	平行黏结有效模量	
$\bar{k}^*$, pbm_bkrat	FLT	$[0.0, \infty)$	1.0	平行黏结刚度比	
$\bar{\beta}$, pbm_mcf	FLT	$[0.0, 1.0]$	0.0	弯矩贡献系数(moment-contribution factor)	
$(\bar{\sigma}_c)_{\text{mad}}$, pbm_ten_{msd}	FLT	$[0.0, \infty)$	{0.0 0.0}	拉强度[应力](均值和方差)	
$\bar{c}_{\{\text{msd}\}}$, pbm_coh_{msd}	FLT	$[0.0, \infty)$	{0.0 0.0}	黏结强度[应力](均值与方差)	
$\bar{\phi}_{\text{msd}}$, pbm_fa	FLT	$[0.0, 90.0)$	0.0	摩擦角[单位:度]	
线性材料组(压密过程中的粒间接触以及在材料定型后可能形成的接触):					
E_n^*, lnm_emod	FLT	$[0.0, \infty)$	0.0	有效模量	
κ_n^*, lnm_krat	FLT	$[0.0, \infty)$	0.0	刚度比	
μ_n, lnm_fric	FLT	$[0.0, \infty)$	0.0	摩擦系数	

5.2.5 节理模型需要设置的参数

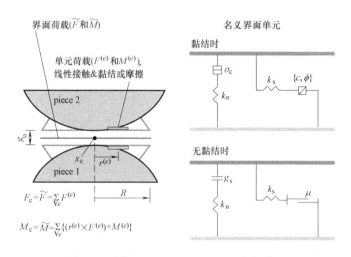

图 5-6 平节理 (flat-joint model) 接触模型

+Slit fraction: $\phi_S = 1 - \phi_B - \phi_G$ ($0 \leq \phi_S \leq 1$)

节理材料是一种颗粒组件,其中平面接触模型存在于所有的颗粒与颗粒接触处,其间隙小于或等于材料的最终定型阶段的安装间隙;所有其他颗粒-颗粒接触,包括新的颗粒-颗粒接触,可能会在后续运动中被分配线性接触模型期间形成。

光滑节理材料参数 表 5-9

参数	类型	范围	默认值	描述
材料微观性能由@mpListMicroProps 列出				
常见材料参数列于表 5-3				
压实材料参数列于表 5-5				
平节理材料组:				
C_{MS}, fjm_trackMS	BOOL	{true, false}	false	微观结构跟踪标志(绘制面晶图集的微观结构)
g_i, fjm_igap	FLT	$[0.0, \infty)$	0.0	节理安装间隙(installation gap)
ϕ_b^+, fjm_B_frac	FLT	$[0.0, 1.0]$	NA	黏结比例(bonded fraction)
ϕ_G^+, fjm_G_frac	FLT	$[0.0, 1.0]$	NA	间隙比例(gapped fraction)
$(g_0)_{\{m,sd\}}$, fjm_G_{m,sd}	FLT	$[0.0, \infty)$	{0.0, 0.0}	初始表面间隙分布 (均值与标准差)
N_λ, fjm_Nr	INT	$[1, \infty)$	2	径向单元数目 (2D 模型指总单元)
N_α, fjm_Nal	INT	$[3, \infty)$	4	环向单位数目(仅用于 3D 情况)
C_λ, fjm_rmulCode	INT	{0, 1}	0	半径乘子标志 $\begin{cases} 0 & \text{fixed} \\ 1 & \text{var ying} \end{cases}$
λ_v, fjm_rmulVal	FLT	$[0.0, \infty)$	1.0	半径乘子取值 $\lambda = \lambda_v = \begin{cases} \lambda_f & C_\lambda = 0 \\ \lambda_0 & C_\lambda = 1 \end{cases}$
E^*, fjm_emod	FLT	$[0.0, \infty)$	0.0	有效模量
κ^*, fjm_krat	FLT	$[0.0, \infty)$	0.0	刚度比
μ, fjm_fricv	FLT	$[0.0, \infty)$	0.0	摩擦系数
$(\sigma_c)_{\{m,sd\}}$ fjm_ten_{m,sd}	FLT	$[0.0, \infty)$	{0.0, 0.0}	法向拉强度[应力](均值和方差)
$(C)_{\{m,sd\}}$ fjm_coh_{m,sd}	FLT	$[0.0, \infty)$	{0.0, 0.0}	切向黏结强度[应力](均值与方差)
ϕ, fjm_fa	FLT	$[0.0, 90.0]$	0.0	摩擦角[单位:度]
线性材料组(用于颗粒填充过程中的接触,非平节理模型,但会影响模型的后续状态):				
E_n^*, lnm_emod	FLT	$[0.0, \infty)$	0.0	有效模量
κ_n^*, lnm_krat	FLT	$[0.0, \infty)$	0.0	刚度比
μ_n, lnm_fric	FLT	$[0.0, \infty)$	0.0	摩擦系数

平节理模型描述的是两个组分表面之间刚性连接的理想化界面行为。这种理想化的组分表面被称为 faces,平节理材料中的颗粒被称为 faced grains,平节理界面由单元(elements)(黏结和不黏结)组成。黏结单元的破坏将会导致界面的局部破坏,从而产生裂缝(crack)。

平节理模型(图 5-6)可以提供弹性和黏结(或摩擦滑动)的扩展界面宏观行为。每个元件可以是黏结的或未黏结的,元件的断裂可以对界面造成部分损坏,不能承担力矩,黏结是线弹性的。

黏结元件的力学行为是线弹性的,直到超过强度极限断裂,断裂使得元件成为未黏结状态,而未黏结元件对剪切力施加库仑极限时是线性弹性和摩擦力的。每个元件承载时遵守力—位移定律,而平节理界面的力—位移响应是包括从完全黏结状态演变成完全未黏结和摩擦状态的行为。

注意:FishTANK 提供的只是集成化的代码,如果能保证代码的正确性,采用第 4

章提供的各种试验代码，一样可以进行参数标定。

光滑节理材料参数见表 5-9。

5.3 接触黏结与平行黏结模型参数标定规律

本节采用相同的宏观力学参数条件，建立了一种宏观—细观力学参数对应方法，只需要采用经验计算几次，就可以近似地把宏观—细观规律找出来，并相应赋值。但是由于接触黏结模型与平行黏结模型都可以承受压应力、剪应力，因此分别采用两种方法对同一条件进行模拟，对比两种接触模型的区别。

5.3.1 标定参数基本条件

采用某一岩石试验参数：单轴压缩时弹性模量 10GPa，单轴拉伸时弹性模量为 10GPa，泊松比 0.25，单轴抗压强度 100MPa，复核条件单轴抗拉强度 12MPa，拉压强度比为 0.12。

根据第 4 章的研究结果，当粒径构成、伺服围压等条件不同时，应力—应变曲线存在差异，因此此处试样规定：采用二维双轴试验，宽度 2m，高 4m，颗粒 1~2cm 随机分布，利用 1MPa 伺服围压得到模型后，再通过修改参数（contact method bond gap 1e-3 条件激活接触）进行各种试验曲线（单轴压缩、单轴拉伸等）的获取（图 5-7）。参数赋值参见例 5-5。

注意：此处采用低围压下的双轴试验，是因为双轴试验侧向应变计算相对容易且值稳定，计算泊松比时更为方便。

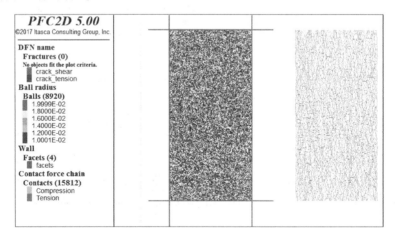

图 5-7 双轴试验竖向加载模型

例 5-5 参数赋值方法

res biaxial-isoloose   ;伺服好的模型状态
ball attribute velocity multiply 0.0
ball attribute displacement multiply 0.0
ball attribute contactforce multiply 0.0 contactmoment multiply 0.0   ;状态清零
contact model linearpbond range contact type ' ball-ball'   ;模型

contact method bond gap 1e-3   ;接触激活条件
contact method deform emod 1e9 krat 0.5 range contact type 'ball-ball'
contact method pb_deform emod 1e9 kratio 0.5 range contact type 'ball-ball'
contact property dp_nratio 0.0 dp_sratio 0.0 range contact type 'ball-ball'
contact property fric 0.5 range contact type 'ball-ball'
contact property lin_mode 1 pb_ten 5e7 pb_coh 5e7 pb_fa 45 range contact type 'ball-ball'
;未定义的参数均采用默认,如 pb_rmul 默认 1.0,pb_mcf=1.0,故不需定义

5.3.2 平行黏结线性对应快速标定法

平行黏结模型的特点：①平行黏结模型在黏结破坏后退化为线性接触模型，因此设置参数时，平行黏结部分对试样在受拉、受压条件下同时起作用，但受压、受拉时变形模量不一样；而线性接触部分只在受压时起作用，受拉时没有影响；②法向、切向刚度比（kratio）影响弹性变形的泊松比，二者呈线性相关；③平行黏结模型有效模量（pb_emod）控制弹性模量，二者线性相关；④法向与切向黏结力比值控制试样的破坏模式；⑤一旦法向与切向黏结力比值确定，则比例放大或缩小黏结力组合，与试样的单轴抗压强度、单轴抗拉强度线性变化；⑥平行黏结摩擦角（pb_fa）在变形破坏前影响不明显，线性接触部分只有平行黏结破坏后才起作用，因此模量一般取为与平行黏结的有效模量相同，刚度比也相同。根据以上原则，平行黏结模型可采用如下步骤进行标定：

（1）先利用直接拉伸条件标定直接拉伸时弹性模量。

将线性接触有效模量（emod）保持为相对较小的数值（1e5），改变平行黏结有效模量（Pb_deform）为 1e9、5e9、10e9、20e9，其他参数取为较高的数值，利用例 5-6 所示命令获取直接拉伸下的应力—应变曲线，单轴拉伸试验曲线如图 5-8 所示，拟合得到拉伸弹性模量（峰值/峰值应变）与 Pb_emod 取值关系如图 5-9 所示，其中：

$$E_t = 0.9061x + 0.0176 \tag{5.3.1}$$

式中：E_t 为拉弹性模量，GPa；x 为实际采用的 Rb_emod 值/1e9。此时待标定拉弹性模量为 10GPa，代入上式，可求出 x 应近似取 11.1，即平行黏结模量 Pb_emod 应为 11.1GPa。

例 5-6 直接拉伸标定参数命令流编制

res biaxial-isoloose   ;本模型采用 PFC5.0 帮助里自带实例得到
ball attribute velocity multiply 0.0
ball attribute displacement multiply 0.0
ball attribute contactforce multiply 0.0 contactmoment multiply 0.0
set fish callback 9.0 remove @servo_walls   ;将伺服去除
wall delete walls   ;删除 wall
hist reset   ;清除 hist
contact model linearpbond range contact type 'ball-ball'
contact method bond gap 1e-3
contact method deform emod 10e9 krat 1.0 range contact type 'ball-ball'
contact method pb_deform emod 10e9 kratio 1.0 range contact type 'ball-ball'

```
contact property dp_nratio 0.0 dp_sratio 0.0 range contact type 'ball-ball'
contact property fric 0.5 range contact type 'ball-ball'
contact property lin_mode 1 pb_ten 5e7 pb_coh 5e7 pb_fa 45 range contact type 'ball-ball'
ball attribute damp 0.3
cyc 5000         ;防止刚度改变造成震荡,计算 5000 步后清零
calm
set echo off
    call ss_gage.fis      ;该文件可在安装目录下找到
    call fracture.p2fis    ;该文件可在安装目录下找到
set echo on
@setup_gage
[rate = 0.02]
ball group 'top_grip' range y 3.95  4.1      ;试样顶部
ball group 'bottom_grip' range y -0.1 0.05    ;试样底部
ball fix y range group 'top_grip'
ball attribute yvel [rate * sample_height] range group 'top_grip'     ;拉伸
ball fix y range group 'bottom_grip'
ball attribute yvel [-rate * sample_height] range group 'bottom_grip'  ;拉伸
;测量圆已经预设在模型中央,半径 0.1
SET hist_rep = 10
history id 1 meas stressyy id 1
history id 2 @axial_strain_gage
@track_init
history id 3 @crack_num
plot create plot 'stress-strain'
plot hist 1 vs 2
; run the test until stress falls below 70% of the peak
SET @peak_fraction = 0.7
[peak_stress1=0.0]
[loadhalt_meas=0]
solve fishhalt @loadhalt_meas
list @peak_stress1
hist write 1 vs 2 file tension_stress_strain.txt truncate
save tension
```

(2) 固定平行黏结模量,采用双轴压缩标定线性接触模量,研究线性有效接触模量(emod) 对压缩模量的贡献。单轴压缩时应力—应变曲线及试样破坏可见图 5-10,接触线性模量与弹性模量对应关系如图 5-11 所示。

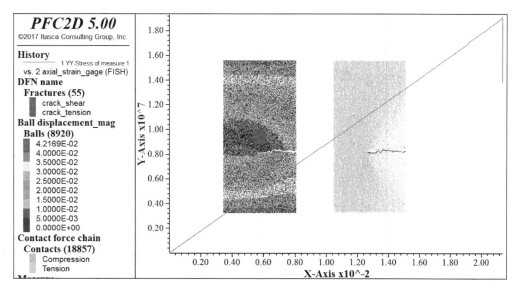

图 5-8　单轴拉伸参数标定

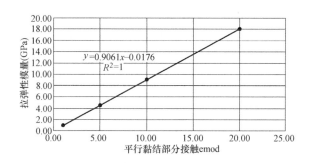

图 5-9　拉伸弹性模量与线性接触有效模量对应关系

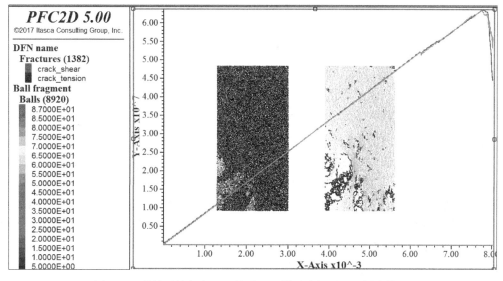

图 5-10　单轴压缩标定（此处采用双轴压缩但围压很低来模拟）

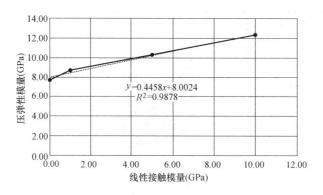

图 5-11　线性接触模量与弹性模量对应关系

$$E_c = 0.4458x + 8.0024 \tag{5.3.2}$$

式中：E_c 为压弹性模量，GPa，x 为实际采用的线性接触 emod 值/1e9。此时待标定弹性模量为 10GPa，代入上式，可求出 x 应近似取 4.486，即线性接触模量应为 4.486GPa。

（3）固定线性接触模量与平行黏结模量，假定平行黏结分量与线性接触分量的刚度比（kratio）相同，研究刚度比与宏观泊松比的对应关系。分别设置刚度比为 0.5、1.0、1.5、2.0、3.0 等几种情况，进行单轴压缩，并分别取名义应变（峰值强度一半对应的应变）所处位置计算泊松比。拟合得泊松比与 kratio 的对应关系（图 5-12）：

$$\mu = 0.0987x + 0.0951 \tag{5.3.3}$$

式中：μ 为宏观泊松比，x 为刚度比。将泊松比 0.25 代入，可得刚度比（kratio）为 1.569。

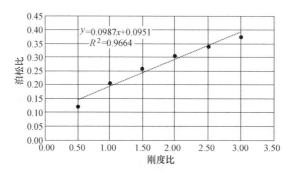

图 5-12　泊松比与刚度比间的对应关系

（4）确定线性黏结、平行黏结的有效接触模量与刚度比后，定义法向黏结/切向黏结强度为黏结比。研究不同黏结组合下的试样破坏形式。

结果表明：当法向与切向黏结强度比值越大，则试样容易出现剪切破坏；当比值越小，试样容易出现脆性破坏（图 5-13）。因此可根据实际试验中的岩石破坏情况，近似在 0.5~2.0 之间取值。确定后固定该比值不变。此处在这个范围内任意取该比值为 1.2。

（5）假定切向黏结强度 1e7Pa，则根据法向与切向黏结强度比 1.2 可得法向黏结强度为 1.2e7Pa，称之为基准黏结强度。在基准黏结强度基础上同时乘以系数 0.5、1.0、2.0、5.0、10.0，分别得不同的试样峰值强度，如图 5-14 所示。

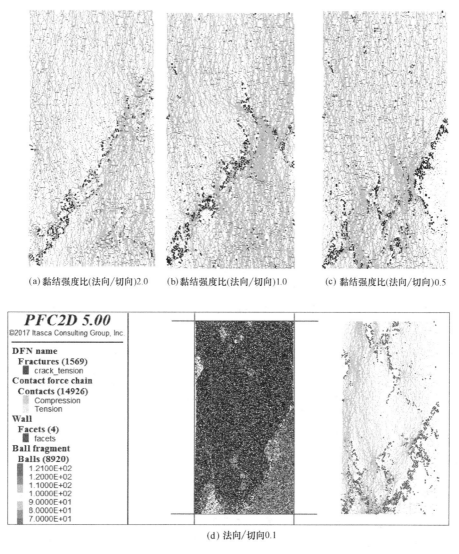

图 5-13 不同黏结强度比下的裂隙面对比

岩石的单轴抗压强度与细观黏结参数放大系数间存在规律：

$$\sigma_c = 12.102x + 3.8746 \tag{5.3.4}$$

式中，σ_c 为岩石单轴抗压强度，x 为黏结强度变化系数。按照宏观参数标定条件，σ_c = 100MPa，代入上式可求得 $x = 7.943$，法向黏结强度为 9.53e7Pa，切向黏结强度取 7.943e7Pa。

（6）根据实际模拟值进行参数微调。

采用前面确定的一系列细观变形与黏结参数，分别进行单轴压缩试验、单轴拉伸试验，以分析相应细观参数下的宏观参数映射规律。得到压缩条件下弹性模量 9.376e9Pa/m，泊松比 0.287，单轴抗压强度为 103.8MPa，拉伸弹性模量 8.96e9Pa/m，单轴抗拉强度为 31.08MPa，拉压强度比为 0.3。

由于各参数间也会相互交叉影响，因此综合得到的压缩弹性模量和拉伸弹性模量比待

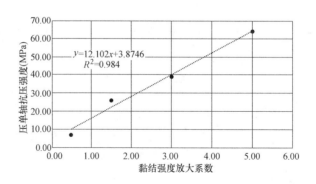

图 5-14 宏观单轴抗压强度与强度放大系数对应关系

标定 10e9 略偏小，此时按照实际数据可以进行微调（pb_emod 提高 10％至 12e9，如果只是压缩模量偏小则调整线性接触的有效模量值），刚度比适当降低（1.40），重新计算得到的弹性模量非常接近真实的宏观力学参数。

对于拉压强度的标定有如下规律：

（1）黏结强度如果按照单轴抗压强度标定，那么相应的单轴抗拉强度约为抗压强度的 25％～30％左右，无论如何调整法向与切向黏结强度的比值，都与实际试验结果偏差较大。

（2）利用语句 contact method bond gap 1e-3，将数值（1e-3）降低（正值表示球心距离大于球半径和，可以为负），可以将激活的接触数量降低，拉压强度比相应会降低，但一般仍处于 0.25 左右，这与岩石、混凝土的拉压强度比一般在 0.1～0.15 时不符。

因此采用一致的接触参数、利用平行黏结模型模拟岩石、混凝土材料时无法满足拉压强度比的要求。

5.3.3 接触黏结线性对应快速标定法

接触黏结模型的特点：①接触黏结模型在黏结破坏后退化为线性接触模型，其在拉伸条件下单轴抗拉强度较低；②kratio 影响弹性变形的泊松比，二者呈线性相关；③emod 控制弹性模量，二者线性相关；④法向与切向黏结强度比值控制试样的破坏模式；⑤一旦法向与切向黏结力比值确定，则比例放大或缩小黏结力组合，与试样的单轴抗压强度、单轴抗拉强度线性变化；⑥摩擦系数只对黏结破坏后起作用。接触黏结模型的常用赋值方法见例 5-7。

例 5-7 接触黏结模型的常用赋值方法

res biaxial-isoloose
ball attribute velocity multiply 0.0   ;赋参之前先清零
ball attribute displacement multiply 0.0
ball attribute contactforce multiply 0.0 contactmoment multiply 0.0
contact model linearcbond   range contact type 'ball-ball'
contact method bond gap 1e-3
contact method deform emod 4.486e9 krat 1.4 range contact type 'ball-ball'
contact property dp_nratio 0.0 dp_sratio 0.0 range contact type 'ball-ball'

contact property fric 0.5 range contact type 'ball-ball'
contact method cb_strength tensile [9.53e7] shear [7.943e7] range contact type 'ball-ball'

标定过程如下：

(1) 采用双轴压缩标定线性接触模量，按照经验估计其他参数值（刚度比 1.4，tensile=9.53e9Pa，shear=7.943e9Pa，摩擦系数 0.5），分别设置接触有效模量为 1.0e9，3.0e9，5.0e9，10.0e9，获取单轴压缩状态下的应力—应变曲线，研究线性接触模量 emod 对弹性模量的影响，其中典型压缩应力—应变曲线如图 5-15 所示，接触黏结模量与弹性模量间的对应关系如图 5-16 所示。

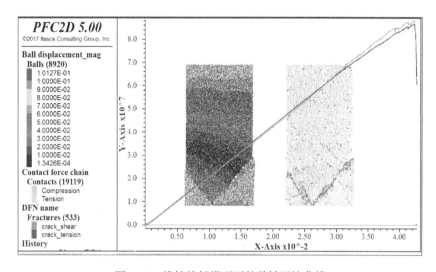

图 5-15 线性接触模型下的单轴压缩曲线

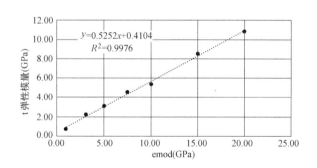

图 5-16 接触黏结模量与弹性模量间的对应关系

$$E_c = 0.5252x + 0.4104 \tag{5.3.5}$$

式中：E_c 为压弹性模量，GPa，x 为实际采用的线性接触 emod 值/1e9。此时待标定弹性模量为 10GPa，代入上式，可求出 x 应近似取 18.26，即线性接触模量应为 18.26GPa/m。

(2) 固定标定出的线性接触模量，设置刚度比分别为 0.5、1.0、1.5、2.0、3.0、5.0，计算单轴压缩应力—应变曲线，拟合泊松比与刚度比间的关系（图 5-17）：

$$\mu = 0.0898x + 0.1086 \tag{5.3.6}$$

式中：μ 为宏观泊松比，x 为刚度比。将泊松比 0.25 代入，可得刚度比（kratio）取值为 1.570。

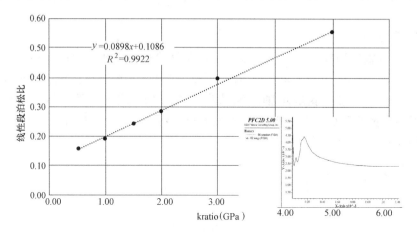

图 5-17　宏观泊松比与刚度比对应关系

（3）法向与切向黏结强度中，通常在直接拉伸条件下只有法向黏结强度起作用，切向黏结强度作用很小，因此可以先采用直接拉伸峰值强度标定法向黏结强度。固定切向黏结强度为 20e7Pa，分别设置法向黏结强度 1e7Pa、5e7Pa、10e7Pa、15e7Pa、20e7Pa，计算直接拉伸应力—应变曲线，单轴抗拉强度与法向黏结强度对应规律如图 5-18 所示，典型拉伸曲线如图 5-19 所示。

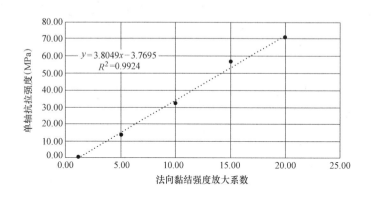

图 5-18　法向黏结放大与单轴抗拉强度对应关系

$$\sigma_t = 3.8049x - 3.7695 \tag{5.3.7}$$

式中，σ_t 为岩石单轴抗拉强度，x 为法向黏结强度变化系数。按照宏观参数标定条件，$\sigma_t = 12\text{MPa}$，求出 x 取值为 2.17，但实际需要微调至 4.5 左右才合适，因此法向黏结强度应取值为 4.5e7Pa，得单轴抗拉强度 11.67MPa。

（4）确定法向黏结强度取 4.5e7Pa，设定基准切向黏结强度 1e8Pa，在基准切向黏结强度基础上同时乘以系数 1.0、2.0、5.0、10.0，分别进行单轴压缩得不同的试样峰值强度，规律如图 5-20 所示。

可得岩石的单轴抗压强度与细观黏结参数放大系数间存在规律：

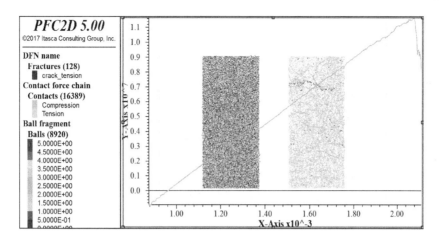

图 5-19 单轴拉伸应力—应变曲线

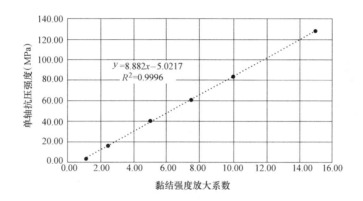

图 5-20 单轴抗压强度与黏结强度放大系数对应关系

$$\bar{\sigma}_c = 8.882x + 5.0217 \tag{5.3.8}$$

式中，σ_c 为岩石单轴抗压强度，x 为黏结强度变化系数。按照宏观参数标定条件，σ_c = 100MPa，代入上式可求得 x = 10.69，法向黏结强度为 16.035e7Pa，切向黏结强度取 10.69e7Pa。

(5) 确定完压缩状态下的有效模量（emod=18.26GPa/m）、刚度比（1.57）、黏结强度（法向 16.035e7P，切向 10.69e7Pa）后，固定标定出几个参数，得压缩弹性模量为 9.5GPa，泊松比 0.25，单轴抗压强度 94.11MPa。与待标定宏观参数仍有一定差距，此时可以根据得到的宏观参数与实际值对参数进行微调，将 emod 调高至 20GPa，法向黏结强度提高至 17e7Pa，切向黏结强度提高至 11.33e7Pa，重新计算可得微调后的参数为：压缩弹性模量为 10.01GPa/m，泊松比 0.25，单轴抗压强度 98.4MPa，二者非常接近，可以满足要求。标定参数获得的压缩应力—应变曲线如图 5-21 所示。

在此基础上开展直接拉伸试验，研究单轴抗拉强度、拉弹性模量、拉压破坏比等参数。得到抗拉强度 61.8MPa（图 5-22），拉压强度比为 0.62，拉弹性模量 11GPa/m。显然该种情况下无法达到合理的拉压强度比要求。

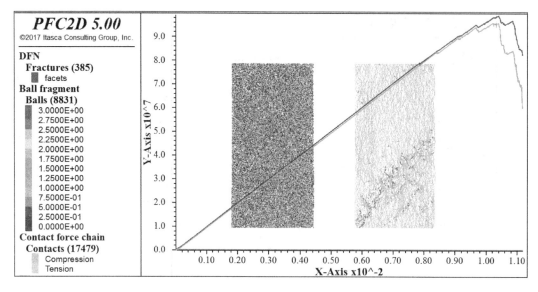

图 5-21 按照压缩参数标定得到的应力—应变曲线

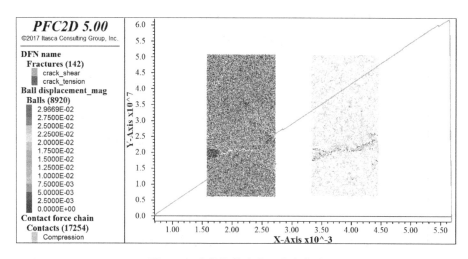

图 5-22 直接拉伸应力—应变曲线

5.3.4 混合模型参数标定法

分别采用平行黏结模型与接触黏结模型标定规律表明,单纯压缩或拉伸条件容易满足。但无论是法向与切向黏结强度如何组合,拉压强度比都很难满足要求。这是因为实际岩体中都是由刚度显著不同的颗粒构成的,其变形过程中不同颗粒之间可以协调变形,而上述两个实例均采用均质、相同黏结和刚度参数,无法反映这种现象。这种情况可以通过混合黏结模型参数来更好地逼近实际情况。

1. 采用软硬两种平行黏结混合材料来标定岩石力学参数

假定 5.3.1 节定义的岩石试样为软硬两种颗粒接触构成,软接触模量为硬接触模量的 0.1 倍,黏结强度为硬接触黏结强度的 0.05 倍。仍然采用如 5.3.2 节的标定方法与步骤进行参数标定,按顺序得到 pb_emod 取值为 33e9Pa/m,线性接触 emod 为 4.486e9Pa/m,刚度比 1.4,法向黏结强度 38.7e8Pa,切向黏结强度 32.0e7Pa,最终单轴抗拉强度 12MPa,

单轴抗压强度 96.9MPa，拉压强度比 0.123，与设计值 0.12 非常吻合，参数赋值命令见例 5-8。拉压曲线如图 5-23、图 5-24 所示。

例 5-8 软硬混合平行黏结赋值满足拉压强度比

```
res biaxial-isoloose
ball attribute velocity multiply 0.0
ball attribute displacement multiply 0.0
ball attribute contactforce multiply 0.0 contactmoment multiply 0.0
set fish callback   9.0 remove @servo_walls
wall delete walls
hist reset
[pb_modules=30.0e9*1.1]
[emod000=4.486e9]
[ten_=38.0e7]
[coh_=32.0e7]
contact group 'pbond111' range contact type 'ball-ball'
contact model linearpbond   range contact type 'ball-ball'
contact method bond gap 1e-3
contact method deform emod [emod000] krat 1.4 range contact type 'ball-ball'
contact method pb_deform emod [pb_modules] kratio 1.4 range contact type 'ball-ball'
contact property dp_nratio 0.0 dp_sratio 0.0 range contact type 'ball-ball'
contact property fric 0.5 range contact type 'ball-ball'
contact property pb_rmul 1.0 pb_mcf 1.0 lin_mode 1 pb_ten [ten_] pb_coh [coh_] pb_fa 45 range contact type 'ball-ball'
clean
def part_contact_turn_off
   loop foreach cp contact.list('ball-ball')
       sss000=contact.model(cp)
       if sss000 = 'linearpbond' then
           x=math.random.uniform
           if x < 0.40 then      ;假定40%为软颗粒
               contact.group(cp)='pbond222'
           endif
       endif
   endloop
end
@part_contact_turn_off
contact model linearpbond   range group 'pbond222'
contact method bond gap 1e-3 range group 'pbond222'
contact method deform emod [emod000] krat 1.4 range group 'pbond222'
```

contact method pb_deform emod [pb_modules * 0.1] kratio 1.4 range group 'pbond222'

contact property dp_nratio 0.0 dp_sratio 0.0 range group 'pbond222'

contact property fric 0.5 range group 'pbond222'

contact property pb_rmul 1.0 pb_mcf 1.0 lin_mode 1 pb_ten [ten_ * 0.3] pb_coh [ten_ * 0.3] pb_fa 45 range group 'pbond222'

ball attribute damp 0.3

;后续开展单轴压缩或者直接拉伸试验

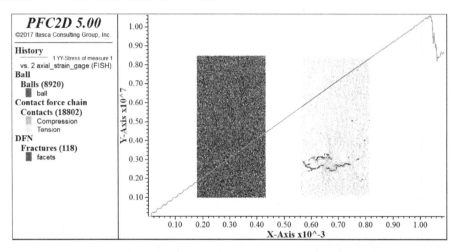

图 5-23 混合参数单轴拉伸应力—应变曲线

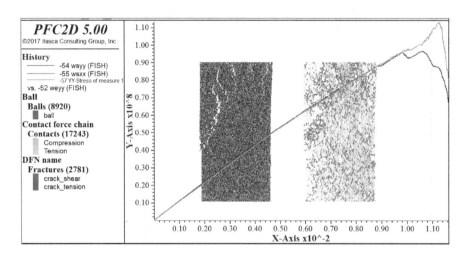

图 5-24 混合参数单轴压缩应力—应变曲线

2. 采用接触黏结软硬材料混合来标定岩石力学参数：

假定 5.3.1 节定义的岩石试样为软硬两种颗粒接触构成，经试验发现，软硬模量如果发生改变，将会导致颗粒间接触直接破坏，因此有效模量（emod）保持不变，软颗粒间黏结强度假定为硬接触黏结强度的 0.05 倍。仍然采用本书 5.3.3 节的标定方法与步骤进行参数标定，按顺序得到 emod 取值为 20e9Pa/m，刚度比 1.57，法向黏结强度 30e8Pa，切向黏结强度 22.e7Pa，最终单轴抗拉强度 30MPa，单轴抗压强度 110MPa，拉压强度比 0.25，相比均一参数拉压强度比下降，但与设计值 0.12 仍然有一定差距。参数赋值命令见例 5-9。接触黏结软硬混合单轴压缩应力—应变曲线如图 5-25 所示，单轴拉伸曲线如图 5-26 所示。

例 5-9 接触黏结软硬混合参数赋值方法

```
res biaxial-isoloose
ball attribute velocity multiply 0.0
ball attribute displacement multiply 0.0
ball attribute contactforce multiply 0.0 contactmoment multiply 0.0
[pc_modules=40.0e9]
[ten_=30.0e7]
[coh_=22.33e7]
contact group 'cbond111' range contact type 'ball-ball'
contact model linearcbond    range contact type 'ball-ball'
contact method bond gap 1e-3
contact method deform emod [pc_modules*1.0] krat 1.57 range contact type 'ball-ball'
contact property dp_nratio 0.0 dp_sratio 0.0 range contact type 'ball-ball'
contact property fric 0.5 range contact type 'ball-ball'
contact method cb_strength tensile [ten_] shear [coh_] range contact type 'ball-ball'
def part_contact_turn_off
   loop foreach cp contact.list('ball-ball')
        sss000=contact.model(cp)
        if sss000 = 'linearcbond' then
            x=math.random.uniform
            if x < 0.2 then        ;假定 50%为软颗粒
               contact.group(cp)='cbond222'
            endif
        endif
   endloop
end
@part_contact_turn_off
contact model linearcbond    range group 'cbond222'
contact method deform emod [pc_modules*1.0] krat 1.57 range group cbond222
contact property dp_nratio 0.0 dp_sratio 0.0 range group cbond222
contact property fric 0.5 range group cbond222
contact method cb_strength tensile [ten_*0.05] shear [coh_*0.05] range group
```

cbond222
    ball attribute damp 0.3
    ;后续开展单轴压缩或者直接拉伸试验

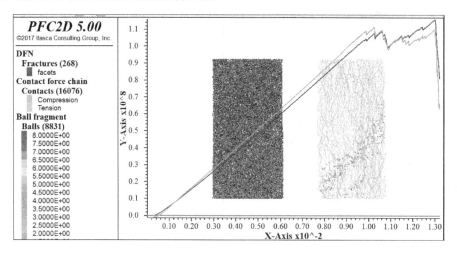

图 5-25　接触黏结软硬混合单轴压缩应力—应变曲线

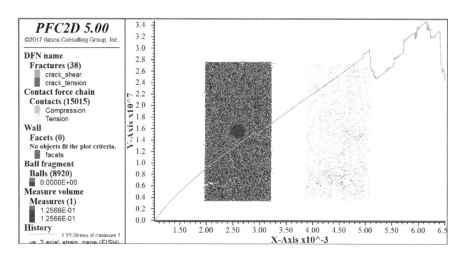

图 5-26　接触黏结软硬混合单轴拉伸应力—应变曲线

但是黏结接触模型模拟可见明显的硬化现象，这在平行黏结模型中是看不到的。

3. 两种接触黏结混合参数赋值方法

平行黏结模型在模拟黏结强度高、承受弯矩、变形线性化的岩石混凝土时效果较好，但数值实验曲线缺少岩石变形中的硬化现象，而接触黏结在模拟线性变形效果不好，但可模拟出硬化现象，如果将二者结合，可以较好地模拟岩石试验曲线。例 5-10 为 80%平行黏结模型，20%接触黏结模型组合下的岩石试验曲线（未考虑拉压强度比修正）。结果发现岩体拉压模量均非常接近 10GPa，单轴抗拉强度为 28MPa，单轴抗压强度为 93.0MPa，其变形非常接近平行黏结模型压缩与拉伸条件下的应力应变曲线如图 5-27、图 5-28 所示。

例 5-10　平行黏结＋接触黏结混合参数赋值方法

```
res biaxial-isoloose        ;本模型采用 PFC5.0 帮助里面自带
;首先默认所有激活接触为平行黏结模型
[pb_modules=12.0e9]
[emod000=4.486e9]
[ten_=9.53e7]
[coh_=7.943e7]
contact group 'pbond111' range contact type 'ball-ball'
contact model linearpbond    range contact type 'ball-ball'
contact method bond gap 1e-3
contact method deform emod [emod000] krat 1.4 range contact type 'ball-ball'
contact method pb_deform emod [pb_modules] kratio 1.4 range contact type 'ball-ball'
contact property dp_nratio 0.0 dp_sratio 0.0 range contact type 'ball-ball'
contact property fric 0.5 range contact type 'ball-ball'
contact property pb_rmul 1.0 pb_mcf 1.0 lin_mode 1 pb_ten [ten_] pb_coh [coh_] pb_fa 45 range contact type 'ball-ball'
clean
def part_contact_turn_off
    loop foreach cp contact.list('ball-ball')
        sss000=contact.model(cp)
        if sss000 = 'linearpbond' then
            x=math.random.uniform
            if x < 0.20 then
                contact.group(cp)='pbond222'       ;线性接触占到 20%
            endif
        endif
    endloop
end
@part_contact_turn_off
[pc_modules=20.0e9]      ;20%的接触修改为接触黏结模型
[ten_=17.0e7]
[coh_=11.33e7]
contact model linearcbond    range group 'pbond222'
contact method bond gap 1e-3 range group 'pbond222'
contact method deform emod [pc_modules] krat 1.57 range group pbond222
contact property dp_nratio 0.0 dp_sratio 0.0 range group pbond222
contact property fric 0.5 range group pbond222
contact method cb_strength tensile [ten_] shear [coh_] range group pbond222
ball attribute damp 0.3     ;后续开展单轴压缩或者直接拉伸试验
```

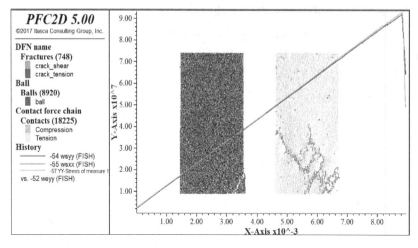

图 5-27　接触黏结软硬混合单轴压缩应力—应变曲线

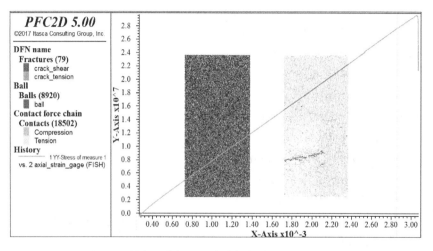

图 5-28　接触黏结软硬混合单轴拉伸应力—应变曲线

5.4　不同应变率下平行黏结模型参数快速标定

5.4.1　试验情况

试验岩样为流纹岩,其化学成分与花岗石相同,主要成分是石英、长石和云母,同时还蕴含少量泥质矿物,常温下平均密度为 $2.65g/cm^3$。由于流纹岩中富含微裂隙,因此试验时选取完整性和均质性较好的试样,试件两个端平面仔细研磨,保证其平行度和垂直度达到规范对试件表面光滑的技术要求(图 5-29)。按照通用的国际岩石力学学会(ISRM)建议方法和标准制成高、50mm,直径 100mm 的圆柱体试样。

5.4.2　数值模型的构建

采用颗粒流方法(PFC)构造 50mm×100mm 的圆柱形岩石模型,在构造数值模型时首先在圆柱内生成 0.8～1.2mm 的球形颗粒,然后采用 Cundall 等人提出的伺服机制使颗粒压紧(1MPa 围压),再对颗粒间的接触赋予参数,为了使得不同模型具有对比性,

第 5 章 接触模型与参数标定方法研究

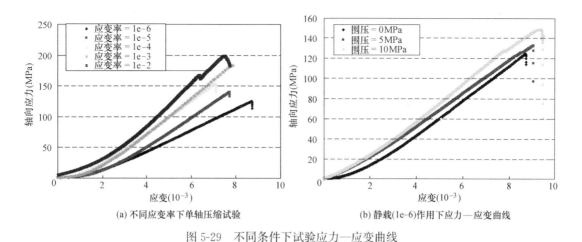

(a) 不同应变率下单轴压缩试验　　(b) 静载(1e-6)作用下应力—应变曲线

图 5-29　不同条件下试验应力—应变曲线

所有模型均采用同一模型进行，每个试样共有颗粒 30020 个，接触 91876 个。

颗粒间的接触采用平行黏结模型。该模型如图 5-30 所示，由平行黏结部分与线性接触部分构成，其中线性部分仅仅对压条件下有效，当平行黏结破坏时退化为线性接触模型。

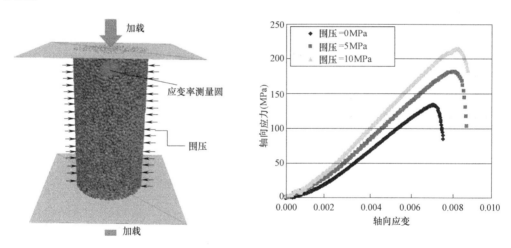

图 5-30　三维颗粒流数值压缩试验模型

根据宏观试验数据，采用多次尝试的方法对数值模拟参数进行标定，使数值模型更真实反映试样的加载过程。经反复调试，确定具体参数属性和接触类型见表 5-10，这保证了静载条件下的数值结果的正确性。

流纹岩试样模型标定参数　　　　　　　　　　　　　表 5-10

颗粒参数	取值	黏结参数	取值
颗粒最小半径(mm)	0.8	Pb_deform_emod	11.25e9
颗粒最大半径(mm)	1.2	Pb_deform_kratio	2.0
颗粒密度(kg/m³)	2.5e3	Pb_fa	0.0
颗粒法向刚度	1e9	Pb_ten	1.21e8
颗粒切向刚度	1e9	Pb_coh	1.21e8
法向/切向接触阻尼	0.5	Deform_emod	102e9
摩擦力	0.8	kratio	2.0

对于黏结力,由于试样的随机性,假定其服从正态分布,则概率密度函数及分布函数:

$$p(x)=\frac{1}{\sqrt{2\pi}\sigma}\exp\left[-\frac{(x-\mu)^2}{2\sigma^2}\right] \tag{5.4.1}$$

$$P(x)=\frac{1}{\sqrt{2\pi}\sigma}\int_{-\infty}^{x}\exp\left[-\frac{(t-\mu)^2}{2\sigma^2}\right]\mathrm{d}t=\Phi\left(\frac{x-\mu}{\sigma}\right) \tag{5.4.2}$$

其中,μ、σ 分别为分布的均值和标准差,Φ 为标准正态分布函数,由于缺少数据,本书黏结力方差均取平均值的 20%。

服从正态分布参数的 FISH 函数施加方法见例 5-11。

例 5-11 服从正态分布参数的 FISH 函数施加方法

```
def basic_parameters
    loading_rate=1e-4
    loading_velocity=loading_rate * 0.1 * 0.5
    xishu_e=(2.7333 * math.log(loading_rate/1e-5)+20.54-0.7467)/22.084
    xishu_s=(14.317 * math.log(loading_rate/1e-5)+139.37+0.2047)/139.43
    emod_max=102e9 * xishu_e
    pb_emod_max=12.75e9 * xishu_e
    emod_min=0.2 * emod_max
    pb_emod_min=0.2 * pb_emod_max
    strain_max=3e-3
    pb_ten_m=1.21e8 * xishu_s
    pb_ten_c=1.21e8 * xishu_s
end
@basic_parameters
cmat default   model linear method deformability emod 5e9 kratio 2.0
contact model linearpbond range contact type 'ball-ball'
contact method bond gap 1.0e-5
contact method deform emod [mod_min] krat 2.0
contact method pb_deform emod [pb_emod_min] kratio 2.0
contact property dp_nratio 0.5
contact property fric 0.8   range contact type 'ball-ball'
contact property lin_mode 1 pb_ten [pb_ten_m] pb_coh [pb_ten_c] range contact type 'ball-ball'
define normal_parameter
    ;pb_ten_m=1.42e8
    ; pb_ten_c=0.993e8
    loop foreach local cp contact.list
        if type.pointer(cp) = 'ball-ball' then
            s = contact.model(cp)
```

```
            if s ='linearpbond' then
                f = math.random.gauss      ;0-1 分布
                fm1=pb_ten_m
                fv1=pb_ten_m * 0.2
                f2 = math.random.gauss     ;0-1 分布
                fm2=pb_ten_c
                fv2=pb_ten_c * 0.2
                v1=fm1+fv1 * f
                if v1<0 then
                    v1=0.0
                endif
                v2=fm2+fv2 * f2
                if v2<0 then
                    v2=0.0
                endif
                contact.prop(cp,'pb_ten') = v1
                contact.prop(cp,'pb_coh') = v2
            endif
        endif
    endloop
end
@normal_parameter
```

从实验曲线（图 5-40）可以看出，该类岩石在初始阶段（应变约小于 3e-3）存在压密阶段，初始弹性模量约为线性阶段弹性模量的 20%，要模拟出这一现象，可采用例 5-12 所示函数进行施加。

例 5-12 变模量 FISH 函数施加方法

```
def basic_parameters
    loading_rate=1e-4       ;加载应变率
    loading_velocity=loading_rate * 0.1 * 0.5   ;根据试样尺寸转化加载速度
    xishu_e=(2.7333 * math.log(loading_rate/1e-5)+20.54-0.7467)/22.084
    xishu_s=(14.317 * math.log(loading_rate/1e-5)+139.37+0.2047)/139.43
    emod_max=102e9 * xishu_e
    pb_emod_max=12.75e9 * xishu_e
    emod_min=0.2 * emod_max
    pb_emod_min=0.2 * pb_emod_max
    strain_max=3e-3
    pb_ten_m=1.21e8 * xishu_s
    pb_ten_c=1.21e8 * xishu_s
end
```

```
@basic_parameters
def change_pb_module_parameter
    local xx=math.abs(axial_strain_wall)        ;axial_strain_wall 为通过 wall 计算的轴向应变
    xx0=0.05 * strain_max
    xx5=xx-int(xx/xx0) * xx0
    if math.abs(xx5) < 1e-5 then        ;每 1e-5 更新一次
        xx1=1.0
        if xx < strain_max then
            xx1=xx/strain_max
            emod_now=xx1 * (emod_max-emod_min)+emod_min
            pb_emod_now=xx1 * (pb_emod_max-pb_emod_min)+pb_emod_min
            command
                contact method deform emod [emod_now] krat 2.0
                contact method pb_deform emod [pb_emod_now] kratio 2.0
            endcommand
        endif
    endif
end
set fish callback 1.0 @change_pb_module_parameter
```

5.4.3 细观参数对宏观变形与强度的影响

平行黏结模型在拉伸条件下，不同平行黏结模量与线性接触模量组合下的弹性模量如图 5-31（a）所示，该图表明线性接触模量在拉伸条件下不起作用，而图 5-31（b）表明，对压缩条件下弹性模量既与平行黏结模量相关，也与线性接触模量有关。不同黏结强度组合下试样的峰值强度如图 5-31（c）所示。

而在压缩条件下黏结强度明显与法向、切向黏结力有关，因此如果假定有效接触模量与接触力满足一定的法向与切向比例，将会呈现出线性变化，如图 5-32 所示。

因此只需要令接触刚度与接触力分别随加载应变率变化，就可以方便地模拟出试样的破坏过程随应变率的变化。

而法向与切向黏结力的比例不同，这会影响试样的破坏形式。如图 5-33 所示，当法向黏结力大于切向黏结力时，试样更趋于剪切破坏形式，而当法向黏结力小于切向黏结力时，岩石破坏更趋于脆性破坏。实际试验中，试验中岩石的脆性破坏约占 60%，剪切破坏约占 40%，因此法向与切向黏结力比值处于 0.5~2.0 之间较为合适，此处根据经验取 1.4。

5.4.4 应变率随动平行黏结模型

根据宏观—细观参数间的对应规律，可建立各参数应变率变化公式：

$$\mathrm{d}\sigma_t = \left[\frac{(0.571 \times \lg(\dot{\varepsilon}_t/\dot{\varepsilon}_{t0})+9.2193-0.1648)}{9.196}-1.0\right] \cdot F_{t0} \quad (5.4.3)$$

$$\mathrm{d}K_t = \left[\frac{(4.9 \times \lg(\dot{\varepsilon}_t/\dot{\varepsilon}_{t0})+76.233+0.1614)}{75.514}-1.0\right] \cdot K_{t0} \quad (5.4.4)$$

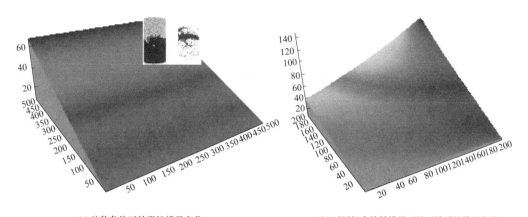

(a) 拉伸条件下的弹性模量变化　　　　　(b) 不同组合接触模量下的压缩弹性模量变化

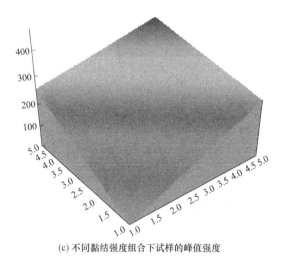

(c) 不同黏结强度组合下试样的峰值强度

图 5-31　不同细观参数下宏观力学参数变化

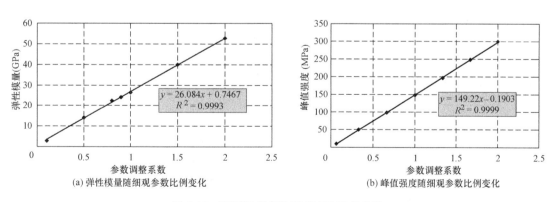

(a) 弹性模量随细观参数比例变化　　　　(b) 峰值强度随细观参数比例变化

图 5-32　不同细观参数下对应的宏观参数

$$\mathrm{d}K_c = \left[\frac{(2.733 \times \lg(\dot{\varepsilon}_t/\dot{\varepsilon}_{t0}) + 20.54 - 0.712)}{22.865} - 1.0\right] \cdot K_{c0} \quad (5.4.5)$$

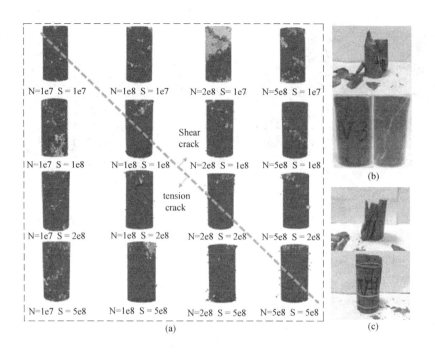

图 5-33 不同黏结力比值下的试样破坏形式对比

$$d\sigma_c = \left[\frac{(14.317 \times \lg(\dot{\varepsilon}_t/\dot{\varepsilon}_{t0}) + 139.37 + 0.205)}{139.43} - 1.0\right] \cdot K_{c0} \quad (5.4.6)$$

式中，F_{t0}、K_{t0}、K_{c0}、F_{c0} 分别为静载条件下受拉状态下的黏结力、接触刚度，受压状态的下刚度、黏结力。

5.4.5 数值模拟结果分析

1. 不同应变率下岩样的应力—应变曲线

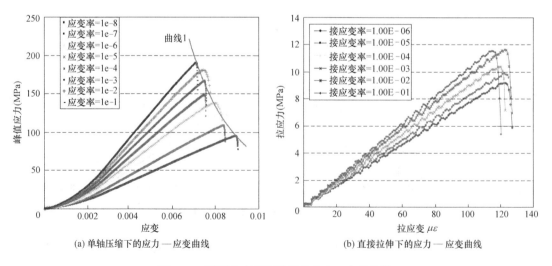

(a) 单轴压缩下的应力—应变曲线　　　(b) 直接拉伸下的应力—应变曲线

图 5-34 不同应变率下岩样的应力—应变曲线

如图 5-34（a）所示，开展了应变率在 $10^{-8}\sim10^{-1}\mathrm{s}^{-1}$ 范围内的单轴压缩数值模拟试验，不同应变率下的单轴压缩过程均经历压密、弹性、和破坏 3 个阶段。其中，压密阶段的颗粒流数值模拟过程为：令初始模量等于 20% 线性模量，当模量达到 $3\mathrm{e}^{-3}$ 时，过渡为线弹性阶段。不难发现，流纹岩试样单轴压缩的变形和强度特征与应变率有着密切联系，即弹性模量和峰值强度随着应变率的增加而增加，这一结果与试验部分相吻合。仔细分析图中的 8 条应力—应变曲线，可以发现，应变率对流纹岩试样的刚度参数有着重要影响，随着应变率的不断提高，试样在每次达到峰值强度时对应的峰值应变在逐渐减少。如应变率为 $10^{-8}\mathrm{s}^{-1}$ 时，峰值应变为 8.94×10^{-3}；当应变率为 $10^{-5}\mathrm{s}^{-1}$ 时，峰值应变为 8.01×10^{-3}；当应变率为 $10^{-2}\mathrm{s}^{-1}$ 时，峰值应变为 7.44×10^{-3}。结果表明，随着加载应变率的提高，流纹岩试样的刚度效应也变得越来越明显。

如图 5-34（b）所示，开展了应变率在 $10^{-6}\sim10^{-1}\mathrm{s}^{-1}$ 范围内的直接拉伸数值模拟试验，随着应变率的提高，流纹岩试样的单轴抗拉强度与弹性模量也不断提高，数值模拟结果与试验结果吻合。可以明显看出的是，直接拉伸过程中应变率对流纹岩试样刚度的提高程度不明显，远低于单轴压缩试验过程。

2. 试样的离散性

图 5-35 为流纹岩试样动态抗压强度增长系数与应变率之间的关系。定义 DIF 为动态抗压强度增长系数，$DIF=\sigma_{cd}/\sigma_{cs}$（其中，$\sigma_{cd}$ 为动态单轴抗压强度，σ_{cs} 为静态单轴抗压强度）。由图中的统计结果可知，试样的抗压峰值强度随着加载应变率的增加而提高，但具体的增加幅度又与试验方法和试样材料等有着很大的关系。发现：随着加载应变率的不断提高，试样的强度增长系数（相对峰值强度）也不断增加，与此同时，其离散性也变得越来越明显。

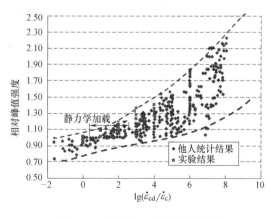

图 5-35 不同应变率下试样相对峰值强度的随机性

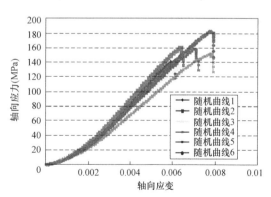

图 5-36 相同加载应变率下应力—应变曲线的离散性

从图 5-36 中的曲线可以看出，流纹岩试样在相同加载变率下的应力—应变曲线具有明显的离散性，但在整个变化过程，其离散程度又存在着差异：在应力—应变曲线的压密阶段，试样的应力离散性不明显，进入弹性变形阶段后，随着应力的增加，离散程度逐渐增加，到达屈服及破坏阶段后，应力—应变曲线的离散程度最显著。其原因在于：岩体内部存在着复杂的微裂隙、节理等结构面，并且岩石是由不同的矿物构成，这些因素构成了试样的初始损伤。在外力的作用下，初始损伤会逐渐发展演化，并产生新的损伤。这些损伤的分布及演化过程存在很大的随机性，使得应力—应变曲线呈现非线性分特征。在应力—应变曲线的初始及弹性阶段，损伤不明显，随机性也不明显，曲线的离散程度不高，随着应力的增加，结构面不断地发展，损伤也快速地发展，随机性增强，曲线呈现出很高的离散性。

5.5 蠕变模型参数标定规律研究

5.5.1 基于非连续理论的 Burger's 流变接触模型

Burger's 黏弹性流变模型通常是建立在连续力学理论基础上，然而自然界中的岩土体在经历长期的复杂自然环境和地质作用后，其内部往往存在明显不连续或不同程度缺陷的区域。这种情形下，若继续采用基于连续力学理论的方法，在一些特定的条件下虽然也能解释一些规律性问题，但在具体工程问题分析时则显得明显不足。相反，若采用离散单元法，则可很好地解决这类随时间推移而发展的工程变形问题。Burger's 接触模型是以存在接触的颗粒与颗粒或者颗粒与边界之间的相互作用随时间的关系来表征介质的宏观变形随时间的变化的理论，其同样采用由 Maxwell 体和 Kelvin 体串联的结构形式。相比建立在连续力学理论基础上的 Burger's 流变模型，Burger's 流变接触模型不同之处在于须分别对接触的法向和切向受力状态进行分析。Burger's 流变模型在颗粒离散单元法中的结构形式如图 5-37 所示。该结构中，Maxwell 体和 Kelvin 体的串联结构在接触的法向和切向均有涉及，其中，在接触法向，模型除 Maxwell 体和 Kelvin 体的串联结构外，还包括一个无张力组件，用以表征颗粒间的线弹性摩擦行为；而在接触切向，模型除 Maxwell 体和 Kelvin 体的串联结构外，还包括一个滑动器，用以判别颗粒之间发生滑动的条件是否满足库仑定律。

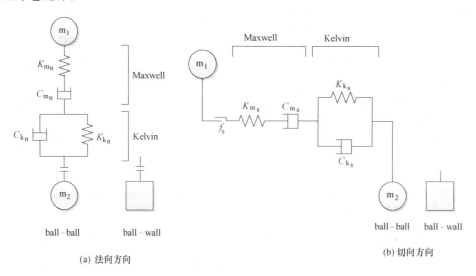

(a) 法向方向　　(b) 切向方向

图 5-37 Burger's 流变接触模型

1. 接触力计算

根据线黏弹性叠加原理，若以 u 表示模型在受力作用下某一方向的总位移，u_k 表示 Kelvin 体位移，$(u_{mK}+u_{mC})$ 表示 Maxwell 体的位移，则有

$$u=u_k+u_{mK}+u_{mC} \tag{5.5.1}$$

对式（5.5.1）关于时间 t 进行求导，则有

$$\dot{u}=\dot{u}_k+\dot{u}_{mK}+\dot{u}_{mC} \tag{5.5.2}$$

$$\ddot{u}=\ddot{u}_k+\ddot{u}_{mK}+\ddot{u}_{mC} \tag{5.5.3}$$

式中：$\dot{u}$ 为位移关于时间 t 的一阶导数；$\ddot{u}$ 位移为关于时间 t 的二阶导数。

若以 f 表示颗粒间的接触力，以 K_k 表示 Kelvin 体中胡克弹簧的刚度，C_k 表示 Kelvin 体中黏性阻尼器黏性系数，K_m 表示 Maxwell 体中胡克弹簧的刚度，C_m 表示 Kelvin 体中黏性阻尼器黏性系数，于是对于 Kelvin 体则有

$$f=\pm K_k u_k \pm C_k \dot{u}_k \tag{5.5.4}$$

$$\dot{f}=\pm K_k \dot{u}_k \pm C_k \ddot{u}_k \tag{5.5.5}$$

类似地，对于 Maxwell 体亦有

$$f=\pm K_m u_{mK} \tag{5.5.6}$$

$$\dot{f}=\pm K_m \dot{u}_{mK} \tag{5.5.7}$$

$$\ddot{f}=\pm K_m \ddot{u}_{mK} \tag{5.5.8}$$

$$f=\pm C_m \dot{u}_{mc} \tag{5.5.9}$$

$$\dot{f}=\pm C_m \ddot{u}_{mc} \tag{5.5.10}$$

式中：$\dot{f}$ 为颗粒间接触力关于时间 t 的一阶导数；$\ddot{f}$ 为颗粒间接触力关于时间 t 的二阶导数；$\pm$ 则分别表示接触的法向和切向。

联立式（5.5.2）～式（5.5.10），即可得接触力的二阶偏微分方程：

$$f+\left[\frac{C_k}{K_k}+C_m\left(\frac{1}{K_k}+\frac{1}{K_m}\right)\right]\dot{f}+\frac{C_k C_m}{K_k K_m}\ddot{f}=\pm C_m \dot{u} \pm \frac{C_k C_m}{K_k}\ddot{u} \tag{5.5.11}$$

由于在颗粒离散单元法中，当前时步颗粒间的接触力是依据上一时步的接触力值以及当前和上一时步颗粒间发生的位移来进行更新的，因此接触力可采用有限差分法进行计算。于是，根据线性叠加原理对位移进行叠加，即可获得模型总位移。

对于模型中的 Kelvin 体，由于其为胡克弹簧和黏性阻尼器的并联构成，接触力分布于各组件上，于是位移与接触力之间的关系可表示为

$$\dot{u}_k=\frac{-K_k u_k \pm f}{C_k} \tag{5.5.12}$$

若采用中心差分方式近似求取 u_k 和 f 的平均值，则有

$$\frac{u_k^{t+1}-u_k^t}{\Delta t}=\frac{1}{C_k}\left[-\frac{K_k(u_k^{t+1}+u_k^t)}{2}\pm\frac{f^{t+1}+f^t}{2}\right] \tag{5.5.13}$$

式中：Δt 为时间步长；t 表示当前时步的计算结果；$t+1$ 表示下一时步的计算结果。

对式（5.5.13）进行整理，于是 Kelvin 体位移的计算公式为

$$u_k^{t+1}=\frac{1}{A}\left[Bu_k^t\pm\frac{\Delta t}{2C_k}(f^{t+1}+f^t)\right] \tag{5.5.14}$$

式中：A、B 为关于时间步长的函数，可由式（5.5.15）及式（5.5.16）计算获得。

$$A=1+\frac{K_k \Delta t}{2C_k} \tag{5.5.15}$$

$$B = 1 - \frac{K_k \Delta t}{2C_k} \tag{5.5.16}$$

同样地，对于模型中 Maxwell 体，由于其为胡克弹簧和黏性阻尼器的串联构成，于是其位移 u_m 及 u_m 关于时间 t 的一阶导数满足

$$u_m = u_{mK} + u_{mC} \tag{5.5.17}$$

$$\dot{u}_m = \dot{u}_{mK} + \dot{u}_{mC} \tag{5.5.18}$$

联立式（5.5.7）、式（5.5.9）及式（5.5.18），可得

$$\dot{u}_m = \pm \frac{\dot{f}}{K_m} \pm \frac{f}{C_m} \tag{5.5.19}$$

同样地，采用中心差分方式近似求取 u_k 和 f 的平均值，则有

$$\frac{u_m^{t+1} - u_m^t}{\Delta t} = \pm \frac{f^{t+1} - f^t}{K_m \Delta t} \pm \frac{f^{t+1} + f^t}{2C_m} \tag{5.5.20}$$

式中：Δt 为时间步长；t 表示当前时步的计算结果；$t+1$ 表示下一时步的计算结果。

对式（5.5.20）进行整理，于是 Maxwell 体位移的计算公式即为

$$u_m^{t+1} = \pm \frac{f^{t+1} - f^t}{K_m} \pm \frac{\Delta t (f^{t+1} + f^t)}{2C_m} + u_m^t \tag{5.5.21}$$

于是，根据黏弹性线性叠加原理，对于整个 Burger's 模型，则有

$$u = u_k + u_m \tag{5.5.22}$$

式中：u 为 Burger's 模型的总位移。

将式（5.5.22）用中心差分近似，则有

$$u^{t+1} - u^t = u_k^{t+1} - u_k^t + u_m^{t+1} - u_m^t \tag{5.5.23}$$

将式（5.5.14）和式（5.5.21）代入式（5.5.23），则最终的接触力计算公式即为

$$f^{t+1} = \pm \frac{1}{C} \left[u^{t+1} - u^t + \left(1 - \frac{B}{A}\right) u_k^t \mp D f^t \right] \tag{5.5.24}$$

式中：C、D 为关于时间步长的函数，可由式（5.5.25）及式（5.5.26）计算获得。

$$C = \frac{\Delta t}{2C_k A} + \frac{1}{K_m} + \frac{\Delta t}{2C_m} \tag{5.5.25}$$

$$D = \frac{\Delta t}{2C_k A} - \frac{1}{K_m} + \frac{\Delta t}{2C_m} \tag{5.5.26}$$

根据式（5.5.24）可知，若已知 $t+1$ 时步的位移 u^{t+1}，以及上一时步 t 的位移 u^t、u_k^t 和接触力 f^t，则在 $t+1$ 时步的接触力 f^{t+1} 即可通过上述已知量值计算获得。如此不断按时步进行迭代，则即可模拟应力变形随时间的发展过程。

2. 颗粒接触更新

在颗粒离散元法中，只有当两颗粒间距离小于等于其半径之和时，颗粒之间的接触才会起作用。若两颗粒之间没有接触，该颗粒之间也就不存在接触更新。颗粒接触更新实质即为力与位移定律的应用。由于接触更新要考虑法向和切向两个方向，在 Burger's 模型中，颗粒间接触的更新可分两步进行：

第一步，即根据式（5.5.24）对接触法向的力进行更新，从而为接触切向的滑动判断提供计算依据。

第二步，对切向接触力实现更新。具体包括以下几个方面：①首先根据式（5.5.24）

计算接触切向的接触力，同时根据上一步中计算所得法向接触力，按式（5.5.27）计算当前接触条件下的抗剪切力 F_s^*；②根据式（5.5.28）新确定的切向接触力及滑动条件，更新颗粒间的相对位移，创建新的颗粒接触关系。

$$F_s^* = -f_s F_n \quad (5.5.27)$$

$$F_s = \begin{cases} F_s & , \|F_s\| \leqslant F_s^* \\ F_s^*(F_s/\|F_s\|) & ,\text{其他} \end{cases} \quad (5.5.28)$$

颗粒间接触更新是颗粒离散单元法中颗粒间相互作用调整的核心。当颗粒间的接触发生更新时，模型中所有接触将依据相应的接触模型进行严格的接触判断，从而实现接触状态的更新。当颗粒间的接触状态处于激活状态，即颗粒间存在重叠时，牛顿第二定律和力与位移定律将会被用于更新接触颗粒间的相对位置以及接触力；当颗粒间不再存在重叠时，颗粒间的接触状态将会被关闭，力与位移定律也将不再被用于更新这一接触状态。

5.5.2 数值试验若干要点

1. 应力、应变计算

采用 PFC 软件进行圆柱样数值模拟分析时，模型的轴向应力、应变及径向应变均需采用 FISH 语言编程实现。其中，轴向应力取值为试样顶面所有与 wall 存在接触的颗粒不平衡力的均值（相当于物理试验加载装置承受的反力）与试样横截面面积之比，以 σ 表示；如图 5-38 所示，轴向应变取值为试样上下两端竖向位移之差与试样的高度之比，以 ε_a 表示，则有 $\varepsilon_a = (h'-h)/h$；径向应变取值为试样直径的变化与试样直径之比，以 ε_r 表示，则有 $\varepsilon_r = (d'-d)/d$。

2. 加载方式和加载控制

在进行数值流变试验模拟时，可直接采用伺服机

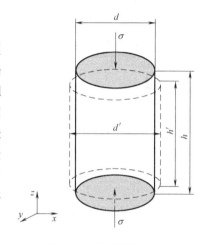

图 5-38 数值试样尺寸

制控制应力水平达到其预定值，然后维持伺服应力水平稳定，从而获得试样在每一时刻的轴向应变和径向应变。但当进行瞬时轴向压缩试验时，由于数值模拟的加载方式和加载速率对试样应力、应变的响应有较大影响，若继续按照逐级施加轴向荷载的加载方式，将无法获得屈服后的应力—变形关系曲线，因此，试样加载以采用轴向变形控制方式为优。需要注意的是，采用轴向变形控制方式加载时，试验加载速率应根据试样的变形强度来确定，即当试样变形强度较大时，应采用较小的值，反之可取较大值。

5.5.3 模型数值验证分析

数值试验采用高度为 100mm、直径为 50mm 的圆柱样进行，如图 5-39 所示。为方便取值，本书直接采用 FishTANK 生成二维颗粒圆柱样。该试样共由 7490 个颗粒

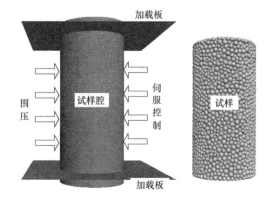

图 5-39 数值试验模型

构成，颗粒平均半径取 2.5mm，最大与最小颗粒半径比取 1.5。试验采用逐级施加轴向应力的加载方式，以伺服机制控制加载应力水平。例 5-11 为 Burger's 流变损伤接触模型参数取值。例 5-13 所示为 Burger's 流变损伤接触模型命令流编制。

流变数值试验参数取值 表 5-11

作用方向	Maxwell 体		Kelvin 体		滑动摩擦系数 f	材料参数	
	弹性系数 E_m(MPa)	黏性系数 η_m(MPa·s)	弹性系数 E_k(MPa)	黏性系数 η_k(MPa·s)		α	β
法向	100	1.0e7	100	1.0e4	0.5	4.0e-3	1.0
切向	100	1.0e7	100	1.0e4			

例 5-13 Burger's 流变损伤接触模型命令流编制

```
new
define IdentifyFloaters
    loop foreach local ball ball.list
        local contactmap = ball.contactmap(ball)
        local size = map.size(contactmap)
        if size <= 1 then
            ball.group(ball) = 'floaters'
        endif
    endloop
    command
        ball group floaters remove
    endcommand
end
domain extent -0.05 0.05 -0.06 0.06
cmat default model linear method deformability emod 1.0e9 kratio 1.0
wall generate box -0.025 0.025 -0.050 0.050
set random 100000
ball distribute porosity 0.15 radius 2.0e-3 3.0e-3 box -0.025 0.025 -0.05 0.05
ball attribute density 2000.0 damp 0.7
cycle 1000 calm 50
set timestep scale
solve arat 1e-5
set timestep auto
cycle 1000
solve arat 1e-5
calm
@IdentifyFloaters
define extend_walls(fac1,fac2)
    local wp = wall.find(1) ; bottom wall
```

```
    loop foreach local vertex   wall.vertexlist(wp)
        wall.vertex.pos.x(vertex) = fac1 * wall.vertex.pos.x(vertex)
    endloop
    wp = wall.find(3) ; top wall
    loop foreach vertex   wall.vertexlist(wp)
        wall.vertex.pos.x(vertex) = fac1 * wall.vertex.pos.x(vertex)
    endloop
    wp = wall.find(2) ; right wall
    loop foreach vertex   wall.vertexlist(wp)
        wall.vertex.pos.y(vertex) = fac2 * wall.vertex.pos.y(vertex)
    endloop
    wp = wall.find(4) ; left wall
    loop foreach vertex   wall.vertexlist(wp)
        wall.vertex.pos.y(vertex) = fac2 * wall.vertex.pos.y(vertex)
    endloop
end
@extend_walls(2.0,1.5)
define ComputeBoxSize
    global wlx = wall.pos.x(wall.find(2))- wall.pos.x(wall.find(4))
    global wly = wall.pos.y(wall.find(3))- wall.pos.y(wall.find(1))
end
define compute_wallstress
    ComputeBoxSize
    global wsxx = 0.0
    global wsyy = 0.0
    ; bottom wall (id 1)
    local wp = wall.find(1)
    wsyy = wsyy+0.5 * wall.force.contact.y(wp)/wlx
    ; top wall (id 3)
    wp = wall.find(3)
    wsyy = wsyy−0.5 * wall.force.contact.y(wp)/wlx
    ; left wall (id 4)
    wp = wall.find(4)
    wsxx = wsxx + 0.5 * wall.force.contact.x(wp)/wly
    ; right wall (id 2)
    wp = wall.find(2)
    wsxx = wsxx−0.5 * wall.force.contact.x(wp)/wly
end
define compute_gain
```

```
ComputeBoxSize
    global gx = 0.0
    global gy = 0.0
    global alpha = 0.5
    ; bottom wall (id 1)
    local wp = wall.find(1)
    loop foreach contact wall.contactmap(wp)
        gy=gy+contact.prop(contact,"kn")
    endloop
    ; top wall (id 3)
    wp = wall.find(3)
    loop foreach contact wall.contactmap(wp)
        gy = gy+contact.prop(contact,"kn")
    endloop
    ; left wall (id 4)
    wp = wall.find(4)
    loop foreach contact wall.contactmap(wp)
        gx = gx+contact.prop(contact,"kn")
    endloop
    ; right wall (id 2)
    wp = wall.find(2)
    loop foreach contact wall.contactmap(wp)
        gx = gx+contact.prop(contact,"kn")
    endloop
    gx = alpha*2.0 * wly/(gx * global.timestep)
    gy = alpha*2.0 * wlx/(gy * global.timestep)
end
define servo_walls
    compute_wallstress
    vlim = 1e-1
    xvel = gx * (wsxx - txx)
    if xvel > vlim then
        xvel = vlim
    endif
        if xvel < -vlim then
        xvel = -vlim
    endif
    wall.vel.x(wall.find(4)) = xvel
    wall.vel.x(wall.find(2)) = -xvel
```

```
    if do_yservo = true then
      yvel = gy * (wsyy-tyy)
      if yvel > vlim then
        yvel = vlim
      endif
      if yvel <-vlim then
        yvel =-vlim
      endif
      wall. vel. y(wall. find(1)) =yvel
      wall. vel. y(wall. find(3)) =-yvel
    endif
end
define stop_me
    if math. abs((wsyy-tyy)/tyy) > tol
      exit
    endif
    if math. abs((wsxx-txx)/txx) > tol
      exit
    endif
    if mech. solve("aratio") > 1e-6
      exit
    endif
    stop_me = 1
end
[txx =-1. 0e6]
[tyy =-1. 0e6]
[do_yservo = true]
set fish callback   1. 0 @servo_walls
history id 11 @wsxx
history id 12 @wsyy
pl create view ServoResult
pl add hist -11 -12
set orientation on
calm
@compute_gain
ball attribute displacement multiply 0. 0
calm
[tol = 1. 0e-1]
solve fishhalt @stop_me
```

@IdentifyFloaters
[Ek = 1.0e8]
[Ck = 1.0e4]
[Em = 1.0e8]
[Cm = 1.0e7]
[Fs = 0.5]
cmat default type ball-ball model burger property bur_knk @Ek bur_cnk @Ck ...
                                                bur_knm @Em bur_cnm @Cm ...
                                                bur_ksk @Ek bur_csk @Ck ...
                                                bur_ksm @Em bur_csm @Cm ...
                                                bur_fric @fs
cmat default type ball-facet model linear property kn 1.0e7 dp_nratio 0.2
cmat apply
@ComputeBoxSize
[wid = wlx]
[hig = wly]
[wexx = 0.0]
[weyy = 0.0]
[wevol = 0.0]
define wexx
ComputeBoxSize
    local val = (wlx−wid)/wid
    wexx= val
    weyy = (wly−hig)/hig
    wevol = val + weyy
end
history id 21 @wexx
history id 22 @weyy
history id 23 @wevol
[txx =−1.0e6]
[tyy =−2.0e6]
[do_yservo = true]
pl create view StressStrainCurve
pl add hist −12 vs −22
pl create view StrainCurve
pl add hist −23 vs −22
define cal_age
    cal_age = mech.age −age0
end

history id 1 @cal_age
plot create view BurgersCurve
pl add hist －22 vs 1
history nstep ＝ 10
［age0 ＝ mech. age］
solve time 1

图 5-40 为试样在偏应力下作用下的流变特性曲线。从该图可知，试样在经历短暂初期瞬时弹性变形后，随即进入减速变形发展阶段，随着时间推移，应变速率不断降低并趋于 0，应变增加量越来越小，曲线因此呈平缓发展。若在 t^* 时刻卸除偏应力，应变出现急剧减小，但随着弹性应变的不断恢复，应变减小速率随之不断减小。随着时间的不断发展，应变最终趋于稳定。

若假设试样在偏应力下作用下、在时间 t^* 开始进入流变加速阶段，则其流变变形随时间发展的变化如图 5-41 所示。从图中可知，在恒定应力作用下，试样在经历短暂瞬时弹性变形后，将以减速变形进入稳定流变阶段。当在 t^* 时进入流变加速阶段后，由于内部损伤开始急剧增加，应变速率随之不断增大，最终将致使试样进入破坏阶段。图 5-41 表明，本书修正的流变损伤接触模型是合理的，因此是可以用于描述流变全过程的。

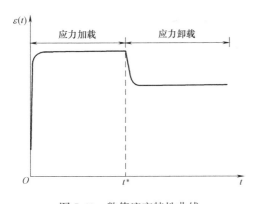

图 5-40 数值流变特性曲线

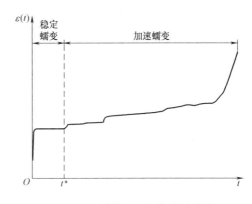

图 5-41 数值流变损伤特性曲线

5.5.4 模型参数与流变特性关系

在颗粒离散单元法中，Burger's 流变模型共有 9 个基本参数。为明确每个参数对瞬时强度特性和流变特性的影响，本书将采用控制变量法对各个参数对流变特性的影响进行分析研究。为方便计算，本书将对各参数的法向和切向设置相同值，从而将分析参数简化为 5 个，即 E_m、η_m、E_k、η_k 和 f。相应地，对比试验共分 5 组，每组 3 次。同组对比试验每次改变同一参数。表 5-12 为每组试验的参数取值和相应瞬时强度结果。

由表 5-12 中第 1 组对照试验可知，随着 Maxwell 体弹模的增加，试样瞬时弹模、泊松比和单轴峰值强度随之增大，即试样瞬时强度与 Maxwell 体弹模呈正相关性变化。这种正相关性主要是因 Maxwell 体中胡克弹簧元件的应力—应变与时间无关，其仅对瞬时应力—应变发生作用。因此，胡克弹簧元件在与其他元件进行串联组合时，可独立发挥影响瞬时弹模的作用。第 2、4 组对照试验结果则表明，尽管黏性系数的应力—应变与时间相关，但由于作用时间较短，在瞬时特性试验中其对强度的影响较弱。因此，即使 Maxwell 体和 Kelvin 体的黏性系数有较大变化，但其对瞬时强度特性却几乎无影响，甚至几乎不起作用。黏性系数对瞬时强度特性影响甚微，故其可与瞬时强度特性直接匹配，无须调整。第 3 组对照试验结果表明，当 Kelvin 体中的弹模发生变化时，瞬时弹模、泊松比和单轴峰值强度却并未与 Maxwell 体一样，存在相关性关系。由于 Kelvin 体中胡克弹簧元件与黏性元件为并联结构，荷载作用下应变发展受黏性元件控制，因此，其在短时间内的作用是无法如 Maxwell 体中胡克弹簧所起作用一样的。同样，其在匹配瞬时强度特性时，可直接匹配，无须调整。第 5 组对照试验则表明当切向摩擦系数提高时，瞬时弹模和单轴峰值强度随之增加，即其与摩擦系数呈正相关关系发展，但泊松比却与之相反，其与摩擦系数呈负相关关系发展。究其缘由主要是因切向摩擦系数是与时间无关的材料固有属性。当接触实体间相互作用发生变化时，摩擦系数通过控制接触实体间是否发生滑动，从而产生对弹性模量、泊松比和单轴抗压强度的影响。

对照试验参数取值及瞬时强度 表 5-12

组别	对照试验参数取值					试验结果 瞬时强度		
	Maxwell 体		Kelvin 体		摩擦系数			
	E_m(MPa)	η_m(MPa·s)	E_k(MPa)	η_k(MPa·s)	f	E(MPa)	v	σ_c(kPa)
1	50					16.47	0.211	4.31
	100	1e5	100	2e4	0.5	28.41	0.244	7.69
	150					35.62	0.256	10.61
2		1e4				28.43	0.244	7.69
	100	1e5	100	2e4	0.5	28.41	0.244	7.67
		1e6				28.41	0.243	7.69
3			50			28.39	0.244	7.71
	100	1e5	100	2e4	0.5	28.41	0.244	7.69
			150			28.41	0.243	7.69
4				2e3		28.41	0.244	7.69
	100	1e5	100	2e4	0.5	28.42	0.245	7.69
				2e5		28.41	0.244	7.68
5					0.4	27.63	0.351	3.47
	100	1e5	100	2e4	0.5	28.41	0.244	7.69
					0.6	30.17	0.193	15.54

综上所述可知，Burger's 流变接触模型中，仅 Maxwell 体弹性系数和摩擦系数对瞬时特性强度存在显著影响，其余参数均对瞬时强度特性无明显影响。因此，在进行 Burger's 流变模型参数调试时，只需调试 Maxwell 体弹性系数和摩擦系数即可，对其他参数可直接匹配无须调整。

图 5-42 为不同 Maxwell 体弹性模量下的流变加载、卸载曲线。从图中可以看出，Burger's 模型 Maxwell 体弹性模量对瞬时加载、卸载应变量均有影响，为负相关关系。具体来讲，即在应力加载瞬间，若 Maxwell 体弹性模量越大，则试样所发生的瞬时应变量便越小；而在卸载阶段，卸载应变恢复量与瞬时加载应变量相等，应变却未能恢复至 0，说明流变变形是完全不可恢复的。不同 Maxwell 体弹性模量下的稳定应变量则表明，

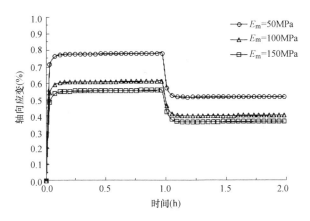

图 5-42　不同 Maxwell 体弹性模量流变加载、卸载曲线

Maxwell 体弹性模量取值对其达到稳定流变所需的时间无影响，但 Maxwell 体弹性模量越小，其达到稳定后的应变量越大，卸载后不可恢复的变形量也越大。

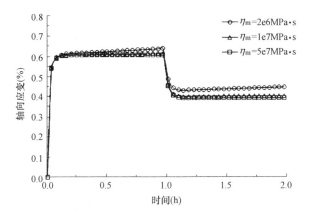

图 5-43　不同 Maxwell 体黏性系数流变加载、卸载曲线

图 5-43 为不同 Maxwell 体黏性系数下的流变加载、卸载曲线。从图可知，Burger's 模型 Maxwell 体黏性系数对瞬时加载、卸载应变量几乎无影响，但对于试样起始应变率、稳定应变量和残余应变却有影响。在应力加载阶段，Maxwell 体黏性系数越大，试样起始流变率和稳定应变量越小，流变曲线逐渐趋于平缓所需时间亦越短。而在应力卸载阶段，随着时间的变化，瞬时加载应变量完全获得恢复，但卸载残余应变却随着 Maxwell 体黏性系数取值的大小呈现负相关关系，即 Maxwell 体黏性系数越大，试样因流变所发生的不可恢复变形将越小。

图 5-44 为不同 Kelvin 体弹性模量下的流变加载、卸载曲线。从图中可以看出，Burger's 模型 Kelvin 体弹性模量对瞬时加载、卸载应变量均有影响。在应力加载瞬间，Kelvin 体弹性模量越小，试样要达到稳定流变所需的时间将越长，稳定应变量将越大，但其对起始应变量、起始应变率和稳定应变率影响不大。Kelvin 体弹性模量与稳定应变量呈负相关关系发展。而在应力卸载阶段，弹性后效应变恢复则随着黏性系数的增大反而减弱。此外，尽管卸载曲线最终趋于稳定，但其最终应变却未能恢复至 0，说明流变变形完全不可恢复。

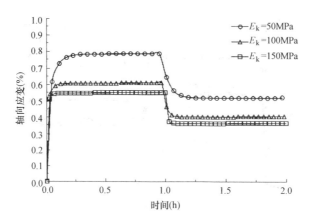

图 5-44 不同 Kelvin 体弹性模量流变加载、卸载曲线

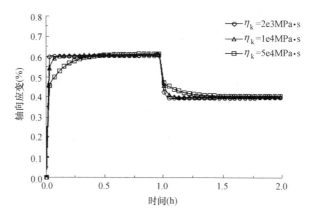

图 5-45 不同 Kelvin 体黏性系数流变加载、卸载曲线

图 5-45 为不同 Kelvin 体黏性系数下的流变加载、卸载曲线。从图中可以看出，Burger's 模型 Kelvin 体黏性系数对瞬时加载、卸载应变量均有影响。在应力加载阶段，Kelvin 体黏性系数越大，其要达到稳定流变所需的时间将越长，起始应变率则越小；然而随着时间增长，稳定应变量最终趋于相同，说明 Kelvin 体黏性系数对稳定应变量无影响。

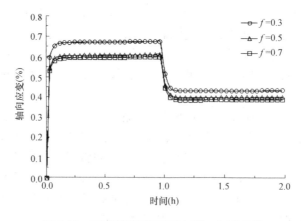

图 5-46 不同摩擦系数流变加载、卸载曲线

在应力卸载阶段，瞬时应变几乎恢复一致，但弹性后效恢复率差异较大。随着 Kelvin 体黏性系数增大，弹性后效致使试样达到其残余应变所需时间越长，但在经历弹性后效应变恢复后，卸载曲线随时间增长最终趋于相同。

图 5-46 为不同摩擦系数下的流变加载、卸载曲线。从图中可以看出，在应力加载阶段，随着摩擦系数的增加，试样瞬时应变量随之减小，摩擦系数与瞬时应变量成负相关关系发展。不同摩擦系数下的流变曲线在流变过程中随时间平行发展，说明试样起始流变和稳定流变不受摩擦系数影响。在应力卸载阶段，瞬时应变恢复几乎一致，摩擦系数对弹性后效应变恢复量和恢复率影响甚微。卸载曲线自应力卸除后，随即趋于一致，直至瞬时应变量完全恢复，说明摩擦系数对卸载曲线无影响。

综合所述，伯吉斯接触模型各参数对于试样流变特性的影响详见表 5-13 所列。

伯格斯模型参数对试样流变特性的影响　　　表 5-13

流变特性	Maxwell 体		Kelvin 体		摩擦系数
	弹性模量	黏性系数	弹性模量	黏性系数	
瞬时应变量	负相关				负相关
起始应变量					
起始应变率		负相关		负相关	
稳定应变量	负相关	负相关	负相关		
稳定应变率					
瞬时恢复量	负相关				
弹性后效恢复率			负相关	负相关	
残余应变量		负相关			

伯格斯流变接触模型加载、卸载试验表明，材料在经历短暂初始瞬时变形后，将开始以递减速率增长进入等速流变阶段，此后随时间增长，应变增加速率逐渐趋于 0；卸除偏应力，变形将急剧减小，但随着弹性应变的不断恢复，应变减小速率随之不断减小，并最终趋于稳定；不同模型参数下的流变特性表明，Maxwell 体弹性模量与瞬时应变量、瞬时恢复量，黏性系数与稳定流变率、残余应变呈负相关关系；Kelvin 体弹性模量与起始流变量，黏性系数与起始流变率、弹性后效恢复率呈负相关关系，颗粒摩擦系数则与瞬时应变量呈负相关关系。

5.6　本章小结

采用颗粒流方法研究细观介质表现出的宏观力学特性，参数标定是其中颇为关键的一步，在进行参数标定时需要遵循如下规则：

（1）选择合适的宏观力学参数或试验曲线作为参数标定的依据，研究所选用接触模型细观参数的变化规律，找到二者的映射规律，就可以很方便地将宏观-细观参数对应起来。

（2）通常采用 PFC 方法研究工程问题属于宏观问题，此时所用的颗粒数目不可能跟真实一致，而需要判断电脑可承受的数量来估计颗粒数量。为了获取该工程问题的宏观参数，需要在室内开展小尺度试验，试样尺寸往往较小，从而获取一定的应力—应变曲线。此时如果开展细观参数标定，数值模型的颗粒尺寸、构成必须与工程计算模型一致，而标定参数得到的曲线与试验曲线一致。

此时，往往存在两个误区：①标定试样的颗粒构成设定与试验实际一致，这样标定的参数，由于与工程问题的颗粒体系不一样，无法反映工程计算模型的规律。②标定试样颗粒与试验一样，采用一定比例放大，作为工程分析模型的参数，由于粒径增大与参数放大所需比例并不一致，这样做也是不合适的。

（3）当模拟土体时，一般选用线性接触模型或者接触模型，这类模型的特点是抗压、抗剪，但不抗拉；当模拟岩石、混凝土等胶结强度较高、可以承受弯矩等荷载时，一般采用平行黏结模型；如果模拟微观—细观结构面的作用时，可以采用平节理模型。注意：一个既定接触同时只能激活一个接触模型，不同模型不能共存于一个接触上；在一个试样内，可以按照比例，分配不同的接触模型，从而实现一些宏观性质指标（诸如拉压强度比）。

第6章　复杂岩土细观特征识别与随机重构技术

我国西南水电能源基地疆域辽阔，地处青藏高原及其周边，地质构造复杂，地壳运动强烈，大幅度的地壳抬升在青藏高原与云贵高原和四川盆地间形成规模巨大的大陆地形沉降带，群山起伏、江河深嵌、河谷深切，斜坡高陡的复杂地貌地质特征。据统计我国 8 级和 80% 的 7 级以上强震都发生于这一区域，导致河谷边坡经历了强烈的地质改造，在漫长的地质作用过程中形成了大量的胶凝混合体，这些由强度较弱的充填物与大粒径的不规则块石胶结构成（图 6-1），按胶结程度可分为泥质胶结、钙质胶结、硅质胶结、部分架空等形式，自然状态胶结密实，强度高于常规散体，但与下伏基岩相比强度低，受外荷载时变形大，易破坏。另外，硅质胶结的混凝土、钙质胶结的岩石（图 6-2）在全国各地也广泛分布。

图 6-1　典型胶凝堆积体

图 6-2　南京紫金山胶结在一起的岩石

这些胶凝混合体的力学特征不仅取决于材料的孔隙率、粒径、含石率等宏观参数，还与胶凝物（土体等）与块石之间的接触状态、摩擦特性等细观特征密切相关。其本质为介质内部材料性质及土石接触界面控制其力学特性，即不同含量、级配、分布、形状的碎石在变形过程中咬合力的不同造成了力学特性的巨大差异。

在渐进破坏过程中，原先胶结的胶结界面会发生失效，从而影响混合介质的强度和变形特性。当介质中存在孤石、漂石能增加强度和密度，尤其当试样中含有异常大砾石时强度值会大幅提高，但该值并不是该介质的准确强度，只有满足尺寸与颗粒级配要求，类似于冰水搬运堆积体的土石混合介质试验才能够反映实际情况。目前两类颗粒接触本构模型已经用于该类介质的研究，即黏结组合破碎和颗粒分级破碎，但这些黏结在一起的颗粒在剪切、压缩、拉伸状态下的破坏准则仍是尚待深入研究的问题。对于细观变形，当前常用的 Hertz-Mindlin 非线性模型只适用于弹性变形，当发生塑性变形时还需要引入塑性接触模型。此外块石颗粒表面的凹凸性使得界面宏观摩擦性能差异很大，当介质在运动时，滚动摩擦和非线性的阻尼也受到诸多关注。

有的胶凝混合体中的块石具有显著的非规则形态，并对其力学性质有很大影响，因此如何将介质中的土石颗粒区分一直是相关学者研究的重点。在平面上可采用现场断面统计法、数码拍照法。近年来基于现场数码拍摄，用数字图像处理技术进行土石介质识别与重构的方法获得了巨大发展，即可通过以现场拍摄的数字图像为对象，采用数学模型对"土""石"特征进行识别处理，根据像素与单元的对应关系构建地质模型，然后基于岩土力学试验进行研究。在空间上，则一般采用室内筛分法、激光扫描法等实现大颗粒的三维构建，其核心是采用包络线函数或者采用有规律的球形颗粒排列，黏结组合成细观分析模型。

含石量是影响混合介质压缩模量、孔隙率和微细观力链结构等力学特征的主要因素。在一些数值模拟中，将块石和土体分别设定为具有不同粒径、刚度和密度的颗粒单元，并通过不同的初始排列方式获得孔隙率和密实度，研究发现在双轴压缩时会呈现土体和块石间细观作用的影响，胶凝混合物土石混合介质的黏结强度和摩擦系数是含石率的函数，块石的破碎随含石率的增加显著增加。块石形状等细观特征也有重要影响，由于块石的随机分布特征，同一含石率下的岩土力学参数带有较大的浮动范围，常导致低含石率的抗剪切强度反而高于含石率高的情况，这表明仅采用含石率来分析宏观—细观参数规律并不全面。

如何对粒径差异如此显著的细观材料进行描述，建立合理的数值模拟方法，通过细观尺度下土石颗粒作用过程数值模拟，确定不同细观参数确定下的宏观力学行为是值得关心的问题。颗粒流是一种细观分析方法，它必须结合介质的材料特性、外部荷载的变化来分析，才能反映介质的变形破坏机理。然而要借助颗粒流方法研究胶凝堆积体的力学特性，首先必须研究细观特征的提取、随机重构、数值模拟方法。

6.1 多元混合体介质的数字图像细观特征提取方法

多元混合介质的细观特征分析，重在骨架颗粒的外轮廓和微观裂隙统计，在现场多借助统计窗方式进行，先提前规划好地质统计窗，然后利用米尺等参照物，拍照，然后借助 AutoCAD 等工程软件进行轮廓绘制，进一步进行细观特征分析。

6.1.1 基于数字图像人工绘制方法

由于现场摄像然后进行数字化分析与现场摄像条件、土石像素对比等因素密切相关，尤其当多元混合体中块石的颜色对比不明显，灰度图中灰度跨度很大，造成细观介质灰度值相互重叠，采用数字图像灰度值自动分析存在较大困难，此时可以采用手工绘制法。

在 AutoCAD 中，如图 6-3 所示，选择"插入"—"光栅图像"选项将拍摄的图片导入，以该图像作为参照绘制每块石头的边界线（建议采用任意点数目、首尾闭合的 polyline 绘制），虽然导入的图片大小可以任意，由于图片上标注有现场的米尺等参照物，因此可以利用 AutoCAD 命令的缩放功能，将绘制好的边界等信息调整为与真实值一致，得到如图 6-4 所示土石交界线。

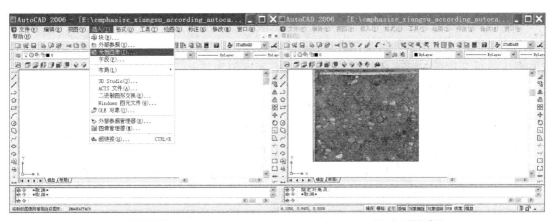

(a) 导像参照　　　　　　　　　　　(b) 人工描出边界

图 6-3　利用 AutoCAD 图片导入与人工处理边界

然后读取每一条多段线边界，处于任一多段线内的像素属于块石，而不在任一多段线内的像素属于胶结物（土、水泥、石灰等）。

这样就可以把每一像素的性质（土或石）区分开，并借助这些多段线数据开展颗粒粒径、形状等信息的统计。当然也可根据这些统计信息将粒径较小的块石属性重新修改为土颗粒。

6.1.2 数字图像分析与识别方法

数码图像处理技术在土木工程领域被广泛应用，为从细观角度分析研究胶凝混合体的力学效应提供了一种有力途径，如

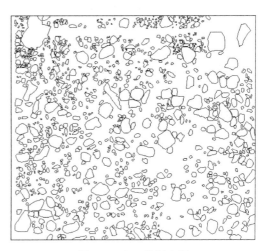

图 6-4　人工绘制边界

果采用连续数值模拟方法如有限单元法、有限差分法等难以处理土、石之间的接触问题，借助颗粒流方法，不仅可从本质上揭示其力学特性和变形破坏的特征及规律，还可反映受

力作用过程中的变形与运动过程。

1. 数字图像成像原理

数码相机拍摄的彩色照片通常以最普遍的 RGB 格式存储。该格式下图像中每个像素信息由红、绿、蓝通道的 3 个色彩度组成。因此，这些图像的数据信息可以由 3 个离散函数 $f(k, i, j)$（i, j 代表笛卡儿系统中的位置）来表示：

$$f_k(i,j) = \begin{bmatrix} f(1,1) & f(1,2) & \cdots & f(1,M) \\ f(2,1) & f(2,2) & \cdots & f(2,M) \\ \vdots & \vdots & \ddots & \vdots \\ f(N,1) & f(N,2) & \cdots & f(N,M) \end{bmatrix} \tag{6.1.1}$$

式中：M 与 N 分别为图像中水平与垂直方向的像素数量；$k=1, 2, 3$，分别代表红、绿、蓝通道信息。

对于灰度图像，图像中每个像素点对应的表示色彩浓淡程度的只有一个整数值，即灰度值。故该格式下图像的每个像素只有一个采样颜色，图像显示为从最暗的黑色到最亮的白色。常见灰度图为 256 色或均一化图像，其灰度值为 [0~255] 或 [0~1]。

2. 数字图像预处理

对现场拍摄的彩色图像进行灰度处理，分析其灰度曲线（图 6-5），可见灰度处理后存在极多的噪音，噪音和灰度不均一，块石与基质之间存在大量重叠，可能会导致空洞和过分割。这是由于数码照片通常摄于野外，其成像质量受环境、相机等各种因素的制约，结果往往不尽如人意，所拍得的二元介质差异不明显，图像噪音较大，因此有必要先对数码照片进行预处理。通常采用 PhotoShop 等图像软件对图像进行去噪处理，增加图像的亮度和对比度，以提高堆积体二元介质的差异，这样在对细观介质进行数字图像结构建模时更容易设定二元介质的阈值，建立的细观结构模型也就更加真实可靠。

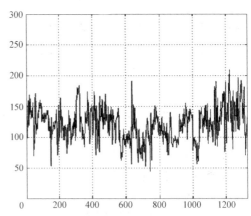

图 6-5　原始图像灰度分析曲线

3. 利用灰度分析进行二元化

二元化是指将代表土石的像素区分开，从而赋予不同的力学参数，以模拟其力学性质变化规律，其实质就是图像数字信息向细观结构建模信息的转换过程。

阈值分割原理是基于图像包括目标、背景和噪音,则可设定某一阈值 T 将图像分成两部分:大于 T 的像素群和小于 T 的像素群。

$$g(x_1y) = \begin{cases} 1, & f(x, y) > T \\ 0, & f(x, y) \leqslant T \end{cases} \quad (6.1.2)$$

在实际处理时候,为了显示需要一般用 255 表示背景,用 0 表示对象物。

1) 全局阈值法

全局阈值法是指仅使用一个全局阈值 T 对数字图像二值化。它将图像中每个像素的灰度值与 T 进行比较,若大于 T,则取为白色;否则取黑色。选取阈值 T 时可根据图像中的直方图或灰度空间分布确定,为了满足图像处理应用系统自动化及实时性要求,图像二值化的阈值的选择最好由计算机自动完成。常用几个阈值的自动选择算法有平均灰度值法、大津法以及边缘算子法。

2) 局部阈值法

局部阈值法是用像素灰度值和此像素邻域的局部灰度特性来确定阈值,其将原图像划分成一些不相交的区域,在局部上采用上面的全局阈值法。典型的局部阈值法有 Bernsen 方法、梯度强度法、最大方差法、基于纹理图像的方法等。

全局阈值法常用于目标和背景比较清楚的图像,图像背景不均匀时,此方法便不再适用。局部阈值法常用于识别品质较差、干扰比较严重的图像,与整体阈值法相比应用更加广泛,但此方法也存在一些缺点,实现速度慢、连通性不好以及容易出现伪影现象等。

但是无论算法多么优越,依旧会存在一些瑕疵,即使进行去噪、灰度化、二值化以及腐蚀等一系列处理,仍需要借助手动方式去除不合理的细节,譬如去除孤点、去除伪点、填充孔洞等等,从而使得灰度识别更加精确。

(1) 孤点去除。图像处理后,通常存在一些孤立点,如单个或者少量的几个像素等,这些块石粒径大多小于块石阈值,因此可以通过粒径值判断去除这些孤点。

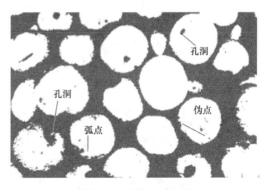

图 6-6　图像人工处理

(2) 伪点去除。图像划分土与块石时,需要将处理后的图像与原图像进行比较,必要时进行校正,以防出现原图像中的填充块石处理后变成基质土,或者原图像中的基质土处理后变成填充物块石。

(3) 孔洞填充。对混合介质数字图像处理后,有时在块石中部会出现孔洞,如图 6-6 所示,这与实际情况不符,因此,为了确保块体的准确性需要对孔洞进行填充处理。

对数字图形进行人工处理,增强像素对比后,如果能做到如图 6-7 所示,再在图形中任取一切线分析其灰度,得右侧图后,则块石像素的阈值通过肉眼也可确定。

将数字图像划分为基质(土、水泥等)和骨架(块石等)后,相应像素的位置可以导出,并可以根据像素的连接性,将之划分为不同的分组。如图 6-8 是利用 Fortran 语言编制相关接口程序,经数字图像处理系统处理后可获取岩石矿物的相关信息并输出,实现细观介质信息到 Auto CAD 信息、计算软件(有限元、有限差分、离散元等)的转换。

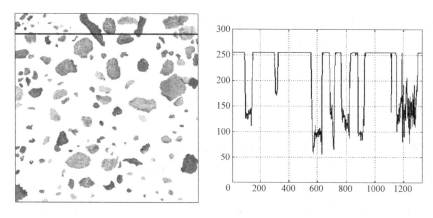

图 6-7　预处理图像灰度分析曲线

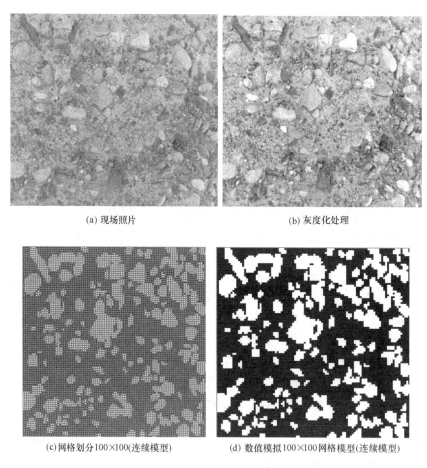

图 6-8　自动建模程序处理过程

6.1.3　基于数字图像颗粒流细观模型构造

1. 颗粒组合细观模型

图像信息经数字图像处理系统处理后可获取堆积体"基质"与"石骨架"介质的相关信息。在将二元化的介质由像素转化为力学模型时，常见的处理方法如图6-9所示。

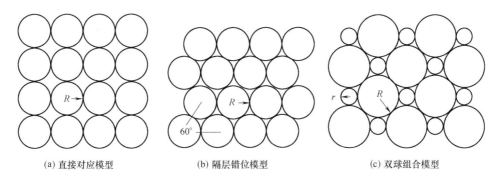

图 6-9 常见的基于像素的颗粒组合方式

(1) 直接对应模型。如图 6-9（a）所示，像素直接对应颗粒位置，但由于各颗粒半径间的对应关系，在承受垂直向荷载时，水平向变形接近 0，因此模型在双轴压缩试验时泊松比接近零，难以模拟土、石的变形力学特性，一般不采用。

(2) 隔层错位模型。如图 6-2-7（b）所示，采用偶数排像素移位，使得颗粒间成 60°角，该方法导致纵轴（垂直向）被压缩，使得数字信息中的石块尺寸失真，土石结构效应不准确。

(3) 双球组合模型。该方法不会造成纵轴压缩，但像素代表的实体面积不相等，且边界上小颗粒处于应力奇点，容易造成结果不收敛，这与事实不符，如图 6-9（c）所示。

2. 轮廓控制法

数字图像方法的像素往往很高，如果将每一个像素都按照相应位置转化为数值模型，单元、节点多，导致计算工作量非常大，必须配备性能良好的计算机才有可能。

实际上，图像识别是一种有损识别方法，由于光照、阴影、拍照角度的差异每一幅图片中土石区分的阈值均不一样，如果只采用数字图像识别的骨架颗粒轮廓线，那么就可以采用图 6-10 所示的方式生成细观数值模型。

图 6-10 人工干预图像识别细观结构建模方法

如图 6-10 所示，首先在选定的研究范围内，采用平均颗粒尺寸 4.5mm（根据选择范围设计），最大最小半径比 2.0 生成随机分布颗粒，模型在 0.5m×1.0m 范围内共生成颗粒 12483 个；通过 PFC2D 软件自带 FISH 函数调整颗粒接近零应力状态；然后，在前述图片识别基础上，将识别出来的块石视作不同的多边形区域（可为凹多边形），搜索所有颗粒，若某颗粒中心位于其中一个多边形内部，则判断该颗粒属于岩石颗粒，位于同一多边形域内的颗粒通过 clump 组装在一起模拟岩石介质；最后，为了能模拟块石间的接触，不同多边形域的颗粒赋予不同的编号，土石分别赋予不同的参数以分别模拟"基质"和"骨架"性质。

6.2 二维颗粒细观轮廓随机构造方法

6.2.1 基于数值图像分析的二维多边形颗粒描述方法

1. 骨架几何特征

构成骨架的岩块的含量、分布、尺寸及形状等决定了介质内部细观结构特征，亦即控制着介质的力学特性。

2. 骨架颗粒含量

对于二维平面问题，混合介质中骨架颗粒含量（简称含石量）的大小可定义为某一区域范围内块石所占面积与该区域总面积之比，即

$$n = \sum_{i=1}^{n} A_i / A \tag{6.2.1}$$

式中：n 为含石率；A_i 为某一岩块所占区域面积；A 为区域总面积。

3. 颗粒分布

岩块分布方位直接影响着介质的抗剪强度，其分布特征主要由岩块的质心位置和产状（岩块主轴倾角和倾向）决定。但由于堆积体内岩块分布具有明显的随机性，所以构建具有随机统计特征的岩块对胶凝混合物介质力学特性模拟更具有代表性。

本书认为岩块质心在模型范围内服从均匀随机分布，若以随机数对 (x, y) 表示岩块质心位置，即随机变量 x、y 是统计独立，则其联合概率密度函数为：

$$f_{xy}(xy) = f_x(x) f_y(y) \tag{6.2.2}$$

式中：$f_x(x)$ 为 x 的边缘密度函数。

若以 r_x 和 r_y 分别表示随机变量 x 和 y 的随机数，则岩块质心位置 $(x_i, y_i) \in \{(x, y) \mid x \in [a, b] \cup y \in [c, d]\}$ 可表示为

$$\begin{cases} x_i = a + r_x(b-a) \\ y_i = c + r_y(d-c) \end{cases} \tag{6.2.3}$$

此外，鉴于现场岩块产状在总体上具有明显的定向性分布规律，故文中采用岩块主轴在某一角度范围内呈现随机正态分布来模拟其产状。

4. 岩块尺寸

定义岩块外轮廓上任意两点距离的最大值为岩块尺寸，它是颗粒级配区分的重要指标。通过对胶凝混合物区内分布的岩块尺寸进行统计分析，结果表明胶凝混合物细观结构特征的"混乱"状态只是外在表现，其内部岩块的分布具有良好的统计自相似性特点，即

自然界中胶凝混合物中岩块尺寸近似符合对数正态分布。

因此，块石尺寸可采用对数正态分布，其概率密度函数为：

$$f(x)=\frac{1}{x\sqrt{2\pi\sigma^2}}\exp\left[-\frac{(\ln x-\mu)^2}{2\sigma^2}\right], \quad 0<x<\infty \tag{6.2.4}$$

5. 几何形态

尽管自然界中岩块形状多样、棱角分明、凹凸有别，但是在对其进行简化的基础上采用随机生成技术依旧可模拟胶凝混合物中岩块几何形态的多样性和复杂性。

目前，现有手段主要是采用正多边形、椭圆形或凸多边形延拓来模拟岩块的几何形态，其主要思想是选取特定的"基块体"后进行随机缩放或延拓生成相互不重合、无入侵、与边界不相交且满足间距条件的块体，从而表征粒状材料细观结构特征。但由于该类块体形态具有局限性或者难以考虑土石间因凹凸不平引起的咬合作用，往往使得材料模拟结构与实际差异较大，造成试验结论不准确。

假定初始"基块体"为长轴尺寸、轴比（长轴与短轴比）均服从正态分布的椭圆形块，如图 6-11 所示。将该椭圆随机均分成 N 个弧段，并用弧端点连接形成的凸多边形近似代替椭圆，然后再将该凸多边形各顶点沿着其与椭圆中心的连线或延长线在某一范围内随机移动，即可生成形状多样的任意多边形。其随机多边形最终顶点坐标可表示为

$$\begin{cases} x_i = x_0 + a\cos(\alpha + n\Delta\varphi) \\ y_i = y_0 + a\lambda\sin(\alpha + n\Delta\varphi) \end{cases} \tag{6.2.5}$$

式中：$N_i(x_i, y_i)$ 为随机 N 多边形第 i 个顶点的坐标；$N_0(x_0, y_0)$ 为初始"基块体"中心坐标；a 为长轴值；λ 为长轴与短轴比；α 为多边形对应的椭圆方位角；$\Delta\varphi$ 为顶点间角度增量。

该方法根据统计数据随机生成考虑了含量、尺寸、分布及凹凸性等几何特征的岩块，适用于大尺寸颗粒间咬合作用对介质抗剪切性能影响的研究。

考虑块体形状、块体级配、块体光滑度、介质含量以及块体材料等参数，在细观特征分析基础上，利用程序语言可开发任意凹凸多边形（或圆形）块体的多元混合介质细观随机构形生成系统，不仅能克服块体形状局限于凸多边形的限制，还可将介质由二元转化到多元。

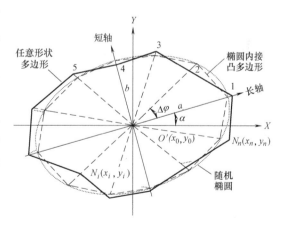

图 6-11 岩块随机形态

6.2.2 多元混合介质轮廓的随机构成方法

在构建多元混合介质模型过程中，通过对现场块体尺寸统计，设置生成块体的形状（多边形或圆形）、光滑度、材料类型、级配区间及含量和生成区域等，然后在区域内以块体粒径从大到小逐个级配生成块体颗粒，确保块体形状和分布随机，块体之间无侵入，从而生成多元混合介质数值模型。

1. 随机数的确定

构建多元混合介质模型需要生成一系列均匀分布的随机数来确定块体的形状、尺寸、空间位置以及方位角等。关于随机数的产生有许多算法，但因电脑程序是个确定状态转换机，一种输入必定产生一种确定的输出，常规方法难以达到真正随机，本书以计算机系统时间生成随机数（0～100均匀随机分布）输入，确保生成多边形块体的形状及其分布具备随机性。

2. 块体的形状

多元混合介质中块体的形状复杂，常常凹凸不平。在二维模型建立过程中，为了更加符合实际块体形状，本书采用任意凹凸多边形（或圆形）模拟，具体步骤如下：

1) 构建基圆

基圆即一个以原点为圆心，半径 $R_0=10$m 的圆，在基圆内生成多边形块体，多边形的具体边数 n 由随机数控制：

$$n=[random()/100](b-a+1)+a \qquad (6.2.6)$$

式中：$random()$ 为随机函数；a、b 分别为生成多边形块体允许的最小和最大边数，可根据需要人为设定。

2) 块体光滑度控制

在生成多边形时，首先随机生成多边形径距 r_i 和 pp_i，圆心角 θ_i 由 PP_i 转化而来。通过设置光滑度 s 控制径距 r_i 和圆心角 θ_i 的波动范围，从而达到控制多边形块体边缘光滑程度。

$$r_i=[random()/100](11-s)+s \qquad (6.2.7)$$

$$pp_i=[random()/100](11-s)+s \qquad (6.2.8)$$

$$\theta_i=2\pi\times pp_i/\sum_{i=1}^{i=n}pp_i \qquad (6.2.9)$$

式中：r_i 为圆心到多边形第 i 个顶点的距离；s 是颗粒的光滑度；pp_i 是随机生成的一组数，用于生成圆心角 θ_i；θ_i 为多边形第 i 条边所对的圆心角，即圆心到第 i 个顶点与到第 $i+1$ 个顶点之间的夹角。

从式（6.2.7）和式（6.2.8）可知，光滑度 s 越大，r_i 和 pp_i 越均匀，随着多边形 n 的增加 θ_i 越接近圆形。

3) 块体的基坐标

由第二步生成的 r_i 和 θ_i 可求得多边形的顶点坐标 V'_i (x'_i, y'_i)：

$$\begin{cases} x'_i=r_i\cos\theta' \\ y'_i=r_i\sin\theta' \end{cases} \qquad (6.2.10)$$

其中，$\theta'=\sum_{j=1}^{j=1}\theta_i+\theta_{ini}$，$\theta_{ini}\in(0,2\pi)$ 是一个随机变量，表示生成多边形第一条边时的起始角。图 6-12 为光滑度为 4 时随机生成的一个七边形块体。

4) 块体尺寸调整

为满足块体级配和提高投放效率，在投放时先投放较大的块体，程序中将块体级配中的粒径范围由大到小排列，即先生成较大的块体。在每一级配中，根据块体粒径范围放大或缩小块体，其缩放系数 μ 可表示为：

$$\mu=[d_{\min}+random()/100\times 11\times (d_{\max}-d_{\min})/10]/20 \tag{6.2.11}$$

式中，$d_{\min}$、$d_{\max}$分别为块体在此级配中粒径的最小值和最大值。

5) 块体的面积

由于模型中产生多边形块体的形状具有随机性和复杂性，为准确计算多边形面积，采用单纯形法计算。

$$area=\frac{1}{2}\sum_{i=1}^{n}\begin{vmatrix} x_i & y_i \\ x_{i+1} & y_{i+1} \end{vmatrix} \tag{6.2.12}$$

式中：(x_i, y_i) 和 (x_{i+1}, y_{i+1}) 为多边形第 i 和 $i+1$ 个顶点坐标，$area$ 为多边形的面积。

3. 块体空间位置与方位的确定

图 6-12　随机生成的七边形块体示意图

块体空间位置在多元混合介质体内具有不确定性，假定块体在投放区域 $x\in[a,b]$，$y\in[c,d]$ 内呈随机均匀分布，则每次块体投放的随机点 $P(x_0, y_0)$ 的位置可表示为：

$$\begin{cases} x_0=[random()/100]\times (b-a+1)+a \\ y_0=[random()/100]\times (d-c+1)+c \end{cases} \tag{6.2.13}$$

如果块体投放成功，则块体多边形的最终顶点坐标 $V_i(x_i, y_i)$ 可以表示为：

$$\begin{cases} x_i=x_0+\mu r_i\cos\theta' \\ y_i=y_0+\mu r_i\sin\theta' \end{cases} \tag{6.2.14}$$

4. 模型中介质含量的确定

介质含量百分比通常是介质质量与总质量比，在建立多元介质模型过程中，为用面积代替介质含量，需要根据介质密度将介质含量转化成介质的面积，转化公式如下：

$$\begin{cases} \dfrac{\rho_1 A_1}{\rho_1 A_1+\rho_2 A_2+\rho_3(A-A_1-A_2)}=e_1 \\ \dfrac{\rho_2 A_2}{\rho_1 A_1+\rho_2 A_2+\rho_3(A-A_1-A_2)}=e_2 \end{cases} \tag{6.2.15}$$

对上式求解得：

$$\begin{cases} A_1=\dfrac{\rho_2\rho_3 e_1 A}{(\rho_1\rho_2+\rho_2\rho_3 e_1+\rho_1\rho_3 e_2-\rho_1\rho_2 e_1-\rho_1\rho_2 e_2)} \\ A_2=\dfrac{\rho_1\rho_3 e_2 A}{(\rho_1\rho_2+\rho_2\rho_3 e_1+\rho_1\rho_3 e_2-\rho_1\rho_2 e_1-\rho_1\rho_2 e_2)} \end{cases} \tag{6.2.16}$$

式中：e_1、e_2、ρ_1、ρ_2、A_1、A_2 依次分别为第一种和第二种骨料介质的含量、密度和面积；ρ_3 为充填物的密度；A 为模型区域总面积，通过求解可得到相应介质的面积，然后按级配将其划分。

5. 块体投放及其相交性判定

1) 块体的投放

块体投放是一个试投放、判断相交、调整位置、确定投放的过程，块体的投放顺序按

级配粒径从大到小依次投放,直至满足介质含量,具体流程如下:

(1) 确保投放的块体落入边界内,则随机生成的投放点 $P(x_0, y_0)$ 到边界的最小距离 s 需大于块体调整后的半径,即 $s > \mu R_0$,其中 $R_0 = 0$,μ 为缩放系数,若满足进入下一步判断;否则投放失败。

(2) 为提高投放效率,采取块体圆相交性判断。若此次投放的块体圆与已成功投放的块体圆均不相交,则块体投放成功;否则进入下一步判断。

(3) 为提高投放块体的含量,需进行块体相交判断。若块体相交,则投放失败;若不相交,继续判断与已成功投放的块体是否包含,若包含,投放失败,否则投放成功(相交、包含具体分析见下节)。

上述投放过程中,当块体投放成功时,记录其投放中心、半径以及顶点信息,投放失败时,重新生成随机投放点,再次投放。重复这三步,直到每一介质每一级配的含量都满足时停止投放。

2) 块体的相交判断

由于生成块体的形状既包含凸多边形又包含凹多边形,增加了块体相交判断的难度,笔者从以下几个步骤判断。

(1) 点在直线左侧的判断。

设有向量 $\overrightarrow{AB}$ 和点 C,其坐标分别为 (x_A, y_A)、(x_B, y_B)、(x_C, y_C),作向量 $\overrightarrow{AB}$,于是 $\overrightarrow{AB} = (x_B - x_A, y_B - y_A)$,$\overrightarrow{AC} = (x_C - x_A, y_C - y_A)$。则 $\overrightarrow{AB} \times \overrightarrow{AC}$ 可表示为:

$$\overrightarrow{AB} \times \overrightarrow{AC} = \begin{vmatrix} x_B - x_A & y_B - y_A \\ x_C - x_A & y_C - y_A \end{vmatrix} \tag{6.2.17}$$

若 $\overrightarrow{AB} \times \overrightarrow{AC} > 0$,则 C 在 $\overrightarrow{AB}$ 左侧;$\overrightarrow{AB} \times \overrightarrow{AC} < 0$,则 C 在 $\overrightarrow{AB}$ 右侧;否则 C 在 $\overrightarrow{AB}$ 上。

(2) 两条线段的相交判断。

两条线段相交可通过判断两条线段的两对端点均处于对方不同侧来判断。如图 6-13 所示,设向量 $\overrightarrow{AB}$、$\overrightarrow{CD}$,为判断点 C、D 分别在 A、B 两侧,作向量 $\overrightarrow{AC}$、$\overrightarrow{AD}$。若 C、D 分别在 A、B 两侧,等价于:

$$(\overrightarrow{AB} \times \overrightarrow{AC}) \cdot (\overrightarrow{AB} \times \overrightarrow{AD}) < 0 \tag{6.2.18}$$

同理若点 A、B 分别在 C、D 两侧,等价于:

$$(\overrightarrow{CD} \times \overrightarrow{CA}) \cdot (\overrightarrow{CD} \times \overrightarrow{CB}) < 0 \tag{6.2.19}$$

当上述两条件都成立时,线段 AB 与 CD 相交,否则线段不相交。

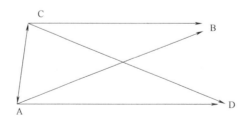

图 6-13 两条线段的相交判断

(3) 多边形的相交判断。

若多边形相交,则在两个多边形中,至少有一条边是相交的,由于 n 边形块体是依次按逆时针连接 n 个顶点生成,故可得到 n 个向量。因此,在判断多边形 a 和 b 相交时,遍历 a 的 n 个向量,分别与 b 的 m 个向量判断相交性,若出现两个向量相交,则多边形 a 和 b 相交,若未出现则不相交。投放块体时,两个多边形不相交,仍不能代表投放成功,需进一步判断两个多边形是否包含。

(4) 多边形的包含判断。

在(3)不相交基础上,若存在多边形的一个顶点在另一多边内,则两个多边形是包含关系。对于凸多边形,点在多边形内判断比较容易,常规的方法射线法、角度和法、面积法等,但对于凹多边形,上述判断法都存在特殊情况。

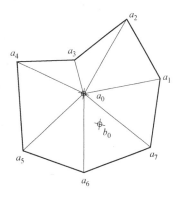

图 6-14 多边形包含判断

基于块体生成的特点,可以将块石顶点与控制中心点连接,则 n 边形将被分成 n 个三角形(图 6-14),只需判断另一个多边形的控制中心是否在其中一个三角形内即可。若多边形 b 的控制中心在 a 的一个三角形中,或者 a 的控制中心在 b 的一个三角形中,则多边形 a 和 b 是包含关系。

6. 多元混合介质随机构形生成系统的实现

基于上述算法,开发了任意凹、凸多边形及圆形块体的多元混合介质随机构形生成系统,多元混合介质模型生成后,块体信息被保存下来,能够在 Visual C++ 界面上直观看到块体分布,可将生成的块体分布与实际分布作对比来取舍。最后本系统将块体信息写成 APDL 命令流形式,命令流中自动给块体赋材料属性,进行布尔操作等,建立的模型能够供 ANSYS 有限元分析软件直接使用,写入 AutoCAD 的 dxf 文件,从而为多元混合介质细观结构力学的深入研究提供了支撑。图 6-15 为多元混合介质随机构形生成系统流程图。

7. 多元混合介质模型建立实例

某堆积体为块石、碎石夹砂土、粉土,分选性好,骨料介质分布无规律。块、碎石层由直径 10~30cm 的块石及直径小于 5cm 的碎石构成,其间含砂岩、板岩等软质岩填充,呈松散状。碎石砂土层中碎石直径一般为 2~3cm,含少量直径小于 10cm 块石,主要由砂粉土及黏土填隙,密实程度好,呈稍密至中密状。堆积层厚一般为 5~20m,结构松散,局部密实。块石、碎石大部分呈棱角状或次棱角状,少量碎石轻微磨圆。经统计,如图 6-16(a)所示区域,硬石、软石和土体的含量分别为 15%、25% 和 60%;如图 6-16(b)所示区域,硬石、软石和土体的含量分别为 30%、20% 和 50%。

设置二维多元混合介质生成区域 0.5m×1.0m,土/石阈值为 $0.05L_c$,L_c 为土石混合体的工程特征尺度,本书通过对整个堆积体区域 a 和 b 块体尺寸统计,区域 a,随机构形系统参数:颗粒形状为多边形,边数范围 8~18;平滑系数 5~7;边界区域,长 100cm,宽 50cm。硬石:软石:土含量比为 15%:25%:60%。硬石颗粒级配:0.8~1.8cm,占硬石含量 30%;1.8~3.6cm,占硬石含量 30%;3.2 以上,占硬石含量 40%。软石颗粒级配:0.5~1.5cm,占软石含量 20%;1.5~2.6cm,占软石含量 50%;2.6cm 以上,占软石含量 30%。区域 b，随机构形系统参数：颗粒形状为多边形，边数范围 8～18；平滑系数 7～9；边界区域，长 100cm，宽 50cm。硬石：软石：土含量比为 30%：20%：50%。对于硬石颗粒级配：0.8～1.8cm，占硬石含量 20%；1.8～3.6cm，占硬石含量 20%，3.2 以上，占硬石含量 60%。软石颗粒级配：0.5～1.5cm，占软石含量 20%；1.5～2.6cm，占软石含量 60%；2.6cm 以上，占软石含量 20%。对上述 2 个区域分别随机生成 20 组数值模型，其中一组如图 6-17 所示。

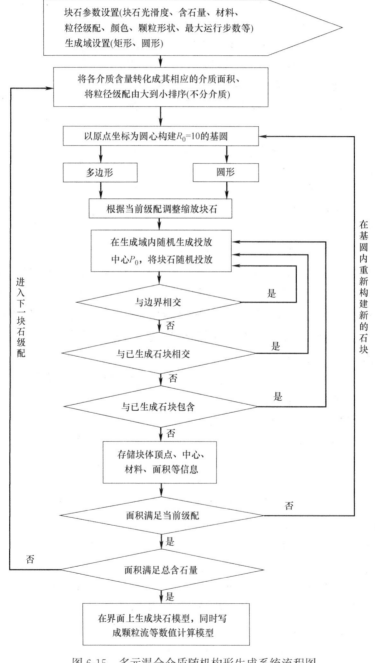

图 6-15 多元混合介质随机构形生成系统流程图

图 6-16 现场拍摄图　　　　图 6-17 随机生成的数值模型

6.3 细观颗粒二维傅立叶分析与重构方法

在岩土介质中，宏观的变形破坏规律及力学特性（如破坏模式、裂纹扩展、承载能力等）很大程度上依赖于其内部细观结构特征（如粒度组成、颗粒表面及排列方式等）。如：在土石混合介质中，较大尺寸块石的形状、纹理将决定宏观介质的摩擦性能；在粗粒土中大颗粒的轮廓特征对力学参数影响较大；堆石体中块石轮廓的粗糙度对宏观介质的承载力有重要影响等，因此近年来将介质细观特征与宏观特性相联系的细观分析方法越来越受重视。但如何对这些细观特征进行描述并随机重构，进而用于力学分析，是细观岩土力学研究的重要挑战。

上述针对岩土介质大颗粒细观特征的研究，多数是采用任意多边形进行构造与分析，忽略其细节成分，而岩土工程中采用的实数傅立叶分析，无法考虑凹陷的颗粒轮廓。本书采用二维傅立叶分析方法，将任意颗粒的外轮廓采用复数序列进行表示，建立了复数傅立叶描述符与颗粒形状、粗糙度、尺寸之间的映射关系，并通过两组试验对颗粒进行细观特征分析与随机重构，探讨了复数傅立叶分析在岩土颗粒细观特征表征中的应用。

6.3.1 细观颗粒傅立叶分析原理

二维条件下，岩土颗粒的形状可用闭合曲线来表示，它可通过数字图像的边缘检测、轮廓识别等手段得到。假设轮廓线可表示为一个坐标序列：$\{(x_m, y_m)\}; m=0, 1, 2, \cdots, M-1\}$，其复数形式：

$$z(m) = x_m + iy_m, \quad m = 0, 1, 2, \cdots, M-1 \tag{6.3.1}$$

对于闭合曲线，其复数序列具有周期性，周期为 N。对于非封闭曲线，可认为曲线的首尾端点在逻辑上是相邻的，所以也可表示成周期为 N 的复数序列。故一条二维曲线的复数序列可以采用一维离散傅立叶变换来表示：

$$Z(k) = \sum_{k=\frac{N}{2}+1}^{+\frac{N}{2}} (x_m + iy_m) \left[\cos\left(\frac{-2\pi km}{N}\right) + i\sin\left(\frac{-2\pi km}{N}\right) \right] \quad (6.3.2)$$

其逆变换：

$$x_m + iy_m = \frac{1}{N} \sum_{k=\frac{N}{2}+1}^{+\frac{N}{2}} Z(k) \left[\cos\left(\frac{-2\pi km}{N}\right) + i\sin\left(\frac{-2\pi km}{N}\right) \right] \quad (6.3.3)$$

式（6.4.2）中，k 为数字化频率，$Z(k)$ 表示曲线复数序列 $z(m)$ 的傅立叶系数，又称为曲线的傅立叶描述符；N 为傅立叶变化周期，通常为 2 的整数次幂；M 为封闭曲线轮廓点数目。

采用傅立叶分析具有以下特点：

（1）轮廓曲线发生平移时只影响傅立叶系数 $Z(0)$。$Z(0)$ 的实部和虚部分别对应曲线几何中心的横纵坐标，因此令傅立叶系数 $Z(0)$ 为 1（也可以是其他任意常数），可使变换后的傅立叶系数具有平移不变性。所以针对同一颗粒，只要将坐标原点置于其形心处，则傅立叶系数不受位置影响。

（2）假设曲线绕形心旋转 θ 角度，那么旋转后的傅立叶系数等于在原傅立叶系数基础上乘以 $\exp(i\theta)$，即变换后傅立叶描述符的信息不变，而相位增加 θ。因此傅立叶系数幅值作为曲线描述符具有旋转不变性。

（3）假设曲线绕质心作 a 倍尺度变换，那么经过尺度变换后的傅立叶系数将放大 a 倍。如果将所有系数同除以尺度值，则 a 被抵消。因此对于任意颗粒，将其傅立叶系数进行归一化（将最大系数调整为 1，其他同比例变化），可抵消尺度变换对傅立叶系数的影响，变换后的傅立叶系数具有尺度不变性。

（4）轮廓起始点的选取不影响傅立叶系数，但会改变傅立叶相位，所以曲线的傅立叶描述符具有起始点不变性。

6.3.2 颗粒细观特征的傅立叶分析与重构方法

颗粒二维细观特征的传统分析方法是采用长轴（轮廓上最大两点距离）、短轴（平面内与长轴正交方向上最大两点距离）、扁率（短轴/长轴）、面积、形心等来衡量。而复数傅立叶分析则采用傅立叶描述符与相位来进行分析。

1）傅立叶描述符

为了研究颗粒轮廓、粗糙度、纹理在复数傅立叶分析时具体受何种因素影响，设计几组实验进行对比分析。

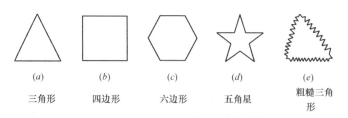

图 6-18 不同形状、粗糙度的多边形

首先选取四种形状不同的颗粒，分别为三角形、四边形、六边形和五角星，如图6-18

(a)~(d)所示。取曲线轮廓点数目 $M=60$，傅立叶变化周期 $N=128$，对各多边形轮廓曲线做傅立叶变换，提取傅立叶描述符，绘出其傅立叶系数曲线，如图 6-19（a）所示。

三角形、四边形和六边形为凸多边形，由图 6-19（a）可知，它们的傅立叶系数曲线在 $-12\sim 0$ 阶明显不同，表明对于形状不同的凸多边形，$-12\sim 0$ 阶区段所对应的傅立叶描述符决定着颗粒的形状。五角星为凹多边形，其傅立叶系数曲线不仅在 $-12\sim 0$ 阶与其他各图形不同，在 $16\sim 20$ 阶区段所对应的傅立叶系数也呈明显差异。这表明，对于凸多边形，$-12\sim 0$ 阶区段的傅立叶描述符决定其形状，对于凹多边形，决定其形状的阶数区段较宽，不仅包括 $-12\sim 0$ 阶对应的傅立叶描述符，还包括 $16\sim 20$ 阶区段对应的傅立叶描述符。

其次选取形状相同，但粗糙度不同的两个三角形，如图 6-18（a）、（e）所示。通过傅立叶变换分析，绘制傅立叶系数曲线如图 6-19（b）所示。由图可知，表面光滑的三角形，其傅立叶描述符峰值位于 $n=4$ 阶处，而表面粗糙的三角形，其傅立叶描述符峰值却出现在 $n=2$ 阶处，并且在 $-23\sim -11$ 及 $1\sim 15$ 阶区段，两条曲线的趋势明显不同。这说明，位于此范围内的傅立叶描述符控制着颗粒的粗糙度。

选取一个边长为 5cm 的三角形，如图 6-18（a）所示，将其分别放大 2 倍和 3 倍，得到 3 个形状相似，边长分别为 5cm、10cm、15cm 的三角形。通过傅立叶变换分析，做出傅立叶系数曲线，如图 6-19（c）所示。由图可知，形状相似但尺寸不同的图形，它们的傅立叶系数曲线都在 $n=4$ 阶处达到最大，但曲线峰值大小并不相同。这说明，$n=4$ 阶对应的最大傅立叶描述符决定着颗粒的尺寸大小。在傅立叶变换过程中，对傅立叶系数进行归一化处理，可抵消尺度变化对傅立叶系数的影响，得到的傅立叶描述符具有尺度不变性。

以上研究表明，采用多边形构造颗粒轮廓，其傅立叶描述符特征主要体现在较低阶系数的变化，曲线复数序列的低阶傅立叶系数对应曲线的总体形状，表征曲线的趋势；高阶傅立叶系数对应曲线的粗糙度、纹理等细节特征。因此可以用 $Z(k)$ 作为曲线的傅立叶描述符来反映颗粒的细观特征，这与一些傅立叶细观特征的研究成果相一致。

2）傅立叶相位分析

采用复数傅立叶分析方法进行细观特征重构时，仅有傅立叶系数幅值是不够的，还需考察各阶傅立叶相位，以分析虚部与实部的分担比例。

前述各图形的傅立叶相位曲线分别如图 6-19（d）、（e）、（f）所示。由图 6-19（d）可知，对于形状不同的图形，其傅立叶相位曲线在 $-60\sim 4$ 阶区段明显不同。由图 6-19（e）可知，对于粗糙度不同的图形，其傅立叶相位曲线在 $-60\sim 60$ 阶区段存在差异。由图 6-19（f）可知，对于形状相似、大小不同的图形，其傅立叶相位曲线非常接近。

6.3.3 傅立叶细观特征统计特性

上述研究结果表明，颗粒细观特征傅立叶描述符取决于其实际形状，因此细观特征相近颗粒的描述符应具有统计性。为了分析不同颗粒的傅立叶细观统计特征，选取两组形状不同的颗粒进行试验，其中卵石组 207 块，碎石组 266 块，分别如图 6-20（a）、（b）所示。

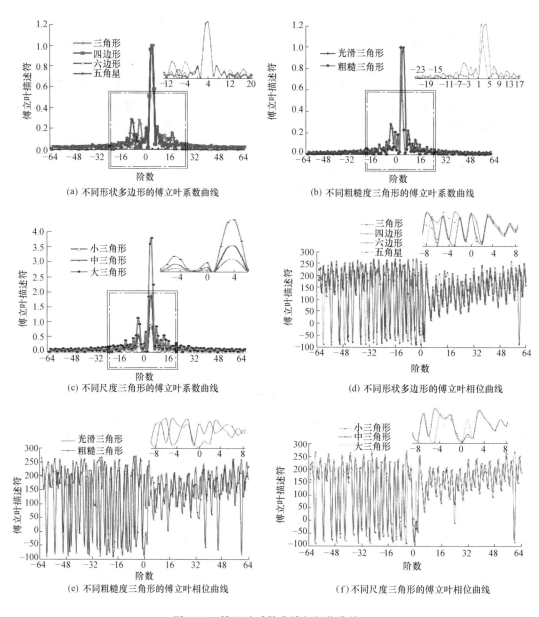

图 6-19 傅立叶系数曲线与相位曲线

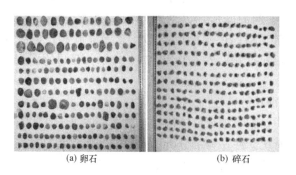

图 6-20 细观统计实验采用的颗粒

首先，利用数字图像处理技术得到两组颗粒的轮廓曲线，在每条曲线上均匀布置60个轮廓点，并将其表示为复数序列，这样曲线就被表示为一个二维序列。然后对此序列做傅立叶变换（傅立叶变化周期为128），得到其傅立叶描述符。两组颗粒的常规几何特征统计见表6-1所列。

常规几何图形与傅立叶分析统计参量　　　　　　　　　　　表6-1

统计参量	卵石	碎石
长轴(cm)	2.626	2.412
短轴(cm)	1.893	1.752
扁率	0.730	0.738
最大傅立叶描述符均值	0.525	0.469
最大傅立叶描述符方差均值	0.129	0.056

1. 粒径与最大傅立叶描述符的关系

根据统计所得数据，绘出两组颗粒的粒度统计曲线和两组颗粒的粒径与最大傅立叶描述符的关系曲线，分别如图6-21、图6-22所示。

由图6-22可知，碎石组的粒径（长轴尺度）约为1.5~3.5cm，卵石组的粒径约为1.9~4.0cm。两组颗粒的最大傅立叶描述符均随粒径的增大而增大，呈显著线性相关关系。这表明最大傅立叶描述符决定着颗粒的尺寸大小，通过数据拟合可得出二者的函数对应关系且如图6-22所示。

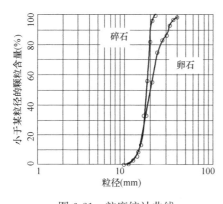

图6-21　粒度统计曲线

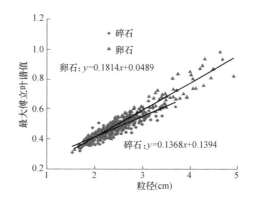

图6-22　粒径与最大傅立叶描述符关系曲线

2. 傅立叶系数曲线分析

由于几何相似颗粒的傅立叶系数也具有相似性，但相同阶系数之间存在尺度变化，因此将待统计颗粒各阶系数同除以最大系数幅值，将傅立叶系数最大值变为1.0，即进行归一化，则统计结果更具规律性。

根据两组颗粒的傅立叶系数均值统计，分别做出归一化的傅立叶系数曲线和未归一化的傅立叶系数曲线，如图6-23（a）、（b）所示。由图6-23（a）可知，两种颗粒的傅立叶系数曲线非常接近，在-63~1阶区段，曲线呈波动状态，傅立叶描述符整体上随阶数增大而缓慢增大；在1~4阶区段，曲线上升很快，傅立叶描述符迅速增大。在4~6阶区段，傅立叶描述符随阶数增大而迅速衰减。在6~64阶区段，曲线又呈波动状态，但衰减速度缓慢，并逐渐趋于常数。

两条曲线的峰值均出现在 4 阶处，且其大小相同。这是因为在傅立叶变换过程中，对傅立叶系数进行了归一化处理，抵消了颗粒尺度的影响。

由图 6-23（a）可知，虽然两组实验采用的颗粒种类不同，但两种颗粒归一化后的傅立叶系数曲线非常接近，两条曲线的峰值均出现在 4 阶处。由图 6-23（b）可知，两种颗粒未归一化的傅立叶系数曲线相似，曲线峰值仍出现在 4 阶处，但卵石的峰值要比碎石的峰值大，各阶傅立叶描述符间近似等比例变化。

统计表明，$-12 \sim 0$ 及 $16 \sim 20$ 阶区段所对应的傅立叶描述符决定着颗粒的形状，$-23 \sim -11$ 及 $1 \sim 15$ 阶所对应的傅立叶描述符决定着颗粒的粗糙度。

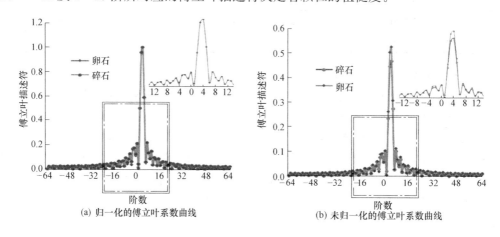

图 6-23　卵石和碎石的傅立叶系数曲线

6.3.4　细观特征的随机重构

高阶傅立叶系数与阶数近似呈对数线性关系，而低阶傅立叶系数则由不同颗粒形状控制。因此在傅立叶重构时，高阶系数可通过拟合公式近似给出，而低阶系数则单独统计给出，由此可实现相同系数介质的随机重构。

通过颗粒的傅立叶系数幅值与相位，可随机重构任意颗粒。如果对所有相位随机附加一个 $0 \sim 2\pi$ 的转角，则重构所得颗粒自然沿着 x 轴逆时针旋转相应的角度。

采用图 6-20（a）所示卵石组统计数据，变换不同控制参数进行随机重构，粒径尺度采用图 6-22 所对应的拟合公式，随机生成的颗粒细观轮廓如图 6-24、图 6-25 所示。

（1）固定傅立叶系数均值、方差及

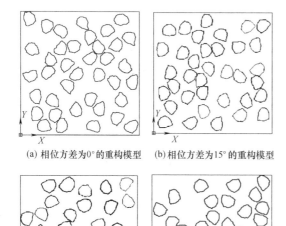

图 6-24　不同相位方差下的颗粒随机重构模型

平均相位不变，只改变相位方差，生成不同相位方差下颗粒的随机重构模型，如图6-24所示。

由图6-23可知，随着相位方差的增大，颗粒表面的粗糙度越来越明显。这表明，相位方差的大小对颗粒的粗糙度存在着影响。

（2）固定相位均值与方差不变，只改变傅立叶系数幅值，生成不同系数幅值下颗粒的随机重构模型，如图6-25所示。

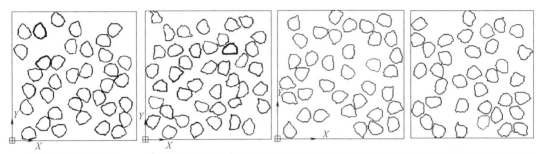

(a) 方差为0的重构模型　(b) 方差为0.1倍均值的重构模型　(c) 方差为0.3倍均值的重构模型　(d) 方差为0.5倍均值的重构模型

图 6-25　不同系数幅值下颗粒的随机重构模型

由图6-25可知，随着傅立叶系数幅值的增大，颗粒的粗糙度也越来越明显。这表明傅立叶系数幅值对颗粒的粗糙度也存在着影响。

（3）各阶傅立叶描述符与相位完全采用统计数据，统计其几何特征，得到两组对比数据，见表6-2。可知，对于卵石，随机重构所得颗粒的特征统计参量与试验颗粒的特征统计参量非常接近。这表明，根据试验统计的傅立叶系数与相位进行随机重构，所得颗粒的细观特征与试验颗粒的几何统计特征相一致。

重构颗粒统计特征与试验颗粒统计特征的对比　　　　　表 6-2

统计参量	重构颗粒	试验颗粒
长轴(cm)	2.612	2.626
短轴(cm)	1.887	1.893
扁率	0.732	0.730
最大傅立叶描述符均值	0.526	0.525
最大傅立叶描述符方差	0.130	0.129

6.3.5　二维傅立叶谱分析与重构结论

针对岩体细观介质中的二维特征，采用复数傅立叶变换与分析，建立了颗粒轮廓细观特征统计与随机重构方法，经过不同外形颗粒的傅立叶分析对比研究，得到以下主要结论：

（1）傅立叶描述符与土石颗粒的形状、粗糙度及尺寸之间存在着映射关系。$-12\sim0$及$16\sim20$阶区段所对应的傅立叶描述符决定着颗粒的形状；$-23\sim-11$及$1\sim15$阶区段所对应的傅立叶描述符决定着颗粒的粗糙度；傅立叶描述符曲线峰值则与颗粒的粒径尺寸密切相关。

（2）对两种不同颗粒的傅立叶描述符进行统计，结果表明：颗粒的粒径与最大傅立叶系数间呈明显的线性关系，高阶傅立叶系数与阶数对数近似呈线性关系，而低阶傅立叶系数则由不同颗粒形状控制。

（3）对卵石颗粒进行随机重构，所得重构颗粒的傅立叶特征统计参数与实际颗粒的几何统计参数非常接近，重构颗粒的轮廓外形与实际颗也很接近。

（4）傅立叶描述符包含了土石颗粒的大量轮廓信息，基于傅立叶变换和逆变换原理的分析方法，简单可靠，易于实现，可以广泛应用于土颗粒或土石混合介质细观特征的识别与重构。

（5）即使不对大量颗粒进行分析，选用典型的一个颗粒轮廓，也可以生成大量随机、傅立叶谱一致的骨架颗粒轮廓线。

6.4 三维颗粒细观轮廓识别与随机构造方法

6.4.1 颗粒激光扫描三维细观轮廓获取方法

三维激光扫描技术（3D Laser Scanning Technology）是一种先进的全自动高精度立体扫描技术。它是利用三角形几何关系求得距离。先由扫描仪发射激光到物体表面，利用在基线另一端的 CCD 相机接收物体反射信号，记录入射光与反射光的夹角。已知激光光源与 CCD 之间的基线长度，由三角形几何关系推求出扫描仪与物体之间的距离，并基于体剖分、面剖分和面投影等方法建立 Delaunay 三角网格，如图 6-26 所示。

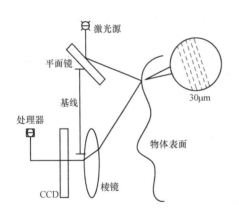
图 6-26 激光三角法测量原理图

图 6-27 扫描工作图

图形扫描精度对土石混合体颗粒分析有重要影响。为精确获得土石混合体颗粒真实三维几何数据，采用三维激光扫描仪 Handy Scan 700™，如图 6-27 所示。该扫描仪发出 7 束交叉激光线，测量速度 480000 次/s，精度 0.030mm。激光束通过图 6-27 当中黑盘上白色坐标点和土石混合体颗粒表面点坐标相对位置确定几何数值，采集坐标数据传输到电脑，同时记录颗粒表面点坐标，直接形成颗粒三维图形。

典型颗粒与扫描后所得的三维模型如图 6-28 所示，由 30000 个左右表面点构成的三维表面点云图，可以精确描述颗粒真实表面物理和几何状态。

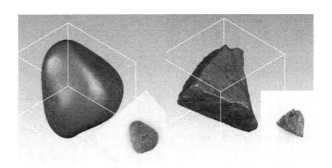

图 6-28 颗粒扫描实例

岩土颗粒统计情况　　　　表 6-3

	粒径(mm)	平均体积(mm³)	平均表面积(mm²)	平均形状系数
卵石	5～50	16552.9	3609.50	0.837775
碎石	5～50	16599.6	4057.38	0.776428

对典型的岩土颗粒（卵石和碎石）进行三维扫描分析，根据所得的三维扫描云点信息进行球谐函数分析，并对其表征参数进行统计分析（表 6-3）。

所扫描的典型颗粒（卵石和碎石）粒径均在 5～50mm 之间。通过粒径分组统计汇总，发现颗粒（卵石和碎石）对比组的平均体积较为一致，卵石的平均表面积要略小于碎石的平均表面积，这是因为相同体积、光滑的卵石表面积要比碎石粗糙的表面积要小。同时，卵石的平均形状系数要大于碎石，这是因为卵石的磨圆程度要好于碎石，所以更接近球体。

对比图 6-29 和图 6-30，样本颗粒在体积和表面积的统计图上，卵石的拟合曲线要低于碎石的拟合曲线。

$$\begin{aligned} &碎石：y=5.56+2.53x-0.023x^2 \\ &\qquad R^2=0.9858 \\ &卵石：y=5.27+2.24x-0.020x^2 \\ &\qquad R^2=0.9928 \end{aligned} \tag{6.4.1}$$

体积在 10mm³ 内的颗粒（A 组），卵石与碎石表面积的差距在 5% 以内，但是体积大于 20mm³ 后（B 组），卵石与碎石的表面积之差可以达到 10% 以上。体积越大，卵石与碎石的表面积差距将会越大。定义形状系数 ψ 用于评定颗粒形状（形状系数值在 0～1 之间，越接近 1 形状越接近球形）。

$$V=\frac{4}{3}\pi r^3 \tag{6.4.2}$$

$$S_0=4\pi r^2 \tag{6.4.3}$$

$$\psi=S/S_0 \tag{6.4.4}$$

在形状系数统计图（图 6-29）中，样本卵石的形状系数在 0.74～0.87 之间，碎石在 0.7～0.8 之间，可以发现卵石的形状系数普遍要高于碎石（图 6-30），这是因为卵石的磨圆程度好于碎石。

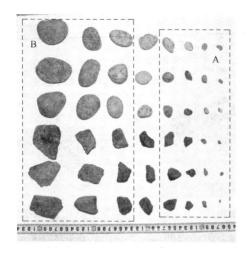

图 6-29　颗粒形状系数统计图

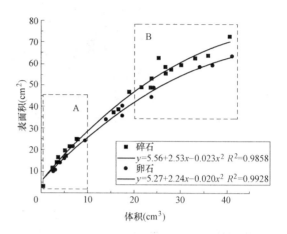

图 6-30　棱角度球形度统计图

在棱角度和球形度方面（图 6-32），卵石的球形度在 0.74～0.96 之间，棱角度在 0.4～0.73 之间；碎石的球形度在 0.55～0.87 之间，棱角度在 0.52～0.82 之间；卵石整体的球形度要高于碎石，碎石整体的棱角度要高于卵石。通过数据拟合得：

$$y = -0.585x + 1.082 \quad R^2 = 0.3215 \tag{6.4.5}$$

土石混合体颗粒的棱角度和球形度服从线性分布，并且颗粒的棱角度和球形度呈反比关系。可以根据此关系，在数值模拟中确保颗粒形状具有一定相似性，可随机生成颗粒来取代扫描所有土石混合体颗粒来化繁为简。

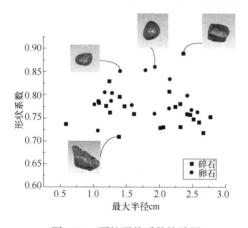

图 6-31　颗粒形状系数统计图

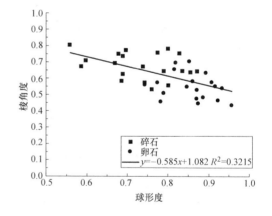

图 6-32　棱角度球形度统计图

6.4.2　基于椭球表面基构造多面体描述三维颗粒

由于胶凝混合物复杂的形成过程，其内部的结构特征表现出了明显的随机性。例如，石块的形状、石块的大小及分布、石块的含量等结构特征在现场不同部位有着显著的差异。因此，建立宏观统计意义上的胶凝混合物三维随机结构是研究其力学特性及变形破坏机制的前提。

1. 土石阈值

如前所述，从物质组成上来讲，胶凝混合物可以被视为由"土体"和"石块"所构成的二元混合物。这里的"土体"和"石块"是个相对的概念。在一定的研究尺度下，颗粒被认为是"土体"还是"石块"是由土石阈值 d_{thr} 所确定的。根据 E. Medley 和 E. S. Lindquist 等人对土石混合物的系统研究，土石阈值 d_{thr} 可以被定义为如下：

$$Particle = \begin{cases} \text{"soil"} & (d < d_{thr}) \\ \text{"stone"} & (d \geqslant d_{thr}) \end{cases} \quad \text{and} \quad d_{thr} = 0.05 L_c \tag{6.4.6}$$

式中：L_c 为工程特征尺度。对于直剪试验而言，L_c 可以取剪切盒最小尺寸。文本中剪切盒最小尺寸为 60cm，故土石阈值取为 3.0cm。

2. 不规则石块几何模型的构造

石块是胶凝混合物内部细观结构的基本组成单元，其几何模型的构造是建立堆积体随机细观结构的核心。如图 6-33 所示，胶凝混合物内部的石块绝大多数呈现出一个不规则的多面体形态。此处提出了一种基于椭球基元来构造任意形状的不规则多面体，其中多面体的顶点均位于椭球体基元表面上，该方法非常简单实用。

如图 6-34（a）所示，对于一个给定的椭球体基元来说，在球坐标系下椭球体表面上任意一点的位置可由五个参数（R_1，R_2，R_3，θ，φ）来共同确定。当基于一个椭球体基元来构造一个 N 个顶点的多面体时，多面体的顶点被分为两部分，分别是从椭球体基元表面上、下两半部分独立选取的随机点。假设从椭球体基元表面上半部分选取的顶点数目为 N_1，则这些随机点的 θ_i 和 φ_i 为：

$$\begin{cases} \theta_i = \dfrac{2\pi}{N_1} + \delta \cdot \dfrac{2\pi}{N_1} \cdot (2\eta_1 - 1) \\ \varphi_i = \eta_2 \cdot \dfrac{\pi}{2} \end{cases} ; i = 1, 2, 3, \cdots, N_1 \tag{6.4.7}$$

式中：η_1 和 η_2 是两个相互独立在 [0，1] 内均匀分布的随机数，δ 是一个变量，其值通常取 0.3。剩余的多面体顶点从椭球体基元表面下半部分独立随机地选择，其 θ_i 和 φ_i 可以根据式（6.4.7）类似地确定。在笛卡儿坐标系下，多面体顶点的坐标（x_i，y_i，z_i）可以表示为：

$$\begin{cases} x_i = x_0 + R_0 \sin\theta_i \cos\varphi_i \\ y_i = y_0 + R_2 \sin\theta_i \sin\varphi_i \\ z_i = z_0 + R_3 \cos\theta_i \end{cases} \tag{6.4.8}$$

式中：（x_0、y_0、z_0）是椭球体基元的中心坐标，R_1、R_2、R_3 是椭球体基元的三个半主轴长度。当多面体顶点确定后，可以根据多面体顶点空间拓扑关系将其连接起来构成不规则的多面体，如图 6-33（b）所示。

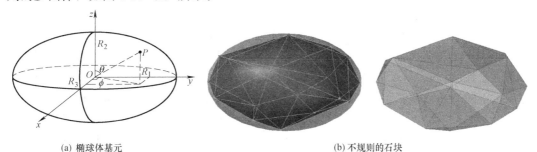

(a) 椭球体基元　　　　　　　　　　　　　(b) 不规则的石块

图 6-33　基于椭球体基元构造任意形状多面体

3. 随机结构特征

根据前面对土石阈值的定义,胶凝混合物中"石块"的含石量 c 可以定义为试样中石块的总体积与试样总体积的比值:

$$C = \sum_{i=1}^{n} V_i / V \qquad (6.4.9)$$

式中:V_i 代表试样中第 i 个"石块"的体积;V 表示为胶凝混合物试样总体积。

石块的形状是一个重要的几何特征。现场的石块形状各异且多样化,文中引入两个参数(f_1 和 f_2)来评价几何形状,分别采用椭球体基元三个主轴长度(R_1,R_2,R_3)之间的比值来定义,见式(6.4.10)。假设,R_1、R_2、R_3 分别表示椭球体的第一、第二和第三主轴长度,则 f_1 和 f_2 可以表示为:

$$f_1 = R_2 / R_1, \quad f_2 = R_3 / R_1 \qquad (6.4.10)$$

为了能模拟现场多样化的石块,假设 f_1 和 f_2 均服从均匀随机分布。理论上来讲,f_1 和 f_2 可以在 [0,1] 区间内随机地取值。根据现场石块形状的统计结果,文中在建立堆积体随机结构时,f_1 和 f_2 的取值被限制在 [0.5,1] 区间内。

石块的大小是描述堆积体内部石块粒径分布的一个重要指标,其大小可以定义为轮廓上任意两点间距离的最大值。尽管在现场的不同部位堆积体内部的石块形状各异、大小不一,堆积体随机结构特征表面上表现出了"混乱"的状态。然而,对整个区域内石块大小的统计研究结果表明:石块的大小基本上符合一个对数正态分布。因此,在建立堆积体随机结构时,石块的大小被假定服从一个对数正态分布,其概率密度函数:

$$f(\lambda, \mu, \sigma) = \frac{1}{\lambda \sqrt{2\pi\sigma^2}} \exp\left[-\frac{(\ln\lambda - \mu)^2}{2\sigma^2}\right], \quad 0 < \lambda < \infty \qquad (6.4.11)$$

式中:λ 表示石块的大小,μ 和 σ 是石块大小的自然对数的均值和方差。鉴于文中石块是基于椭球体基元随机构造的,石块的大小近似地等于椭球体第一主轴长度见图 6-33(b)。因而,在基于椭球体基元构造不规则石块时,椭球体基元的第一主轴 R_1 服从对数分布。

石块的空间分布是堆积体随机结构的一个重要内部特征,其对堆积体抗剪强度有着较大的影响。鉴于文中石块是基于椭球体基元随机构造的,石块的空间分布可由椭球体基元的中心位置和空间方位来描述。考虑到石块空间分布的随机性,在构造堆积体随机结构时,假设椭球体基元中心 (x_0,y_0,z_0) 在给定的试样区域内服从一个均匀的随机分布,其空间随机方位点可以根据如下公式来确定:

$$\begin{cases} x_0 = x_{\min} + \eta_x (x_{\max} - x_{\min}) \\ y_0 = y_{\min} + \eta_y (y_{\max} - y_{\min}) \\ z_0 = z_{\min} + \eta_z (z_{\max} - z_{\min}) \end{cases} \qquad (6.4.12)$$

式中:$x_{\min}$ 和 $x_{\max}$,$y_{\min}$ 和 $y_{\max}$,$z_{\min}$ 和 $z_{\max}$ 分别是试样区域在 x、y 和 z 三个方向的最小和最大坐标值;η_x、η_y、η_z 是三个相互独立在内均匀分布的随机数。另一方面,椭球体基元的空间方位由其三个欧拉角(α,β,γ)来确定,α、β、γ 分别表示椭球体三个主轴与 x、y 和 z 三个方向的夹角,其均被假设服从一个在 [0,2π] 区间内均匀的随机数。

利用 FORTRAN 编程语言开发三维随机结构模拟系统。为了可视化堆积体三维随机结构模型,采用 AutoCAD 软件作为系统的图形显示界面,并通过 AutoCAD 软件的 dxf

文件作为数据交换接口。生成的不同含石量的堆积体三维随机结构，在随机结构中所有石块彼此之间不存在重叠，如图 6-34 所示。

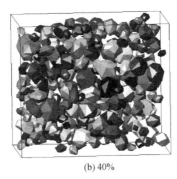
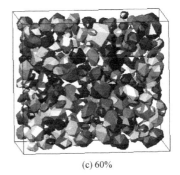

(a) 20%　　　　　　　　　(b) 40%　　　　　　　　　(c) 60%

图 6-34　不同含石量的胶凝混合物随机结构

6.4.3　基于傅立叶分析的三维颗粒随机重构方法与分析

Ehrlich 首先引进傅立叶描述表征了颗粒形状，Meloy、Bowman 等则进一步用该方法对砂颗粒形状进行了分析。这些研究均表明，颗粒二维归一化傅立叶谱可通过数字集合来表示，即傅立叶描述符：

$$D_n = \frac{\sqrt{A_n^2 + B_n^2}}{r_0} \quad (0 \leqslant n \leqslant N/2) \tag{6.4.13}$$

式中：A_n、B_n 和 r_0 可通过以极坐标 (r, θ) 表示的轮廓傅立叶变换来获得，且在 N 点离散：

$$\begin{aligned} A_n &= \frac{1}{N} \sum_{i=1}^{N} [r_i \cos(i \cdot \theta_i)] \\ B_n &= \frac{1}{N} \sum_{i=1}^{N} [r_i \sin(i \cdot \theta_i)] \\ r_0 &= \frac{1}{N} \sum_{i=1}^{N} [r_i] \end{aligned} \tag{6.4.14}$$

通过对傅立叶谱进行归一化（除以 r_0）确保 D_0（平均粒子半径）等于 1，选择一个适当的颗粒中心确保 D_1 等于 0，则根据以下公式，可实现给定颗粒的重构。

$$r_i(\theta_i) = r_0 + \sum_{n=1}^{N} [A_n \cos(n \cdot \theta_i) + B_n \sin(n \cdot \theta_i)] \tag{6.4.15}$$

采用傅立叶分析描述颗粒轮廓具有如下特点：

(1) 轮廓曲线平移只影响傅立叶系数 $r(0)$。即变换后的傅立叶系数具有平移不变性。

(2) 傅立叶系数幅值作为曲线描述符具有旋转不变性（起始点不变性），即对颗粒旋转角度 θ 后进行傅立叶变换，描述符的信息不变，相位增加 θ。因此轮廓起始点的选取不影响傅立叶系数，只改变相位。

(3) 将傅立叶谱进行归一化，可抵消尺度变换对傅立叶系数的影响，使变换后的傅立叶系数具有尺度不变性。

基于这些优点，标准化的傅立叶谱 $\{D_n\}$ 是分析颗粒形态最常用的方法。但是，不同的傅立叶变换计算方法，可能会导致不同阶系数变化规律不同。从式 (6.4.13)、式

(6.4.15) 可以看出，傅立叶描述符 $\{D_n\}$ 通过它们自身不足以产生颗粒轮廓，但初始轮廓相位信息在式 (6.4.13) 中丢失了。

$$\delta_0 = \tan^{-1}\left(\frac{B_n}{A_n}\right) \tag{6.4.16}$$

因此，可在随机重构时，利用已知振幅谱 $\{D_n\}$，通过随机分配相位角 δ_n 到每阶傅立叶分析中实现颗粒随机。若假定这些随机相位服从 $[0, 2\pi]$ 均匀分布，这样，利用式 (6.4.14) 可获得颗粒傅立叶谱系数关系：

$$\begin{aligned} A_n &= D_n \cdot \cos\delta_n \\ B_n &= D_n \cdot \sin\delta_n \end{aligned} \tag{6.4.17}$$

上述傅立叶谱方法生成二维颗粒外轮廓非常方便，但在用于三维分析时并不容易，因此可考虑多个切面，分别采用二维傅立叶谱重构，再采用一定的规则推断出三维颗粒的外轮廓。本书所有颗粒的傅立叶分析均采用 $N=64$。

1. 颗粒轮廓表征方法

如图 6-35 所示，任意一个三维颗粒，将形心移至坐标轴原点，在外轮廓点已知条件下可采用球坐标系进行描述。若定义颗粒形心到表面点距离为 $\vec{r}(\theta, \varphi)$，其中 (θ, φ) 的范围为 $(0 \leqslant \theta \leqslant \pi, 0 \leqslant \varphi \leqslant 2\pi)$，$r$ 表示形心到表面点的极半径，则球坐标上各点可通过式 (6.4.18) 转化成笛卡儿坐标。

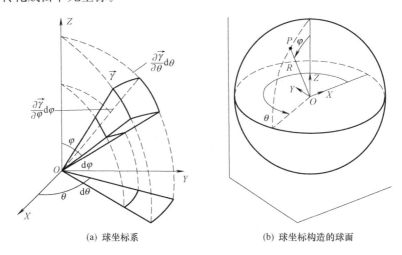

(a) 球坐标系　　　　　　　(b) 球坐标构造的球面

图 6-35　球面坐标系中轮廓点表征方法

$$\begin{aligned} x_{ij} &= R_{ij} \sin(\theta_i) \cos(\varphi_j) \\ y_{ij} &= R_{ij} \sin(\theta_i) \sin(\varphi_j) \\ z_{ij} &= R_{ij} \sin(\theta_i) \end{aligned} \tag{6.4.18}$$

注意上述颗粒轮廓点坐标可转化的前提是颗粒不能存在空洞，如果颗粒存在空洞，则每一组 (θ, φ) 就会对应两个或者多个极半径 r，导致结果不唯一。因此在不含空洞条件下，一旦确定颗粒的所有外表面轮廓点坐标，就可以将三维颗粒轮廓面构造出来。

对于任意三维颗粒，其外轮廓均可看作一系列三角形面来构成，如果处理封闭表面分隔的 3D 形状，对于给定方向 (θ, φ)，则只有一个 R 值。在该框架下，形状将完全由连

续函数 $R(\theta, \varphi)$ 限定，其中 $0 \leqslant \theta \leqslant \pi$，$0 \leqslant \varphi \leqslant 2\pi$，但在非规则表面颗粒进行离散化时，找到这样的连续函数并不容易，一般是在球坐标系下将 θ 和 φ 离散为均匀的间隔，然后找到每个网格点上对应的 R，但这样做会导致离散点在形状表面上的不均匀分布（极点处网格点比赤道密度更大）。本书采用球面网格点均匀随机分布，然后 Delaunay 化为闭合三角形构成的空间球面，如图 6-36 所示，只要令三角面的尺寸不同，就可以实现不同精度的球面描述，再采用一定的规则确定每个网格点上的径向距离 R（半径），就可以构造出一个三维颗粒。

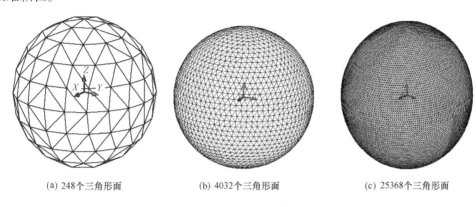

(a) 248个三角形面　　(b) 4032个三角形面　　(c) 25368个三角形面

图 6-36　网格化的单位球面

2. 颗粒径向距离推测

选取典型岩土颗粒，如图 6-37（a）所示的岩土颗粒，分别利用三个正交剖面 [图 6-37（b）~（d）]，轮廓面均经过坐标原点绘制三个正交平面上的外轮廓。若每个轮廓线由极坐标 $r(\theta)$ 定义的一系列点连接而成，则三个剖面轮廓线形状沿着他们的公共轴线满足以下条件：

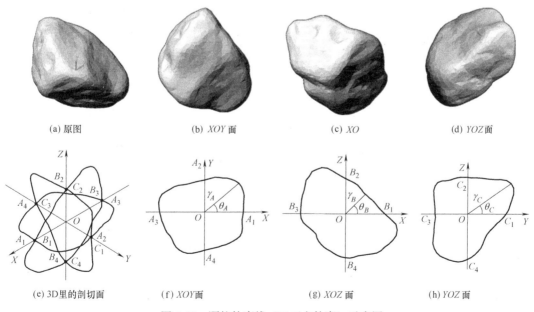

(a) 原图　　(b) *XOY* 面　　(c) *XO*　　(d) *YOZ* 面

(e) 3D里的剖切面　　(f) *XOY* 面　　(g) *XOZ* 面　　(h) *YOZ* 面

图 6-37　颗粒轮廓线（三正交轮廓）示意图

$$OA_1 = OB_1 \text{ 和 } OA_3 = OB_3 (x \text{ 轴})$$
$$OA_2 = OC_1 \text{ 和 } OA_4 = OC_3 (y \text{ 轴}) \quad (6.4.19)$$
$$OB_2 = OC_2 \text{ 和 } OB_4 = OC_4 (z \text{ 轴})$$

显然，利用颗粒的三个剖面轮廓[图 6-37 (e)]和标准球面网格点（图 6-36），可推断出原颗粒的径向距离，构造出颗粒的表面形状。

同样地，如果多个过原点（重心）的 2D 轮廓都是相容的，则颗粒的表面形状可采用一个水平轮廓面及 N 个竖向轮廓面来近似表征，如图 6-38 所示。由于 N 个轮廓面会将 XOY 面切割为 $2N$ 个象限，任取第 S_i，S_{i+1} 剖面象限，在剖面包围的颗粒表面任意选择一点 P，向 XOY 面投影得到 P_0。假设 P_0 到原点连线与 S_i 剖面的夹角是 φ_1，P_0 到原点连线与 S_{i+1} 剖面的夹角是 φ_2，P_i 与 P_{i+1} 分别是 S_i 与 S_{i+1} 剖面上与 P 点在 Z 轴方向长度相等的点，P_i 到原点距离是 γ_1，P_i 到原点连线与 S_i 剖面的夹角是 θ，P_{i+1} 到原点距离是 γ_2，P_{i+1} 到原点连线与 S_{i+1} 剖面的夹角是 θ，则 P_0 到原点距离为：

$$\gamma_i = \gamma_1 + \frac{\varphi_1(\gamma_2 - \gamma_1)}{\varphi_1 + \varphi_2} \quad (6.4.20)$$

由于公式（6.4.20）未考虑颗粒在 XOY 平面附近的兼容性，这将导致 XOY 面附近颗粒轮廓与实际控制的水平剖面不兼容。本书采用如下方法进行修匀，即任选过 P_0 点的 S_i 剖面（不一定是控制剖面），选取剖切线上靠近赤道的任意一点 P，P 到原点距离为 γ_1，P 与原点的连线与 S_i 面的夹角为 δ；原颗粒表面在 XOY 面上的点为 P_0，与原点的距离为 γ_0；在赤道附近的 δ 角范围内，选取任意一点 P_i，与原点的距离为 γ_i，P_i 和坐标原点（形心）连线与 S_i 面的夹角为 δ_1，则 P_i' 到原点的插值距离 γ_i' 为：

$$\gamma_i' = \gamma_1 + \frac{\gamma_0 - \gamma_1}{\delta}(\delta - \delta_1) \quad (6.4.21)$$

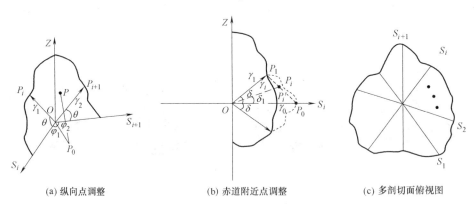

(a) 纵向点调整　　(b) 赤道附近点调整　　(c) 多剖切面俯视图

图 6-38　多剖面轮廓线示意图

基于典型颗粒[图 6-39 (a) 左]，利用上述原理，先设置三个正交剖面，用 38052 个三角形来构成标准球面，进一步推断出颗粒轮廓如图 6.5.14 (b) 所示，这些颗粒基本参数如下：面积 29306（原颗粒 3.2049），体积 0.4614（原颗粒 0.5236），球度 0.9445（原颗粒 0.9802），径向形状参数为 0.8559（原颗粒 0.8406），二者相似度很高，表明采用少数几个切面轮廓线反推原颗粒的轮廓是可行的。

由于本书中颗粒形状构造受多切面轮廓线的傅立叶谱控制，因此利用不同切面组合的

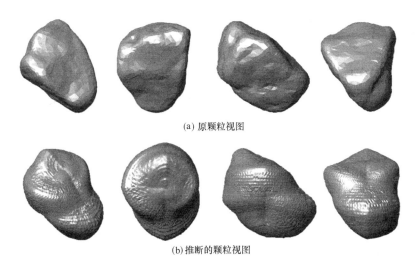

图 6-39 推断颗粒轮廓对比图

傅立叶谱即可构造出大量服从同一统计特征的随机颗粒轮廓。

3. 颗粒轮廓随机重构

对某一颗粒 $N+1$ 个切面（1个水平、N 个竖向）分别进行傅立叶变分析，利用所得傅立叶描述符 $\{D_n\}$，随机给定相位进行傅立叶重构，可分别重构出 $N+1$ 条轮廓线来，如图 6-40 所示，然此时各剖面线却并不一定相容。

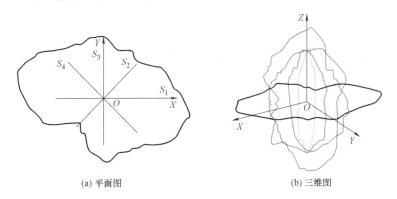

图 6-40 傅立叶谱随机生成的多剖切面图

若以水平轮廓线作为基准 [图 6-41（a）]，对这些轮廓线进行调整。以 S_1 剖切面为例：点 A_1 和 A_2 分别为水平轮廓线上的点，即过原点水平切面上的位置保持不变；(x', z) 轮廓被各向同性地扩张（或收缩）以满足 $OA_1=OB_1$，该操作对轮廓的归一化傅立叶谱没有任何影响。然而，为了实现条件 $OA_2=OB_2$，需要对形状进行微调。通过将每个空间点的球坐标距离乘以取决于局部角 φ_B 的校正因子 δ_B 来校正（即从 O 到轮廓点的径向距离进行校正）：

$$\begin{cases} \delta_B=1+\dfrac{\varphi_B}{\pi}\cdot\dfrac{OA_2-OB_2}{OB_2},\ 0\leqslant\varphi_B\leqslant\pi \\ \delta_B=1+\dfrac{2\pi-\varphi_B}{\pi}\cdot\dfrac{OA_2-OB_2}{OB_2},\ \pi\leqslant\varphi_B\leqslant2\pi \end{cases} \quad (6.4.22)$$

通过对每个半径进行调整，得到调整后的剖切线如图 6-41（b）所示，可以看出，调整后的剖切线与水平线能较好地接近。同样，通过对其他纵向剖切线进行调整，得到调整后的剖切线，如图 6-42 所示。

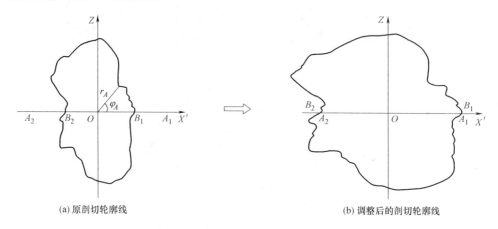

图 6-41　任意纵向剖切面调整示意图

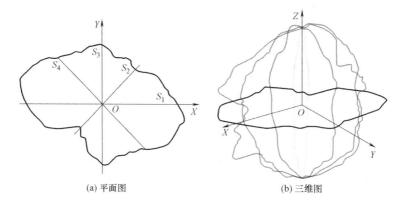

图 6-42　调整后的多剖切面图

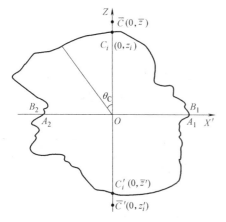

图 6-43　任意纵向剖切面
与 z 轴交点图

然而，在多个纵向控制情况下，通过上述调整，在 z 轴上各个纵向剖切线与 z 轴的交点却不能很好地相容。为了使这些点在 z 轴正方向与负方向重合以减少重构误差，我们采用以下方法进行调整：

首先，如图 6-43 所示，各纵向剖面轮廓线与 z 轴的正向交点分别为 $(0, z_1)$、$(0, z_2)$、$(0, z_3)$ 等，负向交点分别为 $(0, z'_1)$、$(0, z'_2)$、$(0, z'_3)$ 等，求出正向、负向点纵坐标的平均数分别为：

$$\bar{z} = \frac{\sum\limits_{i=1}^{n} z_i}{n} \tag{6.4.23}$$

$$\overline{z}' = \frac{\sum_{i=1}^{n} z'_i}{n} \tag{6.4.24}$$

为了进一步调整各纵剖切线 z 轴位置，通过引入校正因子 δ_C 对轮廓的每个半径根据局部角 θ_C 进行校正，如公式所示：

$$\begin{cases} \delta_C = \delta_1 + \dfrac{\theta_C}{\pi/2} \cdot (1-\delta_1), & 0 \leqslant \theta_C \leqslant \pi/2 \\ \delta_C = 1 + \dfrac{\theta_C - \pi/2}{\pi/2} \cdot (\delta_3 - 1), & \pi/2 \leqslant \theta_C \leqslant \pi \\ \delta_C = \delta_3 + \dfrac{\theta_C - \pi}{\pi/2} \cdot (1-\delta_3), & \pi \leqslant \theta_C \leqslant 3\pi/2 \\ \delta_C = 1 + \dfrac{\theta_C - 3\pi/2}{\pi/2} \cdot (\delta_1 - 1), & 3\pi/2 \leqslant \theta_C \leqslant 2\pi \end{cases} \tag{6.4.25}$$

其中 δ_1、δ_2、δ_3 和 δ_4 分别是点 C_i、B_2、C'_i 和 B_2 处的局部校正因子：

$$\begin{cases} \delta_1 = O\overline{C}/OC_i \\ \delta_2 = OB_2/OA_2 = 1 \\ \delta_3 = O\overline{C}'/OC'_i \\ \delta_4 = OB_1/OA_1 = 1 \end{cases} \tag{6.4.26}$$

这样，随机生成的各轮廓线便能相互匹配，进一步可对每一个标准球面点的径向距离进行插值，得出描述颗粒的颗粒轮廓。

4. 颗粒重构效果分析

分别采用胶结颗粒和普通碎石颗粒参数，将颗粒缩小或放大到体积直径 1.0m 后借助傅立叶分析，进行颗粒的随机重构，以分析颗粒的统计参数变化特征（图 6-44）。本书采用 5 个纵控制剖面，随机生成 90 个颗粒。90 个重构颗粒的面积、体积、ψ、φ_{radial} 分布如图 6-45 和图 6-46 所示：

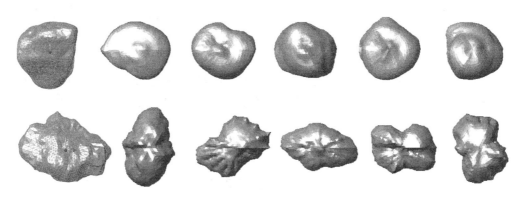

图 6-44 基于多剖面傅立叶分析构造的随机颗粒（部分）

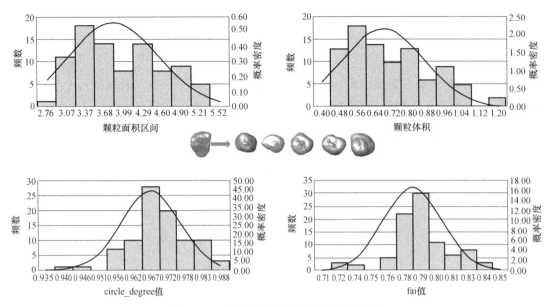

图 6-45　90 个重构胶结颗粒各参数分布图

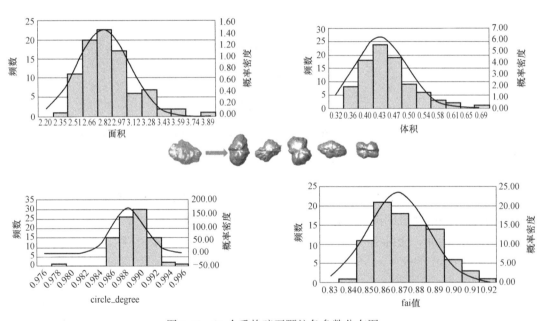

图 6-46　90 个重构碎石颗粒各参数分布图

对比图 6-45 与图 6-46 发现，这些参数指标大致服从正态分布，表明随机生成的颗粒经过调整构造后，其基本颗粒参数与原颗粒接近。这表明，本书建立的随机颗粒构造方法有一定的可信度。

5. 讨论

1) 控制剖面数目选择

为了对比傅立叶重构颗粒轮廓的精度，分别采用图 6-47 左侧所示 3 个不同类型的颗粒分别重构，分析控制剖面数目的影响。为了使各参数具有对比性，将三个颗粒进行等比例缩放，使其具有相同的体积直径 1.0，以使得各颗粒初始参数接近。

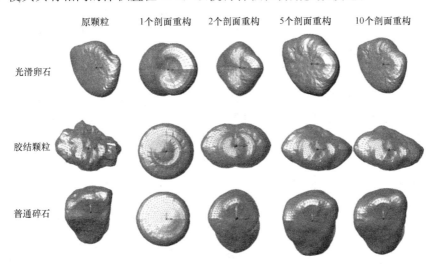

图 6-47 三个类型颗粒及其重构示意图

对光滑卵石、胶结颗粒和普通碎石颗粒进行三维颗粒重构，参数见表 6-4 所列。

颗粒重构参数对比表　　　　　　　　　　　　　　　　　　　表 6-4

颗粒类别 \ 参数	面积	体积	ψ	φ_{radial}
石颗粒				
原颗粒	3.1721	0.5236	0.9904	0.6591
1 控制剖面	2.3185	0.3283	0.9926	0.7354
2 个控制剖面	2.7451	0.4195	0.9872	0.7474
5 个控制剖面	2.9988	0.4821	0.9916	0.6818
10 个控制剖面	3.0567	0.4959	0.9913	0.6707
胶结颗粒				
原颗粒	3.2357	0.5236	0.9709	0.7890
1 个控制剖面	4.3519	0.8327	0.9835	0.7744
2 个控制剖面	3.1833	0.5252	0.9889	0.8112
5 个控制剖面	2.9532	0.4676	0.9865	0.8139
10 个控制剖面	2.9919	0.4767	0.9863	0.8020
普通碎石				
原颗粒	3.2049	0.5236	0.9802	0.8406
1 个控制剖面	2.4934	0.3651	0.9907	0.8772
2 个控制剖面	2.8721	0.4513	0.9907	0.8577
5 个控制剖面	3.0282	0.4870	0.9885	0.8439
10 个控制剖面	3.0854	0.4989	0.9859	0.8341

从表 6.5.2 可知，随着纵向控制剖面的增加，重构颗粒的各个参数与原颗粒参数逼

近，说明剖面控制数目越多，更容易逼近颗粒的真实情况。卵石颗粒表面光滑，需要达到 3~5 个控制剖面就可以近似逼近颗粒，胶结颗粒较为粗糙，表面凹凸不平，此时纵控制剖面需 8~10 个才能有较好的效果，而碎石颗粒尺寸各方向接近，即使只有两个纵控制剖面，其颗粒表征参数也与真实颗粒比较接近。

2）控制剖面位置选择

为了分析纵剖面选取位置是否对颗粒构造有影响，采用碎石颗粒，在构造参考切面时先将原颗粒分别旋转 30°、45°、60°，再切面重构，即此时三正交剖面位置发生了变化，得到的重构图形及其 XOY 面、XOZ 面、YOZ 面投影图形如图 6-48 所示。对比分析可知，重构颗粒光滑程度及形状与原颗粒比较接近，体积与表面积也均与原颗粒比较接近，说明剖面的选取对重构图形影响不大。

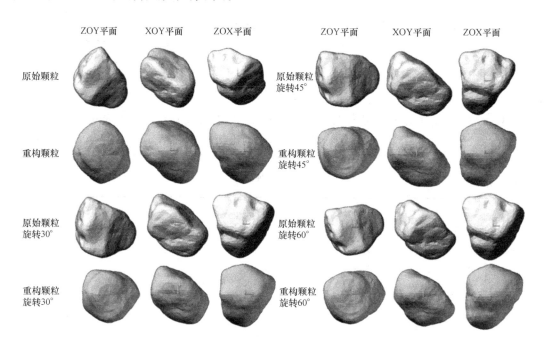

图 6-48 原颗粒及旋转重构颗粒对比图

3）颗粒构造参数选择

由于提高傅立叶分析阶数，颗粒细观特征会更加明显。然而由于构成颗粒的轮廓线经历了调整与插值，除了起基准作用的水平切面轮廓线，其他轮廓线并不能严格满足傅立叶分析的特征。因此本书建议方法是在假定该调整对颗粒轮廓影响处于较低水平的基础上。

另外，颗粒外轮廓构成同样受三角面数目影响。为了使得颗粒具有一定的精度，三角形数目越多，外轮廓往往更接近实际。但在采用离散元法进行数值分析时，过多的表面单元会导致计算效率非常低，因此建议忽略精细的纹理特征，控制在 2000~4000 个即可。

采用二维傅立叶分析重构三维颗粒具有如下优点：①常规的傅立叶随机重构需要先进行大量颗粒的傅立叶分析并统计，得出傅立叶描述符的规律；而本方法直接采用颗粒相应轮廓线的傅立叶分析，构造大量随机颗粒只需要基于 1 个代表性颗粒即可，更加简单。② 如果构造粒径不同的颗粒，可以按照级配控制体积直径指标，则生成的颗粒就可以方便地实现级配生成。

本书基于实际颗粒多切面二维轮廓傅立叶分析提出了三维颗粒的随机构形方法，并对其相关参数进行了研究，得到如下主要结论：

（1）通过单颗粒多剖面切割轮廓线二维傅立叶分析，可生成与原颗粒面积、体积、圆度等形态表征参数接近的随机颗粒；

（2）通过控制剖切面数目与傅立叶展开阶数，可构造不同精度的随机三维颗粒；

（3）在描述颗粒时纵剖面并不需要特意选择，生成级配颗粒则可以控制体积直径指标进行。

6.4.4 基于球谐函数的三维细观特征刻画与力学特性分析方法

基于离散元数值模拟方法，借助具有良好数学性质正交性、旋转不变性的球谐函数，建立三维颗粒细观特征描述与细观重构方法，实现球谐函数对颗粒形态的三维表征。再通过生成相同颗粒粒径、不同阶重构颗粒建立圆柱形试样，对比相同条件下不同细观特征颗粒对压缩应力—应变曲线的影响。该细观重构方法可用于岩土介质多尺度颗粒数值模拟与力学特性研究。

为了更好地对岩土介质内颗粒之间的力学行为进行研究，获取颗粒三维表面的轮廓特征非常必要。如果需要考虑岩体内不同矿物颗粒的影响，可引入球谐函数描述法来实现颗粒形态的定量描述和准确构建。虽然自然界中的矿物颗粒形态随机多变，但经历过相同受载历史的颗粒，其外轮廓特征近似服从统计特征。而传统离散元分析的方法在考虑这种颗粒介质时，并没有考虑到颗粒形态的随机性和复杂性，大多采用球体直接代替。借助三维扫描技术对颗粒进行扫描，通过捕捉颗粒外轮廓信息可呈现三维图像，然后对颗粒表面信息去噪（去除非连通点、线）后，进而对颗粒边界进行识别及坐标参数化，得到一组三维的矩阵即每一个像素的坐标参数。之后对这些外轮廓点进行分析，可得到颗粒外轮廓的 Delaunay 三角化网格，这一过程借助一些辅助软件即可实现。

1. 颗粒的三维球谐函数表征

任意三维颗粒，将形心移至坐标轴原点，在外轮廓点已知条件下可采用如图 6-35（a）所示的球坐标系进行描述，从颗粒形心到表面点可表示为 $\vec{r}(\theta, \varphi)$，其中 (θ, φ) 的范围为 $(0 \leqslant \theta \leqslant \pi, 0 \leqslant \varphi \leqslant 2\pi)$，$r$ 表示形心到表面点的极半径，球坐标上各点可通过式（6.4.18）转化成笛卡儿坐标。

上述颗粒轮廓点坐标可转化的前提是颗粒不能存在孔洞，如果颗粒存在孔洞，则每一组 (θ, φ) 就会对应两个或者多个极半径 r，导致结果不唯一。因此在不含孔洞条件下，一旦确定颗粒的所有外表面轮廓点坐标，即可对其进行球谐函数分析：

$$\vec{r}(\theta, \varphi) = \sum_{n=0}^{\infty} \sum_{m=-n}^{n} a_n^m Y_n^m(\theta, \varphi) \tag{6.4.27}$$

式中，a_n^m 为球谐系数；$\vec{r}(\theta, \varphi)$ 为每组 (θ, φ) 的半径；$Y_n^m(\theta, \varphi)$ 为球谐函数。

$$Y_n^m(\theta,\varphi)=\sqrt{\frac{(2n+1)(n-m)!}{4\pi(n+m)!}}P_n^m(\cos\theta)\mathrm{e}^{im\varphi} \qquad(6.4.28)$$

合并式（6.4.27）、式（6.4.28）得：

$$r(\theta,\varphi)=\sum_{n=0}^{\infty}\sum_{m=-n}^{n}a_n^m\sqrt{\frac{(2n+1)(n-m)!}{4\pi(n+m)!}}P_n^m(\cos\theta)\mathrm{e}^{im\varphi} \qquad(6\text{-}4.29)$$

式中，$P_n^m(x)$ 为伴随勒让德函数，n 是一个从 0 到正无穷大的整数，m 为从 0 到不大于 n 的整数。通过迭代可得到不同阶数的 $P_n^m(x)$ 值，迭代过程如下：

当 $m=0$，$n>1$ 时，

$$P_n^0(x)=\frac{1}{n}\left[(2n-1)xP_{n-1}^0(x)-(n-1)P_{n-2}^0(x)\right] \qquad(6.4.30)$$

当 $m>0$，$n>1$ 时，

$$P_n^m(x)=\frac{1}{\sin\theta}\left[(n+m-1)P_{n-1}^{m-1}(x)-(n-m+1)xP_{n-2}^{m-1}(x)\right] \qquad(6.4.31)$$

式中 $x=\cos\theta$。当 $m=-M<0$ 与 $M>0$ 的等式转换如下：

$$P_n^{-M}(x)=(-1)^M\frac{(n-M)!}{(n+M)!}P_n^m \qquad(6.4.32)$$

因此，如已知一系列颗粒表面点 $\vec{r}(\theta,\varphi)$，由式（6.4.27）可以表示成矩阵形式（6.4.33），分别求出各点的球谐描述符：

$$\begin{pmatrix} Y_1^1 & Y_1^2 & \cdots & Y_1^{(n+1)^2} \\ Y_2^1 & Y_2^2 & \cdots & Y_2^{(n+1)^2} \\ \vdots & \vdots & \ddots & \vdots \\ Y_i^1 & Y_i^2 & \cdots & Y_i^{(n+1)^2} \end{pmatrix}\begin{pmatrix} a^1 \\ a^2 \\ \vdots \\ a^{(n+1)2} \end{pmatrix}=\begin{pmatrix} \vec{r_1} \\ \vec{r_2} \\ \vdots \\ \vec{r_i} \end{pmatrix} \qquad(6.4.33)$$

式中，n 为展开阶数，行向量 $Y_i=[Y_i^1\quad Y_i^2\quad\cdots\quad Y_i^{(n+1)^2}]$ 为第 i 个点的球谐函数序列。对于球谐系数 a_n^m 列阵，已知 n，则总共有 $(n+1)^2$ 个未知系数，通过求解 i 个线性方程即可得球谐系数列向量 $a=[a^1\quad a^2\quad\cdots\quad a^{(n+1)^2}]^T$，因此轮廓点数目 i 必须大于 $(n+1)^2$，式（6.5.35）即存在最优解，针对矛盾方程采用最小二乘法求解。

如图 6-35（a）所示，已知颗粒表面点 $\vec{r}(\theta,\varphi)$，则可以将颗粒分成若干个四棱锥，任取一个棱锥面，则表面矩形的面积以及棱锥体积可以表示为：

$$\mathrm{d}s=\frac{\partial\vec{r}}{\partial\theta}\mathrm{d}\theta\times\frac{\partial\vec{r}}{\partial\varphi}\mathrm{d}\varphi \qquad(6.4.34)$$

$$\mathrm{d}v=\frac{1}{3}\left(\frac{\partial\vec{r}}{\partial\theta}\mathrm{d}\theta\times\frac{\partial\vec{r}}{\partial\varphi}\mathrm{d}\varphi\right)\mathrm{d}\vec{r} \qquad(6.4.35)$$

其中 $\frac{\partial\vec{r}}{\partial\theta}$ 根据式（6.4.29）式可表示为：

$$\frac{\partial \vec{r}(\theta,\varphi)}{\partial \theta} = \sum_{n=0}^{\infty}\sum_{m=-n}^{n} a_n^m \sqrt{\frac{(2n+1)(n-m)!}{4\pi(n+m)!}} \frac{\partial P_n^m(\cos\theta)}{\partial \theta} e^{im\varphi} \qquad (6.4.36)$$

对 $P_n^m(x)$ 求偏导：

$$\frac{\partial P_n^m(\cos\theta)}{\partial \theta} = -\frac{1}{\sin\theta}[(n+1)\cos\theta P_n^m(\cos\theta) - (n-m+1)P_{n+1}^m(\cos\theta)] \qquad (6.4.37)$$

合并式（6.4.36）、式（6.4.37）得：

$$\frac{\partial \vec{r}(\theta,\varphi)}{\partial \theta} = \sum_{n=0}^{\infty}\sum_{m=-n}^{n} \frac{-a_n^m}{\sin\theta}\sqrt{\frac{(2n+1)(n-m)!}{4\pi(n+m)!}} \qquad (6.4.38)$$

$$[(n+1)\cos\theta P_n^m(\cos\theta) - (n-m+1)P_{n+1}^m(\cos\theta)]e^{im\varphi}$$

同理，$\vec{r}(\theta,\varphi)$ 对 φ 的偏导为：

$$\frac{\partial \vec{r}(\theta,\varphi)}{\partial \varphi} = \sum_{n=0}^{\infty}\sum_{m=-n}^{n} (im)a_n^m \sqrt{\frac{(2n+1)(n-m)!}{4\pi(n+m)!}} P_n^m(\cos\theta) e^{im\varphi} \qquad (6.4.39)$$

积分可以得到：

$$V = \int_0^{\pi}\int_0^{2\pi} \frac{1}{3}\left(\frac{\partial \vec{r}}{\partial \theta}\mathrm{d}\theta \times \frac{\partial \vec{r}}{\partial \varphi}\mathrm{d}\varphi\right)\mathrm{d}\vec{r} \qquad (6.4.40)$$

同理，总表面积也可以通过若干个所分的矩形的面积进行叠加得到：

$$S = \int_0^{\pi}\int_0^{2\pi} \left|\frac{\partial \vec{r}}{\partial \theta} \times \frac{\partial \vec{r}}{\partial \varphi}\right| \mathrm{d}\theta \mathrm{d}\varphi \qquad (6.4.41)$$

求得体积和表面积后，可采用球度和棱度来更直观地表征颗粒形状。其中球形度由 SI 表示如下：

$$SI = \frac{4\pi}{S}\left(\frac{3V}{4\pi}\right)^{\frac{2}{3}} \qquad (6.4.42)$$

式中，S 为表面积，V 为体积。棱度则可以表示为 AI：

$$AI = \frac{t^2}{2\pi^2} \sum_{\theta=0}^{\pi/t}\sum_{\varphi=0}^{2\pi/t} \frac{|r_\mathrm{p} - r_\mathrm{EE}|}{r_\mathrm{EE}} \qquad (6.4.43)$$

式中，t 为检测步，此处设定为 0.01π，r_p 为颗粒在球坐标上的极半径，r_EE 为等价椭球体在球坐标的极半径。该椭圆体为球谐阶数为一阶时所得到。球度和棱度能很直观地评价颗粒的特征，其中球度能很好地表征颗粒的对称性，而棱角度可以很好地表征颗粒表面纹理特征，二者可以用于随机重构颗粒的细观特征对比研究。

2. 三维表征球谐函数的精度分析

球谐阶数 n 的不同，重构得到颗粒表面的圆滑程度也不同。n 为 0 时即为与颗粒等体积的圆球，n 越大，则颗粒的细观特征体现的越明显，同时计算量也增大。为了分析展开 n 阶对细观特征描述精度的影响，分别采用立方体、圆柱和真实扫描颗粒进行球谐函数表征，验证其对外轮廓的表面积、体积等参量的影响程度。

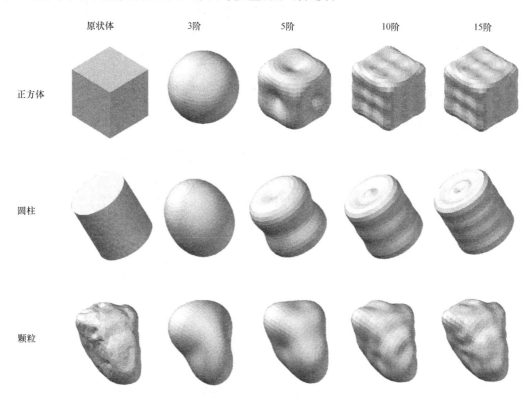

图 6-49 不同球谐阶数重构效果对比

如图 6-49 所示，随着球谐展开阶数的增大，重构颗粒的轮廓越接近真实轮廓。在展开阶较低时，颗粒表面光滑。如 0 阶时即为圆球，1 阶时为椭球，随着阶数增加，颗粒表面的细节逐步显现，当颗粒展开到 10 阶时，与理想外轮廓已经很接近。

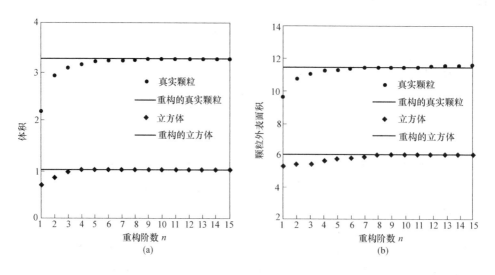

图 6-50 体积与表面积比较图

图 6-50（a）为不同阶重构颗粒的体积，实线为理论值；图 6-50（b）为不同阶重构颗粒的表面积，实线为理论体积。结果表明颗粒体积随展开阶数 n 的增大逐渐趋于稳定，立方体和自然颗粒所呈现的趋势看，n 小于 5 阶的时候，数值的波动相对较大，之后数值的变化逐渐趋向稳定，n 大于 10 阶以后，数值的变化范围小于 5%。表面积与体积增长的趋势相似，都是数值随着展开阶数 n 的增大呈增大趋势，逐步逼近理论值。不相同的是，颗粒表面积的实际值和理论值之间的差异主要归因于颗粒表面粗糙度要高于立方体，可见颗粒粗糙度对表面积的影响要大于对体积的影响。

从上述结果可发现，对颗粒进行球谐函数分析，是随着最大球谐系数展开阶数的增加不断逼近理想值的过程。说明球谐函数能够较好地实现颗粒基本形状以及表面纹理的表征，其精度取决于对颗粒外轮廓扫描的精度和所选取的最大球谐函数系数的展开阶数 n。当最大球谐函数系数的展开阶数 n 取到 10 阶，该颗粒不管从颗粒轮廓表面吻合程度，还是表面积、体积等几何参数均已接近原始颗粒，通过比较重构颗粒的实际值与理论值，其误差在 5% 之内，已经能够满足计算精度的需要。

3. 随机形态颗粒集的生成

由于大规模分析计算涉及大量的土石颗粒，计算需要高昂的成本，并且对大量土石颗粒的细观形态构建的数据获取也不容易实现。所以在一定颗粒的细观统计基础上进行大量的随机重构对于离散元数值模拟很重要。

为了更好地解决该问题，采用 PCA 方法对少量具有代表性的颗粒进行主成分统计分析。图 6-51（a）为一自然颗粒，其外轮廓由 Delaunay 网格构成，坐标随机，为了对其表面进行统计分析，首先将颗粒的形心平移至球坐标的原点，然后根据颗粒一阶重构时的椭球体主轴（实线）[图 6-51（b）]，旋转颗粒表面顶点的坐标，使其与整体坐标系的坐标轴方向一致，如图 6-51（c）所示。在颗粒尺寸相差不大的情况下，颗粒半径不作变化，该过程称为标准化。对标准后的颗粒再次进行球谐函数分析，求得所有扫描颗粒的标准化的球谐系数。

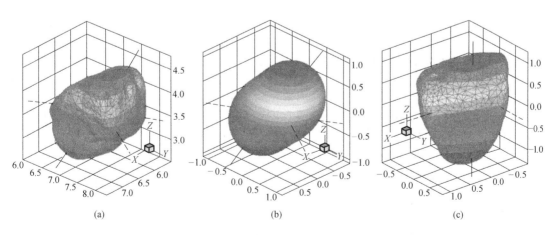

图 6-51 颗粒放置位置标准化过程

在一定量颗粒球谐分析基础上，可得各球谐系数的均值和标准差。对标准化的球谐系数，考虑一定的相关变异系数即可生成随机重构颗粒，此时生成的随机颗粒具有标准化颗粒相关特征。变异后球谐系数 $\hat{a}$ 可以表达为：

$$\hat{a} = \overline{a_n^m} + \sigma \cdot \xi \qquad (6.4.44)$$

式中：$\overline{a_n^m}$ 为颗粒标准化的球谐系数，即期望值；σ 为通过对球谐系数统计所得相应的标准差；$\xi \in \{-3, 3\}$ 为满足正态分布的变异系数，通过控制 ξ 的变化可以生成外形具有相关特征且又不完全一样的颗粒。在随机投放的过程中，只需要引入随机变量 $\hat{\vartheta}$、$\hat{\varphi}$，对颗粒主轴进行随机旋转，即可在投放中得到角度不同的随机颗粒。

图 6-52 为采用以上规则随机产生的 25 个随机颗粒，与原统计数据相比，随机重构的颗粒具有原颗粒的主要特征，细节上存在差异。图 6-53 为原先统计的颗粒与随机重构 100 个颗粒的 SI 与 AI 的关系统计图，可以发现重构所得的 100 个颗粒与原先统计颗粒的趋势线大体一致，说明在外轮廓特征上具有较高的相似性，由此可以作为物理力学参数大体一致的同类颗粒进行数值模拟。这一方法很好地解决了大量随机构建不规则颗粒的问题，有效地替代了直接采用圆球的颗粒构建方法。

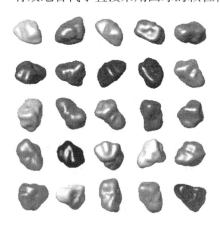
图 6-52 随机颗粒生成图

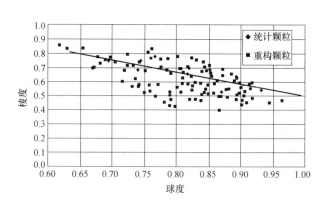
图 6-53 棱度与球度统计关系图

6.5 细观特征在 PFC5.0 中的实现与应用

细观特征识别后，应用于 PFC5.0 主要有三种用途：①作为 cluster 或者 clump 簇的边界，用于随机颗粒的生成；②用于边界控制颗粒的生成；③作为 wall 使用。采用这些细观特征，可以研究多元混合介质的接触、黏结、破坏过程。

6.5.1 用于颗粒分组生成簇

分组是为了处理复杂的微细观问题。ball group、clump group、wall group 三个命令是 PFC5.0 常用来分组的命令，生成颗粒或 wall 可以在生成过程中分组，也可以生成后再分组。

首先生成初始试样，然后再导入生成好的 clump，生成过程中对 clump 直接分组（图 6-54）。

在颗粒轮廓作用下采用自编颗粒填充法生成刚性簇，然后将之写入 PFC，代码编写见例 6-1。

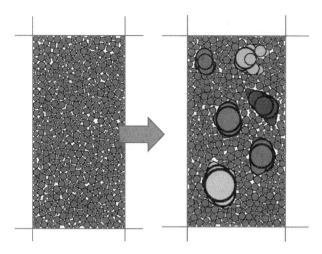

图 6-54 二维刚性簇生成并形成混合介质

例 6-1 刚性簇生成后写入 PFC 命令流实例

clump create   ...
    calculate 0.05 ...
      id   1   ...
        pebbles   11   ...
  0.3869602   0.9688171   8.451200   ...
  0.4095244   0.9162536   8.689482   ...
  0.4033349   1.038291   8.219206   ...
  0.4559476   0.9359362   8.362039   ...
  0.3600063   1.154963   8.282441   ...
  9.7601570E-02   0.7954984   9.085804   ...
  0.3414366   1.141234   8.172776   ...
  0.1557441   0.6095297   8.251089   ...
  0.1093209   1.216457   8.867266   ...
  0.3878603   0.8656634   8.596152   ...
  0.2331163   0.7390679   8.755280   ...
    group   1
clump   create   ...
    calculate 0.05   ...
      id   2   ...
        pebbles   14   ...
  0.2971736   3.169610   8.533848   ...
  0.5314546   2.934210   8.557303   ...
  0.2909442   3.588195   8.975348   ...
  0.3289689   3.334661   8.122025   ...

343

0.2315291	3.642292	8.101283	...
0.4525518	2.835345	8.384968	...
0.2980736	3.106097	8.955084	...
0.1982571	3.844474	8.934480	...
0.1079465	2.462224	8.151852	...
0.3574888	2.996358	8.218386	...
7.5387925E-02	3.874536	8.000301	...
0.2980738	3.241373	8.066859	...
0.2980736	3.395473	8.962966	...
0.1618389	2.588973	8.793998	...
group	2		
clump create		...	
calculate 0.05		...	
id	3	...	
pebbles	11	...	
0.6360607	2.075851	5.579384	...
0.6389957	2.147363	5.394325	...
0.5596276	2.038581	5.849073	...
0.4181902	1.740421	5.536066	...
0.2686122	2.167135	6.250772	...
0.2533491	2.030115	4.933886	...
0.1770339	2.533607	5.037310	...
0.1007187	1.372178	5.519858	...
8.9512542E-02	2.266152	6.490116	...
0.1007189	1.972577	4.764936	...
0.4568567	2.092720	5.979431	...
group	3		
clump create		...	
calculate 0.05		...	
id	4	...	
pebbles	10	...	
0.8107582	1.739728	2.265834	...
0.6586062	1.866078	1.884031	...
0.6858437	1.648951	2.562298	...
0.2928366	1.446370	3.084714	...
0.3447188	2.155175	2.708515	...
0.3966012	1.500357	1.747261	...
0.2733811	1.994759	1.425907	...
0.4614536	1.324238	2.376199	...

| 9.6215211E-02 | 1.345784 | 3.347851 | ... |
| 0.1631316 | 2.323555 | 2.827728 | ... |

group 4
clump create ...
 calculate 0.05 ...
  id 5 ...
   pebbles 11 ...

0.5995795	3.710189	3.822011	...
0.5620980	3.694401	4.101909	...
0.4038503	3.605359	3.312531	...
0.6100713	3.750078	3.659841	...
0.2426965	3.446539	4.462083	...
0.5285420	3.860310	3.854071	...
0.2983418	3.511657	3.225219	...
0.3606875	3.597696	3.262366	...
0.1928333	4.127041	3.410323	...
0.2647712	3.682190	4.429376	...
0.2361187	3.322062	3.926383	...

group 5
clump create ...
 calculate 0.05 ...
  id 6 ...
   pebbles 14 ...

0.4799250	3.764944	6.270753	...
0.4163366	3.430611	6.605125	...
0.5499196	3.935854	6.186822	...
0.2471309	4.094393	5.562351	...
0.1437958	3.045512	7.004956	...
0.4808251	3.568647	6.497306	...
9.6964963E-02	4.174572	5.250942	...
0.3464736	4.040373	5.769441	...
0.2505093	3.192002	6.849928	...
0.1276739	4.418071	6.375300	...
5.0901763E-02	2.896216	7.144491	...
0.3848598	4.123427	6.249570	...
9.6964791E-02	4.336551	5.903827	...
0.4808249	3.843117	6.329519	...

group 6

;然后再用 ball distribue 生成填充的颗粒,将 clump 位置固定,在伺服时将周围的变形颗粒弹开，也可采用函数控制将与 clump 叠加的颗粒删除。

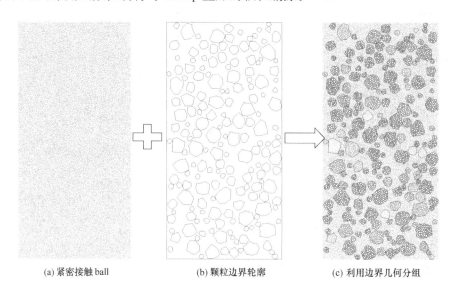

(a) 紧密接触 ball　　　　　(b) 颗粒边界轮廓　　　　　(c) 利用边界几何分组

图 6-55　紧密模型边界分组构造颗粒法

也可首先利用已有紧密颗粒模型＋几何边界分组方法，首先生成接触均匀、密实的基本颗粒体系［图 6-55（a）］，然后利用［图 6-55（b）］图的颗粒外轮廓控制进行分组，生成［图 6-55（c）］所示的簇（cluster 或者 clump）。

6.5.2　用于 clump 模板控制随机颗粒生成

利用模板 clump template 生成 clump 簇的基本步骤：
（1）绘制不规则几何体模型；
（2）分集合导入几何体模型；
（3）制作 clump 模板（template）；
（4）利用 clump 模板进行随机投放；
（5）生成单一体颗粒模型（ball）；
（6）将 clump 模型和 ball 模型叠加；
（7）删除与 clump 接触的 ball 颗粒（也可设置投放比例，而不删除）。

以生成二元介质为例，具体而言主要有两种实现方法。

方法一：利用单个或多个块体结合 clump template 方法来制备混合料模型，这种方法通常利用三条命令来构造：
（1）采用 geometry import＋key words 导入几何图形；
（2）采用 clump template＋key words 命令生成模板；
（3）采用 clump generate＋key words 命令随机投放簇。

该方法首先生成几个模板，然后利用模板随机生成一定体积分数的 clump，再与均匀颗粒体系重合，删除与 clump 重合部分的颗粒，再次通过伺服形成模型（图 6-56）。当然也可只生成 clump，而不考虑混合介质。

三维情况下也可采用相同方法生成模型（图 6-57）。

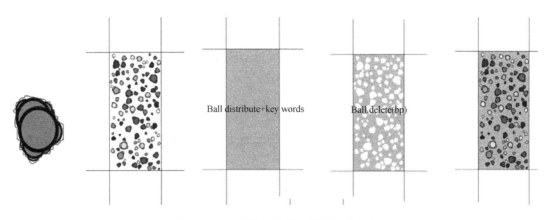

图 6-56　利用几个模板生成随机簇方法

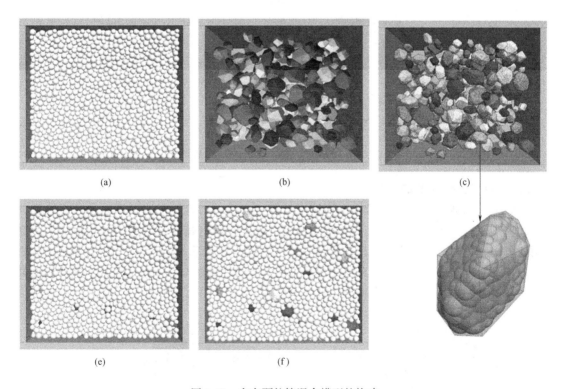

图 6-57　含有颗粒簇混合模型的构建

方法二：已有几何边界条件下，利用几何边界构造 wall，直接在几何体内填充颗粒，生成 clump 模板，用于建立最终的混合料模型（图 6-58）。其步骤如下：

（1）利用 wall import＋geometry＋keywords 命令将几何图形导入，并作为颗粒的边界 wall。

（2）利用命令 ball distribute＋keywords＋range fish @inBody 在几何体内生成 ball，其中 inbody 是判断 ball 是否在 wall 中的子函数，参见例 6-2。

例 6-2　判断颗粒位于 wall 内部的函数编写实例

define inBody(pos,b)　　　;判断颗粒位于 wall 内部的函数

```
    inBody=0
    if type.pointer.id(b)=ball.typeid
        local wp=wall.find(1)      ;注意,这里 wall 的 id 是 1,如果是多个 wall 需要更改
        inBody=wall.inside(wp,ball.pos(b))
    endif
end
```

(3) 对颗粒间赋予接触参数,通过一定的时间步让颗粒填充满几何图形,然后将其黏结起来作为 cluster 或者 clump。

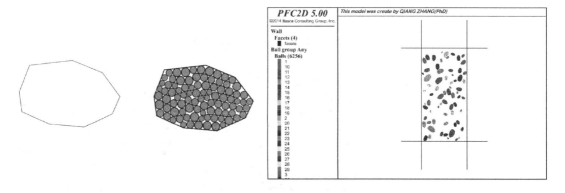

图 6-58　方法二生成 cluster/clump 方法

6.5.3　用于复杂 wall 的生成

如图 6-59 所示,在研究滑坡、颗粒运动等过程中,构造复杂的滑动面是分析这类问题的重要内容。如果将图 6-59 左图视作一个三维颗粒,将其外表面作为颗粒运动的滑动面,可得出右图 wall,再通过设置颗粒与颗粒,颗粒与滑面之间的力学参数,就可以分析颗粒体系的运动过程、进一步可应用于滑坡灾害分析的预测与反演反馈分析。获取模型外表面方法参见拙著《颗粒流数值模拟技巧与实践》(石崇、徐卫亚著)。

图 6-59　利用连续数值模型的模型表面导入复杂 wall

例6-3为一滑槽试验装置的生成，其实现可以分四步：①按照坐标先生成滑槽wall，也可在AutoCAD中绘制（空间多段线形式），然后利用wall import导入，还可在AutoCAD中采用3DFACE建立，自编程序转化为wall的生成命令，模型共由32个wall和43883个pebble构成；②在试样容器内采用球谐函数三维簇生成方法生成一定数量的颗粒，也可采用颗粒模板利用clump distribute生成簇；③施加自重让颗粒逐步固结到滑槽顶部的料仓内；④删除料仓挡板，让颗粒沿着滑槽运动，研究接触、细观特征等参数对滑坡运动过程的影响。颗粒滑槽运动模型如图6-60所示。

例6-3 滑槽试验模拟算例

New
  domain extent −2.0 2.0 −7.0 2.0 −2.0 2.0
  cmat default model linearpbond property kn 3.0e8 ks 2e8 fric 0.3
  set random 12001
;此处省略clump的生成
cl property kn 3e8 ks 2e8 pb_r 0.8 pb_kn 7e8 pb_ks 3.0e8 fric 0.29 pb_ten 1.0e8 pb_shear 1.0e8 range id 1　84
wall generate id 1 cylinder base(0.0 0.0 0.0) height　1.1491886 radiu 0.100000
wall generate id=4　polygon　(−0.15,−0.10,−0.2)　(−0.15,−0.10,0.21)　(0.15,−0.10,0.21)　(0.15,−0.10,−0.2)
wall generate id=5　polygon　(0.15,−0.10,−0.2)　(0.15,−0.10,0.21)　(0.15,0.10,0.21)　(0.15,0.10,0.0)
wall generate id=6　polygon　(−0.15,0.10,0.0)　(0.15,0.10,0.0)　(0.15,0.10,0.21)　(−0.15,0.10,0.21)
wall generate id=7　polygon　(−0.15,0.10,0.0)　(−0.15,0.10,0.21)　(−0.15,−0.10,0.21)　(−0.15,−0.10,−0.2)
wall generate id=8　polygon　(−0.15,−0.10,−0.2)　(0.15,−0.10,−0.2)　(0.15,0.10,0.0)　(−0.15,0.10,0.0)
wall generate id=9　polygon　(−0.15,−0.10,−0.2)　(0.15,−0.10,−0.2)　(0.15,−1.10,−1.2)　(0.15,−1.10,−1.2)　(0.15,−0.10,−0.2)
wall generate id=10　polygon　(−0.15,−0.10,−0.2)　(−0.15,−0.10,0.21)　(−0.15,−1.31,−0.99)　(−0.15,−1.10,−1.2)
wall generate id=11　polygon　(0.15,−0.10,0.21)　(0.15,−0.10,−0.2)　(0.15,−1.10,−1.2)　(0.15,−1.31,−0.99)
wall generate id=12　polygon　(0.15,−1.10,−1.2)　(−0.15,−2.15,−1.6)　(0.15,−2.15,−1.6)　(0.15,−1.10,−1.2)
wall generate id=13　polygon　(−0.15,−1.31,−0.99)　(−0.15,−2.22,−1.48)　(−0.15,−2.15,−1.6)　(−0.15,−1.1,−1.2)
wall generate id=14　polygon　(0.15,−1.31,−0.99)　(0.15,−1.10,−1.2)　(0.15,−2.15,−1.6)　(0.15,−2.22,−1.48)
wall generate id=15　polygon　(−0.15,0.10,0.0)　(−0.15,0.05,−0.05)

(−0.15,0.05,−1.6)　(−0.15,0.10,−1.6)
wall generate id=16　polygon　(−0.15,0.05,−0.05)　(−0.1,0.05,−0.05)　(−0.1,0.05,−1.6)　(−0.15,0.05,−1.6)
wall generate id=17　polygon　(−0.1,0.05,−0.05)　(−0.1,0.1,0.0)　(−0.1,0.1,−1.6)　(−0.1,0.05,−1.6)
wall generate id=18　polygon　(−0.1,0.1,0.0)　(−0.15,0.1,0.0)　(−0.15,0.1,−1.6)　(−0.1,0.1,−1.6)
wall generate id=19　polygon　(0.15,0.10,0.0)　(0.15,0.05,−0.05)　(0.15,0.05,−1.6)　(0.15,0.10,−1.6)
wall generate id=20　polygon　(0.15,0.05,−0.05)　(0.1,0.05,−0.05)　(0.1,0.05,−1.6)　(0.15,0.05,−1.6)
wall generate id=21　polygon　(0.1,0.05,−0.05)　(0.1,0.1,0.0)　(0.1,0.1,−1.6)　(0.1,0.05,−1.6)
wall generate id=22　polygon　(0.1,0.1,0.0)　(0.15,0.1,0.0)　(0.15,0.1,−1.6)　(0.1,0.1,−1.6)
wall generate id=23　polygon　(−0.15,−1.05,−1.15)　(−0.15,−1.1,−1.2)　(−0.15,−1.1,−1.6)　(−0.15,−1.05,−1.6)
wall generate id=24　polygon　(−0.15,−1.1,−1.2)　(−0.1,−1.1,−1.2)　(−0.1,−1.1,−1.6)　(−0.15,−1.1,−1.6)
wall generate id=25　polygon　(−0.1,−1.1,−1.2)　(−0.1,−1.05,−1.15)　(−0.1,−1.05,−1.6)　(−0.1,−1.1,−1.6)
wall generate id=26　polygon　(−0.1,−1.05,−1.15)　(−0.15,−1.05,−1.15)　(−0.15,−1.05,−1.6)　(−0.1,−1.05,−1.6)
wall generate id=27　polygon　(0.15,−1.05,−1.15)　(0.15,−1.1,−1.2)　(0.15,−1.1,−1.6)　(0.15,−1.05,−1.6)
wall generate id=28　polygon　(0.15,−1.1,−1.2)　(0.1,−1.1,−1.2)　(0.1,−1.1,−1.6)　(0.15,−1.1,−1.6)
wall generate id=29　polygon　(0.1,−1.1,−1.2)　(0.1,−1.05,−1.15)　(0.1,−1.05,−1.6)　(0.1,−1.1,−1.6)
wall generate id=30　polygon　(0.1,−1.05,−1.15)　(0.15,−1.05,−1.15)　(0.15,−1.05,−1.6)　(0.1,−1.05,−1.6)
wall generate id=31　polygon　(0.15,0.1,−1.6)　(−0.15,0.10,−1.6)　(−0.15,−2.15,−1.6)　(0.15,−2.15,−1.6)
wall generate id=32　polygon　(−1,−2.15,−1.6)　(−1,−5.15,−1.6)　(1,−5.15,−1.6)　(1,−2.15,−1.6)
w p kn=3e9 ks=2e9 fric 0.3
clump attribute density 2800 damp 0.0
set gravity 10.0
set timestep auto

```
wall delete range set id 1
wall at zv 0.5 rang id 2
cycle 100000
wall delete range set id 2 3 4
clump attribute damp 0.0
cycle 1000000
save stone_slide_along_surface
```

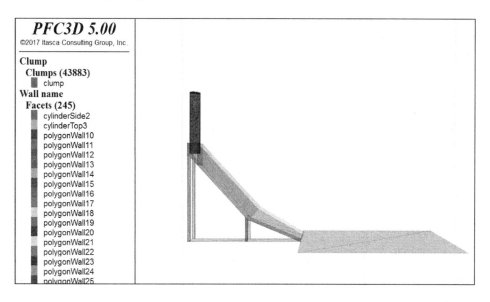

(a) 模型wall与簇的初始生成

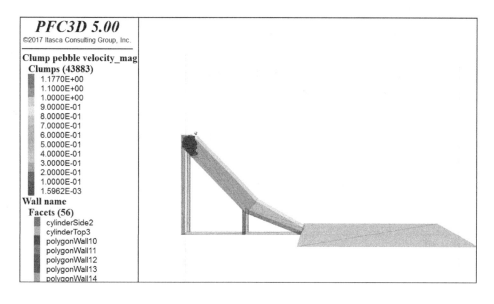

(b) 滑动前初始状态

图 6-60 颗粒滑槽运动模型（一）

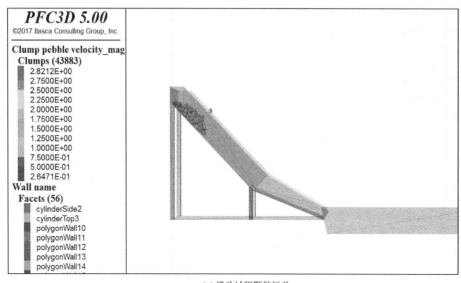

(c) 滑动过程颗粒运动

图 6-60　颗粒滑槽运动模型（二）

6.6　本章总结

研究胶凝混合体、土石混合体等需要考虑细观特征影响的介质性质时，其材料的物理特性往往是其变形、强度变形特性的内在本质原因。此时必须充分研究起决定作用的接触性质，开展数值模拟，才能得到良好的效果。根据本章研究成果，以下几个问题需要注意：

（1）任何骨架颗粒的扫描与提取都无法代表复杂的混合介质，因此建立合理的颗粒构造技术，开展随机构形研究，进一步得到统计性力学参数更有代表意义。

（2）二维问题可采用手工绘制或者数字图形识别等方式获取其轮廓特征，但是由于自然界没有完全相同的颗粒，任何数量的统计都很难说具有代表性，此时可以采用多边形随机构成或者傅立叶分析进行颗粒重构。

（3）三维颗粒的识别一般采用激光扫描或者CT扫描等技术，但是颗粒表面轮廓往往由几十至几百万个空间闭合三角形面围成，导入PFC3D往往无法直接使用，此时可以采用本书6.5.3节介绍方法对颗粒进行简化，保证每个颗粒轮廓由2000～5000个三角形面构成，往往能获得较好的精度，计算量也可以承受。

第7章 岩体爆破破坏效应颗粒流数值模拟

目前，在爆破破岩机理方面，被大多数学者普遍接受的理论是爆炸应力波和爆生气体综合作用理论，此理论认为二者均在介质破坏过程中起着重要作用。严成增等认为应力波使得岩体产生初始径向裂隙后，爆生气体膨胀并嵌入裂隙中，引起裂隙的扩张，爆生气体对岩体的破裂和抛掷起主要作用。虽然二者对岩体均造成损伤，但 L. F. Trivino 等通过研究认为应力波和气体膨胀对岩石损伤的相对贡献量更能揭示爆破破岩机理。

为了研究爆破破岩动态过程的发展规律，国内外学者在岩体裂隙发展规律、爆炸应力波传播规律、爆炸动态过程的影响因素等方面进行了大量研究。王发青研究了岩体在爆炸荷载作用下裂纹扩展的影响因素，探讨了砂岩爆破裂纹扩展机理，以及地应力、自由面和节理等因素对爆破裂纹扩展的影响，认为岩体裂隙在爆炸作用下的产生及发展，是岩体被破碎、抛掷的先决条件，裂隙的发展对爆破效果有着重要影响。Ali Fakhimi 等认为气、岩相互作用可以在岩石中产生几个连续的压缩波，随着较弱的二次和三次波与裂纹尖端相互作用，导致径向裂纹随时间进一步延伸。Li Xing 等研究了爆炸荷载作用下的岩石动态断裂问题，也验证了这一问题。

爆炸应力波在岩石介质中的传播规律一直是岩石爆破领域的重要研究方向，Chen Shi-hai 等通过将塑性剪切模量引入到弹性和塑性波的控制方程中，得到了岩石中弹性和塑性应力波的解析解，并通过组合爆源应力的解析解和经验公式，提出弹性带边界等效荷载的简化表达式，为爆炸荷载的施加提供了依据。

但是大量实践与数值模拟表明：影响岩体爆破破坏动态过程的因素众多，节理特征、钻孔直径、应力波峰值等。而爆炸动态过程的理论解析，对爆炸动态过程影响因素的研究具有重大的参考价值。在爆炸破岩研究中，借助室内、现场试验研究成本高、不安全，所以当前主要依靠数值方法进行研究。目前的数值方法主要是依托 LS-dyna 法，它在模拟流体耦合方面具有很好的效果，但在研究岩体破坏过程方面，计算结果不甚理想。本章基于颗粒离散元方法，探讨了球形点装药的加载形式、边界施加方法，在此基础上探讨爆炸破岩机理、验证爆破工程的各种力学效应，为工程建设和理论研究提供参考。

7.1 离散元数值模型的建立

7.1.1 炸点颗粒膨胀加载法

集中药包作用下，爆炸应力波从爆炸点以球面波的形式向外传播，通常可将其等效为脉冲应力波。在此将其简化为上升、下降时间相等的半正弦波，如图 7-1 所示。其表达式为：

$$p(t) = \frac{A}{2}\left(1.0 - \cos\left(\frac{2\pi}{\Delta T}t\right)\right) \qquad (7.1.1)$$

式中，A 为炮孔内的压力峰值，ΔT 为半正弦波的作用时间，t 为持续时间，$p(t)$ 为气体压力。

一般常规爆破作用时间小于 10ms，此处取 $\Delta T = 10\text{ms}$。因此，只要给炮孔壁施加与爆炸荷载相应的爆炸应力波，就可以模拟爆炸作用。

耦合装药时，药室壁受到的冲击压力 p_2 为：

$$p_2 = p_c \frac{2}{1 + \rho_0 D / \rho_{r0} c_p} \qquad (7.1.2)$$

式中，ρ_0 为炸药的密度；ρ_{r0} 为岩石的密度；c_p 为岩体中纵波波速；$D = 4\sqrt{Q_v}$，Q_v 为炸药的爆热；p_c 为爆轰波阵面的压力，$p_c = \rho_0 D^2 / 4$。

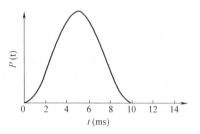

图 7-1 爆炸应力波示意图

不耦合装药时，药室壁受到的冲击压力 p_2 将会快速衰减，到达孔壁时衰减为：

$$p_2 = \frac{1}{8}\rho_0 D^2 \left(\frac{V_c}{V_b}\right)^3 n \qquad (7.1.3)$$

式中，V_c、V_b 为炸药体积和药室体积；n 为增大倍数，$n = 8 \sim 11$。

如图 7-2 所示，中间圆表示炸点颗粒，外圆为膨胀后颗粒，当颗粒膨胀时，会跟周围岩石的颗粒体系产生叠加量。根据颗粒接触原理，假定原始药包半径为 r_0，固定炸点中心，增大爆炸颗粒半径，当其膨胀到爆破空腔半径时，作用于岩石壁上的压力为 p_2，会对周围的岩石颗粒产生径向推力，该推力和为：$F = K_n d_r = 2\pi r_0 p_2$。在已知接触刚度、爆炸压力条件下，颗粒半径变化的峰值为：

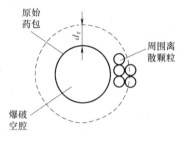

图 7-2 集中装药爆炸作用施加示意图

$$d_r = \frac{2\pi r_0 p_2}{K_n} \qquad (7.1.4)$$

式中，K_n 为颗粒间接触刚度；r_0 为药包半径；p_2 为设计孔壁压力；d_r 为药包颗粒膨胀量。

因此只要令加载颗粒的半径按照式（7.1.4）与式（7.1.1）发生变化，颗粒即可将爆炸产生的压力作用于岩体介质。

7.1.2 应力波传播的动边界条件

颗粒流方法是采用圆球或者圆盘模拟接触关系，通过颗粒间的组合来模拟岩土介质的力学性质。对于处于弹性状态的连续介质，也可采用颗粒流方法表示。

假设在波的传播方向上有两个接触的颗粒，半径相同，且假定颗粒均为单位厚度的圆盘，如图 7-3

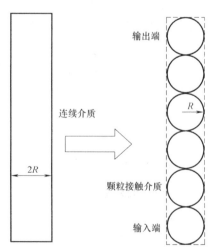

图 7-3 颗粒应力传递关系

所示在人工边界（一般包括入射边界与透射边界）上，由于本构特性要求，边界需要吸收掉入射波动能，以模拟无限介质。在颗粒流方法中，可以对边界颗粒施加边界力来满足这一要求。

边界力与颗粒运动速度的关系为：

$$F = -2R\rho C \dot{u} \tag{7.1.5}$$

式中，R 为颗粒半径，ρ 为介质密度，C 为波速，$\dot{u}$ 为颗粒的运动速度。

同理，若在模型边界处指定边界颗粒的接触力，则可模拟透射边界。这与连续介质中的黏滞阻尼是一致的。

假设边界存在入射振动波 $\dot{U}(t)$，考虑透射作用，则需要将入射波振幅增加一倍，以防止能量被吸收后造成振幅减半，则含有输入应力的颗粒间接触力为：

$$F = 2R\rho C [2\dot{U}(t) - \dot{u}] \tag{7.1.6}$$

然而，在爆破作用过程中，应力波传播的弥散效应不可忽视，因此上式需要考虑修正系数，才能获得相对理想的结果。

$$F = \begin{cases} -\xi \cdot 2R\rho C_{\mathrm{p}} \dot{u}_n, \text{法向} \\ -\eta \cdot 2R\rho C_{\mathrm{s}} \dot{u}_s, \text{切向} \end{cases} \tag{7.1.7}$$

式中，ξ、η 分别为纵波、横波弥散效应修正系数，C_{p}、C_{s} 分别为纵波波速、横波波速，$\dot{u}_n$、$\dot{u}_s$ 分别为颗粒的法向、切向运动速度。

确定弥散效应修正系数需要根据实际计算的颗粒体系进行参数标定，为了说明这一过程，建立如图7-4（a）所示的宽20m、高10m的岩体区域，颗粒半径范围为16.75～25.13mm的数值模型。在其左侧施加近正弦冲击波，为了使模型处于弹性状态，其峰值取为1.0，在模型的左侧、中间、右侧分别布置10个测点，以监测纵波传播、横波传播时的波形、峰值，从而标定出合适的弥散效应修正系数。模型中ξ、η均取0.35，得到的应力波效果良好（图7-4）。

7.1.3 宏观—细观岩体力学参数对应模型

岩体在爆炸作用下的破坏属于高应变率破坏，为了模拟岩体的动力特性，首先开展了不同应变率下常规三轴试验，试样为流纹岩，试验曲线如图7-5所示，并借助颗粒流方法构造岩石试样，进而标定细观力学参数，见表7-1所列。

利用颗粒流方法构造宽2m、高4m的岩石模型。在构造数值模型时，首先在长方形区域内生成半径范围为16.75～25.13mm的球形颗粒，然后采用Cundall等提出的伺服机制使颗粒压紧，再对颗粒间的接触赋予参数，进行不同应变率、围压作用下应力应变曲线模拟，如图7-6所示，每个试样共有颗粒4684个，颗粒间的接触采用平行黏结模型，该模型由平行黏结部分与线性接触部分构成，其中线性部分仅仅在受压状态下有效，当平行黏结破坏时即退化为线性接触模型。为了与后续爆炸模拟的数值模型一致，参数标定模型必须采用相同的颗粒构成。

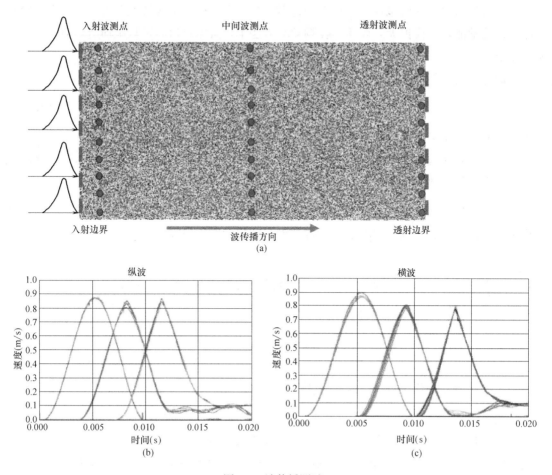

图 7-4 波传播测试

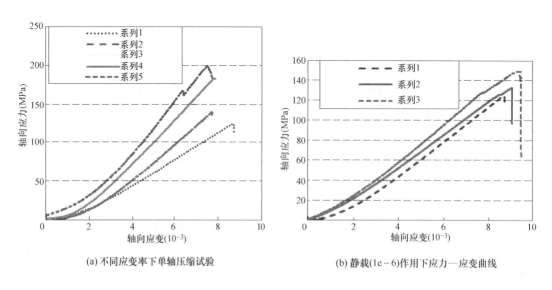

(a) 不同应变率下单轴压缩试验

(b) 静载(1e-6)作用下应力—应变曲线

图 7-5 常规三轴下应力—应变曲线

计算采用的细观力学参数　　　　　　　　　　　　　　　　　　　　表 7-1

颗粒参数	取值	黏结参数	取值
颗粒最小半径(mm)	16.7	Pb_deform_kratio	3.0
颗粒最大半径(mm)	25.1	Deform_emod	45e9
颗粒密度(kg/m³)	3000	Pb_ten	3.75e8
法向与切向接触阻尼比	0.7/0.5	Pb_coh	1.25e8
摩擦系数	0.8	kratio	3.0
Pb_deform_emod	45e9		

对常规三轴下应力—应变曲线进行分析拟合，得出了岩石动态下的刚度与强度增量的理论公式：

$$\mathrm{d}K_\mathrm{c} = \left[\frac{(2.733 \cdot \lg(\dot{\varepsilon}_\mathrm{c}/\dot{\varepsilon}_\mathrm{c0}) + 24.14)}{17.114} - 1.0\right] \cdot K_\mathrm{c0} \qquad (7.1.8)$$

$$\mathrm{d}\sigma_\mathrm{c} = \left[\frac{(14.317 \cdot \lg(\dot{\varepsilon}_\mathrm{c}/\dot{\varepsilon}_\mathrm{c0}) + 139.37)}{133.09} - 1.0\right] \cdot \sigma_\mathrm{c0} \qquad (7.1.9)$$

式中，K_c0、σ_c0 分别为静载受压状态下的刚度、黏结力，$\dot{\varepsilon}_\mathrm{c}$、$\dot{\varepsilon}_\mathrm{c0}$ 分别为动载、静载状态下的应变率（法向与切向同比例变化）。

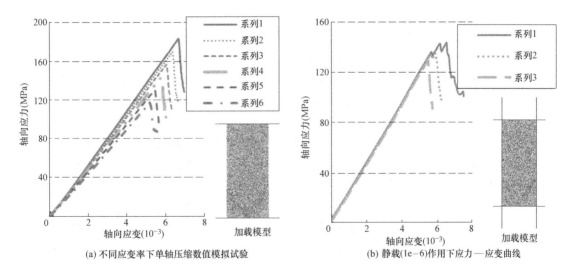

(a) 不同应变率下单轴压缩数值模拟试验　　　(b) 静载(1e-6)作用下应力—应变曲线

图 7-6　颗粒流模拟的常规三轴下应力—应变曲线

7.2 岩体爆炸破岩过程机理分析

采用图 7-4 所示的数值模型，宽 20m、高 10m 的岩体区域，将爆炸中心设置于模型中间、埋深 2.0m 的位置，并监控不同时刻的应力波传播状况（图 7-7）。爆炸发生后，爆源周围岩体在冲击波作用下产生径向压缩形成粉碎区，粉碎区半径约为装药半径的 3 倍。粉碎区形成后，冲击波迅速衰减为应力波，当应力波在自由表面发生反射产生拉应力时，岩体发生破裂，形成层裂现象。

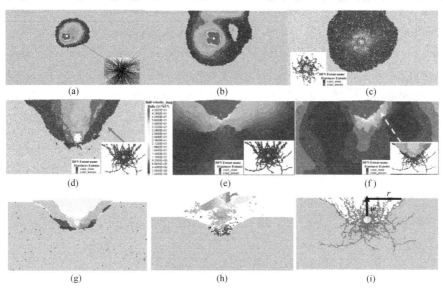

图 7-7 爆炸过程示意图

在爆破过程中，装药内部能量快速地转化为机械能、热能、光能等，它们以振动响应的形式向药包周边岩石介质突跃传播，并对周围岩石介质产生相应的作用。如图 7-7（a）所示，该阶段为爆源引爆初期，爆轰压力急剧冲击药包周围的岩石并形成了粉碎区。炸药爆炸在岩体中产生的冲击波或应力波传播到自由面时，将产生由反射形成的拉伸波，如图 7-7（b）中模型顶部自由面附近出现的拉应力区所示。当应力达到岩石的抗拉强度或抗剪强度时，均会形成裂隙，而岩石裂隙的发展速度小于应力波的传播速度，正如图 7-7（c）所示，其裂隙的发展范围小于应力波的传播范围。随着爆炸的进一步发展，会形成如图 7-7（d）所示的较明显的推裂区。而在离爆源较远的区域中，由应力波引起的应力状态和爆轰气体压力建立的准静应力场均不足以使岩石破坏，所以如图 7-7（e）所示在离爆源较远的区域中裂隙不再发展。如图 7-7（f）所示，在爆炸作用下，岩石介质中存在着塑性区与弹性区，并且在自由面附近由于入射波和反射波的叠加构成了岩石介质中的复杂应力状态。随着应力波的进一步作用，会形成如图 7-7（g）所示的漏斗状抛掷区，并在初始抛掷速度和自重的作用下岩块开始抛掷[图 7-7（h）]，并最终形成如图 7-7（i）所示的爆破漏斗。

基于数值模拟反映的岩体破坏过程与实践中爆炸后应力波传播机理非常吻合，表明采用该方法进行爆炸破岩过程模拟是可行的

7.3 爆破破岩效应验证探讨

当埋入岩石中的炸药包临近自由面时，即半无限介质中的爆破作用，炸药爆炸除在其周围岩石中产生粉碎区、裂隙区和震动区之外，还会造成地表附近的岩石破坏，形成爆破漏斗。

为进一步研究影响爆破效果的因素,以下利用颗粒流方法分别对不同的药包埋深、不同的炮孔压力、不同的炸点膨胀比进行数值模拟研究。为了对爆破漏斗[图7-7(i)]进行对比,定义爆破作用指数:

$$n = \frac{r}{w} \tag{7.3.1}$$

式中,n 为评价爆破作用的指数,r 为漏斗开头半径;w 为漏斗深度。

另外,定义炸点膨胀比为炸药颗粒膨胀后的最大半径/初始半径,用其分析炸药膨胀做功的能力。

7.3.1 药包埋深对爆破效果的影响

分别对药包埋深为2m、1m、0.1m的情况进行数值模拟。由图7-8可知,此三种埋深下均形成了不同形状的爆破漏斗,即炸药的埋置深度小于炸药埋置的临界深度。图7-8(a)中形成的爆破作用指数 $n=1.30$,接近于标准抛掷爆破漏斗,此时爆破漏斗体积较大,能够实现较好的爆破率。图7-8(b)中的爆破作用指数 $n=2.56$,图7-8(c)中的爆破作用指数 $n=3.06$,三者均为加强抛掷漏斗,这表明药包埋置越浅,越容易造成抛掷效应。这与工程爆破中,需要根据岩石的性质,选取合理的药包埋深,使爆破作用指数处于合理范围内是一致的。

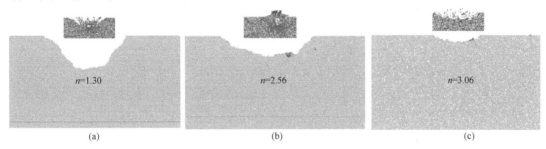

图 7-8 不同埋深下爆破效果图

7.3.2 炮孔压力对爆破效果的影响

假定炸点膨胀比均为3的情况下,分别对炮孔峰值压力为20MPa、100MPa、200MPa的爆破过程进行数值模拟。如图7-9所示,三种情况下爆破作用指数均较为接近,而压力越大抛掷的块体块度越小。这说明炮孔峰值压力对爆破抛掷出的岩体的破碎程度有较大的影响。峰值压力为20MPa时,爆破抛掷出的岩体破碎程度较低,块体较大;峰值压力为200MPa时,爆破抛掷出的岩体破碎程度最高,岩体破碎严重。因此在实际工程中为取得不同破碎程度的爆破抛掷岩块,可以通过选用不同类型的炸药、控制炮孔峰值压力来获得目标。

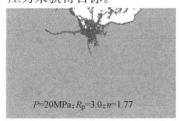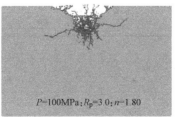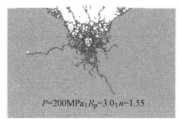

图 7-9 不同炮孔压力下形成的爆破漏斗

7.3.3 炸点膨胀比对爆破效果的影响

由颗粒离散元原理可知，该比值越大预示炸药做功能力越强，为了分析这一过程，分别对炸点膨胀比为2.0、3.0、5.0的情况进行数值模拟，并在爆炸点上方每隔0.2m设置一个监测点，在爆炸点左侧每隔1m设置一个监测点［图7-10（d）］，数值模拟结果如图7-10所示。可见当膨胀比为2.0时，形成的爆破漏斗为松动爆破漏斗，此时爆破漏斗内的岩石被破坏、松动，但不被抛出漏斗坑外。当膨胀比为3.0和5.0时，均为加强抛掷漏斗，随着炸点膨胀比的增加，爆破漏斗抛掷的岩体分层数越多，岩体越破碎。由监测所得的爆炸应力随时间的变化曲线可知，爆炸应力在起爆后随着应力波的传播，衰减均很迅速。对不同膨胀比下的各应力监控数据进行分析处理，可得出不同膨胀比下的最大爆炸应力曲线如图7-11所示；当膨胀比小于5时，最大爆炸应力与膨胀比近似成线性相关；膨胀比大于5时，最大爆炸应力随膨胀比增大的速率减慢。因此在工程爆破时可选取膨胀比为2～4，这也与工程中爆炸粉碎区半径约为3倍药包半径的现象相吻合。

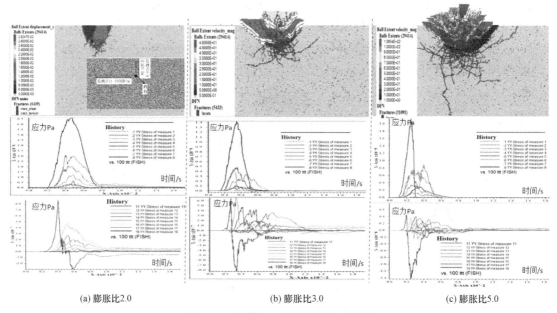

图 7-10　不同炸点膨胀比爆破效果图

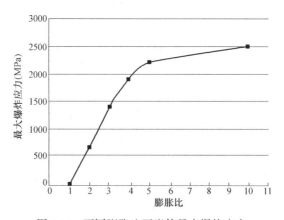

图 7-11　不同膨胀比下岩体最大爆炸应力

7.4 微差爆破效应验证

微差爆破是常见的控制爆破方法，为了分析其错峰效应、破碎效应，在图 7-4 所示岩石范围内。分别对三点同时爆破［图 7-12（a）］和三点微差爆破［图 7-12（b）］进行数值模拟，药包埋深均为 2m，横向间距均为 2m，得出爆破效果如图 7-12 所示。由图 7-12（a）知，三孔同时起爆，其自由面均为同一自由面，爆破漏斗横向扩展范围较大，即爆破漏斗半径较大，其爆炸作用下抛掷的岩块较大。图 7-12（b）采取微差爆破，中间药包先起爆，两侧的药包延时 10ms 起爆。第一个药包起爆 5ms 后，即爆破应力达到峰值应力后，爆破漏斗下方的岩体中所产生的岩体裂隙停止发展，而裂隙仅在爆破漏斗内部的岩体中继续发展，使得抛掷的岩块更为破碎。两侧所设置的爆炸点在第一个药包爆炸所产生的爆破漏斗的范围之外，即第一个药包爆炸并未破坏两侧的爆炸点。在两侧爆炸点起爆的时候，由于第一个药包爆炸已经产生了爆破漏斗，对两侧的爆炸点而言其有两个自由面，而其最小抵抗线所对应的自由面为 OA 面（OB 面），而非上表面。因此两侧会形成分别以 OA 面、OB 面为自由面的爆破漏斗。微差爆破的三个爆破漏斗的叠加使得其爆破半径和爆破作用指数相对同时起爆时所产生的爆破半径和爆破作用指数小，且微差爆破所产生的抛掷岩块较为破碎。因此，利用微差爆破效应可以更有效地控制爆破漏斗的形状，更精准地将爆破漏斗区域控制在目标区域内。

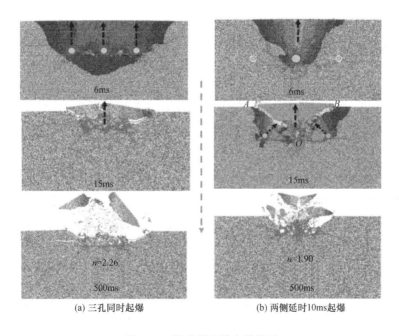

图 7-12 微差爆破效应效果图

其中，三炸点微差爆破实现命令流见例 7-1。

例 7-1 典型命令（三炸点微差爆破）说明

```
new
res ini_model
```

```
define identify_floaters    ;删除浮动颗粒
    loop foreach local ball ball.list
        ball.group.remove(ball,'floaters')
        local contactmap = ball.contactmap(ball)
        local size = map.size(contactmap)
        if size <= 1 then
            ball.group(ball) = 'floaters'
        endif
    endloop
end
;@identify_floaters
;ball delete range group 'floaters'
;clean
set fish callback 1.0 remove @servo_walls
def wave_transform_parameters
    rocDensity=2500.0
    WaveSpeed=3000.0
    freq=100.
end
@wave_transform_parameters
;looking for boundary
def panduan
    xxmin=100000.
    xxmax=-100000.
    yymin=100000.
    rrmin=1000000000.
    rrmax=-10000000.
    loop foreach local bp ball.list
        rrr=ball.radius(bp)
        if rrmin>rrr then
            rrmin=rrr
        endif
        if ball.id(bp)<500000
            if rrmax<rrr
                rrmax=rrr
            endif
        endif
        xx1=ball.pos.x(bp)+ball.radius(bp)
        xx2=ball.pos.x(bp)-ball.radius(bp)
```

```
            yy2=ball.pos.y(bp)-ball.radius(bp)
            if xx1>xxmax then
                xxmax=xx1
            endif
            if xx2<xxmin then
                xxmin=xx2
            endif
            if yy2<yymin then
                yymin=yy2
            endif
        end_loop
end
@panduan
ball group'left_right' range x [xxmin-0.1][xxmin+0.1]
ball group'left_right' range x [xxmax-0.1][xxmax+0.1]
ball group'bottom' range y [yymin-0.5][yymax+0.2]
def basic_parameters1
    loading_rate=1e-5
    xishu_e=(2.7333 * math.log(loading_rate/1e-5)+24.14)/17.114
    xishu_s=(14.317 * math.log(loading_rate/1e-5)+139.37)/133.09
    emod_max=50e9 * xishu_e
    pb_emod_max=50e9 * xishu_e
    pb_ten_m=3.75e8 * xishu_s
    pb_ten_c=1.25e8 * xishu_s
end
@basic_parameters1
ball attribute damp 0.3
ball attribute density 3000.
ball free yvel range id 1000000
wall attribute vel multiply 0.0
ball attribute velocity multiply 0.0
ball fix xvel spin ran group'left_right'
ball fix yvel spin ran group'bottom'
wall delete walls range id 3 not
set grav 9.80
cyc 20000
[apply_verticle_force=0]
def apply_verticle_force
    yforce=wall.force.contact.x(wadd3)
```

```
        syy_new=yforce/20.0
        if -syy_new>1e6 then
            apply_verticle_force=1
        endif
end
wall attribute yvel -0.01 range id 3
solv fishhalt @ apply_verticle_force
wall delete walls
contact model linearpbond range contact type 'ball-ball'
contact method bond gap 0.0
contact method deform emod [emod_max] krat 3.0 range contact type 'ball-ball'
contact method pb_deform emod [pb_emod_max] kratio 3.0 range contact type 'ball-ball'
contact property dp_nratio 0.7 dp_sratio 0.5 range contact type 'ball-ball'
contact property fric 0.0 range contact type 'ball-ball'
contact property lin_mode 1 pb_ten [pb_ten_m] pb_coh [pb_ten_c] range contact type 'ball-ball'
save balance
res balance
wall delete walls
ball attribute velocity multiply 0.0
ball attribute displacement multiply 0.0
ball attribute contactforce multiply 0.0 contactmoment multiply 0.0
ball free vel spin ran group 'left_right'
ball free vel spin ran group 'bottom'
ball fix vel range id 1000000
ball create id 1000001 position 12.0 8.0 radius 0.1
ball create id 1000002 position 8.0 8.0 radius 0.1
;@identify_floaters
;ball delete range group 'floaters'
def basic_parameters1
    loading_rate=1e-5
    xishu_e=(2.7333 * math.log(loading_rate/1e-5)+24.14)/17.114
    xishu_s=(14.317 * math.log(loading_rate/1e-5)+139.37)/133.09
    emod_max=50e9 * xishu_e
    pb_emod_max=50e9 * xishu_e
    pb_ten_m=3.75e8 * xishu_s
    pb_ten_c=1.25e8 * xishu_s
end
```

```
@basic_parameters1
contact model linearpbond range contact type 'ball-ball'
contact method bond gap 0.0
contact method deform emod [emod_max] krat 3.0 range contact type 'ball-ball'
contact method pb_deform emod [pb_emod_max] kratio 3.0 range contact type 'ball-ball'
contact property dp_nratio 0.7 dp_sratio 0.5 range contact type 'ball-ball'
contact property fric 0.0 range contact type 'ball-ball'
contact property lin_mode 1 pb_ten [pb_ten_m] pb_coh [pb_ten_c] range contact type 'ball-ball'
def change_paraters_according_to_strainrate
    loop foreach local cp contact.list
        s=contact.model(c)
        bp1=contact.end1(cp)
        bp2 = contact.end2(cp)
        vx1=ball.vel.x(bp1)
        vy1=ball.vel.y(bp1)
        vx2=ball.vel.x(bp2)
        vy2=ball.vel.y(bp2)
        dvx=vx2-vx1
        dvy=vy2-vy1
        if math.sqrt(dvx^2+dvy^2)>0.1 then
            vdirec_x=ball.pos.x(bp2)-ball.pos.x(bp1)
            vdirec_y=ball.pos.y(bp2)-ball.pos.y(bp1)
            ddddd=math.sqrt(vdirec_x^2+vdirec_y^2)
            knnn=contact.prop(cp,'pb_kn')
            ksss=contact.prop(cp,'pb_ks')
            kn=contact.prop(cp,'kn')
            ks=contact.prop(cp,'ks')
            vdirec_x=vdirec_x/ddddd
            vdirec_y=vdirec_y/ddddd
            vrate=math.abs(dvx*vdirec_x+dvy*vdirec_y)/ddddd
            xishu_e=(2.7333*math.log(loading_rate/1e-5)+24.14)/17.114
            xishu_s=(14.317*math.log(loading_rate/1e-5)+139.37)/133.09
            contact.prop(cp,'pb_kn')=knnn*xishu_e
            contact.prop(cp,'pb_ks')=ksss*xishu_e
            contact.prop(cp,'pb_ten')=3.75e8*xishu_s
            contact.prop(cp,'pb_coh')=1.25e8*xishu_s
        endif
```

```
        endloop
end
;set fish callback 7.0 @change_paraters_according_to_strainrate
define blasting_hole
    loop foreach local bp ball.list
        px = ball.pos.x(bp)
        py = ball.pos.y(bp)
        dd=math.sqrt((px-blasting_x)^2+(py-blasting_y)^2)
        dd2=math.sqrt((px-12.0)^2+(py-8.0)^2)
        dd3=math.sqrt((px-8.0)^2+(py-8.0)^2)
        id=ball.id(bp)
        if id<500000 then
        if dd<0.15 then
            ball.group(bp)='blasting_hole'
        endif
        if dd2<0.15 then
            ball.group(bp)='blasting_hole'
        endif
        if dd3<0.15 then
            ball.group(bp)='blasting_hole'
        endif
        endif
    endloop
end
@blasting_hole
ball delete range group 'blasting_hole'
contact property lin_mode 1 pb_ten 1e0 pb_coh 1e0 range group 'blasting_hole'
contact property kn 5.76e6 ks 1.92e6 range group 'blasting_hole'
[wavespeed222=2000.0]
define boundary_condition
    loop foreach local bp ball.list
        sss = ball.group(bp)
        if sss='left_right' then
            xvel000=ball.vel.x(bp)
            yvel000=ball.vel.y(bp)
            ball.force.app(bp,1)=-rocDensity * WaveSpeed * xvel000 * 2.0 * ball.radius(bp) * 0.35
            ball.force.app(bp,2)=-rocDensity * WaveSpeed222 * yvel000 * 2.0 * ball.radius(bp) * 0.35
```

```
            endif
        if sss = 'bottom' then
            xvel000=ball. vel. x(bp)
            yvel000=ball. vel. y(bp)
            ball. force. app(bp,1)=-rocDensity * WaveSpeed * xvel000 * 2.0 * ball. radius(bp) * 0.35
            ball. force. app(bp,2)=-rocDensity * WaveSpeed222 * yvel000 * 2.0 * ball. radius(bp) * 0.35
        endif
    endloop
end
set fish callback -1 @boundary_condition
define boundary_condition_new
    loop foreach local bp ball. list
        sss = ball. group(bp)
        if sss = 'left_right' then
            x0=ball. pos. x(bp)
            y0=ball. pos. y(bp)
            vx=x0-blasting_x
            vy=y0-blasting_y
            dd=math. sqrt(vx^2+vy^2)
            vx=vx/dd
            vy=vy/dd
            xvel000=ball. vel. x(bp)
            yvel000=ball. vel. y(bp)
            vel_nor=xvel000 * vx+yvel000 * vy
            vel_she=-xvel000 * vy+yvel000 * vx
            force_normal=-ball. density(bp) * WaveSpeed * vel_nor * 2.0 * ball. radius(bp) * 0.35
            force_shear=-ball. density(bp) * WaveSpeed222 * vel_she * 2.0 * ball. radius(bp) * 0.35
            ball. force. app(bp,1)=force_normal * vx+force_shear * (-vy)
            ball. force. app(bp,2)=force_normal * vy+force_shear * vx
            ;ball. force. app(bp,1)=-rocDensity * WaveSpeed * xvel000 * 2.0 * ball. radius(bp)
            ;ball. force. app(bp,2)=-rocDensity * WaveSpeed * yvel000 * 2.0 * ball. radius(bp)
        endif
        if sss = 'bottom' then
            x0=ball. pos. x(bp)
            y0=ball. pos. y(bp)
```

```
            vx=x0-blasting_x
            vy=y0-blasting_y
            dd=math.sqrt(vx^2+vy^2)
            vx=vx/dd
            vy=vy/dd
            xvel000=ball.vel.x(bp)
            yvel000=ball.vel.y(bp)
            vel_nor=xvel000*vx+yvel000*vy
            vel_she=-xvel000*vy+yvel000*vx
            force_normal=-ball.density(bp)*WaveSpeed*vel_nor*2.0*ball.radius(bp)*0.35
            force_shear=-ball.density(bp)*WaveSpeed222*vel_she*2.0*ball.radius(bp)*0.35
            ball.force.app(bp,1)=force_normal*vx+force_shear*(-vy)
            ball.force.app(bp,2)=force_normal*vy+force_shear*vx
            ;ball.force.app(bp,1)=-rocDensity*WaveSpeed*xvel000*2.0*ball.radius(bp)
            ;ball.force.app(bp,2)=-rocDensity*WaveSpeed*yvel000*2.0*ball.radius(bp)
        endif
    endloop
end
;set fish callback -1 @boundary_condition_new
;ball delete range group 'blasting_hole'
[ttt000=mech.age]
;ball create id 1000000 position [blasting_x] [blasting_y] radius [blasting_radius]
ball attribute density 1000.0 range id 1000000
def wave
    ttt=mech.age-ttt000
    if ttt>1.0/Freq
        Wave=0.0
        ;Wave2 = 0.0
    else
        Wave = (1.0-math.cos(2.0*math.pi*Freq*ttt))*1.0/2.0
        ;Wave2=math.pi*Freq*math.sin(2.0*math.pi*Freq*ttt)
    endif
end
[yanchi=0.01]
def wave2
    ttt=mech.age-ttt000
        if ttt<yanchi then
```

```
            Wave2=0.0
        endif
    if ttt>(1.0/Freq+yanchi) then
            Wave2 = 0.0
        endif
    if ttt>=yanchi then
        if ttt <= (1.0/Freq+yanchi) then
            Wave2 = (1.0-math.cos(2.0 * math.pi * Freq * (ttt-yanchi))) * 1.0/2.0
        endif
    endif
end
[stress_blasting_max=50e6]
[rrr_now=blasting_radius]
[rrr_max=2.5 * blasting_radius]
[kkknnn=stress_blasting_max * 2.0 * math.pi * (rrr_max+rrr_now)/2.0/(rrr_max-rrr_now)
;[kkknnn=5.76e10/2.0]
ball property kn [kkknnn] ks 0.0 range id 1000000
ball property kn [kkknnn] ks 0.0 range id 1000001
ball property kn [kkknnn] ks 0.0 range id 1000002
ball attribute density 1000 range id 1000001
ball attribute density 1000 range id 1000002
def apply_blasting_loading_method111
    bp= ball.find(1000000)
    ttt=mech.age-ttt000
    r0=ball.radius(bp)
dddrrr=2.0 * math.pi * stress_blasting_max * (rrr_max+rrr_now)/2.0 * wave/kkknnn
;ball.prop(bp,'kn')
    rad111=blasting_radius+dddrrr
    ball.radius(bp)=rad111
    bp2=ball.find(1000001)
    bp3=ball.find(1000002)
dddrrr2=2.0 * math.pi * stress_blasting_max * (rrr_max+rrr_now)/2.0 * wave2/kkknnn ;ball.prop(bp,'kn')
    ball.radius(bp2)=blasting_radius+dddrrr2
    ball.radius(bp3)=blasting_radius+dddrrr2
end
;[blasting_radius=0.15]
```

```
def apply_blasting_loading_method222
    loop foreach local bp ball.list
        x0 = ball.pos(bp,1)
        y0 = ball.pos(bp,2)
        dd=math.sqrt((x0-blasting_x)^2+(y0-blasting_y)^2)
        if dd<blasting_radius
            vx=x0-blasting_x
            vy=y0-blasting_y
            vd=math.sqrt(vx^2+vy^2)
            vx=vx/vd
            vy=vy/vd
            ball.force.app(bp,1)=stress_blasting_max * 2.0 * ball.radius(bp) * vx * wave
            ball.force.app(bp,2)=stress_blasting_max * 2.0 * ball.radius(bp) * vy * wave
        endif
    endloop
end
set fish callback 16.0 @apply_blasting_loading_method111
;set fish callback 17.0@apply_blasting_loading_method222
ball attribute damp 0.05
call fracture.p2fis
@track_init
;history id 3 @crack_num
measure create id 1  x 10.0 y 9.9   radius 0.1
measure create id 2  x 10.0 y 9.5   radius 0.1
measure create id 3  x 10.0 y 9.0   radius 0.1
measure create id 4  x 10.0 y 8.5   radius 0.1
measure create id 5  x 10.0 y 8.2   radius 0.1
measure create id 6  x 10.0 y 7.5   radius 0.1
measure create id 7  x 10.0 y 7.0   radius 0.1
measure create id 8  x 10.0 y 6.0   radius 0.1
measure create id 11 x 9.0  y 8.0   radius 0.1
measure create id 12 x 8.0  y 8.0   radius 0.1
measure create id 13 x 7.0  y 8.0   radius 0.1
measure create id 14 x 6.0  y 8.0   radius 0.1
measure create id 15 x 5.0  y 8.0   radius 0.1
measure create id 16 x 4.0  y 8.0   radius 0.1
measure create id 17 x 3.0  y 8.0   radius 0.1
measure create id 18 x 2.0  y 8.0   radius 0.1
measure create id 19 x 1.0  y 8.0   radius 0.1
```

```
measure create id 20 x 0.1 y 8.0  radius 0.1
history nstep 1
measure hist id 1 stressyy id 1
measure hist id 2 stressyy id 2
measure hist id 3 stressyy id 3
measure hist id 4 stressyy id 4
measure hist id 5 stressyy id 5
measure hist id 6 stressyy id 6
measure hist id 7 stressyy id 7
measure hist id 8 stressyy id 8
measure hist id 11 stressyy id 11
measure hist id 12 stressyy id 12
measure hist id 13 stressyy id 13
measure hist id 14 stressyy id 14
measure hist id 15 stressyy id 15
measure hist id 16 stressyy id 16
measure hist id 17 stressyy id 17
measure hist id 18 stressyy id 18
measure hist id 19 stressyy id 19
measure hist id 20 stressyy id 20
ball hist id 31 xvel (10.0,8.0)
ball hist id 32 xvel (9.0,8.0)
ball hist id 33 xvel (7.0,8.0)
ball hist id 34 xvel (6.0,8.0)
ball hist id 35 xvel (5.0,8.0)
ball hist id 41 xvel (10.0,8.0)
ball hist id 42 xvel (10.0,8.5)
ball hist id 43 xvel (10.0,9.0)
ball hist id 44 xvel (10.0,9.5)
ball hist id 45 xvel (10.0,9.9)
hist id 100 @ttt
hist id 101 @dddrrr
hist id 102 @wave
hist id 103 @crack_num
hist id 104 @wave2
plot create
plot hist 101 102 104 vs 100
```

```
;set timestep max 1e-5
[stop_compute=0]
[ttt000=mech.age]
[nflag=0]
[nstep=5000]
[num1=0]
def stop_compute
    ttt2=mech.age-ttt000
    if ttt2>1.0
        stop_compute=1
    endif
    if ttt2>0.5 then
        if nflag=0 then
            command
                ball attribute damp 0.3
            endcommand
        endif
        nflag=1
    endif
    num1 = num1+1
    if num1 = nstep then
        file_name=' result'+string(num2)+'.sav'
        num1 = 0
        num2 = num2 +1
        command
            save @file_name
        endcommand
    endif
end
;ball fix spin   ;fix spin
set echo off
solve fishhalt @stop_compute
save finial
```

7.5 问题讨论

7.5.1 柱状波的施加方法讨论

在爆破工程中，很多炮孔是柱状装药，这也可通过多炸点间隔起爆来实现（图 7-13）。根据 Starfield 叠加原理，将柱状装药等效为单元球药包。柱状药包中等效单元球药

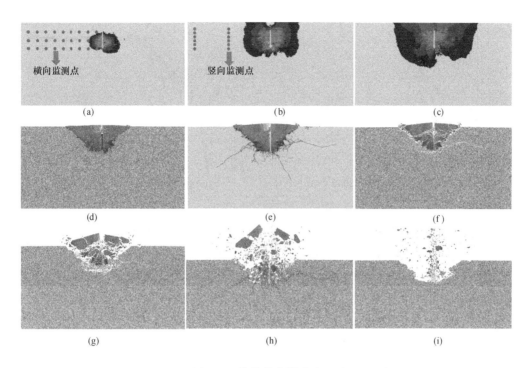

图 7-13 柱状装药爆破过程图

包的划分依据是系列单元球药包叠加后的总长度仍等于柱状装药长度。柱状药包中等效单元球药包之间的爆炸时间差为等效单元球药包球心之间的距离与炸药爆轰速度的商：

$$\Delta t = \frac{d}{D} \tag{7.5.1}$$

式中，Δt 为等效单元球药包之间的爆炸时间差，d 为两等效单元球药包球心之间的距离，D 为炸药的爆轰速度。

以模型左下角为原点建立坐标系，模型长 20m，高 10m。柱状装药底部坐标为（10m，7m），装药长度为 2m。图 7-14 中（a）、（b）、（c）纵坐标分别为 7m、8m、9m，从横坐标 9m 为起点，横向以 1m 为间隔设置应力监测点。由此三组应力曲线与模型设置的爆炸应力波理论情况是一致的。三组应力曲线的爆炸应力大小和监测点与柱状药包之间的距离均成负相关。三组应力曲线中，横坐标为 9m 的监测点的应力峰值很接近，即在距柱状药包较近的岩体中，应力大小较接近，但随横向距离的增大，岩体中应力逐渐较小，且在同一横向距离的条件下，竖向坐标越大的区域应力越大，这规律与实践认识非常吻合。

这表明，同样方法应用于柱状装药爆破，也可以得到吻合实践的效果。

爆破荷载施加方法对比：除了单点膨胀法模拟爆炸，也有学者在炮孔周边采用一系列圆球，然后施加径向速度或者力来模拟爆炸，由于颗粒间的接触是在不断更新的，颗粒上的接触力也会不断更新，因此如果在颗粒上施加力，在叠加了接触力后很容易导致球上的接触力并非我们想要的值，因此模拟爆破效果不理想。如果采用控制速度，那么需要控制颗粒的速度时程，如果颗粒过大，很容易造成径向的颗粒断裂，造成施加速度后周围围岩

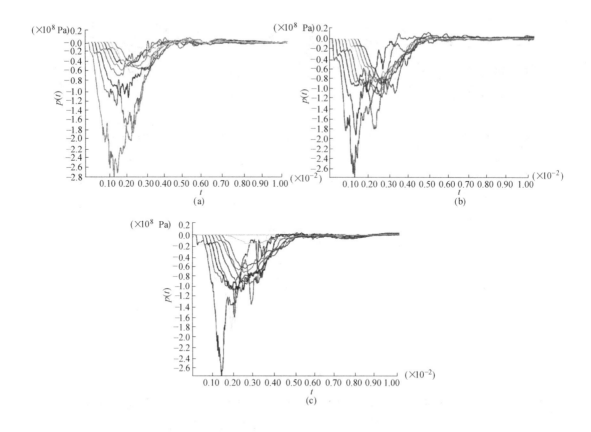

图 7-14 横向各点监测应力曲线

内的爆破应力失真。而单点膨胀法每个炸点只采用一个颗粒，其膨胀过程对周围围岩施加的力均匀、可靠，因此效果非常明显。

7.5.2 动力边界条件施加讨论

本书针对动力建议采用黏滞边界，目前已有的文献中还有多种动力边界施加形式，其中有学者建议在模型边界选择一定的颗粒施加阻尼系数 1.0 的局部阻尼，为了验证这种方法是否合理，此处采用边界施加动应力（建议方法）与透射边界颗粒（阻尼系数 1.0 用于吸波）高阻尼方法，分别进行一维应力波传播测试，模型如图 7-15 所示，所采用的颗粒粒径、接触参数与 7.1 节完全相同，测点位置也完全一样。

按照一维应力波传播理论，如果右侧边界为透射边界，因此左侧、中、右侧各测点的应力波（此处用速度波）除了传播距离有一定延迟外，振动曲线应该接近。

按照本章第 1 节方法模拟应力波传播过程，不同位置速度时程曲线如图 7-16 所示。采用右侧边界阻尼（局部阻尼系数取值为 1.0）应力波传播过程如图 7-17 所示，相应速度时程曲线如图 7-18 所示，右侧边界一定范围内颗粒速度完全为 0，表明没有应力波传播到此范围，在时程曲线中也无法记录，结果表明这种施加方法容易导致边界附近的应力峰值降低非常明显，因此与自然界中应力波的传播原理是有区别的，不建议采用。

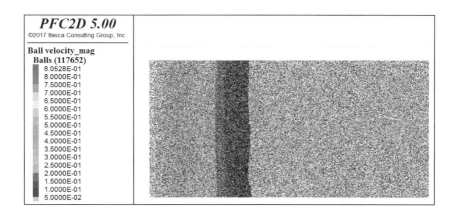

图 7-15　一维波的传播过程

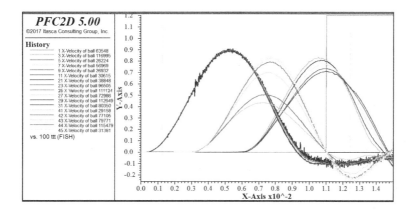

图 7-16　采用建议方法得到的各点速度曲线

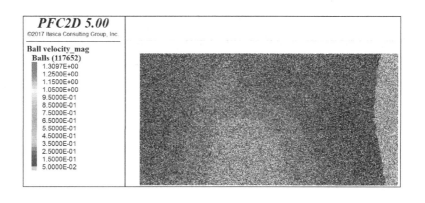

图 7-17　采用高阻尼边界时应力波传播（右侧一定区域完全消失）

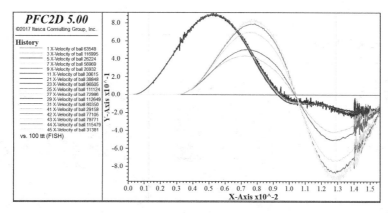

图 7-18　采用高阻尼边界时波形图

用于应力波传输与测试的命令流编制见例 7-2。

例 7-2　应力波测试运行命令

```
res balance        ;导入模型
set ori on         ;打开颗粒的转动设置
ball delete ran x 20.05 30
ball delete ran x －10 －0.05    ;删除边界外的颗粒
wall delete walls  ;删除 wall
ball attribute velocity multiply 0.0
ball attribute displacement multiply 0.0
ball attribute contactforce multiply 0.0 contactmoment multiply 0.0   ;速度、位移、接触力清零
ball free vel ran group 'left_right'
ball free vel ran group 'bottom'     ;把边界约束去除
contact model linearpbond ;range contact type 'ball-ball'   ;赋予接触参数、模型等
contact method bond gap 0.0
contact method deform emod 20e9 krat 3.0
contact method pb_deform emod 20e9 kratio 3.0
contact property dp_nratio 0.0 dp_sratio 0.0
contact property fric 0.8 ;range contact type 'ball-ball'
contact property lin_mode 1 pb_ten 8e7 pb_coh 6e7    ;range contact type 'ball-ball'
contact property lin_mode 1 pb_ten 8e7 pb_coh 6e7    range group 'left_right'
;contact property lin_mode 1 pb_ten 1e10 pb_coh 1e10   range group 'bottom'
ball attribute damp 0.0      ;局部阻尼设置为 0
[ttt000=mech.age]
def wave
    ttt=mech.age-ttt000
    if ttt>1.0/Freq
        Wave=0.0
        ;Wave2 = 0.0
```

```
        else
            Wave＝(1.0-math.cos(2.0*math.pi*Freq*ttt))*1.0/2.0
            ;Wave2=math.pi*Freq*math.sin(2.0*math.pi*Freq*ttt)
        endif
end
define boundary_condition
    loop foreach local bp ball.list
        sss = ball.group(bp)
        xxx=ball.pos.x(bp)
        if sss = 'left_right' then
            if xxx<10.0 then
                ball.vel.x(bp)=wave
            endif
        endif
    endloop
end
set fish callback -1 @boundary_condition    ;应力波施加
ball property kn 1e9 ks 1e9 range id 1000000
ball hist id 1 xvel(19.9,0.05)
ball hist id 2 xvel (19.9,1.0)
ball hist id 3 xvel (19.9,2.0)
ball hist id 4 xvel (19.9,3.0)
ball hist id 5 xvel (19.9,4.0)
ball hist id 6 xvel (19.9,5.0)
ball hist id 7 xvel (19.9,6.0)
ball hist id 8 xvel (19.9,7.0)
ball hist id 9 xvel (19.9,8.0)
ball hist id 10 xvel (19.9,9.0)
ball hist id 11 xvel (19.9,9.95)
ball hist id 21 xvel (1.0,0.05)
ball hist id 22 xvel (1.0,1.0)
ball hist id 23 xvel (1.0,2.0)
ball hist id 24 xvel (1.0,3.0)
ball hist id 25 xvel (1.0,4.0)
ball hist id 26 xvel (1.0,5.0)
ball hist id 27 xvel (1.0,6.0)
ball hist id 28 xvel (1.0,7.0)
ball hist id 29 xvel (1.0,8.0)
ball hist id 30 xvel (1.0,9.0)
```

```
ball hist id 31 xvel (1.0,9.95)
ball hist id 41 xvel (10.0 9.0)
ball hist id 42 xvel (10.0 7.0)
ball hist id 43 xvel (10.0 5.0)
ball hist id 44 xvel (10.0 3.0)
ball hist id 45 xvel (10.0 1.0)
hist id 100 @ttt
define boundary_condition222    ;透射边界施加
    loop foreach local bp ball.list
        sss=ball.group(bp)
        if sss='left_right' then
            xxx=ball.pos.x(bp)
            if xxx>10.0 then   ;右侧设置透射边界
                xvel000=ball.vel.x(bp)
                yvel000=ball.vel.y(bp)
                dens=ball.density(bp)
                ball.force.app(bp,1)=-dens*WaveSpeed*xvel000*2.0*ball.radius(bp)*0.23 ;修正
                ball.force.app(bp,2)=-dens*WaveSpeed*yvel000*2.0*ball.radius(bp)*0.23
            endif
        endif
    endloop
end
;set fish callback －1 @boundary_condition222    ;建议方法时打开
define boundary_condition333   ;用阻尼边界模拟透射
    loop foreach local bp ball.list
        sss=ball.group(bp)
        if sss = 'left_right' then
            xxx=ball.pos.x(bp)
            if xxx>10.0 then
                ball.damp(bp)=1.0
            endif
        endif
    endloop
end
@boundary_condition333    ;用阻尼边界模拟时打开,透射边界时关闭
set mech age 0
[stop_compute=0]
[ttt000=mech.age]
```

```
def stop_compute
    ttt2=mech.age-ttt000
    if ttt2>0.015    ;计算 15ms
        stop_compute=1
    endif
end
set timestep auto
plot create plot 'velocity history'
plot hist 1 3 5 7 9 11 21 23 25 27 29 31 41 42 43 44 45 vs 100
history nstep 1
solve fishhalt @stop_compute elas only
hist write 1 5 9 21 25 29 vs 100 file aaa.txt truncate    ;通过文件输出
;set grav 0
save vel    ;存储
```

7.6 结论

本章采用颗粒流方法建立了颗粒离散元爆炸应力波传播分析模型，对岩体爆炸破岩过程进行数值模拟，探讨了不同埋深、炸点膨胀比、炮孔压力对爆破效果的影响，对爆破漏斗效应、微差爆破效应进行了验证，得到主要结论：

（1）从爆破漏斗的形成和应力波的衰减过程看，颗粒流方法能够较好地模拟整个爆破过程，进而可较为理想地进行一系列岩体动力响应研究。只要基于少数爆破现场试验结果，标定炸点膨胀比和炮孔峰值应力，用一个颗粒即可代表药包并合理地模拟整个爆炸过程。

（2）在炸点膨胀比相同的情况下，炮孔峰值压力对爆破漏斗的爆破作用指数影响较小。炮孔峰值压力不同，爆破作用指数仅出现较小的浮动。而炮孔峰值压力对爆破抛掷出的岩块破碎程度有较大的影响，峰值压力越大，其抛掷出的岩块越破碎。随着炸点膨胀比的增加，爆破作用指数逐渐增加，爆破漏斗抛掷的岩块分层数越多，岩块越破碎。

（3）利用本书建议方法开展微差爆破分析，结果表明数值模拟过程可以从力学上再现微差爆破的错峰效应、破碎效应，同时为研究爆破岩体的破坏过程、制定防灾减灾措施提供依据。

第 8 章　FLAC3D6.0-PFC3D5.0 耦合滑坡数值模拟研究

滑坡过程分析是岩土工程评价与灾害评估的重要内容，工程师通过分析滑坡过程中出现的裂隙位置、分布、孕育发展过程，判断滑坡破坏模式，进一步评估潜在滑坡灾害的规模、范围，制定合理的防灾减灾措施。

连续数值仿真方法，如有限差分法、有限单元法等计算依赖于单元，单元之间需要共用节点才能合理描述荷载力的传递，所能模拟的变形量有限，当变形增大到一定程度时，单元会发生畸形导致刚度矩阵无法求解，导致计算终止。而离散单元方法是基于块体（如果是变形块体分析，在块体内部再划分为单元）或者颗粒，块体或者颗粒之间可以分离，通过每个时间步不断地接触判断更新块体或颗粒的运动方程，不受变形量限制，但是大量的接触判断导致计算速度降低。如果能将连续—非连续耦合数值模拟方法相互结合，潜在破坏区域采用非连续方法模拟，对于基础、基岩等变形量小，不会出现大变形破坏的区域则采用连续数值模拟方法分析，则既能满足计算效率的要求，又不受变形量限制，可以推动数值仿真向更深层次发展。

本章基于有限差分法与颗粒离散元方法，利用单元表面与三角形墙的几何匹配建立颗粒接触力与实体单元间的传递方法，借助一个工程案例，探讨连续—非连续耦合滑坡数值仿真过程中的各控制因素及影响规律，研究结果可为连续—非连续数值仿真在岩土工程中的应用提供依据。

8.1　连续—非连续耦合原理

在 FLAC/PFC 相互耦合分析中，FLAC 用来从宏观上模拟连续域内介质的力学行为，而 PFC 用来从细观上模拟离散域内介质的力学行为，两者间的相互耦合发生在连续域与离散域接触边界，不同域间的计算数据是借助于 Socket O/I 接口进行相互传输与交换（图 8-1）。

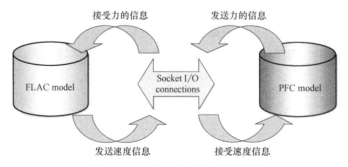

图 8-1　FLAC-PFC 耦合计算原理

当前实现连续—非连续数值模拟主要有两种方式：基于边界控制颗粒和基于边界控制墙体两种离散—连续耦合方法，前者主要是解决小变形问题如边坡变形破坏；基于边界控制墙体的离散连续耦合方法则可以解决大变形问题，如地震滑坡等。而 FLAC3D-PFC 耦合是采用的第二种方法。

为了使模拟离散介质的球、簇（PFC）与连续区域（FLAC）相互作用，在两种方法之间创建单独的耦合插件，使得球、簇可以类似于 FLAC3D 结构单元——壳单元以上与实体单元相互作用。因此在耦合分析中，PFC 的墙（wall）必须与实体单元表面或者壳（shell）结构单元面协调一致，因此墙是由一系列点与边相连的三角形面构成，其位置可以通过时间函数来指定。

在这种情况下，FLAC3D 连续区域与 PFC 离散区域的接触面指定为 PFC 的墙（wall），球、簇运动过程中作用于墙上的接触力和接触弯矩，采用等效力方法分配到墙面的顶点上，而墙体的顶点附着于实体单元的网格点或结构单元的节点上，因此墙顶点运动与实体单元的网格点（或 shell 单元的节点）同步运动，这些力参与连续域的 FLAC3D 分析，同样连续域节点的变形也带动 wall 的运动，进而将位置和速度通过墙传递到离散域中的球（ball）、簇（clump 或 cluster）。这些值的不断更新，不仅带来几何参数的改变，也使得单元/结构单元的刚度发生改变。

注意：在计算过程中，耦合选项一旦激活，则力学计算必须处于大变形模式（通过 model largestrain 命令设置）。

在实际应用中，如果在某个单元表面位置需要建立墙（wall），如果基于壳单元（shell），其必然是三角形面，但如果是六面体单元则其表面为四边形，此时会将其拆分为两个三角形面，这种情况下力是基于三角形面的三个顶点来进行计算的，而不是通过四边形四个顶点计算。

这样 PFC 计算所用的墙（wall）就可以视作由网格划分后 n 个三角形面 $F(i)$，$i=1$，2，$\cdots$，n 组成。第 i 个三角面由三条边组成，$E_k^{(i)}$，$k=1$，2，3。三条边终止于三个顶点，$V_k^{(i)}$，$k=1$，2，3，三个顶点确定一个面，其速度和位置可以被指定为时间的函数。三条边矢量定义为：

$$\vec{E}_1^{(i)}=V_2^{(i)}-V_1^{(i)} \quad \vec{E}_2^{(i)}=V_3^{(i)}-V_2^{(i)} \quad \vec{E}_3^{(i)}=V_1^{(i)}-V_3^{(i)} \tag{8.1.1}$$

顶点按照顺序排列，可以依据右手定则确定三角面的法向向量 $n^{(i)}$：

$$n^{(i)}=\frac{(E_1^{(i)} \times E_2^{(i)})}{\|E_1^{(i)} \times E_2^{(i)}\|} \tag{8.1.2}$$

当球、墙相互作用时，一旦接触判断发现球与墙面范围重叠，接触部位就会产生相互作用。PFC 通过特定算法捕捉三角平面来识别墙接触点，通过接触判断逻辑识别第 i 个墙面上的接触点，计算出 CP_i，$i=1$，2，$\cdots$，i，每一个墙接触点的单元法向向量可以通过下式计算：

$$n_{(i)}=\frac{CP_i-O_i}{d_i} \tag{8.1.3}$$

$d_i=\|CP_i-O_i\|$ 是球心 O 至墙接触点 CP 的距离，球体和墙面的法向重叠距离 $U_i=R-d_i$，R 为球体半径，$U_i>0$ 时接触被激活。球体与墙接触点为 C_i，该点用来进行相对速度和位移的计算，接触点位置为：

$$C_i=O_i+\left(R-\frac{1}{2U_i}\right)n_i \tag{8.1.4}$$

耦合逻辑的作用是通过墙面接触力、力矩确定三角面顶点处的等效力系统。这些力与刚度一起传递到网格点和节点。此外，为确保数值结果的稳定性，检查刚度和力准则以触发区域和结构元件更新，这些更新改变了几何参数和区域或结构元件刚度。

假设一个球与一个三角形墙面接触，C 为接触点，CP 为墙面上距 C 点最近的点（图 8-2）。从 CP 到三角形的顶点，采用重心插值法外推。取三角形顶点位置，$V_k^{(i)}$，$i=1$，2，3，通过连接三个顶点与 CP，得到三个三角形，面积为 A_i（$i=1$，2，3），三个三角面的总面积为 $A=A_1+A_2+A_3$。

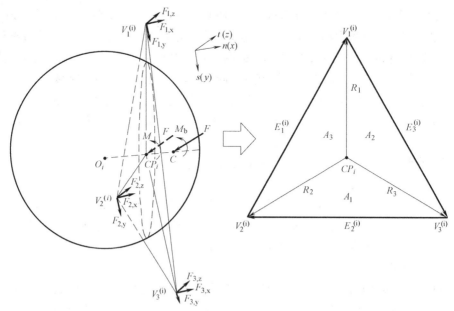

图 8-2　PFC 墙体及耦合中力的传递

顶点加权因子定义为采取与顶点相对三角形面积除以三角形的总面积，$w_i=A_i/A$，等式 $\sum w_i=1$ 恒成立，以保证从 CP 到顶点外推值总和等于 CP 处的值。当完整计算模式（full computation mode）关闭时，接触力和平动刚度也通过这种方式外推到节点处。但由于顶点力和潜在的顶点力矩可能不会平衡，重心外推不能确保外推力和力矩与 CP 位置的瞬时接触力和力矩一致。

假定 R_i（$i=1$，2，3），为 CP 到三个顶点的向量，$R_i=V_k^{(i)}-CP$。施加在每一个网格点或者节点的力为 F_i（$i=1$，2，3），施加在接触点 C 上的力为 $\vec{F}$，接触点处由于黏结产生的力矩为 $\vec{M}_b$。由于接触点 C 和接触平面上点 CP 可能不共点，所以作用在接触平面上的总力矩为：

$$\vec{M}=\vec{M}_b+(C-CP)\times\vec{F} \tag{8.1.5}$$

当全运算模式处于活动状态时，耦合方案确定完全一致的等效力系统，即：

$$\sum_1^3 F_1=\vec{F} \tag{8.1.6}$$

$$\sum \vec{R}_i \times \vec{F}_i=\vec{M} \tag{8.1.7}$$

n 为三角面的单元法向向量，沿着三角面的剪切力矢量为 F^s，即：

$$\vec{F}^s=\vec{F}-\vec{F}\cdot\vec{n} \tag{8.1.8}$$

切向单位矢量为：

$$\vec{S} = \frac{\vec{F}^s}{\|\vec{F}^s\|} \tag{8.1.9}$$

局部坐标系中 x 轴的方向与法向 n 的方向一致，y 轴的方向与剪切方向 s 方向一致。由于 CP 点在三角面上，R_i 在 x 方向上均为 0，即 $R_{i,x}=0$，这种简化可以直接确定局部坐标系中顶点力和力矩的 x、y、z 方向上分量 $F_{i,x}$、$F_{i,y}$、$F_{i,z}$，即：

$$\sum \vec{F}_{i,x} = \vec{F}_x \tag{8.1.10}$$

$$\sum \vec{F}_{i,y} = \vec{F}_y \tag{8.1.11}$$

$$\sum \vec{F}_{i,z} = \vec{F}_z = 0 \tag{8.1.12}$$

$$\sum (\vec{R}_{i,y} \times \vec{F}_{i,z} - \vec{R}_{i,z} \times \vec{F}_{i,y}) = \vec{M}_x \tag{8.1.13}$$

$$\sum (\vec{R}_{i,z} \times \vec{F}_{i,x} - \vec{R}_{i,x} \times \vec{F}_{i,z}) = \vec{M}_y \tag{8.1.14}$$

$$\sum (\vec{R}_{i,x} \times \vec{F}_{i,y} - \vec{R}_{i,y} \times \vec{F}_{i,x}) = \vec{M}_z \tag{8.1.15}$$

由于之前的重心加权项，使力的 y 分量分布，$\sum F_{i,y} = w_i F_y$，因此，在三角形平面中的最大接触力的方向上施加重心加权。这个假设的结果导致以下两个方程有三个未知数：

$$\sum F_{i,z} = 0 \tag{8.1.16}$$

$$\sum (\vec{R}_{i,y} \times \vec{F}_{i,z}) = \sum (\vec{R}_{i,z} \times \vec{F}_{i,y}) + \vec{M}_x \tag{8.1.17}$$

对于这种欠正定方程组，在无约束条件下有无穷多解。控制方程式不能明确地确定约束的性质来找到一个等效的系统。因此为获得一个特解，需要提供额外的约束条件，紧随着实体单元或结构单元运动方程，以根据相应的网格点节点位置和速度设置墙面顶点的位置和速度。

$$\sum (\vec{R}_{i,z} \times \vec{F}_{i,z}) = 0 \tag{8.1.18}$$

这个约束可解释为：如果开始时在局部 z 方向上的每个网格点或节点施加力，则从 CP 指向局部坐标系中的三角形顶点向量的点积总和为 0。所得到的合力随后被转换为全局坐标系并应用到适当的区域网格点或结构单元节点。

此时触发区域和结构单元更新。在区域、结构元件更新期间直接对网格点、节点添加刚度。当接触处存在旋转刚度时，这些也必须考虑到以确保稳定性。通过将旋转刚度的大小除以 $\sum \|R_i\|$ 来确定等效的平移刚度。

8.2 FLAC3D6.0-PFC5.0 耦合建模计算实例

8.2.1 计算条件

某堆积边坡（图 8-3）高程 2750m 以上主要分布着第四系冰碛物为主的坡积层（Q^{dl}）和冰水堆积层（Q^{fgl}），坡积层（Q^{dl}）主要成分为有机质土层、灰褐色碎石质砂土，冰水堆积层（Q^{fgl}）为块石、碎石夹砂土，厚度一般 7~14m；高程 2180~2750m 为基岩滑动形成的地滑堆积物（Q^{del}），主要为山梁上部滑落的岩体，以板岩、砂岩为主。争岗沟部位各物质分层如图 8-4 所示，剪出口以下为坡积层（Q^{dl}）、冰水堆积层（Q^{fgl}）和冲积层（Q^{al}），其中冲积层（Q^{al}）主要为漂石、卵、砾石夹粉细砂，厚度较小。

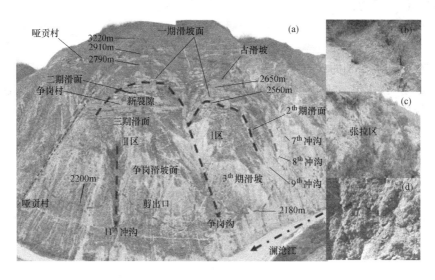

图 8-3　堆积体边坡地形地貌图

典型地质剖面如图 8-4 所示，图中堆积体下方粗线为该边坡当前已经形成的贯通滑面，与滑床岩体有明显分离，构成滑床的基岩为板岩、灰岩，剪出口位于高程 2180m 处。

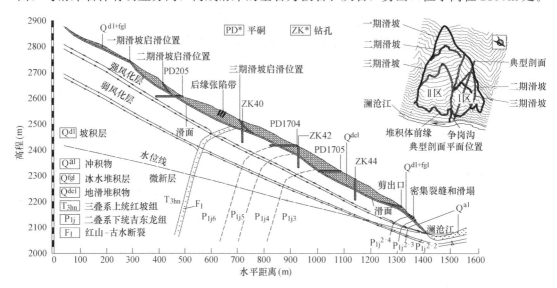

图 8-4　堆积体典型地质剖

8.2.2　命令流编制

在采用 FLAC3D6.0 与 PFC5.0 进行连续—非连续耦合数值模拟分析时，FLAC3D 是主控程序，它需要首先调用 PFC5.0 的函数库，才可以进行相应分析。这个过程可以通过两种方式实现：

方法一：在 FLAC3D6.0 下拉菜单 Tools_load PFC，每次重新打开 FLAC3D 都需要重新执行这一操作。

方法二：在命令中逐条输入以下命令，或将以下命令写入运行文件中，作为命令流的一部分，可以得到与方法同样的效果。

  program load module 'contact'
  program load module 'PFC'
  program load guimodule 'PFC'
  program load module 'PFCthermal'
  program load guimodule 'PFCthermal'
  program load module 'ccfd'
  program load guimodule 'ccfd'
  program load module 'wallsel'
  program load module 'wallzone'

接下来需要首先建立 FLAC3D 实体计算模型，这可以通过 FLAC3D6.0 中介绍的方法进行，当然这会比较麻烦，也可以利用其他建模软件如 ansys、hypermesh、犀牛建立模型，然后将网格导入 Flac3d6.0。在本书中 FLAC3D 的建模方法不作介绍，直接采用已经建立好的某边坡模型，如图 8-5 所示，将网格写成 FLAC 3D 6.0 的格式，借助命令导入到 FLAC3D 运行平台中，模型共分为 4 层，自下而上为基岩（材料 1）、风化岩体（材料 2）、滑面（材料 3）、滑体（材料 4）。

  model new

说明：清除内存，与模型导入命令不冲突，因此可以在 program load 后使用。

  model title 'sliding of a slope, designed by shichong'

说明：设置图形显示窗口的标题。

  zone import 'Flacmodel_shichong. f3grid' use-given-ids

说明：导入模型（自编程序形成的网格，写成 PFC 6.0 可识别格式）。

  model domain extent-510 2460-970 1410 1600 3400 condition destroy

说明：定义模型范围，该范围要在所有实体、颗粒、wall 生成之前，且其范围要超过实际模型区域，condition 后 destroy 说明如果是单元、颗粒、wall 超出模型分析范围时直接删除。

详见 PFC 5.0 中的定义。

以下介绍一个完整的建模流程，见例 8-1。

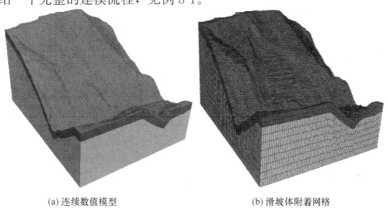

(a) 连续数值模型　　　　　　(b) 滑坡体附着网格

图 8-5　连续—非连续数值模型

例 8-1 连续—非连续滑坡数值模拟基本设置

model largestrain on
;大变形选项,耦合计算必须打开该选项
model mechanical timestep scale
;密度缩放方法,时间步=1.0,有助于颗粒快速平衡(PFC 中的 set timestep scale 不能用)
zone cmodel assign elastic
;指定实体单元采用弹性模型,下面定义相关参数
zone prop density 2200 young 1e8 poisson 0.3 range group '3' or '4'
zone prop density 2500 young 1e9 poisson 0.25 range group '2'
zone prop density 2700 young 1e10 poisson 0.2 range group '1'
zone gridpoint fix velocity
;将网格点的速度约束为 0(初值为 0,因此约束速度恒定为 0),防止颗粒填充过程中导致网格位置变化
zone cmodel assign null range group "4" ;将滑体临时挖除
wall-zone create name 'slope_surface' face 5 starting-zone 145490 range group '2' position-x -499 2449 position-y -959 1399
;采用范围(range)、group 分组控制生成滑坡面的 wall,定义名称为 slope_surface,注意 face 5 starting-zone 145490 这两个参数可以通过鼠标在需生成 wall 的模型表面上移动,然后从 FLAC3D6.0 右下角的即时更新数据看到,满足条件的任意一个就可以。
;利用几何形状控制分组————
wall group 'slope_surface'
wall-zone create name 'deposit_bottom' face 5 starting-zone 157045 range group '3'
;生成滑带底面 wall
wall group 'deposit' range group 'slope_surface' not
将单独滑带底面定义名称为 deposit
zone cmodel assign mohr-coulomb range group "4" ;对滑体回复实体
wall-zone create name 'deposit_top' face 5 starting-zone 159650 range group '4'
;生成包围滑坡体的 wall
wall group 'deposit' range group 'slope_surface' not
;只保留滑坡体的顶面
wall export geometry set 'deposit' range group 'deposit'
;将生成的 wall 输出为几何图形集 deposit,以上过程可见图 8-6。
ball distribute porosity 0.3 radius 4.0 6.0 box -290 1652 -470 865 2180 3300 range geometry-space 'deposit' count 1
;利用几何图形集控制生成滑坡体内的球(该几何集形状应该闭合)(图 8-7)
;岩土微细观力学性质设置————
ball attribute density 2300 damp 0.7
;定义 ball 的密度与阻尼属性

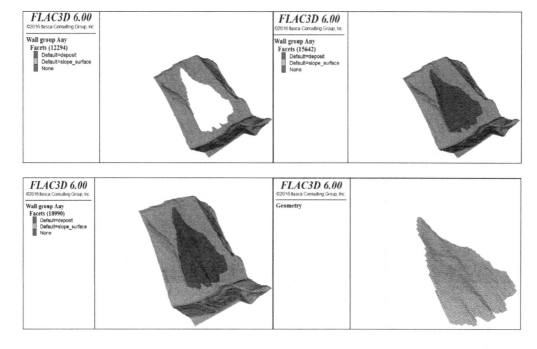

图 8-6 建模过程

zone cmodel assign null range group "4"
;挖除滑坡体,用离散的球代替之
model cmat default model linear method deformability emod 1e8 kratio 2.0
;定义默认的接触属性
cmat default prop fric 0.67
model cycle 3000 calm 10
;令球体快速平衡充满滑坡体区域
zone gridpoint free velocity
;去除先前施加在实体网格的约束,让实体单元可变形
ball delete range geometry-space 'deposit' count 1 not

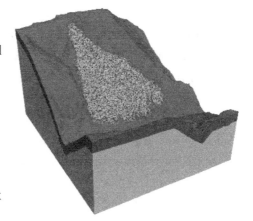

图 8-7 初始几何模型

;删除跑到滑体外的颗粒,在颗粒填充过程中,难免有些颗粒溢出,可以采用该命令删除
zone face apply velocity-normal 0 range position-x-510 -499
zone face apply velocity-normal 0 range position-x 2449 2460
zone face apply velocity-normal 0 range position-y -970-959
zone face apply velocity-normal 0 range position-y 1399 1410
zone face apply velocity (0,0,0) range position-z 1590 1601

;对左、右、前、后、底部五个模型边界面施加固定约束
model mechanical timestep auto
;时间步恢复自动计算
model solve ratio 1e-5
;模型平衡计算条件
model save 'ini-elas'
;计算状态存储。
zone gridpoint initialize displacement 0 0 0
;对位移进行清零。
zone cmodel assign mohr-coulomb range group '4' not
;采用摩尔-库仑准则进行模型平衡计算
zone prop density 2200 young 1e9 poisson 0.3 friction=33 cohesion=0.2e6 range group '4'
zone prop density 2200 young 1e9 poisson 0.35 friction=26.5 cohesion=0.02e6 range group '3'
zone prop density 2500 young 5e9 poisson 0.25 friction=38 cohesion=1e6 range group '2'
zone prop density 2700 young 1e10 poisson 0.2 friction=50 cohesion=10e6 range group '1'
;赋予弹塑性参数。
cmat default model linear type ball-ball method deformability emod 1e8 kratio 2
cmat default model linear type ball-facet method deformability emod 1e8 kratio 2
;针对 ball-ball 接触，ball-facet 接触分别设置默认参数
contact model linearpbond range contact type 'ball-ball'
contact method bond gap 0.1 range contact type 'ball-ball'
contact method deform emod 1e8 krat 2.0
contact method cb_strength tensile 1e8 shear 1e8
contact property fric 0.67 range contact type 'ball-ball' ;kn 2e8 ks 1e8
contact property lin_mode 1 pb_kn 1e8 pb_ks 1e8 pb_ten 1e5 pb_coh 50e4 pb_fa 34 range contact type 'ball-ball' ;dp_nratio 0.7
contact method bond gap 0.1 range contact type 'ball-facet'
contact property fric 0.5 range contact type 'ball-facet' ;kn 1e8 ks 0.5e8
contact property lin_mode 1 pb_kn 1e8 pb_ks 1e8 pb_ten 1e2 pb_coh 10e4 pb_fa 26 range contact type 'ball-facet' ;dp_nratio 0.5
ball delete range geometry-space 'deposit' count 1 not ;erase the false
model solve ratio 5e-5
model save 'plastic'
;计算平衡后得到 FLAC3D6.0-PFC5.0 耦合的滑坡计算模型初始状态，如图 8-8 所示

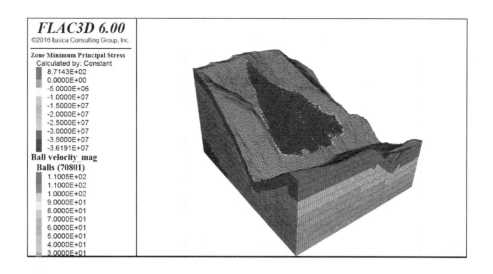

图 8-8　滑坡初始模型

;滑坡过程监控信息设置－－－－

zone initialize state 0　　;初始状态清零

zone gridpoint initialize displacement 0 0 0　　;网格点上位移清零

ball delete range geometry-space ' deposit' count 1 not　　;删除溢出的球

model config dynamic　　;打开动力计算选型

model dynamic active off　　;先将动力计算开关关闭

zone initialize state 0

zone gridpoint initialize displacement 0 0 0

contact method bond gap 1. 0e-2 range contact type ' ball-ball'

;contact method deform emod 1e8 krat 2. 0

;contact method cb_strength tensile 1e8 shear 1e8

contact property fric 0. 67 range contact type ' ball-ball' ;kn 2e8 ks 1e8

contact property lin_mode 1 pb_kn 1e8 pb_ks 1e8 pb_ten 1e5 pb_coh 50e4 pb_fa 34 range contact type ' ball-ball' ;dp_nratio 0. 7

contact method bond gap 1. 0e-2 range contact type ' ball-facet'

contact property fric 0. 5 range contact type ' ball-facet' ;kn 1e8 ks 0. 5e8

contact property lin_mode 1 pb_kn 1e8 pb_ks 1e8 pb_ten 1e2 pb_coh 10e4 pb_fa 26 range contact type ' ball-facet' ;dp_nratio 0. 5

ball attribute damp 0. 0

zone face apply-remove velocity range position-x -510-499.

zone face apply-remove velocity range position-x 2449 2460

zone face apply-remove velocity range position-y -970-959

zone face apply-remove velocity range position-y 1399 1410

```
zone face apply-remove velocity range position-z 1590 1601
zone face apply quiet-dip range position-x-510 -499.
zone face apply quiet-normal range position-x-510-499.
zone face apply quiet-strike range position-x-510-499.
zone face apply quiet-dip range position-x 2449 2460
zone face apply quiet-normal range position-x 2449 2460
zone face apply quiet-strike range position-x 2449 2460
zone face apply quiet-dip range position-y -970-959
zone face apply quiet-normal range position-y-970-959
zone face apply quiet-strike range position-y -970-959
zone face apply quiet-dip range position-y 1399 1410
zone face apply quiet-normal range position-y 1399 1410
zone face apply quiet-strike range position-y 1399 1410
zone face apply quiet-dip range position-z 1590 1601
zone face apply quiet-normal range position-z 1590 1601
zone face apply quiet-strike range position-z 1590 1601
;模型边界施加黏滞边界,以处理动力问题应力波的透射
model calm
ball attribute velocity multiply 0.0
ball attribute displacement multiply 0.0
fish define pingjun_velocity    ;定义所有颗粒的平均速度
    xxxx=0.0
    loop foreach local bp ball.list
        x=ball.vel.x(bp)
        y=ball.vel.y(bp)
        z=ball.vel.z(bp)
        vt=math.sqrt(x^2+y^2+z^2)
        xxxx=xxxx+vt
    endloop
    nums=ball.num
    pingjun_velocity=xxxx/nums
end   ;定义所有颗粒的平均速度
fish define pingjun_displacement    ;定义所有颗粒的平均移动位移
    xxxx=0.0
    loop foreach local bp ball.list
        x=ball.disp.x(bp)
        y=ball.disp.y(bp)
        z=ball.disp.z(bp)
        vt=math.sqrt(x^2+y^2+z^2)
```

```
        xxxx=xxxx+vt
    endloop
    nums=ball.num
    pingjun_displacement=xxxx/nums
end    ;定义所有颗粒的平均移动距离
fish define apply_water_force    ;在 ball-wall 边界上施加恒定水压力函数
    count=0
    loop foreach local cp contact.list
        if type.pointer(cp) = 'ball-facet' then
            bp1 = contact.end1(cp)
            bp2 = contact.end2(cp)
            vx=contact.normal.x(cp)
            vy=contact.normal.y(cp)
            vz=contact.normal.z(cp)
            if vz < 0 then
                vx=-vx
                vy=-vy
                vz=-vz
            endif
            force_total=1000.*10.0*5.0
            if type.pointer(bp2) = 'ball' then
                x=ball.disp.x(bp2)
                y=ball.disp.y(bp2)
                z=ball.disp.z(bp2)
                r=ball.radius(bp2)
                count=count+1
                ball.force.app.x(bp2)=vx*force_total*math.pi*r*r
                ball.force.app.y(bp2)=vy*force_total*math.pi*r*r
                ball.force.app.z(bp2)=vz*force_total*math.pi*r*r
            else if type.pointer(bp1) = 'ball' then
                x=ball.disp.x(bp1)
                y=ball.disp.y(bp1)
                z=ball.disp.z(bp1)
                r=ball.radius(bp1)
                count=count+1
                ball.force.app.x(bp1)=vx*force_total*math.pi*r*r
                ball.force.app.y(bp1)=vy*force_total*math.pi*r*r
                ball.force.app.z(bp1)=vz*force_total*math.pi*r*r
            endif
```

```
            endif
        end_loop
end
@apply_water_force@ apply_water_force
history purge ;清除已有 hist 历程
history interval 50 ;每 50 个迭代步计算一个数据
model history dynamic time-total ;time
fish history @pingjun_velocity
fish history @pingjun_displacement
fish history @crack_num
zone history name=' smax1 ' stress quantity max position (1681.4,－390.435,2070.0)
zone history name=' smin1 ' stress quantity min position (1681.4,－390.435,2070.0)
zone history name=' smax2 ' stress quantity max position (1702.6,－102.538,2075.0)
zone history name=' smin2 ' stress quantity min position (1702.6,－102.538,2075.0)
zone history name=' smax3 ' stress quantity max position (1701.34,243.26,2079.0)
zone history name=' smin3 ' stress quantity min position (1701.34,243.26,2079.0)
zone history name=' smax4 ' stress quantity max position (1600.21,513.67,2072.0)
zone history name=' smin4 ' stress quantity min position (1600.21,513.67,2072.0)
zone history name=' smax5 ' stress quantity max position (1247.14,－30.568,2280.83)
zone history name=' smin5 ' stress quantity min position (1247.14,－30.568,2280.83)
zone history name=' smax6 ' stress quantity max position (916.313,－40.321,2454.0)
zone history name=' smin6 ' stress quantity min position (916.313,－40.321,2454.0)
zone history name=' smax7 ' stress quantity max position (665.348,－108.103,2594.0)
zone history name=' smin7 ' stress quantity min position (665.348,－108.103,2594.0)
zone history name=' smax8 ' stress quantity max position (276.924,－32.69,2799.8)
zone history name=' smin8 ' stress quantity min position (276.924,－32.69,2799.8)
zone history name=' smax9 ' stress quantity max position (1386.36,461.20,2216.23)
zone history name=' smin9 ' stress quantity min position (1386.36,461.20,2216.23)
zone history name=' smax10 ' stress quantity max position (1104.36,472.35,2368.4)
zone history name=' smin10 ' stress quantity min position (1104.36,472.35,2368.4)
zone history name=' smax11 ' stress quantity max position (863.81,487.75,2499.21)
zone history name=' smin11 ' stress quantity min position (863.81,487.75,2499.21)
zone history name=' smax12 ' stress quantity max position (780.17,493.72,2536.50)
zone history name=' smin12 ' stress quantity min position (780.17,493.72,2536.50)
zone history name = ' smax13 ' stress quantity max position (541.208,471.393,2650.0)
```

zone history name='smin13' stress quantity min position (541.208,471.393,2650.0)
ball history velocity (1279.13,-125.349,2280.08)
ball history velocity (1055.11,-119.643,2408.11)
ball history velocity (743.69,-75.1895,2566.20)
ball history velocity (340.928,-23.43,2761.0)
ball history velocity (-54.026,-52.7797,3053.0)
;上面定义一系列需要记录时间序列的 hist,各滑坡监测点位置如图 8-9 所示。

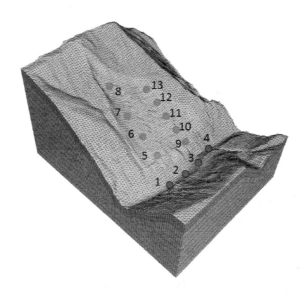

图 8-9 滑坡监测点分布

;滑坡动力过程计算——————————
model dynamic active on
;打开动力计算选项
[stop_me=0]
[num=0]
[num111=0]
fish define stop_me
　　num=num+1
　　if pingjun_displacement>100 then
　　　　if pingjun_velocity<0.1 then
　　　　　　stop_me=1
　　　　endif
　　endif
　　if num>20000 then
　　　　num111=num111+1
　　　　num=0

```
        file_name='landsilde'+string(num111)+'.f3sav'
        command
            model save @file_name
        endcommand
    endif
end
model solve fishhalt @stop_memodel solve fishhalt @stop_me
;设置求解条件,当滑动距离超过 100m,平均速度小于 0.1 时停止计算
hist export 1 table 'aa100'
;将 hist 1 输出为表,表名为 aa100
table 'aa100' export 'aa100' truncate
;将表 1 数据输出为 aa100.tab 文件
model save 'landsilde'
;存储状态,后缀默认
hist export 3 vs 1 table 'average_dis'
hist export 2 vs 1 table 'average_vel'
table 'average_dis' export 'average_dis' truncate
table 'average_vel' export 'average_vel' truncate
;输出数据到表中
return ;返回 flac3d6.0 控制窗口
```

;如果需要在滑坡过程中追踪裂隙,则采用 add_crack centries 裂隙追踪子函数,裂隙追踪效果如图 8-10 所示

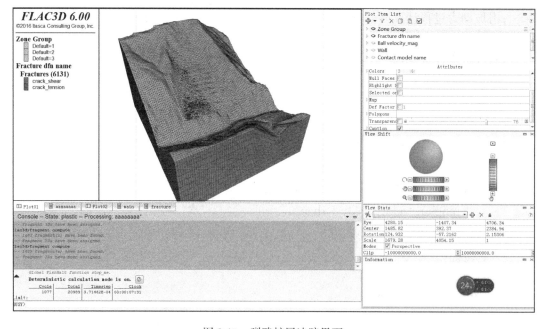

图 8-10　裂隙扩展追踪界面

```
fish define add_crack(entries)      ;裂隙定义函数
    local contact   =entries(1)
    local mode      =entries(2)
    local frac_pos  =contact.pos(contact)
    local norm      =contact.normal(contact)
    local dfn_label = 'crack'
    local frac_size
    local bp1=contact.end1(contact)
    local bp2=contact.end2(contact)
    local ret=math.min(ball.radius(bp1),ball.radius(bp2));contact.method(contact,'pb_radius')
    frac_size=ret
    local arg=array.create(5)
    arg(1)='disk'
    arg(2)=frac_pos
    arg(3)=frac_size
    arg(4)=math.dip.from.normal(norm)/math.degrad
    arg(5)=math.ddir.from.normal(norm)/math.degrad
    if arg(5)<0.0
       arg(5)=360.0+arg(5)
    end_if
    crack_num = crack_num + 1
    if mode=1 then
        ;法向拉坏情况
        dfn_label=dfn_label + '_tension'
    else if mode=2 then
        ;切向剪坏情况
        dfn_label=dfn_label + '_shear'
    endif
    global dfn=dfn.find(dfn_label)
    if dfn=null then
        dfn=dfn.create(dfn_label)
    endif
    local fnew = fracture.create(dfn,arg)
    fracture.prop(fnew,'age') =zone.dynamic.time.total ;
    fracture.extra(fnew,1) = bp1
    fracture.extra(fnew,2) = bp2
    crack_accum+=1
    if crack_accum>50
```

```
            if frag_time < zone.dynamic.time.total
                frag_time=zone.dynamic.time.total
                crack_accum=0
                command
                    fragment compute
                endcommand
                ; go through and update the fracture positions
                loop for (local i=0, i<2, i=i+1)
                    local name = 'crack_tension'
                    if i=1
                        name = 'crack_shear'
                    endif
                    dfn = dfn.find(name)
                    if dfn # null
                    loop foreach local frac dfn.fracturelist(dfn)
                        local ball1 = fracture.extra(frac,1)
                        local ball2 = fracture.extra(frac,2)
                        if ball1 # null
                            if ball2 # null
                                local len=fracture.diameter(frac)/2.0
                                local pos = (ball.pos(ball1)+ball.pos(ball2))/2.0
                                if comp.x(pos)-len>xmin
                                    if comp.x(pos)+len<xmax
                                        if comp.y(pos)-len>ymin
                                            if comp.y(pos)+len<ymax
                                                if comp.z(pos)-len>zmin
                                                    if comp.z(pos)+len<zmax
                                                        fracture.pos(frac)=pos
                                                    end_if
                                                end_if
                                            endif
                                        endif
                                    endif
                                endif
                            endif
                        endif
                    endloop
                    endif
                endloop
```

```
        endif
    endif
end
fish define track_init ;环境变量初始化
    command
            fracture delete
            model results clear-map
            fragment clear
            fragment register ball-ball
    endcommand
  ; activate fishcalls
    command
            fish callback remove @add_crack event bond_break
            fish callback add @add_crack event bond_break
    endcommand
    global crack_accum = 0
    global crack_num = 0
    global track_time0 = zone. dynamic. time. total
    global frag_time = zone. dynamic. time. total
    global xmin = domain. min. x()
    global ymin = domain. min. y()
    global xmax = domain. max. x()
    global ymax = domain. max. y()
    global zmin = domain. min. z()
    global zmin = domain. min. z()
end
```

调用时需要首先对变量进行初始化，即在希望开始追踪裂隙时先运行 track_init 函数，则程序自动对裂隙进行跟踪、显示。

8.3 计算结果分析

在 PFC3D-FLAC3D 耦合计算过程中，使用者往往非常关心滑坡体的状态，包括运动过程、裂隙发展等。这可以通过界面调制出相应对象来实现。如下为本章计算过程中相应的一系列信息显示，图 8-11 为滑坡初始颗粒的位移图，图 8-12 为滑坡体下部岩体的应力分布，图 8-13 是初始应力状态，图 8-14 为滑坡堆积过程显示，图 8-15 为滑坡 10s 时Ⅱ区中央切面运动位置，图 8-16 为滑坡过程对比图，图 8-17 为滑体颗粒平均速度历程，图 8-18、图 8-19 为典型冲击力图，图 8-20 为典型颗粒的运动速度变化。

这些记录信息可以显示滑坡的运动过程，为计算分析提供依据。

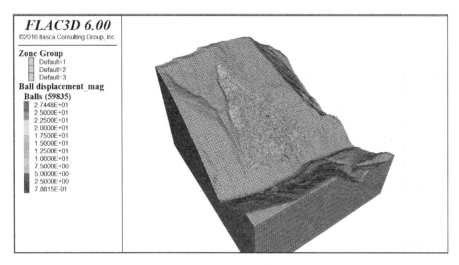

图 8-11　滑坡初始颗粒位移

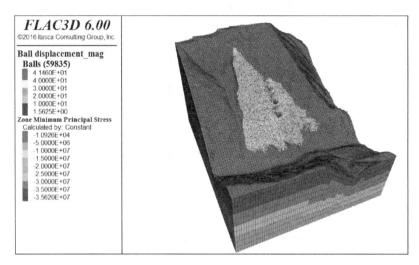

图 8-12　滑坡体下部岩体的应力分布

图 8-13　初始应力状态

第 8 章 FLAC3D6.0-PFC3D5.0 耦合滑坡数值模拟研究

图 8-14　滑坡堆积过程显示

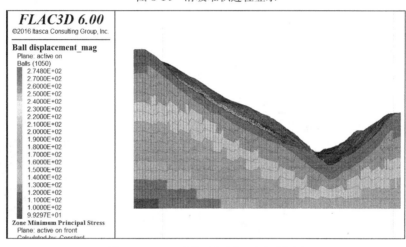

图 8-15　10s 时 Ⅱ 区中央切面运动位置

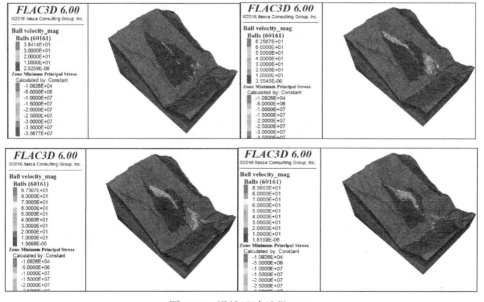

图 8-16　滑坡运动过程（一）

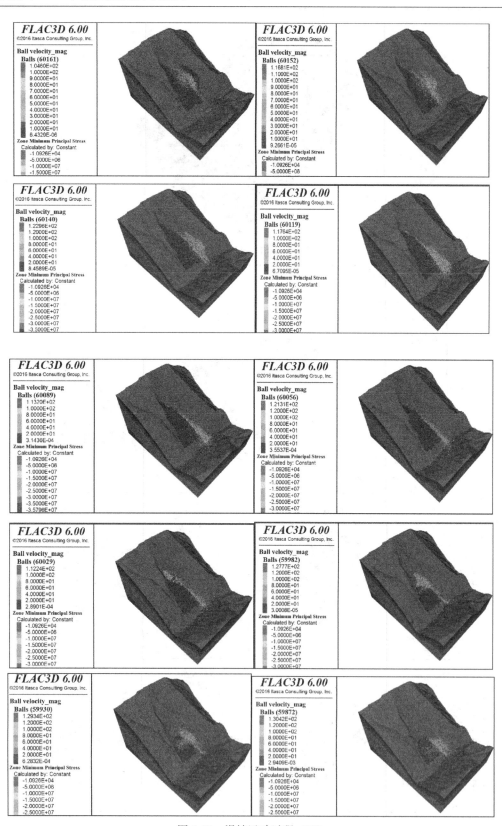

图 8-16 滑坡运动过程（二）

第 8 章 FLAC3D6.0-PFC3D5.0 耦合滑坡数值模拟研究

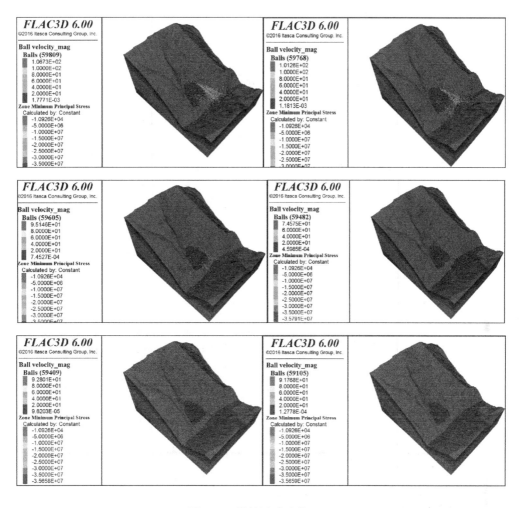

图 8-16 滑坡运动过程（三）

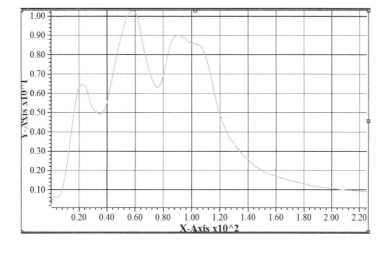

图 8-17 滑体颗粒平均速度历程

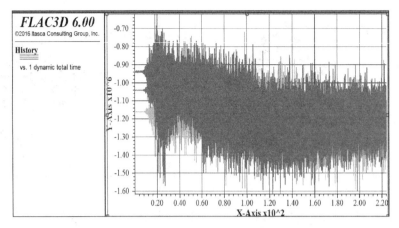

图 8-18　滑坡冲击时 1~4 点小主应力

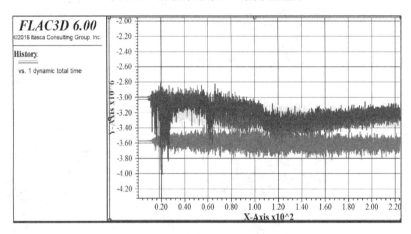

图 8-19　滑坡冲击时 1~4 点大主应力

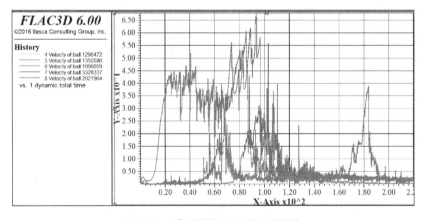

图 8-20　典型颗粒的运动速度变化

8.4　经验总结

在滑坡分析中，严格来讲 FLAC3D-PFC 的耦合只是连续—非连续耦合数值模拟方法的共同计算,二者通过边界传递力与材料特性参数,而非根据某一准则自动进行连续—非连续介质的转化。

在这一过程中,滑坡滑面是控制边坡运动轨迹、裂隙发展规律的重要因素,因此在建模过程中如何精确地设置好滑面,是取得良好计算结果的保障。

纯数值模拟计算结果是否可靠,滑动中阻尼参数、摩擦系数等参数的选取,需要参考大量的文献统计,如果能结合已有滑坡后的痕迹与堆积情况、采用反演反馈分析确定微观力学参数,再进一步分析相似边坡的破坏机理及灾害预测,无疑可令结果更加可靠。

说明:本章滑坡过程的模拟,只是基于课题组过去科研项目的模型,说明连续—非连续数值模拟的可行性及操作过程,没有对参数进行标定,由于计算结果与参数、荷载密切相关,因此计算结果与真实情况是完全不符的,请勿直接采用本章提供的参数开展研究。

第 9 章 离散元—流体耦合计算与应用

渗流是造成岩土工程失稳的重要因素之一，但是在工程实践中，由于渗透性质的复杂、边界条件的不确定性，常常使得数值计算渗流影响与实际测试结果相距甚远，因此存在大量的经验考虑方法。在颗粒流数值模拟方法中，同样存在不同的解决方案。本章基于 PFC5.0 计算平台的帮助文件，探讨不同考虑渗流影响的方法，为离散元—流体耦合计算提供参考。

9.1 流体与颗粒的相互作用方式

颗粒流方法可以对岩土体与水、气、多相混合物等多种流固耦合情况进行仿真。不同工程问题中岩土体与水、瓦斯混合气体的流固耦合机理千差万别，许多情况我们没有必要采用精细且高度耦合模式去建模和求解，因地制宜地采用各种恰当的近似手段使得既能够捕捉到各个具体工程问题中的流固耦合运行机制，又充分减少了程序计算量及运行时间，例如将岩土体颗粒简化为 PFC 中的圆形颗粒。以下为各种流体—颗粒相互作用问题及其近似方法。

1. 静水压力

这种情况下 PFC 颗粒只是简单地受重力作用，颗粒浸入水中，所以颗粒所受重力采用浮容重，即岩土体颗粒只受到液体静压力梯度的影响。

2. 颗粒集合稀疏分布于流体中

当颗粒在流体中独立运动，颗粒相互间距较大且颗粒只占据模型总体积的部分时，为了考虑流体作用的影响，可以在颗粒上施加黏滞力，该黏滞力为颗粒和流体间的相对运动速度、流体黏度的函数。

3. 流体稀疏分布于颗粒集合中

当流体在颗粒集合中流动，且流体体积相对于颗粒体积而言很小时，流体存在于颗粒之间的缝隙中，流体会以类似于半月板的形状依附于颗粒上，并在颗粒表面产生张力。这种张力可通过专门的接触法则来表示，包括黏滞分量和内聚分量，其中后者强烈依赖于接触处颗粒的相对分离程度及流体体积。如果有两种流体相，则需要综合考虑第 1 条和第 3 条。

4. 低水力梯度下的饱和颗粒集合

这种流固耦合类型的实现方式称为"粗糙单元网格法"。在饱和介质中，当水压梯度的波动幅度比颗粒平均半径相比很小时，采用颗粒的平均孔隙率及渗透系数进行连续介质内的流体流动计算。根据得到的压力梯度计算流体对于颗粒的作用力，将网格平均渗透系数赋予连续流动方程，再算得流体平均流速矢量以及颗粒体力。采用此种弱耦合法可获取土壤表面侵蚀、隧道突水及管涌的相关机理。

5. 高水力梯度的饱和黏性颗粒集合

对于大压力梯度情况，考虑圆形（或球形）颗粒之间孔隙的"虚"与"实"，两种情况下都假设颗粒集模型是相对连贯的（即连接几何体只会缓慢演化），可以将该问题分成两种情况讨论。

1) 流体在虚拟裂缝中流动

如果岩土材料孔隙率较低（对应在 PFC 模型中圆形颗粒之间的接触间隙微小甚至为 0，即不足以产生真实流体流动），假定每个颗粒接触处存在流体流动的细观通道（即 pipe，管道），流体流动网络由这些管道组成。管道的初始孔径由材料宏观渗透系数决定，若颗粒间不存在黏结模型，其孔径的变化与颗粒间的法向相对位移成正比。若颗粒间存在初始黏结，则在黏结破坏前管道孔径保持不变，黏结断开后，上述孔径与法向位移的关系才开始生效。既然有流体流动的"通道"，当然也有储存流体的"域"，域的体积与周围管道的尺寸相关，域中流体压力随每一计算步进行更新，并且每步计算都将该压力作为等效体力施加到环绕域的颗粒上。在 PFC 代码中，这种流固耦合类型的实现方式称为"虚拟域法"。

2) 流体在颗粒间的真实孔隙中流动

对于诸如多孔砂岩等孔隙率较高的材料，可以将 PFC 颗粒间隙看作真实流体通道，仍然使用"管道"与"域"结构，但这时难以直接确定各管道的渗透系数。需要先假定管道渗透系数，通过对由众多管道组成的 PFC 岩样进行宏观渗透性能模拟测试，调整管道渗透系数直至与真实岩样的宏观渗透性能匹配，且管道的细观渗透系数应该是岩样应变的函数。"管道/域"流动网络能够实现诸如达西流、流体与固相物质作用力耦合产生水力劈裂等较复杂的流固耦合机制。

6. 高水力梯度、大变形

如果固体材料断裂且不再保持连续结构，或者孔隙几何形态发生剧烈变化，诸如泥石流、岩浆侵入等情况，以上所描述的方案就会失效。这种情况下，可以将流体用尺寸更小的颗粒表示，但这会增加 PFC 程序的运算时间。

9.2 PFC5.0 中的流固耦合功能

了解了流体与颗粒的相互作用方式，不同复杂程度的问题都能通过相应近似方法进行处理。PFC5.0 提供了如下模拟方案：

（1）通过 FISH 语言及回调函数添加和更新流体颗粒相互作用力，适用于 9.1 节第 1 条、第 2 条和第 5 条；

（2）通过液桥接触模型考虑湿颗粒之间的液桥力和黏性力作用，适用于 9.1 节的第 3 条；

（3）通过内置 CFD 模块与外部流体求解器耦合考虑复杂流场的作用，适用于 9.1 节的第 4 条；

（4）通过大量颗粒直接表示流体和固体考虑材料流变特性，适用于 9.1 节第 6 条。

9.2.1 采用 FISH 语言添加额外作用力方法

基于 FISH 语言及回调函数的强大功能，通过循环点（set fish callback 命令）可以将额外的外力添加到计算时间步中。在求解之前，通过 set fish callback 命令先注册 FISH

函数,保证后续的每个计算时间步中都调用并执行该函数,从而实现对模型的干预。可以很容易地将颗粒在流场中受到的浮力、阻力(拖曳力)等以外力的方式施加到每个颗粒上,从而简单地考虑流场对颗粒的影响。例 9-1 介绍了如何在生成颗粒上施加浮力和拖曳力。

例 9-1 施加浮力和拖曳力方法

```
;本例可见帮助文件中的 callbacks2.p3dat,在其基础上略加修改
new
set random 10001
domain extent  -3 3
cmat default model linear property kn 1.0e6 dp_nratio 0.5
wall generate box   -2 2
set gravity 10.0
define add_ball   ;给定频率随机向容器内投放颗粒
  local tcurrent = mech.age
  if tcurrent < tnext then    ;tnext 为时间限制
    exit
  endif
  tnext = tcurrent+freq
  local xvel = (math.random.uniform-0.5) * 2.0
  local yvel = (math.random.uniform-0.5) * 2.0   ;随机速度
  local bp = ball.create(0.3,vector(0.0,0.0,1.75))   ;给定位置
  ball.vel(bp) = vector(xvel,yvel,-2.0)           ;速度属性
  ball.density(bp) = 1.1e3
  ball.damp(bp) = 0.1
end
[freq = 0.25]   ;颗粒投放频率
[time_start = mech.age]   ;开始投放时间
[tnext = time_start]      ;投放终止时间
set fish callback-11.0 @add_ball   ;自动运行
define add_fluidforces   ;施加流体力函数,扬压力与黏滞力
  global vf = 0.0
  loop foreach ball ball.list
    local vi = 0.0
    local d1 = ball.pos.z(ball) - ball.radius(ball)
    if ball.pos.z(ball) - ball.radius(ball) >= zf_
      ; above water level
      ball.force.app(ball) = vector(0.0,0.0,0.0)
    else
      local fdrag = -6.0 * math.pi * etaf_ * ball.radius(ball) * ball.vel(ball)
```

```
        local vbal = 4.0 * math.pi * ball.radius(ball)^3/3.0
        if ball.pos.z(ball)+ball.radius(ball) <= zf_ then
          ; totally immerged
          vi = 4.0 * math.pi * ball.radius(ball)^3/3.0
        else
          ; partially immerged
          if ball.pos.z(ball) >= zf_ then
            global h = ball.radius(ball)-(ball.pos.z(ball)-zf_)
            global vcap = math.pi * h^2 * (3 * ball.radius(ball) - h)/3.0
            vi = vcap
          else
            h = ball.radius(ball)-(zf_ - ball.pos.z(ball))
            vcap = math.pi * h^2 * (3 * ball.radius(ball) - h)/3.0
            vi = vbal - vcap
          endif
        endif
        global fb = -1.0 * rhof_ * vi * global.gravity
        ball.force.app(ball) = fb+(vi/vbal) * fdrag
      endif
      vf = vf+vi
  endloop
end
define move_surface     ;计算移动后的表面,用于计算浸入水中的球体积用
  zf_ = zf0_+(vf/16.0)
  loop foreach node geom.node.list(gset_)
    geom.node.pos.z(node) = zf_
  endloop
end
; Set parameters and create a polygon with the geometry logic to
; visualize the fluid surface. Store a pointer to the geometry set
; to be used by the move_surface function.
[rhof_ = 1.26e3]
[zf0_ = -1.0]
[zf_ = zf0_]
[etaf_ = 1.49]
geometry set surface polygon position  -2.0  -2.0 @zf0_ ...
                                        2.0  -2.0 @zf0_ ...
                                        2.0   2.0 @zf0_ ...
                                       -2.0   2.0 @zf0_
```

[gset_ = geom.set.find('surface')]
set fish callback 50.0 @add_fluidforces   ;设置自动运行节点
set fish callback 50.1 @move_surface   ;设置自动运行
solve time 10.0
solve time 15.0
set fish callback－11.0 remove @add_ball   ;不再生成新的球
solve   ;求解至最终平衡
save fluid-final
return

该算例模拟了颗粒材料被逐渐添加到装有静止液体的容器中，颗粒密度小于液体密度，因此入水后由于受到浮力作用而上浮，模型某一时刻的状态如图9-1所示。

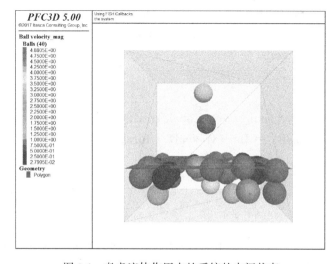

图9-1 考虑流体作用力的系统的中间状态

在这个算例中，颗粒在给定频率下通过FISH函数add_ball创建，该函数注册在循环点－11.0处。当每个求解步执行add_ball函数时，通过检查当前物理时间决定是否创建新的颗粒。

另外两个FISH函数在求解步序列中的不同循环点注册，通过对颗粒施加额外作用力来模拟容器中静止流场的作用，并且在函数move_surface更新所有未浸入体积之后执行。

函数add_fluidforces在每个周期中遍历系统中的所有颗粒，通过内置FISH函数ball.force.app对颗粒施加外力。外力由浮力项F_b和拖曳力项F_d构成，且由下式计算：

$$F_b = -\rho_f V_i g \tag{9.2.1}$$

$$F_d = -6\pi\eta_f R\alpha v \tag{9.2.2}$$

式中，ρ_f为流体密度，V_i为球浸入水中部分的体积，g为重力加速度矢量，η_f为流体动力黏滞系数，R为球半径，α为球未浸入水中部分体积与球总体积之比，v为球速度矢量。F_d的表达式是完全浸没于层状流体系统（大黏度流体）中的单球受力公式。当球只部分浸入流体中时，通过α因子来减小拖曳力。

函数 move_surface 根据球的浸入体积（函数 add_fluidforces 计算）来调整液体表面高度 zf_。反过来，zf_ 的修正值则在下一个计算周期中被用于函数 add_fluidforces 中来调整浮力。函数 move_surface 还调整了用于表征流体表面的几何对象（geometry）的节点高度，计算平衡后可得到整个系统最终的稳定状态（图 9-2）。

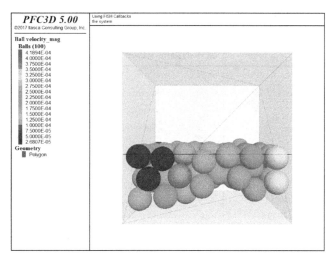

图 9-2　考虑流体作用力的系统的最终状态

9.2.2　利用 PFC 内置 CFD 模块与外部流体求解器耦合模拟复杂流场

上面模型非常简单，并且拖曳力的表达式并未考虑流体速度。然而，这个简单的例子展示了如何通过几个步骤将新物理量（如额外作用力）添加到 PFC 中。如果需要一个包含流体—力学耦合的复杂模型，一方面可以通过设计更复杂的算法实现，也可与第三方 CFD 求解器耦合来实现。

PFC3D5.0 程序中包含了计算流体动力学（CFD）模块，允许在 PFC3D 中解决一些流体—颗粒的相互作用问题。但是该模块不包含 CFD 求解器，且只能用于三维情况。该模块提供了与 CFD 软件连接的命令和脚本函数，并通过最初由 Tsuji 等人在 1993 年描述的基于体积平均的粗网格方法来解决流体—颗粒相互作用问题。但并不是所有的流体—颗粒相互作用问题都可以通过这个模块提供的粗网格方法来解决。

在粗网格方法中，描述流体流动的方程在一组比 PFC 颗粒更大的单元集合上进行数值求解。依据颗粒所在流体单元内的流体条件，流体作用力被分配到每个颗粒上。流体—颗粒相互作用力的公式是精确的，且在孔隙度和雷诺数（湍流效应包含在流体—颗粒相互作用项中）的实际范围内平滑变化。

通过流体单元上的均匀化，相应的体力被施加到流体中。每个单元的孔隙度和流体拖曳力由颗粒属性的平均值计算获得。通过在 PFC 和流体求解器之间定期交换信息，实现双向耦合。这一过程（信息同步和交换）通常是通过 TCP 套接字通信来完成的。

用该方法研究的流体特征尺度比 PFC 颗粒要大。任何基于流体—流动模型的连续方程都可以和 PFC 耦合使用，包括纳维-斯托克斯方程和欧拉方程等。但利用 CFD 模块处理流体问题时 PFC 进行了如下假设：①流体单元大于 PFC 颗粒；②流体属性分段线性分布于流体单元中；③流体单元不移动。

PFC3D5.0 的 CFD 模块提供的功能，包括：①流体网格的读入；②流体速度、流体压力、流体压力梯度、流体黏度和流体密度的存储；③孔隙率的计算；④循环求解过程中流体—颗粒相互作用力自动施加到颗粒上。

1. PFC3D 流体—颗粒相互作用原理

表 9-1 给出了传统的流体属性符号和单位系统。只要保持与力学计算中一致，可以使用任何单位体系。

流体的国际单位系统　　　　　　　　　　　　　　　　表 9-1

属性	单位	符号
长度(length)	m	l
流体密度(Fluid Density)	kg/m³	ρ_f
时间(Time)	s	t
流速(Fluid Velocity)	m/s	$\vec{v}$
颗粒速度(Particle Velocity)	m/s	$\vec{u}$
孔隙率(Porosity)	无	ε
动力黏滞系数(Dynamic Viscosity)	Pa·s	μ
拖曳系数(Drag Coefficient)		C_d
雷诺数(Reynolds Number)		Re
流体压力(Fluid Pressure)	Pa	p
流压梯度(Fluid Pressure Gradient)	Pa/s	∇p
流体动压(Fluid Kinematic Pressure)	m²/s²	P
动压黏滞系数(Kinematic Viscosity)	m²/s	v

在多孔介质流中有两个关于速度的定义。在 CFD 模块中流体速度 $\vec{v}$ 是宏观速度或达西速度。宏观速度是单位横截面积上的体积流量。这是一个非物理的速度，它假定流体在整个横截面上发生，流体流动实际上只发生在孔隙空间中。间质速度是流体在孔隙空间中移动时的实际速度。将宏观速度转化为孔隙速度需要除以孔隙率。

PFC3D 颗粒的运动方程通过标准的 PFC3D 方程给出，且通过附加力考虑颗粒与流体的相互作用：

$$\frac{\partial \vec{u}}{\partial t} = \frac{\vec{f}_{\text{mech}} + \vec{f}_{\text{fluid}}}{m} + \vec{g} \tag{9.2.3}$$

$$\frac{\partial \vec{\omega}}{\partial t} = \frac{\vec{M}}{I} \tag{9.2.4}$$

式中，$\vec{u}$ 为颗粒的速度，m 为颗粒质量，$\vec{f}_{\text{fluid}}$ 为流体施加在颗粒上的总作用力，$\vec{f}_{\text{mech}}$ 为作用在颗粒上的外力（包括施加的外力和接触力）之和，$\vec{g}$ 为重力加速度，$\vec{\omega}$ 为颗粒旋转角速度，I 为惯性矩，$\vec{M}$ 为作用在颗粒上的力矩。流体施加到颗粒上的作用力（流体—颗粒相互作用力）$\vec{f}_{\text{fluid}}$ 由两部分组成：拖曳力和流体压力梯度力。

流体作用于颗粒上的拖曳力，是根据包含该颗粒的流体单元条件定义的。这取决于孔隙率是如何计算的，因为一个颗粒可能与多个流体单元重叠，这时力基于颗粒和流体单元的重叠比例进行分配。需要注意的是，流体—颗粒间的相互作用力总是施加在颗粒形心上，不考虑弯矩作用。为了计算流体-颗粒相互作用力，PFC 中的颗粒簇（clump）被视为单一球形颗粒（等体积下计算等效半径），流体—颗粒相互作用力作用在颗粒簇

(clump) 的形心上，也不考虑弯矩作用。与 PFC 球形颗粒一样，PFC 颗粒簇（clump）也可能受多个流体单元的流体-颗粒相互作用力。$\vec{f}_{\text{drag}}$ 被定义为：

$$\vec{f}_{\text{drag}} = \vec{f}_0 \varepsilon^{-\chi} \tag{9.2.5}$$

式中，$\vec{f}_0$ 为单个颗粒所受的拖曳力，ε 为颗粒所在流体单元的孔隙度。$\varepsilon^{-\chi}$ 项是考虑局部孔隙度的经验系数。这个修正项使拖曳力同时适用于高孔隙和低孔隙度系统，流体雷诺数也可大范围取值。

单个颗粒所受拖曳力被定义为：

$$\vec{f}_0 = \left(\frac{1}{2} C_d \rho_f \pi r^2 |\vec{u} - \vec{v}| (\vec{u} - \vec{v}) \right) \tag{9.2.6}$$

式中，C_d 为拖曳力系数，ρ_f 为流体密度，r 为颗粒半径，$\vec{v}$ 为流体速度，$\vec{u}$ 为颗粒速度。

拖曳力曳力系数被定义为：

$$C_d = \left(0.63 + \frac{4.8}{\sqrt{R_{\text{ep}}}} \right) \tag{9.2.7}$$

式中，R_{ep} 为颗粒的雷诺数。

经验系数 χ 被定义为：

$$\chi = 3.7 - 0.65 \exp\left(-\frac{(1.5 - \lg R_{\text{ep}})^2}{2} \right) \tag{9.2.8}$$

颗粒的雷诺数为：

$$R_{\text{ep}} = \frac{2 \rho_f r |\vec{u} - \vec{v}|}{\mu_f} \tag{9.2.9}$$

式中，μ_f 为流体的动力黏滞系数。

施加在流体单位体积上的体力为：

$$\vec{f}_b = \frac{\sum_j \vec{f}_{\text{drag}}^j}{V} \tag{9.2.10}$$

式中，V 为流体单元体积，分子上求和对象为与流体单元重叠的颗粒。

$$\vec{f}_{\text{fluid}} = \vec{f}_{\text{drag}} + \frac{4}{3} \pi r^3 (\nabla p - \rho_f \vec{g}) \tag{9.2.11}$$

需要注意的是，由于流体压力场可能不包括流体静力学分量，浮力需要显式添加，此时可通过 cfd buoyancy 命令添加。

2. 实现过程细节

1）孔隙率计算

PFC 中有两种选项可用于计算流体单元的孔隙度：采用表征颗粒的中心位置或多面体，即中心法或多面体法。该选项可以通过 cfd porosity 命令控制。

如果一个颗粒的中心处于某个流体单元中，则中心法认为该颗粒完全包含于该流体单元中。这种方法计算很快，且颗粒体积守恒。然而当颗粒发生运动时，这种方法会导致孔隙率的跳跃，从而降低解的平滑程度。但当颗粒的大小相对于流体单元的尺寸减小时，这种效应会有所减小。

多面体法用一个长、宽、高等于颗粒直径的立方体表征颗粒。通过计算和调整该立方体与流体单元重叠的体积来保持颗粒体积守恒。这种方法计算较慢，但其优点是当颗粒从一个流体单元移动到另一个流体单元时，孔隙度的变化是平滑的。

流体单元零孔隙度的产生会导致流体控制方程中产生奇异点。为了避免奇点引起的计算问题，PFC3D中限制流体单元孔隙度不小于0.005。需要注意的是：流体单元孔隙度计算采用整个球形颗粒体积，不对重叠部分进行修正。

PFC中的刚性颗粒簇（clump）对流体单元孔隙度的影响与球形颗粒（balls）不同。clump中的每一个pebble都可能对零个或多个流体单元孔隙度产生影响，这些影响需要不断修正以保持clump总体积守恒。clump中的pebble与流体单元重叠的体积计算方式与ball相同（即中心法或多面体法）。然后，这些重叠的体积被缩放，以使pebble具有等同于clump体积除以其自身pebble数量的初始体积。

2）流体网格和数据格式

CFD模块支持全部由四面体或全部由六面体组成的网格。六面体单元表面必须是平面。PFC需要的六面体节点顺序如图9-3所示。

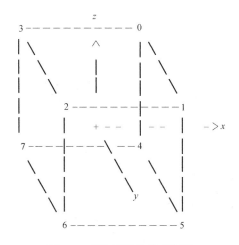

图9-3　流体网格的节点顺序

可以通过两种方法导入流体网格：一种是通过Python函数itasca.cfdarray.create_mesh导入，另外一种是通过PFC命令cfd read nodes和cfd read elements导入。使用Python语言导入流体网格的见例9-2。

例9-2　采用Python语言导入流体网格

```
import numpy as np
from itasca import cfdarray as ca
nodes = np.array((((0.0,  1.0,  0.0),(1.0,  1.0,  0.0),     ;节点坐标
          (0.0,  1.0,  1.0),(0.0,  0.0,  0.0),
          (0.0,  0.0,  1.0),(1.0,  0.0,  0.0),
          (1.0,  1.0,  1.0),(1.0,  0.0,  1.0),
          (0.0,  1.0,  2.0),(1.0,  1.0,  2.0),
          (0.0,  0.0,  2.0),(1.0,  0.0,  2.0)))
elements = np.array((((7, 6, 1, 5, 4, 2, 0, 3),
          (11, 9, 6, 7, 10, 8, 2, 4)), dtype=np.int64)    ;定义单元
```

ca.create_mesh(nodes,elements)   ;导入

PFC 也可以从文本文件中直接读取流体网格。节点与单元网格信息被划分成两个文件：一个节点文件和一个单元文件。节点文件格式见例 9-3。

例 9-3　采用文本文件导入流体网格时的格式

```
        12            12
1    0.00000E+00   1.00000E+00   0.00000E+00
2    1.00000E+00   1.00000E+00   0.00000E+00
3    0.00000E+00   1.00000E+00   1.00000E+00
4    0.00000E+00   0.00000E+00   0.00000E+00
5    0.00000E+00   0.00000E+00   1.00000E+00
6    1.00000E+00   0.00000E+00   0.00000E+00
7    1.00000E+00   1.00000E+00   1.00000E+00
8    1.00000E+00   0.00000E+00   1.00000E+00
9    0.00000E+00   1.00000E+00   2.00000E+00
10   1.00000E+00   1.00000E+00   2.00000E+00
11   0.00000E+00   0.00000E+00   2.00000E+00
12   1.00000E+00   0.00000E+00   2.00000E+00
```

其中，第一行两个整数是节点的数量。后续的每行都有一个整数节点索引（从 1 开始），然后是节点位置的 x、y、z 分量。

单元文件格式见例 9-4。其中，第一行两个整数是单元的数量。后续每三行指定一个单元。

每个单元描述的第一行是指定单元类型整数标识（8——六面体网格，6——四面体网格）。第二行从一个整数单元索引开始（从 1 开始），然后是整数 8（或 4——四面体网格），对应于节点索引。第二行最后的四个浮点数必须提供，但并不被 PFC3D 使用。第三行为一个整数，但同样不被 PFC3D 使用。

例 9-4　单元文件格式

```
2  2
8         ;六面体网格
1  8  7  2  6  5  3  1  4 1.004E-3   1.428E-4   9.98230E+02 1.18E-4
0
8         ;六面体网格
2  12  10  7  8  11  9  3  5 1.004E-3   1.428E-4   9.98230E+02 1.18E-4
0
```

CFD 模块将流体属性与每个流体单元关联起来。可以使用 Fish 或 Python 脚本编程来设置这些属性，也可以通过命令 element cfd attribute 设置这些属性。另外，还可以通过命令 cfd read velocity、cfd read pressure、cfd read gradp、cfd read viscosity 以及 cfd read density 从文本文件中设置这些属性，但这些文本文件的格式需要按如下规则给出：

（1）第一行应该是单元的数量；

（2）每个单元都应有一个后续行。

对于标量（压力、黏度、密度）或矢量（速度或压力梯度）的三个分量，后续行都应有单一的数值与之对应；如果同一行中出现多于一个数字，那么这些数字应该采用空格隔开。

3）处理实际问题时应该注意的事项

流体网格划分应该足够精细，以解决流动结构问题。通常，需要满足如下条件：

$$\frac{d_c}{\Delta x_{cfd}} > 5 \tag{9.2.12}$$

式中，d_c 是流域最小宽度，Δx_{cfd} 是流体单元长度。

这种耦合方法主要用于描述一个流体单元内发生的平均耦合力。因为局部孔隙率假定在一个单元内均匀分布，颗粒周围的流动并没有明确地表示。因此为了得到好的结果，在一个 CFD 单元中应该包含若干个 PFC3D 颗粒：

$$\frac{\Delta x_{cfd}}{2r} > 3 \tag{9.2.13}$$

当颗粒的微观特性对所研究的问题不起决定性作用时，一定程度上可以通过减小颗粒刚度来提高 PFC3D 的最大时间步长。然而，当颗粒以最大速度与 PFC3D 墙碰撞时，重叠量不应该超过颗粒半径的一半。以下不等式描述了该限制：

$$\frac{2}{3}\pi r^3 \rho_p |\vec{u}_{max}|^2 < \frac{k_n r^2}{8} \tag{9.2.14}$$

式中，ρ_p 为颗粒的密度，k_n 为颗粒的法向接触刚度。

另外，耦合的时间间隔应该小到足以实现预期的耦合行为。也就是，颗粒在穿越单个流体单元的过程中，耦合信息应该被交换若干次。因此要满足如下条件：

$$\frac{\Delta x_{cfd}}{|\vec{u}| t_c} > 3 \tag{9.2.15}$$

式中，t_c 为耦合时间间隔。

实际计算过程中，PFC3D 的时间步长一般会小于流体的时间步长。因此，通常需要若干个 PFC3D 计算步对应一个流体计算步。

最后，如果颗粒与流体边界相互作用，那么需要在 PFC3D 中创建与流体边界相对应的 PFC3D 墙。如果几何结构简单，可以使用 PFC 墙来生成域边界。如果边界几何复杂，那么可以将流体域表面划分成三角面网格，并将其作为 STL 格式文件导入到 PFC3D 中。但是大量的墙面会导致 PFC3D 计算缓慢。

4）耦合实现

当 CFD 模块激活时，流体—颗粒相互作用力（$\vec{f}_{fluid}$）在 PFC 求解步序列中被施加到 PFC 颗粒上。PFC3D 循环计算过程中，流体—颗粒相互作用力 $\vec{f}_{fluid}$ 和每个流体单元的孔隙度 ε^i，依据命令 cfd interval 给定的时间间隔不断计算。上标 i 指的是流体单元，而上标 j 指的是颗粒。可以使用命令 cfd update 强制更新上述变量。同时，可以使用命令 cfd coupling 来开启或关闭耦合。

流体—力学双向耦合是通过流体求解器和 PFC3D 之间进行一系列数据交换实现的。每个流体单元的孔隙度 ε^i 取决于 PFC3D。每个流体单元中单位体积的体力 $\vec{f}_b^i$ 由 PFC3D 中的拖曳力决定：

$$\vec{f}_{\mathrm{b}}^{\,t} = \frac{\sum_{j} \vec{f}_{\mathrm{drag}}^{\,t}}{V_i} \tag{9.2.16}$$

式中，求和对象为给定流体单元中的所有颗粒，V_i 为给定流体单元的体积。每个流体单元中的流体速度 $\vec{v}^i$、流体压力 p^i、流体压力梯度 ∇p^i、流体密度 ρ_{f}^i、流体动力黏滞系数 μ^i 都由流体软件决定。

与流体求解器交换信息并不能自动完成，它必须在 PFC 代码中进行显示设置。同步和数据交换可以通过 FISH 或 Python 脚本中的 TCP 套接字通信实现。

5）循环计算

求解流体—颗粒交互问题，PFC 需要以下步骤：

第一步　初始化 PFC：创建颗粒和墙体。

第二步　初始化流体求解器。

第三步　流体求解器发送流体网格数据到 PFC。

第四步　PFC 初始化 CFD 模块，计算孔隙度和拖曳力。

第五步　PFC 发送孔隙度和拖曳力数据到流体求解器。

第六步　流体求解器更新并发送 $\vec{v}^i$、p^i、∇p^i 及可选的 ρ_{f}^j、μ^i 到 PFC。

第七步　PFC 循环向前推进一个时间增量，该增量等于耦合时间间隔 t_{c}。

A. PFC 运动方程。

B. 如果孔隙度和流体—颗粒交互作用正在被更新，则执行以下三个步骤，否则跳转到第八步。

a. PFC 调用在 CFD_BEFORE_UPDATE 循环点处注册的函数。

b. PFC 重新计算孔隙度场 $\in^i$、流体—颗粒相互作用力 $\vec{f}_{\mathrm{fluid}}^{\,j}$ 和流体拖曳力 $\vec{f}_{\mathrm{b}}^{\,t}$。

c. PFC 调用在 CFD_AFTER_UPDATE 循环点处注册的函数。该循环点在流体—颗粒相互作用力计算完成之后，以及该力被加入到球（balls）或颗粒簇（clumps）的不平衡力中之前执行，这使得流体—颗粒的相互作用可以通过 FISH 或 Python 脚本改变。

C. PFC 力—位移定律

D. 如果 PFC 的力学计算时间小于耦合时间间隔 t_{c}，返回到步骤 A。

第八步　返回到第五步。

上述步骤中的第七步是由 PFC 在计算过程中自动完成的。然而，其他步骤需要在 PFC 代码文件中进行显式设置。

9.3　二维水力劈裂 FISH 语言模拟实例

流体储存于孔隙网格中。相邻的孔隙网络中，在流体压力差的作用下可以发生流体交换。为了定量计算流体交换时的流量，假设流体通道是有相邻两颗粒的接触点处的一个平行板通道，长度为 L，开度为 a，厚度为单位厚度，垂直于 X-Y 平面。则两个孔隙之间的流量可以通过 Hagen-Poiseuille 方程表示：

$$q = ka^3 \frac{\Delta p}{L} \tag{9.3.1}$$

式中，q 为流量（m³/s）；a 为流体通道的开度，与两颗粒的法向力有关；k 为渗透系数；

Δp 是两孔隙网格之间的压力差，L 是流体通道的长度。

由上式可以看出，开度 a 会影响管道的流量，即模型的渗透性。力学过程对于流体流动的影响主要体现在，力学过程决定孔隙通道的开度，开度的变化影响流体流动的速率。流体对于力学过程的影响主要表现为，流体流动导致孔隙流体压力的波动，孔隙流体压力作用于颗粒以及流体流动时的黏性力。

在颗粒之间接触处，假设存在一个初始开度 a_0，初始开度的存在允许即使两颗粒之间紧密接触的情况下其构成的流体通道也有流体流动，从而保证了材料的基质渗透率。流体通道的开度 a 依赖于颗粒之间的接触力，当两颗粒之间的法向接触力为压应力时，流体通道开度 a 为：

$$a=\frac{a_0 F_0}{F+F_0} \tag{9.3.2}$$

式中，F 为现在两颗粒间的压缩力，F_0 为管道开度降低为初始开度一半时的压缩力。

由式（9.3.2）可以看出，当颗粒之间的压缩力增大时，管道开度会下降；当颗粒之间的压缩力减小，管道开度会上升。通过这种力与流体通道的关系实现水力耦合作用。

当两胶结颗粒处于张拉状态，或者两颗粒之间的黏结已破坏，颗粒在接触点断开时，开度 a 为：

$$a=a_0+\lambda(d-R_1-R_2) \tag{9.3.3}$$

式中，d 为两颗粒之间的距离，R_1、R_1 分别为两颗粒半径，λ 为一个无量纲乘子。对于大部分的模型而言，颗粒粒径都比实际的颗粒粒径大得多，计算得到的开度也会偏大，因此，λ 常常取一个小于1的常数来获得一个合理的开度。

1. 压力方程

在 Δt 的时间步里面，由于流体流动导致的孔隙流体压力变化由流体的体积压缩模量计算。考虑某个孔隙，其有 N 条流体通道，在 Δt 的时间步里面，其流体总流量为 $\sum q$，孔隙流体压力的变化为：

$$\Delta P=\frac{K_f}{V_d}(\sum q\Delta t-\Delta V_d) \tag{9.3.4}$$

式中，K_f 为流体的压缩模量，V_d 为"域"，即孔隙体积，ΔV_d 为孔隙体积变化。

2. 耦合方式

在 PFC 中流体与颗粒间的耦合作用方式主要有以下 3 种：

（1）通过接触的张开与闭合或接触力的变化实现通道孔隙的变化；

（2）通过改变研究区域的力学特性来改变其中的压力；

（3）区域孔隙压力对其内部颗粒有推移作用。

3. 流体计算时间步长

采用显示方法求解，在所有域内交替应用流动方程和压力方程。保证模型运行稳定的条件就是水流入引起的压力变化必须小于扰动压力，当两者相等时可求出临界时间步长为：

$$\Delta t=\frac{2rV_d}{NK_f ka^3} \tag{9.3.5}$$

式中，N 为一个"域"所连接的管道数，r 为一个"域"周围颗粒的平均半径。

为了确保整个计算域内的稳定性，整体时间步长必须取所有局部时间步长中的最小

值,此外还需乘以小于 1 的安全系数

PFC5.0 版本中,CFD 模块只适用于三维分析,对于二维达西定律模拟,其原理即为上述平行板裂隙的模拟方法,可参考例 9-5 的方法进行。

例 9-5 二维水力劈裂 FISH 实现命令流

```
;生成 domain 文件,见 dom.p2dat
def get_dom_mem   ;返回新流域对象的指针
    pnt  =  memory.create(dom_size)
    if pnt = null
        error = 'memory unavailable for domain item'
    endif
    memory(pnt)     = dom_head
    dom_head        = pnt
    memory(pnt+1)   = null
    get_dom_mem     = pnt
end
def dom_scan   ;创建流域
    ;—— 设置流域对象的条目数目 ——
    dom_size = 8
    ;—— 流域对象条目的偏移量...
    DOM_LINK       = 0     ;存储地址(always zero)
    DOM_BALL_LIST  = 1     ;指向域内的球列表
                           ;(list of doubles:(LINK,B_POINT))
    DOM_X          = 2     ;域中心的 X 坐标(不会自动更新)
    DOM_Y          = 3     ; 域中心的 Y 坐标
    DOM_PRESS      = 4     ;流域压力
    DOM_VSUM       = 5     ;总流体体积
    DOM_VOL        = 6     ;当前流体体积
    DOM_FIX        = 7     ;约束标志(=1,固定流压)
    dom_head       = null
;  ;—— Number of items in flow object (extension to contact)——流体网格说明
    flow_size      = 5
    FLOW_DOM1      = 1     ;指向 domain 1
    FLOW_DOM2      = 2     ;指向 domain 2
    FLOW_AP_ZERO   = 3      ;残余裂隙宽度
    FLOW_PERM      = 4     ;渗透常数
    FLOW_ACTIVE    = 5     ;1 管道激活,其他值关闭(如 0)
;—— (domains scan won't work if dead ends exist)
    zap_dead_ends
;—— Initialize container to store domain links——
```

```
;        #1 = D pointer corresponding to path B1->B2
;        #2 = D pointer corresponding to path B2->B1
  n=0
  loop foreach local cp contact.list
       contact.extra(cp,FLOW_DOM1)     = null
       contact.extra(cp,FLOW_DOM2)     = null
       contact.extra(cp,FLOW_AP_ZERO)  = 0.0
       contact.extra(cp,FLOW_PERM)     = 0.0
       contact.extra(cp,FLOW_ACTIVE)   = 0
       n=n+1
  endloop
  scan_all_contacts ; (do twice, to get both senses)
  scan_all_contacts
  pnt = dom_head        ; Mark the outer domain
  count_max    = 0
  outer_domain = null
  loop while pnt ≠ null
    count = 0
    bp = memory(pnt+1)
    loop while bp ≠ null
      count = count+1
      bp    = memory(bp)
    endLoop
    if count>count_max
      count_max = count
      outer_domain = pnt
    endif
    pnt = memory(pnt)
  endLoop
  oo = io.out('outer domain has '+string(count_max)+' balls')
end
def domains ; domain printout
  count = 0
  pnt = dom_head
  loop while pnt ≠ null
    if pnt ≠ outer_domain
      count = count+1
      oo=io.out(' domain '+string(count)+'.   balls are ...')
      iadd = memory(pnt+1)
```

```
            loop while iadd # null
                oo = io.out('        '+string(ball.id(memory(iadd+1))))
                iadd = memory(iadd)
            endloop
        endif
        pnt = memory(pnt)
    endloop
    domains = count
end
def scan_all_contacts
;— Scan contacts, to form domains——
    cpstart = contact_head
    loop foreach cpstart contact.list('ball-ball')
        section
            cp = cpstart
            b1 = contact.end1(cp)
            b2 = contact.end2(cp)
            c1=contact.extra(cp,FLOW_DOM1)
            c2=contact.extra(cp,FLOW_DOM2)
            if contact.extra(cp,FLOW_DOM2) # null
                if contact.extra(cp,FLOW_DOM1) # null
                    exit section
                  else
                    bstart = b2
                    va1 = contact.normal.x(cp)
                    va2 = contact.normal.y(cp)
                    dom_pnt = get_dom_mem
                    contact.extra(cp,FLOW_DOM1) = dom_pnt
                endif
            else
                bstart = b1
                va1 =-contact.normal.x(cp)
                va2 =-contact.normal.y(cp)
                dom_pnt = get_dom_mem
                contact.extra(cp,FLOW_DOM2) = dom_pnt
            endif
            b2 = bstart
            loop nnn (1,1000)        ; (hope outer domain < 1000 balls)
        ;— scan contacts on next ball for max angle
```

```
max_angle =-1e20
cp_next   = null
next_ball = null
loop foreach _cp ball.contactmap(b2)
    _b1 = contact.end1(_cp)
    _b2 = contact.end2(_cp)
    nn=contact.active(_cp)
    if _cp # cp
        if _b1 = b2
            vb1 = contact.normal.x(_cp)
            vb2 = contact.normal.y(_cp)
            next_poss = _b2
              flag = 1
        else
            vb1 =-contact.normal.x(_cp)
            vb2 =-contact.normal.y(_cp)
            next_poss = _b1
            flag = 0
        endif
        cc   = va1 * vb2- va2 * vb1      ;点乘
        maga = math.sqrt(va1 * va1+va2 * va2)
        na1  = va1/maga
        na2  = va2/maga
        bb   = vb1 * na1+vb2 * na2
        dthet = math.atan2(math.abs(cc),bb^2)
        if cc>0.0
            if bb < 0.0
                dthet = math.pi-dthet
            endif
        else
            if bb>0.0
                dthet =-dthet
            else
                dthet = dthet-math.pi
            endif
        endif
        if dthet>max_angle
            max_angle = dthet
            cp_next   = _cp
```

```
                    next_ball = next_poss
                    v1sav = vb1
                    v2sav = vb2
                    flagsav = flag
                endif
            endif
        endLoop
        if cp_next ≠ null
        if flagsav = 1
            contact.extra(cp_next,FLOW_DOM1) = dom_pnt
        else
            contact.extra(cp_next,FLOW_DOM2) = dom_pnt
        endif
        add_ball_to_domain
        if next_ball = bstart
            exit section
        endif
        b2  = next_ball
        cp  = cp_next
        va1 = v1sav
        va2 = v2sav
        endif
      end_loop
    ;—— 接触循环结束——
    endsection
  endLoop
end
def zap_dead_ends
;—删除接触少于等于一个的球
  num_zapped = 0
  loop foreach local ball ball.list
    local contactmap = ball.contactmap(ball)
    local size = map.size(contactmap)
    if size <= 1 then
      num_zapped = num_zapped +1
      ball.delete(ball)
    endif
  endloop
  if num_zapped>0
```

```
        oo = io.out('Number of balls removed = '+string(num_zapped))
    else
        exit
    endif
end
def add_ball_to_domain
;INPUT: dom_pnt, next_ball
    pnt = memory.create(2)
    if pnt = null
        error = 'no memory for ball double'
    endif
    memory(pnt) = memory(dom_pnt+1)
    memory(dom_pnt+1) = pnt
    memory(pnt+1) = next_ball
end
def set_dom_coords ;设置流域中心的坐标
; INPUT: dom = domain pointer
    iadd = memory(dom+DOM_BALL_LIST)
    xav  = 0.0
    yav  = 0.0
    count = 0
    loop while iadd # null
        bp   = memory(iadd+1)
        xav  = xav+ball.pos.x(bp)
        yav  = yav+ball.pos.y(bp)
        count = count+1
        iadd = memory(iadd)
    endloop
    xav = xav/count
    yav = yav/count
    memory(dom+DOM_X) = xav ; side-effect!
    memory(dom+DOM_Y) = yav
end
def dom_item
    array vec(2) v1(2) v2(2)
    command
        set echo off
    endcommand
    rmin000=100000.
```

```
loop foreach bp ball.list
    rr=ball.radius(bp)
    if rr<rmin000
        rmin000=rr
    endif
endloop
num_d=0
pnt=dom_head
loop while pnt # null
    if pnt # outer_domain
        num_d=num_d+1
        dom=pnt
        set_dom_coords
        vec(1)=memory(pnt+dom_x)
        vec(2)=memory(pnt+dom_y)
        command
            geometry generate circle position [vector(vec)] radius [rmin000*0.4]
        endcommand
        oo =io.out('Number of domains = '+string(num_d))
    endif
    pnt=memory(pnt)
endloop
oo =io.out('Number of domains last= '+string(num_d))
loop foreach cp contact.list
    b1=contact.end1(cp)
    b2=contact.end2(cp)
    v1(1)=ball.pos.x(b1)
    v1(2)=ball.pos.y(b1)
    v2(1)=ball.pos.x(b2)
    v2(2)=ball.pos.y(b2)
    command
        geometry edge [vector(v1)] [vector(v2)] group 'contact'
    endcommand
    if contact.extra(cp,flow_active) = 1
        dom1=contact.extra(cp,flow_dom1)
        dom2=contact.extra(cp,flow_dom2)
        command
            list @dom1 @dom2
        endcommand
```

```
            if dom1 # null
                v1(1)=memory(dom1+2)
                v1(2)=memory(dom1+3)
                v2(1)=memory(dom2+2)
                v2(2)=memory(dom2+3)
                oo=io.out(string(v1(1))+string(v1(2))+string(v2(1))+string(v2
                (2)))
                command
                    geometry edge [vector(v1)] [vector(v2)] group 'domain'
                endcommand
            endif
        endif
    endloop

    command
        set echo on
    endcommand
end
def set_active_flag ;... 流体计算作用的接触
    loop foreach cp contact.list
        dom1 = contact.extra(cp,FLOW_DOM1)
        dom2 = contact.extra(cp,FLOW_DOM2)
        if dom1 # null
            if dom2 # null
                if dom1 # outer_domain
                    if dom2 # outer_domain
                        contact.extra(cp,FLOW_ACTIVE) = 1
                    endif
                endif
            endif
        endif
    endloop
end
@dom_scan
@set_active_flag
@dom_item
save dom
;耦合控制文件,见 dom1.p2dat
set echo off
```

```
[press_max = 0.0]
def pressure
   array pvec(2)
;---利用标量绘制最大压力图（用不同半径的圆表示）
;首先得到最大压力
   command
        scalar delete
   endcommand
   pnt       = dom_head
   loop while pnt ♯ null
      if pnt ♯ outer_domain
         press_max = math.max(press_max,memory(pnt+DOM_PRESS))
      endif
      pnt = memory(pnt)
   endloop
   if press_max = 0.0
      exit
   endif
   pnt = dom_head
   num_domain=0
   loop while pnt ♯ null
      if pnt ♯ outer_domain
         dom = pnt
         set_dom_coords
         vec(1) = memory(pnt+DOM_X)
         vec(2) = memory(pnt+DOM_Y)
         rad = 0.004 * memory(pnt+DOM_PRESS)/press_max
         if rad>0.0001
            vvvv=vector(vec(1),vec(2))
            command
               scalar create @vvvv @rad
            endcommand
         endif
         num_domain=num_domain+1
      endif
      pnt = memory(pnt)
   endloop
end
def flow_props ;该函数设置流体计算参数
```

```
    loop foreach cp contact.list
        if contact.extra(cp,FLOW_DOM1) ≠ null
            contact.extra(cp,FLOW_AP_ZERO) = ap_zero
            contact.extra(cp,FLOW_PERM)    = perm
        endif
    endLoop
end
def flow_run    ;该函数控制流体计算
    whilestepping
        dddtime=mech.age-time111
        if dddtime < flow_dt    ;flow_dt 控制流体计算时间间隔
            exit
        endif
        time111=mech.age
;       settime0=mech.age    ;采用迭代步控制
;       n_rep = n_rep+1
;       if n_rep < 10
;           exit
;       endif
;       n_rep=0
;-管道流
        m=0
        loop foreach cp contact.list
            if contact.extra(cp,FLOW_ACTIVE) = 1
                m=m+1
                b1    = contact.end1(cp)
                b2    = contact.end2(cp)
                rsum  = ball.radius(b1)+ball.radius(b2)
                dom1  = contact.extra(cp,FLOW_DOM1)
                dom2  = contact.extra(cp,FLOW_DOM2)
                pdiff = memory(dom1+DOM_PRESS) − memory(dom2+DOM_PRESS)
                per_fac = contact.extra(cp,FLOW_PERM)
                fnorm = contact.force.normal(cp)
                aper0 = contact.extra(cp,FLOW_AP_ZERO)
                if fnorm>0.0
                    aper = aper0 * Fap_zero/(fnorm+Fap_zero)
                else
                    if gap_mul = 0.0
                        aper = aper0
```

```
            else
                xdif = ball.pos.x(b1)-ball.pos.x(b2)
                ydif = ball.pos.y(b1)-ball.pos.y(b2)
                gap  = math.sqrt(xdif*xdif+ydif*ydif)-ball.radius(b1)-ball.radius(b2)
                aper = aper0+gap_mul * gap
            endif
        endif
        qpipe = pdiff * per_fac * aper^3/rsum
        dvol  = qpipe * flow_dt
        ;command
            ;list @qpipe @dvol @aper0 @rsum  @fnorm @cp
        ;endcommand
        memory(dom1+DOM_VSUM) = memory(dom1+DOM_VSUM)-dvol
        memory(dom2+DOM_VSUM) = memory(dom2+DOM_VSUM)+dvol
    endif
endLoop
;—更新流域内的压力
dom = dom_head
loop while dom # null
    if dom # outer_domain
        if memory(dom+DOM_FIX) = 0
            xdom = memory(dom+DOM_X)
            ydom = memory(dom+DOM_Y)
            delta_p = memory(dom+DOM_VSUM) * bulk_w ; assume vol = 1
            memory(dom+DOM_PRESS) = memory(dom+DOM_PRESS)+delta_p
        endif
    endif
    memory(dom+DOM_VSUM) = 0.0
    dom = memory(dom)
endLoop
pressure
;—流体压力施加到球上
loop foreach bp ball.list
    ball.force.app.x(bp) = 0.0
    ball.force.app.y(bp) = 0.0
endloop
dom = dom_head
loop while dom # null
    if dom # outer_domain
```

```
        ppp = memory(dom+DOM_PRESS)
        iadd = memory(dom+DOM_BALL_LIST)
        bstart = memory(iadd+1)
        loop while iadd # null
          next = memory(iadd)
          Abp  = memory(iadd+1)
          if next = null
            Bbp = bstart
          else
            Bbp = memory(next+1)
          endif
          if abp # null
          if Bbp # null
            Arad = ball.radius(Abp)
            Brad = ball.radius(Bbp)
            dpr = ppp/(Arad+Brad)
            f1 = (ball.pos.y(Abp)-ball.pos.y(Bbp)) * dpr
            f2 = (ball.pos.x(Bbp)-ball.pos.x(Abp)) * dpr
            ball.force.app.x(Abp) = ball.force.app.x(Abp)+f1 * Arad
            ball.force.app.y(Abp) = ball.force.app.y(Abp)+f2 * Arad
            ball.force.app.x(Bbp) = ball.force.app.x(Bbp)+f1 * Brad
            ball.force.app.y(Bbp) = ball.force.app.y(Bbp)+f2 * Brad
          endif
          endif
          iadd = next
        endloop
      endif
      dom = memory(dom)
  endLoop
end
def flow_bc ；设置流体计算边界
  ; Range specified with (x1_bc..x2_bc) and (y1_bc..y2_bc)
  ; flow_set：1 .. 固定压力
  ;           2 .. 自由水压力
  ;           3 .. 给定水压力
  dom = dom_head
  loop while dom # null
    if dom # outer_domain
      set_dom_coords
```

```
            xdom = memory(dom+DOM_X)
            ydom = memory(dom+DOM_Y)
            if xdom > x1_bc
              if xdom < x2_bc
                if ydom > y1_bc
                  if ydom < y2_bc
                    caseOf flow_set
                      case 1
                        memory(dom+DOM_FIX) = 1
                      case 2
                        memory(dom+DOM_FIX) = 0
                      case 3
                        memory(dom+DOM_PRESS) = p_given
                    endCase
                  endif
                endif
              endif
            endif
          endif
          dom = memory(dom)
      endLoop
    end
    def flow_bc_circle(xc0,yc0,rr0) ;圆形域内的边界控制
      ; Range specified with (x1_bc .. x2_bc) and (y1_bc .. y2_bc)
      ; flow_set: 1  .. fix pressure
      ;           2  .. free pressure
      ;           3  .. set pressure to p_given
      dom = dom_head
      loop while dom # null
        if dom # outer_domain
          set_dom_coords
          xdom = memory(dom+DOM_X)
          ydom = memory(dom+DOM_Y)
          ddd = math.sqrt((xdom-xc0)^2+(ydom-yc0)^2)
          if ddd < rr0
                caseOf flow_set
                  case 1
                    memory(dom+DOM_FIX) = 1
                  case 2
```

```
                    memory(dom+DOM_FIX) = 0
                case 3
                    memory(dom+DOM_PRESS) = p_given
                endCase
            endif
        endif
        dom = memory(dom)
    endLoop
end
set echo on
save dom1
;模型空间、加载、计算
n
res ini        ;模型需要提前建立好,均匀、应力均匀,只能是 ball
wall delete walls
ball delete range annulus center 0 0 radius 0.0 0.05
def basic_parameters1
    loading_rate=1e-5
    xishu_e=(2.7333 * math.log(loading_rate/1e-5)+24.14)/17.114
    xishu_s=(14.317 * math.log(loading_rate/1e-5)+139.37)/133.09
    emod_max=50e9
    pb_emod_max=50e8
    pb_ten_m=9e6
    pb_ten_c=3e6
end
@basic_parameters1
contact model linearpbond
contact method bond gap 0.0
contact method deform emod [emod_max] krat 3.0
contact method pb_deform emod [pb_emod_max] kratio 3.0
contact property dp_nratio 0.7 dp_sratio 0.5
contact property fric 0.0
contact property lin_mode 1 pb_ten [pb_ten_m] pb_coh [pb_ten_c]
call fracture.p2fis
@track_init
call dom
call dom1
;set fish callback  9.0 @flow_run
set @ap_zero=1.0 @perm=0.1 @gap_mul=0.0 @fap_zero=1e8
```

```
set @bulk_w=100.  @flow_dt=0.001
@flow_props
ball group 'boundary_balls' range x-1.1-0.98
ball group 'boundary_balls' range x 0.98 1.1
ball group 'boundary_balls' range y-1.1-0.98
ball group 'boundary_balls' range y 0.98  1.1
ball attribute velocity multiply 0.0
ball fix velocity rang group boundary_balls
;set @flow_set=1 @x1_bc=-1.0 @x2_bc=1.0 @y1_bc=0.47 @y2_bc=0.55
;@flow_bc
set @flow_set=1
@flow_bc_circle(0.0,0.0,0.06)
set @flow_set=3 @p_given=15e6
@flow_bc_circle(0.0,0.0,0.06)
set @gap_mul=0.2
set timestep max 1e-6
set mech age 0.0
[time111=mech.age]
hist id 1 @time111
hist id 2 @dddtime
;hist id 3 @time_now
plot create plot 'aaa'
plot add hist 1 2
cycle 100000000
save darcy_test
ret
```

例 9-5 的计算结果如图 9-4 所示，为了加快计算速度，渗透常数与裂隙宽度均设置为较高的值，从图中可以看出，流体与离散元颗粒间是相互耦合作用，不断更新的。

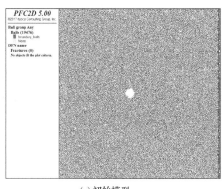 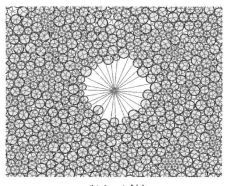

(a) 初始模型　　　　　　　　　　(b) domain创立

图 9-4　二维水力劈裂模拟示意图（一）

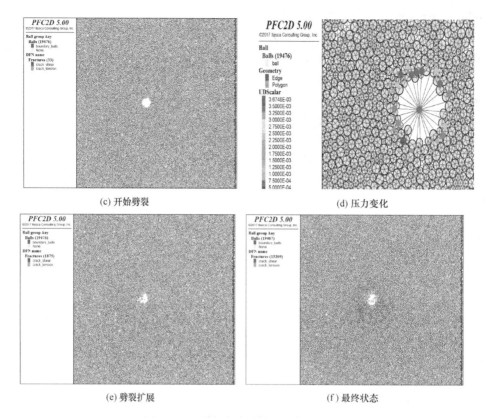

图 9-4 二维水力劈裂模拟示意图（二）

9.4 流固耦合算例

9.4.1 利用 PFC 自带 CFD 模块实现单向耦合

对于一些问题，并不需要颗粒与流体间都起作用，这称为单向耦合。一般情况单向耦合中，颗粒受流体的影响，但流体不受颗粒的影响。CFD 模块支持这种类型的模拟。基本过程如下：

（1）读入流体网格；
（2）设置流体密度和黏度；
（3）设置流体速度；
（4）循环求解。

三个受重力作用的颗粒在静止流场中下落。颗粒密度均为 $2000 kg/m^3$，半径分别为 1mm、1.5mm 和 2mm；流体密度为 $1000 kg/m^3$，黏度为 $1.5 Pa·s$。

受重力作用的球形颗粒在黏性流体中下落的运动方程为：

$$\frac{4}{3}\pi r^3 \rho_p \frac{du_z}{dt} = \frac{4}{3}\pi r^3 (\rho_p - \rho_f) g - \frac{1}{2}\pi r^2 \rho_f C_d u_z^2 \qquad (9.4.1)$$

式中，g 为重力加速度，ρ_p 和 ρ_f 分别为颗粒和流体密度，u_z 为下落颗粒的垂直速度，C_d 为拖曳力系数。拖曳力系数 C_d 是颗粒雷诺数的函数。

随着落球速度趋于定值，$\dfrac{\mathrm{d}u_z}{\mathrm{d}t}$ 的值变为 0。此时有：

$$\frac{1}{2}\pi r^2 \rho_\mathrm{f} C_\mathrm{d} u_z^2 = \frac{4}{3}\pi r^2 (\rho_\mathrm{p} - \rho_\mathrm{f})g \tag{9.4.2}$$

已有研究结果表明，在雷诺数很小的条件下，拖曳力系数可以简化为：

$$C_\mathrm{d} = \frac{24}{R_{\mathrm{ep}}} \tag{9.4.3}$$

式中 R_{ep} 为颗粒的雷诺数，其定义如下：

$$R_{\mathrm{ep}} = \frac{2r \rho_\mathrm{f} u_z}{\mu_\mathrm{f}} \tag{9.4.4}$$

结合 C_d 的定义，方程（9.4.1）可以通过 Stokes 定律进行求解：

$$u_z = \frac{2}{9}\frac{r^2(\rho_\mathrm{p}-\rho_\mathrm{f})g}{\mu_\mathrm{f}} \quad (\text{当}\ R_{\mathrm{ep}} \ll 1) \tag{9.4.5}$$

该算例实现代码见例 9-5。

例 9-6 采用 PFC 自带 CFD 模块实现单向耦合作用

```
;该实例为 PFC5.0 帮助文件中实例,项目文件"OneWayCFD.p3prj"
new
set fish autocreate off        ;关闭 fish 变量自动识别开关,所有变量必须用 global、local 声明
domain extent－1 2－1 2 0 2 condition periodic    ;边界范围及条件
cmat default model linear      ;默认模型为线性接触
set timestep max 1e-5          ;最大时间步
wall generate name cell1 box 0 1 0 1 0 1    ;下部立方体 wall 生成
wall delete walls range set name 'cell1Bottom'   ;删除上下 wall
wall delete walls range set name 'cell1Top'
wall generate name cell2 box 0 1 0 1 1 2    ;上部
wall delete walls range set name 'cell2Bottom'   ;上下 wall 删除
wall delete walls range set name 'cell2Top'
wall property kn 1e2 ks 1e2 fric 0.25    ;wall 的接触参数
set gravity 0 0－9.81                    ;重力加速度
ball create radius 0.001 x 0.5 y 0.3 z 1.5
ball create radius 0.0015 x 0.5 y 0.5  z 1.5
ball create radius 0.002 x 0.5 y 0.7   z 1.5    ;生成三个球
ball attribute density 2000.0    ;球的密度
ball property kn 1e2 ks 1e2 fric 0.25    ;球体的刚度
configure cfd        ;打开渗流模块
cfd read nodes Node.dat     ;读取流体单元的节点文件
cfd read elements Elem.dat     ;读取流体单元的单元构成文件
cfd buoyancy on        ;打开浮力计算选项
element cfd attribute density 1000.0    ;流体单元的密度
element cfd attribute viscosity 1.5     ;流体的动黏滞系数
```

```
element cfd attribute xvelocity 0.0        ;流体单元的速度初值
element cfd attribute yvelocity 0.0
element cfd attribute zvelocity 0.0
define set_fluid_velocity        ;对所有流体单元循环
    loop foreach local ele element.cfd.list
        element.cfd.vel.x(ele) = 0.0     ;设置流体速度,三个分量
        element.cfd.vel.y(ele) = 0.0     ;
        element.cfd.vel.z(ele) = 0.0
    end_loop
end
@set_fluid_velocity        ;执行
ball history zvelocity id 1        ;分别记录三个球的垂直速度
ball history zvelocity id 2
ball history zvelocity id 3
cycle 2500        ;计算条件求解
ball list attribute velocity
return
```

注意：只有通过 configure cfd 命令加载 CFD 模块后，才会计算流体—颗粒相互作用力并施加到颗粒上。该算例中，由于粒径大小不同，三个颗粒最终达到不同的自由沉降速度。这是因为自由下落速度由拖曳力（与颗粒半径平方成正比）和重力（与颗粒半径立方成正比）之间的平衡控制。结果表明三个颗粒最终的自由沉降速度分别为 -1.50mm/s、-3.33mm/s 和 -5.86mm/s，如图 9-5 所示。而 Stokes 定律预测的自由沉降速度为 -1.45mm/s、-3.27mm/s 和 -5.81mm/s，二者是非常接近的。

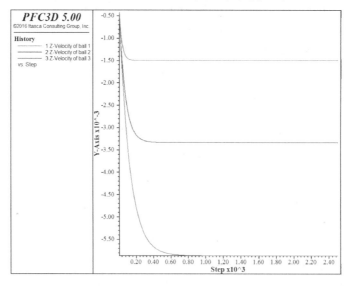

图 9-5　颗粒速度（z 方向分量）监测历史

9.4.2 利用达西定律模拟多孔介质流动

利用CFD模块可以计算三维条件下的多孔介质流动，如图9-6所示颗粒材料包含在一个宽度和高度均为10cm，深度为20cm的长方体内，水以$10^{-5}\,\mathrm{m^3/s}$的速度从位于$y=0$的x-z平面入口垂直流入长方体，从位于$y=0.2\mathrm{m}$的x-z平面出口流出，入口尺寸为$10\mathrm{cm}\times10\mathrm{cm}$，出口尺寸为$2\mathrm{cm}\times2\mathrm{cm}$。除了入口和出口，盒子的其他边界均不透水，且出口处压力保持不变。颗粒材料平均半径$2.5\times10^{-3}\mathrm{m}$，密度$2600\mathrm{kg/m^3}$。不考虑重力作用，水在出口处加速，将颗粒冲出盒外。

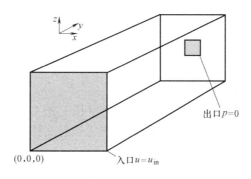

图 9-6 模型几何图形示意图

多孔介质中的低雷诺数流动通常可以通过达西定律描述：

$$\vec{v} = \frac{K}{\mu\varepsilon}\vec{\nabla}p \qquad (9.4.6)$$

式中，$\vec{v}$ 为流体的流动速度，K 为渗透矩阵，μ 为流体黏度，ε 为孔隙率矩阵，p 为流体压力。通常假定流体的压缩性很小，可以忽略不计，即认为流体不可压缩：

$$\vec{\nabla}\cdot v = 0 \qquad (9.4.7)$$

该假设在流速小于声速，或系统从高压转换到低压状态体积变化很小情况下是合适的。稳态不可压缩渗流方程可以通过对方程（9.4.6）两边同时取散度导出：

$$\vec{\nabla}\cdot v = \vec{\nabla}\cdot\left(\frac{K}{\mu\varepsilon}\vec{\nabla}p\right) \qquad (9.4.8)$$

将式（9.4.8）代入式（9.4.7），得：

$$\vec{\nabla}\cdot\left(\frac{K}{\mu\varepsilon}\vec{\nabla}p\right) = 0 \qquad (9.4.9)$$

这就是泊松方程，它有如下边界条件：入口处有$\vec{\nabla}p = -\vec{v}_{\mathrm{in}}\dfrac{K}{\mu\varepsilon}$。其中，$\vec{v}_{\mathrm{in}}$为入口速度；出口处有$p=0$；其他边界上有$\vec{v}\cdot\vec{n}=0$，$\vec{n}$为边界法向。这个方程通过隐式求解可以很容易得出流体的压力场。求解方案基于稳态流，即流入量与流出量相等，一旦压力已知，流体速度可以由式（9.4.6）直接获得。

流体方程（9.4.6）和（9.4.7）是在粗流体网格单元集上求解，流速在单元内分段线性。通过计算PFC3D颗粒与流体单元之间的重叠量确定孔隙率。为了考虑流动受颗粒运动的影响，渗透系数由PFC3D模型的孔隙率计算。Kozeny-Carman关系用于估算渗透系数：

$$K(\varepsilon) = \begin{cases} \dfrac{1}{180}\dfrac{\varepsilon^3}{(1-\varepsilon)^2}(2r_e)^2 & \varepsilon \leqslant 0.7 \\ K(0.7) & \varepsilon > 0.7 \end{cases} \qquad (9.4.10)$$

式中，r_e 为 PFC 颗粒半径；ε_{min} 为系统默认的最小孔隙率（取为 0.3）。为了计算渗透系数，孔隙率上限设置为 0.7；当孔隙率超过 0.7 时，渗透系数取常数（渗透系数取 0.7 时的值）。

CFD 模块可以自动为 PFC 颗粒施加流体—颗粒相互作用力。双向耦合通过在流体流动模型中更新孔隙率和渗透系数，在 PFC 的 CFD 模块中更新流体速度场来实现。模型中设定每隔 100 个力学计算步计算一次稳态流场，在这 100 个力学计算时步中，流场视为恒定。

代码编制见例 9-6。

例 9-7 利用 CFD 模块模拟多孔介质流动

;该例同时说明了如何使用 Python 脚本功能和 PFC 的 CFD 模块来模拟低雷诺数颗粒材料渗流。同时也是 PFC5.0 中的实例之一，可参考项目文件"DarcyFlow.p3prj"。

Darcy.py 文件代码：

```python
import numpy as np
import pylab as plt
import fipy as fp
import itasca as it
from itasca import ballarray as ba
from itasca import cfdarray as ca
from itasca.element import cfd
class DarcyFlowSolution(object):
    def __init__(self):
        self.mesh = fp.Grid3D(nx=10, ny=20, nz=10,
                              dx=0.01, dy=0.01, dz=0.01)
        self.pressure = fp.CellVariable(mesh=self.mesh,
                                        name='pressure', value=0.0)
        self.mobility = fp.CellVariable(mesh=self.mesh,
                                        name='mobility', value=0.0)
        self.pressure.equation = (fp.DiffusionTerm(coeff=self.mobility) == 0.0)
        self.mu = 1e-3   # dynamic viscosity
        self.inlet_mask = None
        self.outlet_mask = None
        # create the FiPy grid into the PFC CFD module
        ca.create_mesh(self.mesh.vertexCoords.T,
            self.mesh._cellVertexIDs.T[:,(0,2,3,1,4,6,7,5)].astype(np.int64))
        if it.ball.count() == 0:
            self.grain_size = 5e-4
```

```
    else:
        self.grain_size = 2 * ba.radius().mean()
    it.command("""
    configure cfd
    element cfd attribute density 1e3
    element cfd attribute viscosity {}
    cfd porosity polyhedron
    cfd interval 20
    """.format(self.mu))
def set_pressure(self, value, where):
    """Dirichlet boundary condition. value is a pressure in Pa and where
    is a mask on the element faces."""
    print "setting pressure to {} on {} faces".format(value, where.sum())
    self.pressure.constrain(value, where)
def set_inflow_rate(self, flow_rate):
    """
    Set inflow rate in m^3/s.  Flow is in the positive y direction and is specfified
    on the mesh faces given by the inlet_mask.
    """
    assert self.inlet_mask.sum()
    assert self.outlet_mask.sum()
    print "setting inflow on %i faces" % (self.inlet_mask.sum())
    print "setting outflow on %i faces" % (self.outlet_mask.sum())
    self.flow_rate = flow_rate
    self.inlet_area = (self.mesh.scaledFaceAreas * self.inlet_mask).sum()
    self.outlet_area = (self.mesh.scaledFaceAreas * self.outlet_mask).sum()
    self.Uin = flow_rate/self.inlet_area
    inlet_mobility = (self.mobility.getFaceValue() * \
                      self.inlet_mask).sum()/(self.inlet_mask.sum() + \
                      0.0)
    self.pressure.faceGrad.constrain(
        ((0,),(-self.Uin/inlet_mobility,),(0,),), self.inlet_mask)
def solve(self):
    """Solve the pressure equation and find the velocities."""
    self.pressure.equation.solve(var=self.pressure)
    # once we have the solution we write the values into the CFD elements
    ca.set_pressure(self.pressure.value)
    ca.set_pressure_gradient(self.pressure.grad.value.T)
    self.construct_cell_centered_velocity()
```

```python
def read_porosity(self):
    """Read the porosity from the PFC cfd elements and calculate a
    permeability."""
    porosity_limit = 0.7
    B = 1.0/180.0
    phi = ca.porosity()
    phi[phi>porosity_limit] = porosity_limit
    K = B * phi**3 * self.grain_size**2/(1-phi)**2
    self.mobility.setValue(K/self.mu)
    ca.set_extra(1,self.mobility.value.T)
def test_inflow_outflow(self):
    """Test continuity."""
    a = self.mobility.getFaceValue() * np.array([np.dot(a,b) for a,b in
                    zip(self.mesh._faceNormals.T,
                        self.pressure.getFaceGrad().value.T)])
    self.inflow = (self.inlet_mask * a * self.mesh.scaledFaceAreas).sum()
    self.outflow = (self.outlet_mask * a * self.mesh.scaledFaceAreas).sum()
    print "Inflow: {} outflow: {} tolerance: {}".format(
        self.inflow, self.outflow, self.inflow + self.outflow)
    assert abs(self.inflow + self.outflow) < 1e-6
def construct_cell_centered_velocity(self):
    """The FiPy solver finds the velocity (fluxes) on the element faces,
    to calculate a drag force PFC needs an estimate of the
    velocity at the element centroids."""
    assert not self.mesh.cellFaceIDs.mask
    efaces = self.mesh.cellFaceIDs.data.T
    fvel =-(self.mesh._faceNormals * \
            self.mobility.faceValue.value * np.array([np.dot(a,b) \
            for a,b in zip(self.mesh._faceNormals.T, \
                self.pressure.faceGrad.value.T)])).T
    def max_mag(a,b):
        if abs(a)>abs(b): return a
        else: return b
    for i, element in enumerate(cfd.list()):
        xmax, ymax, zmax = fvel[efaces[i][0]][0], fvel[efaces[i][0]][1],\
                            fvel[efaces[i][0]][2]
        for face in efaces[i]:
            xv,yv,zv = fvel[face]
            xmax = max_mag(xv, xmax)
```

```
            ymax = max_mag(yv, ymax)
            zmax = max_mag(zv, zmax)
        element.set_vel((xmax, ymax, zmax))
if __name__ == '__main__':
    it.command("call particles.p3dat")
    solver = DarcyFlowSolution()
    fx, fy, fz = solver.mesh.getFaceCenters()
    # set boundary conditions
    solver.inlet_mask = fy == 0
    solver.outlet_mask = reduce(np.logical_and, (fy==0.2, fx<0.06, fx>0.04, fz>0.04, fz<0.06))
    solver.set_inflow_rate(1e-5)
    solver.set_pressure(0.0, solver.outlet_mask)
    solver.read_porosity()
    solver.solve()
    solver.test_inflow_outflow()
    it.command("cfd update")
    flow_solve_interval = 1 #100
    def update_flow(*args):
        if it.cycle() % flow_solve_interval == 0:
            solver.read_porosity()
            solver.solve()
            solver.test_inflow_outflow()
    it.set_callback("update_flow",1)
    it.command("""
    cycle 20000
    save end
    """)
```

此处的自定义类 DarcyFlowSolution 使用了 Python 的有限体积法函数 FiPy 求解流体流动方程。FiPy 已嵌入到 PFC 的 Python 环境中。

Particles.p3dat 文件代码：

```
new
set fish autocreate off
domain extent-0.01 0.11 -0.01 0.21  -0.01 0.11 condition destroy
cmat default model linear property kn 1e4 dp_nratio 0.2
define inline
    global dim = 1e-1
    global radius = dim/10/4
    global xdim = dim - radius
```

```
    global ydim = 2 * dim- radius
end
@inline
ball generate cubic box @radius @xdim @radius @ydim @radius @xdim rad @radius
wall generate box 0 @dim 0 [2 * dim] 0 @dim
wall delete wall range id 6
wall generate polygon 0 0.2 0 ...
                     0 0.2 0.1 ...
                     0.04 0.2 0.1 ...
                     0.04 0.2 0.0
wall generate polygon 0.06 0.2 0 ...
                     0.06 0.2 0.1 ...
                     0.1 0.2 0.1 ...
                     0.1 0.2 0.0
wall generate polygon 0.04 0.2 0 ...
                     0.04 0.2 0.04 ...
                     0.06 0.2 0.04 ...
                     0.06 0.2 0.0
wall generate polygon 0.04 0.2 0.06 ...
                     0.04 0.2 0.1 ...
                     0.06 0.2 0.1 ...
                     0.06 0.2 0.06
ball attribute density 2600.0
return
```

模型求解结果分别给出了最终的颗粒位移云图（图 9-7）、流速矢量图（图 9-8）及流体压力场（图 9-9）。

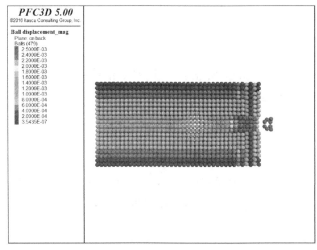

图 9-7 颗粒位移云图

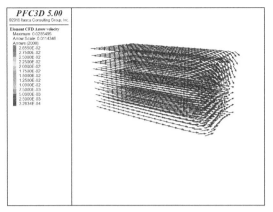
图 9-8　流速矢量图

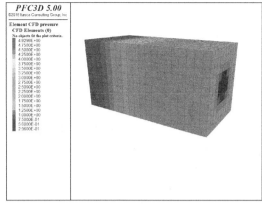
图 9-9　流体压力场

9.4.3　与其他流体软件耦合

PFC3D 可以使用前述章节介绍的粗糙网格方法与任何流体求解器进行耦合。但前面两个例子中，流体—颗粒耦合问题完全在 PFC3D 中得到解决。对 PFC 而言，通过在不同的计算机上运行独立的进程来同步和共享数据也是可行的。

例 9-8 是使用 TCP 套接字连接 PFC3D 的示例（利用 OPEN foam）。在该案例中，流体求解器将在每一时步中返回速度场和压力场。文件 pfc_coupling.py 和 cfd_coupling.py 分别控制 PFC3D 和流体求解器的耦合接口程序。文件 pfc_coupling.py 列出如例 9-8，它需要首先从 PFC3D 中运行此文件。

例 9-8　与其他软件耦合计算流体作用

;Python 类 itasca.util.p2pLinkServer 和 itasca.util.p2pLinkClient 用于建立这种耦合关系。另外，用户可通过 pip install itasca 命令将其安装到 PFC 之外的任何 Python 环境中使用。本例子可参考 PFC5.0 的帮助文件

```
import itasca as it
from itasca import cfdarray as ca
from itasca.util import p2pLinkServer
import numpy as np
with p2pLinkServer() as cfd_link：
    cfd_link.start()
    nodes = cfd_link.read_data()
    elements = cfd_link.read_data()
    fluid_density = cfd_link.read_data()
    fluid_viscosity = cfd_link.read_data()
    print fluid_density, fluid_viscosity
    nmin, nmax = np.amin(nodes,axis=0), np.amax(nodes,axis=0)
    diag = np.linalg.norm(nmin-nmax)
    dmin, dmax = nmin-0.1*diag, nmax+0.1*diag
    print dmin, dmax
```

```
it.command("""
new
cmat default model linear
domain extent {} {} {} {} {} {}
""".format(dmin[0], dmax[0],
           dmin[1], dmax[1],
           dmin[2], dmax[2]))
ca.create_mesh(nodes, elements)
it.command("""
configure cfd
set timestep max 1e-5
element cfd attribute density {}
element cfd attribute viscosity {}
cfd porosity polyhedron
cfd buoyancy on
ball create radius 0.005 x 0.5 y 0.5 z 0.5
ball attribute density 2500
ball property kn 1e2 ks 1e2 fric 0.25
set gravity 0 0 -9.81
def fluid_time
    global fluid_time = mech.age
end
ball history id 1 zvelocity id 1
history add id 2 fish @fluid_time
plot clear
plot add hist 1 vs 2
plot add cfdelement shape arrow colorby vectorattribute "velocity"
""".format(fluid_density, fluid_viscosity))
element_volume = ca.volume()
dt = 0.005
for i in range(100):
    it.command("solve age {}".format(it.mech_age()+dt))
    print "sending solve time"
    cfd_link.send_data(dt)   # solve interval
    cfd_link.send_data(ca.porosity())
    cfd_link.send_data((ca.drag().T/element_volume).T/fluid_density)
    print " cfd solve started"
    ca.set_pressure(cfd_link.read_data())
    ca.set_pressure_gradient(cfd_link.read_data())
```

```
            ca.set_velocity(cfd_link.read_data())
            print " cfd solve ended"
    cfd_link.send_data(0.0) # solve interval
    print "ball z velocity", it.ball.find(1).vel_z()
```
;文件 cfd_coupling.py 列出如下。此文件应在 PFC3D 之外的 Python 环境中运行。
```
from itasca import p2pLinkClient
import numpy as np
rho = 1000.0  # Fluid Density
mu = 1e-3     # Dynamic viscosity
# fluid mesh
nodes = np.array([[ 0.0,  0.0,  0.0], [ 0.5,  0.0,  0.0], [ 1.0,  0.0,  0.0],
                  [ 0.0,  0.5,  0.0], [ 0.5,  0.5,  0.0], [ 1.0,  0.5,  0.0],
                  [ 0.0,  1.0,  0.0], [ 0.5,  1.0,  0.0], [ 1.0,  1.0,  0.0],
                  [ 0.0,  0.0,  0.5], [ 0.5,  0.0,  0.5], [ 1.0,  0.0,  0.5],
                  [ 0.0,  0.5,  0.5], [ 0.5,  0.5,  0.5], [ 1.0,  0.5,  0.5],
                  [ 0.0,  1.0,  0.5], [ 0.5,  1.0,  0.5], [ 1.0,  1.0,  0.5],
                  [ 0.0,  0.0,  1.0], [ 0.5,  0.0,  1.0], [ 1.0,  0.0,  1.0],
                  [ 0.0,  0.5,  1.0], [ 0.5,  0.5,  1.0], [ 1.0,  0.5,  1.0],
                  [ 0.0,  1.0,  1.0], [ 0.5,  1.0,  1.0], [ 1.0,  1.0,  1.0]])
elements = np.array([[ 1, 10, 13,  4,  0,  9, 12,  3],
                     [ 4,  5, 14, 13,  1,  2, 11, 10],
                     [ 4, 13, 16,  7,  3, 12, 15,  6],
                     [13, 16, 17, 14,  4,  7,  8,  5],
                     [10, 19, 22, 13,  9, 18, 21, 12],
                     [13, 14, 23, 22, 10, 11, 20, 19],
                     [13, 22, 25, 16, 12, 21, 24, 15],
                     [22, 25, 26, 23, 13, 16, 17, 14]], dtype=np.int64)
nele = len(elements)
with p2pLinkClient() as pfc_link:    # open connection to PFC
    pfc_link.connect("localhost")
    pfc_link.send_data(nodes)
    pfc_link.send_data(elements)
    pfc_link.send_data(rho)
    pfc_link.send_data(mu)
    while True:
        print "waiting for run time"
        deltat = pfc_link.read_data()
        if deltat == 0.0:
            print "solve finished"
```

```
            break
    print "got run time", deltat
    porosity = pfc_link.read_data()
    body_force = pfc_link.read_data()
    print "got runtime and data"
    print "sending data to pfc"
    pressure = np.zeros(nele)
    gradp = np.zeros((nele,3))
    velocity = np.zeros((nele,3))
    pfc_link.send_data(pressure)
    pfc_link.send_data(gradp)
    pfc_link.send_data(velocity)
    print "send finished"
```

9.5　PFC 与流体耦合分析应用探讨

（1）流体影响材料性质的方式根据实际情况是不同的，在应用于工程实践时，应基于本书 9.1 节分析的种类，选择流体影响的考虑方法，而不需要过于追求精度。

（2）在工程实践中，渗流计算结果与现场观察也存在很大误差，这就需要在简化模型基础上，通过一些佐证研究计算结果的合理性。

参 考 文 献

[1] 曹攀,颜事龙,倪磊,等. 基于UDEC岩体爆炸应力波衰减规律的研究术[J]. 爆破,2014,31(1):42-46.

[2] 程康. 工程爆破理论基础[M]. 武汉:武汉理工大学出版社,2014:63-64.

[3] 崔铁军,马云东,王来贵. 基于PFC3D的露天矿边坡爆破过程模拟及稳定性研究[J]. 应用数学和力学,2014,35(7):759-767.

[4] 丁秀丽,李耀旭,王新. 基于数字图像的土石混合体力学性质的颗粒流模拟[J]. 岩石力学与工程学报,2010,29(3):477-484.

[5] 黄润秋,许强. 中国典型灾难性滑坡[M]. 北京:科学出版社,2008.

[6] 蒋明镜,孙渝刚. 结构性砂土粒间胶结效应的二维数值分析[J]. 岩土工程学报,2011,33(8):1246-1253.

[7] 焦玉勇,葛修润. 基于静态松弛法求解的三维离散单元法[J]. 岩石力学与工程学报,2000,19(4):451-456.

[8] 李超,刘红岩,阎锡东. 动载下节理岩体破坏过程的数值试验研究[J]. 岩土力学,2015,36(增2):655-664.

[9] 廖秋林,李晓,郝钊,等. 土石混合体的研究现状及研究展望[J]. 工程地质学报,2006,14(6):800-807.

[10] 刘艳,许金余. 地应力场下岩体爆体的数值模拟[J]. 岩土力学,2007,28(11):2485-2488.

[11] 马刚,周伟,常晓林,周创兵. 考虑颗粒破碎的堆石体三维随机多面体细观数值模拟[J]. 岩石力学与工程学报,2011,30(8):1671-1682.

[12] 欧阳振华,李世海. 块石对土石混合体力学性能的影响研究[J]. 实验力学,2010,25(1):61-67.

[13] 秦四清,王媛媛,马平. 崩滑灾害临界位移演化的指数率[J]. 岩石力学与工程学报,2010,29(5):873-879.

[14] 石崇,王盛年,刘琳. 地震作用下陡岩崩塌颗粒离散元数值模拟研究[J]. 岩石力学与工程学报,2013,32(增1):2798-2805.

[15] 石崇,徐卫亚. 颗粒流数值模拟技巧与实践[M]. 北京:中国建筑工业出版社,2016.

[16] 孙其诚,程晓辉,季顺迎,等. 岩土类颗粒物质宏—细观力学研究进展[J]. 力学进展,2011,41(3):351-371.

[17] 王发青. 爆炸荷载下岩体破裂影响因素研究[J]. 化工设计通讯,2017,43(3):218-221.

[18] 夏祥,李俊如,李海波,等. 爆破荷载作用下岩体振动特征的数值模拟[J]. 岩土力学,2005,26(1):50-56.

[19] 徐安权,徐卫亚,石崇. 基于小波变换的数字图像技术在堆积体模拟中的应用[J]. 岩石力学与工程学报,2011,31(5):1007-1015.

[20] 徐文杰,胡瑞林,岳中琦,等. 基于数字图像分析及大型直剪试验的土石混合体块石含量与抗剪强度关系研究[J]. 岩石力学与工程学报,2008,27(5):996-1007.

[21] 严成增,孙冠华,郑宏,等. 爆炸气体驱动下岩体破裂的有限元—离散元模拟[J]. 岩土力学,2015,36(8):2419-2425.

[22] 张凤鹏,彭建宇,范光华,等. 不同静应力和节理条件下岩体爆破破岩机制研究[J]. 岩土力学,2016,37(7):1839-1846.

[23] 张贵科. 节理岩体正交各向异性等效力学参数与屈服准则研究及其工程应用 [D]. 南京：河海大学，2006.

[24] 张晋红. 柱状药包在岩石中爆炸应力波衰减规律的研究 [D]. 太原：中北大学，2005.

[25] 张永彬，廖志毅，王永辉，等. 爆炸应力波作用下的孔壁岩石开裂数值模拟 [J]. 东北大学学报（自然科学版），2015，36（增1）：259-262.

[26] An H M, Liu H Y, Han H Y, et al. Hybrid finite-discrete element modelling of dynamic fracture and resultant fragment casting and muck-piling by rock blast [J]. Computers and Geotechnics, 2017, 81: 322-345.

[27] Bowman E T. Particle shape characterisation using Fourier descriptor analysis [J]. Géotechnique, 2000, 51 (6), 545-554.

[28] Chang K J, Taboada A Discrete element simulation of the Jiufengershan rock-and-soil avalanche triggered by the 1999 Chi-Chi earthquake, Taiwan [J]. Journal of Geophysical Research: Earth Surface, 2009, (2003-2012), 114: 120.

[29] Chen S H, Wu J, Zhang Z H. Blasting Source Equivalent Load on Elastic-Plastic Boundary for Rock Blasting [J]. Journal of Engineering Mechanics, 2017, 143 (7): 1-7.

[30] Cheng Y P, Nakata Y, Bolton M D. Discrete element simulation of crushable soil [J]. Geotechnique, 2003, 53 (7): 633-641.

[31] Cundall, P. A., Strack, O. D. L.: A discrete numerical model for granular assemblies [J]. Géotechnique, 1979, 30 (30): 331-336.

[32] Dahal R K, Hasegawa S. Representative rainfall thresholds for landslides in the Nepal Himalaya [J]. Geomorphology, 2008, 100 (3): 429-443.

[33] Fakhimi A, M. Lanari. DEM-SPH simulation of rock blasting [J]. Computers and Geotechnics, 2014, 55: 158-164.

[34] Fakhimi A, Villegas T Application of dimensional analysis in calibration of a discrete element model for rock deformation and fracture [J]. Rock Mechanics and Rock Engineering, 2007, 40 (2): 193-211.

[35] Ferellec J, Mcdowell G. Modelling realistic shape and particle inertia in DEM [J]. Géotechnique, 2010, 60 (3): 227-232.

[36] Fityus S G, Giacomini A, Buzzi O. The significance of geology for the morphology of potentially unstable rocks [J]. Engineering Geology, 2013, 162 (4): 43-52.

[37] Garboczi, E. J.: Three-dimensional mathematical analysis of particle shape using X-ray tomography and spherical harmonics: Application to aggregates used in concrete [J]. Cement & Concrete Research, 2002, 32 (10): 1621-1638.

[38] Hu Y G, Lu W B, Chen M, et al. Numerical simulation of the complete rock blasting response by SPH-DAM-FEM approach [J]. Simulation Modelling Practice and Theory, 2015, 56: 55-68.

[39] Hungr O, McDougall S. Two numerical models for landslide dynamic analysis [J]. Computers and Geosciences, 2009, 35: 978-992.

[40] Itasca Consulting Group, Inc. PFC 5.0 Documentation [Z]. 2016.

[41] Itasca Consulting Group, Inc. PFC3D users manual [Z]. 2006.

[42] Jaiswal P, van Westen C J. Estimating temporal probability for landslide initiation along transportation routes based on rainfall thresholds [J]. Geomorphology, 2009, 112 (1): 96-105.

[43] Jayasinghe L B, Zhou H Y, Goh A T C, et al. Pile response subjected to rock blasting induced ground vibration near soil-rock interface [J]. Computers and Geotechnics, 2017, 82: 1-15.

[44] Kong L, Peng R. Particle flow simulation of influence of particle shape on mechanical properties of quasi-sands [J]. Chinese Journal of Rock Mechanics & Engineering, 2011, 30 (10), 2112-2119.

[45] Kruggel-Emden H, Simsek E, Rickelt S, et al. Review and extension of normal force models for the discrete element method [J]. Powder technology, 2007, 171: 157-173.

[46] Kuo C Y, Tai Y C, Bouchut F et al. Simulation of Tsaoling landslide, Taiwan, based on Saint Venant equations over general topography [J]. Engineering Geology, 2009, 104: 181-189.

[47] Lee C T, Huang C C, Lee J F, et al. Statistical approach to earthquake-induced landslide susceptibility [J]. Engineering Geology, 2008, 100 (1): 43-58.

[48] Li X, Zhang Q B, He L, et al. Particle-Based Numerical Manifold Method to Model Dynamic Fracture Process in Rock Blasting [J]. International Journal of Geomechanics, 2015, 17 (5): 1-20.

[49] Liu K W, Hao H, Li X B. Numerical analysis of the stability of abandoned cavities in bench blasting [J]. International Journal of Rock Mechanics & Mining Sciences, 2017, 92: 32-39.

[50] Melchiorre C, Castellanos Abella E A, van Westen C J et al. Evaluation of prediction capability, robustness, and sensitivity in non-linear landslide susceptibility models, Guanta'namo, Cuba [J]. Computers & Geosciences 2010, 37: 410-425.

[51] Melchiorre C, Matteucci M, Azzoni A, et al. Artificial neural networks and cluster analysis in landslide susceptibility zonation [J]. Geomorphology, 2008, 94 (3): 379-400.

[52] Meloy T P. Fast fourier transforms applied to shape analysis of particle silhouettes to obtain morphological data [J]. Powder Technology, 1997, 17 (1), 27-35.

[53] Mollon G, Zhao J. Fourier-Voronoi-based generation of realistic samples for discrete modelling of granular materials [J]. Granul Matter, 2012, 14 (5), 621-638.

[54] Mollon G, Zhao J. Generating realistic 3D sand particles using Fourier descriptors [J]. Granul Matter, 2013, 15 (1), 95-108.

[55] Podczeck F, Newton J M. The evaluation of a three-dimensional shape factor for the quantitative assessment of the sphericity and surface roughness of pellets [J]. International Journal of Pharmaceutics, 1995, 124 (2): 253-259.

[56] Potyondy D O, Cundall P A. A bonded-particle model for rock [J]. International journal of Rock Mechanics & Mining Science, 2004, 41 (8): 1329-1364.

[57] Pradhan B, Lee S. Delineation of landslide hazard areas on Penang Island, Malaysia, by using frequency ratio, logistic regression, and artificial neural network models [J]. Environmental Earth Sciences, 2010, 60 (5): 1037-1054.

[58] Prochaska A B, Santi PM, Higgins JD et al. Debris-flow run out predictions based on the average channel slope (ACS) [J]. Engineering Geology, 2008, 98 (1): 29-40.

[59] Rosi A, Segoni S, Catani F, et al. Statistical and environmental analyses for the definition of a regional rainfall threshold system for landslide triggering in Tuscany (Italy) [J]. Journal of Geographical Sciences, 2012, 22 (4): 617-629.

[60] Rothenburg L, Bathurst R J. Analytical study of induced anisotropy in idealized granular materials [J]. Géotechnique, 1989, 39 (4): 601-614.

[61] Saito H, Nakayama D, Matsuyama H. Relationship between the initiation of a shallow landslide and rainfall intensity-duration thresholds in Japan [J]. Geomorphology, 2010, 118 (1): 167-175.

[62] Sezer E A, Pradhan B, Gokceoglu C. Manifestation of an adaptive neuro-fuzzy model on landslide susceptibility mapping: Klang valley, Malaysia [J]. Expert Systems with Applications, 2011, 38:

8208-8219.

[63] Shi D D, Jian Z, Jia M C, et al. Numerical simulations of particle breakage property of sand under high pressure 1D compression condition by use of particle flow code [J]. Chinese Journal of Geotechnical Engineering, 2007, 29 (5): 736-742.

[64] Song Y Q, Gong JH, Gao S et al. Susceptibility assessment of earthquake-induced landslides using Bayesian network: A case study in Beichuan [J]. China. Computers & Geosciences, 2012, 42: 189-199.

[65] Tang C L, Hu JC, Lin ML et al. The Tsaoling landslide triggered by the Chi-Chi earthquake, Taiwan: insights from a discrete element simulation [J]. Engineering Geology, 2009, 106 (1): 1-19.

[66] Taylor M A, Garboczi E J, Erdogan S T, et al. Some properties of irregular 3-D particles [J]. Powder Technol, 2006, 162 (1): 1-15.

[67] Thornton C. Coefficient of restitution for collinear collisions of elastic perfectly plastic spheres [J]. ASME Journal of Applied Mechanics, 1997, 64: 383-386.

[68] Tien Bui D, Pradhan B, Lofman O et al. Landslide susceptibility assessment in the Hoa Binh province of Vietnam: A comparison of the Levenberg-Marquardt and Bayesian regularized neural networks [J]. Geomorphology, 2012, 171: 12-29.

[69] Tiranti D, Rabuffetti D. Estimation of rainfall thresholds triggering shallow landslides for an operational warning system implementation [J]. Landslides, 2010, 7 (4): 471-481.

[70] Trivino L F, Mohanty B. Assessment of crack initiation and propagation in rock from explosion-induced stress waves and gas expansion by cross-hole seismometry and FEM-DEM method [J]. International Journal of Rock Mechanics & Mining Sciences, 2015, 77: 287-299.

[71] Wadell H. Sphericity and Roundness of Rock Particles [J]. Journal of Geology, 1933, 41 (3): 310-331.

[72] Wang F, Sassa K. Landslide simulation by a geotechnical model combined with a model for apparent friction change [J]. Physics and Chemistry of the Earth, 2010, 35: 149-161.

[73] Wu J H, Chen C H. Application of DDA to simulate characteristics of the Tsaoling landslide [J]. Computers and Geotechnics, 2011, 38 (5): 741-750.

[74] Yilmaz I. Landslide susceptibility mapping using frequency ratio, logistic regression, artificial neural networks and their comparison: A case study from Kat landslides (Tokat-Turkey) [J]. Computers & Geosciences, 2009, 35 (6): 1125-1138.

[75] Yoon J. Application of experimental design and optimization to PFC model calibration in uniaxial compression simulation [J]. International Journal of Rock Mechanics and Mining Sciences, 2007, 44 (6): 871-889.

[76] Yu, B., Lin, M. J., Tao, W. Q.: Automatic generation of unstructured grids with Delaunay triangulation and its application [J]. Heat & Mass Transfer, 1999, 35 (5), 361-370.

[77] Zhou B, Huang R, Wang H, et al. DEM investigation of particle anti-rotation effects on the micromechanical response of granular materials [J]. Granul Matter, 2013, 15 (3): 315-326.

[78] Zhu Z M. Numerical predictions of crater blasting and bench blasting [J]. International Journal of Rock Mechanics and Mining Sciences, 2009, 46 (6): 1088-1096.

后　　记

　　这个世界变化的速度实在太快，生活中的琐事实在又太多，令我一直无法静下心来将这本书尽快完成。我是从 2016 年底开始动笔，期间一直在"PFC 颗粒流交流总群（45609530）"不断的学习，虽然偶尔也为大家面临的问题提供一些参考，加入大家开展一些探讨，但我一直是抱着学习的态度加入的，在这期间通过诸位同仁、朋友的交流与学习，收集了大家一系列代码与实例，在此基础上形成本书，但是时间已久，未记录是从何人处得到的代码，因此内心非常忐忑。

　　在撰写本书的过程中，发生了很多事情，有苦有乐，是广大颗粒流方法爱好者的鼓励和期盼，不断地鞭策、督促我，让我有心情、有兴趣，每天一点一滴地完善本书。终于在2018 年 1 月，在诸位朋友的不断督促下，我怀着非常紧张的心情，将我学习 PFC5.0 的心得最终整理成本书，但是 PFC5.0 软件确实是博大精深，中间存在大量的使用技巧，直到今天我所掌握的也只是凤毛麟角，只希望我的经验、教训能够为大家提供一些参考，让大家少走一些弯路，我就心满意足了！

　　我们大家在开展科学研究时，很多时候都希望软件能够解决一切，却忽视了我们学习软件更重要的是掌握原理与方法，软件只是我们实现心中所想的工具，就比如有很多朋友向我询问如何模拟土力学三轴试验中的 UU（快剪）、CU（固结不排水）、CD（固结排水）试验，同时又不想考虑渗流问题，其实解决这个问题很简单：采用哪种试验的曲线去标定参数，那么你得到的细观参数就可以去模拟这一类问题。之所以我们纠结，正是我们不想考虑流体过程而又想考虑流体作用引起的矛盾。

　　因此，在借鉴本书学习 PFC5.0 时，希望大家以此为鉴，但不要迷信，对待问题要全面思考，通过大数据、宏观体系来考虑问题全局，然后仔细寻找出现的问题。数值模拟最怕的是直接采用结果进行孤证分析，这是我们在工程中最担心、最需要避免的事情，如果能将计算结果与试验、现场监测、地质勘察等成果相互对照分析，共同举证，这是利用颗粒流方法解决工程问题必不可少的手段。如果能通过本书明白使用方法与基本原理，再将本书束之高阁，本书的目的也就达到了。

　　社会变化快，软件更新的速度也快，本书是在 PFC5.0.00.31 基础上进行的整理即使在成稿到校稿期间，课题组又有诸多经验出现，限于篇幅，来纳入本书中，因此，后续的更新肯定会有，软件的使用也会更方便。江山代有才人出，各领风骚数百年，我非常赞同李尚龙《你要么出众，要么出局》这本书中的观点，因此我们的学习也要紧跟潮流、与时俱进，不断扩大自己使用颗粒流方法的境界与水平，只有如此才能令我们出局的时间更晚一些。

　　有感而发，与诸君共勉。

2018 年 6 月 5 日